주특기 개론

정호태, 박기철, 박희성, 염대관 공저

도서출판 **진 영 사**

주특기개론

정호태, 박기철, 박희성, 염대관 공저

2013년 2월 7일 초판인쇄

2013년 2월 9일 초판발행

발행인 박 진 영

발행처 도서출판 진영사

인천광역시 부평구 갈산동 16-22번지
전화 : 032)505-4207
팩스 : 032)505-4206
E-mail : 0183734207@hanmail.net
등록 : 122-91-77317

ISBN 978-89-6541-097-3 93390
값 25,000원

책머리에

"노블리스 오블리제 (Noblesse Oblige)"

원래 노블리스는 '닭의 벼슬'을 의미하고, 오블리제는 '달걀의 노른자'라는 뜻을 가지고 있다.

이 두단어를 합성해 만든 "노블리스 오블리제"는 닭의 사명이 자기의 벼슬을 자랑함에 있지 않고 알을 낳는데 있음을 말해 주고 있다.

이러한 의미는 오늘날 '사회 지도층의 도덕적 의무'를 뜻하는 말로 사회로부터 정당한 대접을 받기 위해서는 자신이 누리는 명예(노블리스)만큼 의무(오블리제)를 다 해야 한다는 의미이다.

로마귀족의 절제된 행동과, 납세의 의무를 다하는 모범적 생활은 평민들에게 귀감이 되어 천년의 국가를 지탱하는데 초석이 된 것이다.

그들은 전쟁이 일어나면, 국가에 개의 재산을 헌납하였을 뿐만 아니라, 솔선수범하여 전장에 나가 피를 흘리며 싸우는 것을 영광으로 생각했다.

영국과 아르헨티나의 전쟁 당시 영국의 왕자 앤드류는 헬기 조종사로 전쟁에 참여하여 많은 사람을 대신하여 죽을 수 있다는 지도층의 책임감을 보여 주었다.

조선 정조대왕 당시 흉년으로 인해 식량난에 허덕이던 제주도 사람들을 위해 전재산으로 쌀을 사서 분배한 거상 김만덕처럼 노블리스 오블리제를 실천한 역사적 사례도 있다.

국민을 위해 겸손한 자세로 국민을 섬기고 소비자를 위해 무엇을 할 것인가를 깨달아야 한다. 그 만큼 누리고 있으면 그만큼 의무를 다해야 한다.

영국의 왕자 앤드류, 조선시대의 김만덕처럼 사회적·국가적 의무를 다하는 새로운 문화를 형성해 나갈 때 선진국 대열에 들어 설 수 있다는 사실을 유념해야 할 것이다.

적진 깊숙이 침투하여 고립무원의 상황에서 주어진 임무를 수행해야하는 특전부사관으로 진출하고자 준비하고 있는 이 책을 보는 모든 독자들에게 남기고 싶은 이야기이다.

과거의 전쟁을 수행하는 양상은 전선을 형성한 상태에서 상호간에 공격과 방어전을 수행하는 형태이었다면, 장차의 미래전의 양상은 이른바 전장의 구분이 없는 '비선형적'의 형태가 예상되고 있으며, '전 공간·다차원 동시 통합 전투'가 이루어진다.

이러한 전쟁의 양상에서 수행하게될 특수전 부대의 역할은 전쟁(작전)의 승패를 좌우 할 수 있는 매우 중요한 역할을 하게 될 전망이다.

이 책에서 우리는 특수전의 개념과 작전 수행절차에 대한 이해와 특전부사관으로서 개인의 능력과 적성을 고려하여 부여 받게되는 각각의 주특기를 이해하는데 목적을 두고 있다.

특수전 작전 수행개념을 이해하며 특수전 과업별 작전형태 및 절차를 숙지함은 물론, 국민의 군대로 거듭나기위해 노력하고 있는 특수전사령부의 발전과 각각의 주특기임무 등 전천후 만능의 특수전요원으로 성장하기위해 노력하는 여러분의 앞날이 무운장구(武運長久)하시길 기원합니다.

끝으로 특전부대 신조를 적어봅니다.
안되면 되게하라 사나이 태어나서 한번죽지 두 번죽나
충성 한가닥에 목숨을 걸고 몸과 마음을 철석같이 닦는다
맹 훈련만이 우리가 살고 이기는길이다
훈련의 요망수준은 반드시 달성한다
전우를 사랑하고 주민에게 친근하자
비굴하지 말고 멋있게 살자
적에게 용서가 없다.
귀신같이 접근하여 번개같이 쳐라
우리의 베레모는 죽지 않는다 영원히 찬란하게 조국을 빛낸다

목 차

제1장

특수전(特殊戰)이란?

제1장 특수전(特殊戰)이란?

제1절 개요

특수전(特殊戰: Special warfare)이란, 국지전 또는 전면전의 상황이나 우발사태 및 비상사태 발생 시 자신의 국가적 목표의 달성과 안전을 유지하기 위해 특별히 훈련된 군사요원 또는 준 군사요원이 수행하는 특수작전을 일컫는 말이다.

이러한 특수전은 특수한 수단에 의한 군사적, 정치적, 심리적 목적을 달성하기 위해 특별히 조직 및 훈련되고 무장된 군사부대 또는 준 군사부대에 의해 수행되는 일련의 전쟁형태라고 볼 수 있다. 그러므로 특수전은 정규전으로 수행하기 어려운 전장의 전 범위에 걸쳐서 수행된다.

특히 전쟁 이외의 작전활동에서 특수전은 일반적인 목적을 가진 군부대의 투입을 대신할 수 있다.

이와 같은 특수전은 하나의 전쟁형태로 전쟁개념상의 한 분야를 담당하며 정규전과 대등한 관계에서 상호 지원하는 역할을 한다고 볼 수 있다.

다시 말해 특수전의 본질은 정규전으로 대응하기 곤란하거나 대응할 수 없는 비정형적인 형태의 전쟁으로써 적 후방에서 실시하는 비정규전과, 안보위협에 대응하기 위한 특수한 형태의 전쟁으로 국가목표 달성 및 안정유지에 목적을 두고 국지전, 전면전, 긴급사태 시에 특별히 훈련된 군사 및 준 군사 요원이 주체가 되어 수행하는 특수작전으로 분류할 수 있다.

만일 전쟁이 발발하여 전쟁의 형태는 주된 작전은 정규군이 수행하는 정규작전의 형태로 수행하게 될 것이다. 그러나 정규작전이라 하더라도 과거와는 달리 기동성 및 무기체계의 발달로 전장의 비선형화가 심화되고 지상전투 간의 접촉선도 일정하지 않을 것이며 상호간의 전투력이 피아의 종심상에 혼재된 상태가 될 것이다. 아울러 예측되는 장차전은 육해공 삼위일체의 입체고속 기동전으로써 전 국토를 동시 전장화되며, 속전속결로 진행되는 전면전 양상이 될 것이며 이와 더불어 정규전과 비정규전을 배합한 배합전이 전장 기능의 한 요소로써 중요한 비중을 차지하게 될 것이다.

적보다 멀리까지 먼저 보고 먼저 판단하는 것은 거기에 대응하는 우리의 전력비교 시 적의 강점에 대비하고 약점을 타격하는 데에 결정적인 정보가 되며, 적 후방지역에서 각종 유익한 정보를 획득하여 합동 지휘관의 눈과 귀의 역할을 수행하며 적의 주요 C3I 체계 및 전쟁 지속능력을 타격함으로써 적의 신경조직을 약화시키고 적의 전투력 전환 및 주의를 전환시키는 결정적인 역할에 비정규전 부대가 매우 유용하기 때문에 현대전에서는 이러한 비정규전 부대의 운용이 보편화 되어있다.

걸프전 당시 미국의 비정규전부대는 지상작전 직전 이라크지역 내에서 그 동안 탐지 및 식별이 곤란했던 이라크의 스커드 이동 발사대를 탐지한 결과 이스라엘을 향해 겨냥 되어 있어 사안의 시급함을 감안하여 항공폭격을 유도하여 파괴함으로써 이라크의 전력을 무력화 시키고 이로 인해 이스라엘의 전쟁 참전을 방지함으로써 아랍지역에서 아랍 군을 포함한 다국적군을 지휘 통제하여 전쟁을 성공적으로 마무리 지을 수가 있었다.

전시 우리 군도 적지종심작전을 수행할 수 있는 요소는 많다. 이를 원활히 수행하기 위한 정보도 다양하다. 비록 아군 단독의 능력으로는 많은 제한과 한계점이 많지만 신호정보, 영상정보, 인간정보, 기술정보의 획득과 운용을 위한 체계도 갖추고 있다. 현대 과학기술의 발달에 힘입은 첨단 군사과학 무기체계는 인간의 상상을 뛰어넘는 역할을 수행하고 있지만 인간이 획득한 정보의 신뢰성은 아직도 그 비중이 크고 중요한 수단이다. 다른 정보체계의 문제점을 보완할 수 있는 결정적인 수단인 것이다.

과거의 전쟁도 유사하지만 특히 현대에는 전선의 정규 전 부대 만에 의한 전쟁을 찾아보기 어렵다. 우리가 기억하는 아프카니스탄전, 걸프전, 포크랜드전, 월남전, 한국전 등 어느 전투에서나 전선에서 싸우는 정규전 부대들의 승패 뒤에는 알게 모르게 일정 부분 그들을 지원한 특수전부대들의 역할이 있었던 것이다.

북한의 경우는 다른 어느 나라의 군보다도 배합전을 강조하고 있으며, 한국전쟁

패배의 원인이 상당부분 배합전 실패에 기인하는 것으로 평가하고 있다. 우리군도 장차 정보전 위주 통합전투를 실현하고자 할 때 정규군뿐 아니라 특수전부대의 기여가 더욱 더 요구된다.

특수전부대가 어떠한 부대이고, 또한 어떻게 운용되는가를 살펴보고 전례를 통해 특수작전이 전쟁 승패에 미치는 영향을 분석하여 보자.

제 2 절 정의

1. 특수전 (Special Warfare)의 출현

가. 특수전 (Special Warfare)의 출현 배경

과거에도 현재와 같은 특수전 전술, 작전 형태가 부분적으로 존재해 왔으나 본격적으로 특수전개념이 정립되고 발전한 시기는 1960년대부터이다. 이후 미국의 케네디 대통령 재임 시기인 70년대와 80년대를 지나면서 체계화 되었다.

1960년대는 세계대전과 한국전쟁을 거친 후 미국과 소련을 중심으로 하는 전 세계가 냉전체계로 긴장이 양극화되던 시기였으며, 아프리카, 인도차이나, 중남미 지역에서 체제 변혁의 혼란한 상황, 또한 유럽에서는 권위주의적 사회에 대한 변화를 요구하는 68혁명 발생 등 국지적 분쟁과 대립이 심화되었던 시기이다. 뿐만이 아니라 세계적인 민족간의 갈등과 종교분쟁 등 에서도 미국과 소련은 세력 확장을 위해 계속해서 개입하던 시기라 할 수 있다.

전면전적인 형태의 군사작전은 핵무기(전략무기) 사용 등의 부담이 있기 때문에 이러한 이들 나라의 개입은 정보기관의 활동과 비정규적인 군사적 형태를 주로 선호하게 된다.

특히, 미국의 케네디 대통령시기에 이르러서 채택되었던 유연반응전략(strategy of flexible response)은 특수전을 정립시키고 발전시키는 기폭제가 된다.

유연반응전략은 게릴라전에서 핵전쟁까지 모든 전쟁의 형태에 대하여 방어와 공격의 준비를 다 갖추어, 어떠한 형태의 상황이라도 적절히 대응할 수 있는 유연성을 갖추자는 것이다. 이는 이전까지 비교적 주목받지 못했던 전쟁의 양상인 게릴라전 및 대게릴라전(특수전)등에 대한 정립과 발전을 수반하고 월남전에서 베트공의 위력을 실감했던 미군은 테일러계획에 의한 특수전을 실행하는 단계로 확대되었다.

세계적 군사적 트랜드를 이끄는 미군의 이러한 특수전 정립은 이후 전세계의 군에도 영향을 미치게 되었다.

나. 특수전의 개념

학자에 따라 약간씩 이견이 있기에 다음과 같이 몇 가지로 구분을 하였다.

첫번째 개념 ; 1960년대 초 공산 혁명전쟁에 대처하기 위하여 미국의 신축대응전략(=유연반응전략)개념에서 급격히 발전시켜온 전쟁개념이며, 이는 냉전이나 제한전, 전면전 상황 하에서 국가목표의 달성을 지원하기 위하여 특별히 훈련된 요원들에 의해 수행되는 비정규전, 대비정규전, 심리전을 망라한 정치, 군사 및 준군사 활동을 말한다.

–출처: 육군 군사술어사전, 육군본부

두번째 개념 ; 특수전은 전면(핵)전쟁 및 국지전쟁과 함께 미국의 케네디시대에 있어서의 유연반응전략 가운데의 한 전쟁개념이며 그 내용을 당시 인도지나(특히 베트남), 아프리카(콩고), 중남미(쿠바) 등에서 전개되고 있던 혁명, 게릴라전, 심리전, 정치공작 등의 비재래식 전쟁을 총칭하는 의미로 사용되었다. 이 특수전을 수행하는 작전전투분야를 미군은 특수작전(Special Operation)이라고 하며, 이 작전은 군대가 현지주민과 협력하여 실시하는 국내 치안유지작전, 심리작전(사상선전공작), 게릴라전, 전복활동, 정치공작, 적지 또는 적으로부터의 탈출 작전 및 이와 관련이 있는 제활동을 포함한다.

– 출처: 이재평외, 〈군사학개론〉, 법률시대, 2006년

세번째 개념 ; 1. 전'평시를 막론하고 비상사태나 전략적 우발사태 발생에 대처하기 위하여 수행되는 특수한 작전.

2. 군사적, 정치적, 경제적 또는 심리적인 국가목표 달성을 위해 전략적, 작전적, 전술적 표적에 대하여 잘 훈련되고 장비, 조직된 군사력에 의해 수행되는 작전을 말하며, 이러한 작전은 재래작전의 지원을 받아 수행하거나 재래전력을 사용할 수 없거나 사용하기에 부적절한 경우에는 독자적으로 수행됨

– 출처: 합동 참모 본부, 군사용어 사전

다. 특수전의 이해

특수전은 앞에서도 언급한바와 같이 특별하게 조직하여 훈련된 무장군이나 비정규 전력이 적 지역 또는 정치적으로 민감한 지역에서 비정규전적인 방법으로 군사적, 정치적, 경제적 혹은 심리적 목적달성을 위해 수행하는 활동이 특수작전이다.

특수작전은 정규군 또는 비 특수작전 전력과 독자적 또는 합동으로 경쟁(평시), 충돌, 전쟁을 수행하기 위해 이루어지며, 국가적 차원에서 특수작전의 형태는 종종 정치, 군사적으로 은폐 또는 축소가 요구되기도 한다.

"모든 무력충돌에서 적의 약점을 찾기 위해 특수작전의 전술과 전략을 이용하고, 이러한 특수작전은 특수한 기술을 소지한 요원에 의해 수행되었으며, 특수작전 요원의 독특한 능력은 특수작전 임무를 수행하는 과정에서 자연스럽게 다듬어졌다."

〈앞의 글은 〈특수전의 이해〉 공군 제15 혼성 비행단 공군 소령 이정현 합참 제 18호 (2002년) 에서, 주요 부분, 개념만 발췌한 글〉

〈특수전의 이해〉 공군 제15 혼성 비행단 공군 소령 이정현 합참 제 18호 (2002년)의 글은 특수전 사령부에서 발간된 "UNITED STATES SPECIAL OPERATIONS FORCE"에 게재된 "A NEW ORDER"를 번역한 내용임.

라. 특수전 임무의 5가지 중요한 특성

1. **단 한번의 기회 ;** 대테러 또는 인질 구출과 같은 작전은 완벽한 임무성공을 위해 적절한 순간의 포착이 필수적이며, 이러한 임무는 항상 단 한번의 시도로 완수해야만 한다. 전술, 전략적인 기회는 제한적이며 짧은 시간이 주어지는데 이는 작전이 민감할 뿐만 아니라 실패할 경우 보복 (정치적, 군사적)과 같은 위험부담을 고려해야 하기 때문이다.

2. **새로운 접근법 ;** 특수작전은 전쟁의 전통적인 원리를 부정하는 것이 아니라 전통적인 전쟁의 원리를 통합하여 중요성을 다른 방법으로 부각시키는 것이다. 예를 들어 특수작전은 전통적 전술인 대규모 화력이나 전술 기동방법을 기초로 새로운 전술이나 기술에 접목시켜 정규군 보다 효과적인 능력을 발휘

하는 것으로 기동성, 은밀성, 대담성, 기만 등의 전술을 이용하여 기습적으로 임무를 수행한다.

3. **비정규 훈련 및 장비** ; 특수작전은 정규군이 활동범위 밖에서 특수기술과 장비를 독특하게 혼합하여 임무를 수행하기 때문에 특수작전 임무수행을 위한 훈련 및 장비는 정규군과는 다른 것이 요구된다.

4. **정치적 민감 부문** ; 대체로 정치적으로 민감한 상황에서 특수작전 임무 수행이 요구된다. 각 국가의 문화적 관습에 의해 특수작전 임무는 공개적으로 수행하지 못하기도 하고, 정치적으로 크게 부각시켜 공개적으로 수행하기도 한다.

5. **특수정보의 필요성** ; 특수작전 임무는 정보 의존도가 높아 정보를 토대로 운영되고 있으며, 필요한 정보의 획득을 위해 정보의 출처를 찾아 즉각적이고 지속적으로 활동한다. 특수작전은 일반적인 정보에 의존하고 있으나, 정치, 경제적으로 민감한 임무수행을 위한 전술적, 작전적인 정보는 특수작전 전력이 보유하고 있는 정찰팀이 획득한 정보를 이용한다. 또한 특수작전 전력은 전술수준으로 활용할 수 있는 국가적 차원의 정보생산이 가능하다.

특수작전 임무는 특성을 혼합하여 수행하며, 특수작전 전력의 투입이 필요할 경우 가능한 신중하고 균형적으로 배치되어야 한다. 테러 및 폭동현장에 투입된 특수작전 전력은 도덕, 법률적 원칙에 위배되는 방법들은 사용하지 않으며, 성숙한 전문적 군대로서 인간생명을 존중하고, 불필요한 장기전, 극렬한 폭력 사용 및 충돌을 방지하기 위해 신속하고 합리적으로 임무를 종결짓는다. 그러므로 특수작전 임무의 성공여부는 요원의 툭수한 기술과 특수작전 임무의 특성 (공격적, 기선제압, 판단력, 아군과 적군 모두 존중)을 어떻게 발휘하느냐에 달려있다.

마. 특수작전 전력의 구성

그러므로 특수작전을 수행하기위한 요원들은 고도의 자기극기, 육체 및 정신적 인내와 극한 스트레스 상황에서 안정을 찾는 것으로 구별되고, 그들은 독특한 그들만의 기술을 활용하여 다양한 환경에 적응하며, 신중하고 자제력있게 행동한다.

그렇다면, 특수전 요원이 구비해야 특성을 살펴보면 다음과 같다.

첫째, 특수작전 임무는 인간의 지능, 문제 해결 능력, 체력, 정신력, 융통성, 성실, 특출한 개성과 의지를 필요로 한다.

둘째, 특수작전 전력의 요원은 강한 교육과 훈련을 극복한 전문군인으로 무술, 교육, 언어능력, 정치적 감각이 특출할 뿐만 아니라, 상반된 문화와 사회적 환경에서 자란 사람들과도 쉽게 어울려야 한다. 그러나 무엇보다도 특수작전 전력의 요원에게 가장 중요한 것은 팀의 일원으로서의 효과적인 능력을 발휘할 수 있도록 훈련받는 것이다.

이렇게 잘 훈련된 전력을 보유한 결과 최고 수준의 장비와 기술의 발전을 이루는데 커다란 공헌을 하였다. 특수작전 전력은 최신의 과학기술, 전술과 기술을 시험한 결과 야시장비와 전술, 고고도 산악등반, 고공낙하 기술과 장비, 극한의 추위를 견딜 수 있는 의류와 장비, 헬기에서 밧줄을 이용한 이탈과 같은 기술을 발전시켰다. 이러한 모든 종류의 장비들은 현재 군대 조직의 기본적인 장비로 이용되고 있으며, 일부 장비들은 민간에서 범죄 억제를 위해 사용되고 있다. 특수작전 병력이 모든 전쟁에서 주역의 역할을 담당하거나, 전쟁에서 승리하기 위한 필수불가결의 요소는 아닐지라도 전쟁을 승리로 이끌어 나아갈 촉매역할을 수행하고 있다.

바. 특수전 임무와 종류

비정규전	☞ 게릴라전, 공세작전, 저강도작전, 은밀작전 ☞ 토착군 조직, 훈련, 무장 및 지원 ☞ 단기 · 소규모 공세활동
타격작전	☞ 습격, 매복작전 : 지뢰 및 폭약설치, 육 · 해 · 공군자산을 활용한 고립지역 공격, 정밀유도 무기의 목표물 공격유도, 기만 · 은폐작전 지원, 적 지역 내에서의 독자적 방해활동
정찰/감시	☞ 국가적 차원의 전략 · 전술적 목표에 대한 정찰 및 감시 ☞ 기상, 지리, 인구자료 수집 : 목표물 설정 및 공격 후 자료제공

외국내 방어	☞ 주 정부군 지원 및 교육 ☞ 폭동, 국가전복을 방지하기 위한 활동
대 테러 작전	☞ 고도로 전문화된 전력을 활용하여 테러사건 해결
심 리 전	☞ 외국 정부, 기관, 단체 및 개인의 감정이나 행동의 변화를 유도 하기 위한 활동 ☞ 민간관의 원할한 관계유지를 위한 활동
민사작전	☞ 정규군이 투입되기 전 비장정부의 역할 수행

사. 특수전부대의 운용

앞에서 언급한바와 같이 첨단 과학기술과 무기체계의 발달, 전투 양상의 변화추세, 한반도의 지정학적 여건 등을 고려해 볼 때, 장차 한반도의 전쟁양상은 확대된 종심지역과 아 후방에서의 동시다발의 비선형 전투가 예상되고 종전의 근접전투에서 탈피 전략목표를 포함한 종심작전 위주로 전투양상이 변화되고 있다.

또한 북한은 내부적 위기국면을 타개하고 체제생존에 주력하면서 결정적인 시기에 전 한반도의 적화통일 과업을 성취하기 위해 예산 30% 이상을 군사력 건설에 집중하고 있으며 군사분계선상의 각종 도발, 대포동미사일, 대량살상무기의 위협 등을 내세워 체제생존에 성공, 휴전체제를 흔들어 주한미군 철수를 통해 전 한반도의 공산화 통일기반을 조성하려 할 것이다.

북한군의 위협 중 특히 대규모의 특작부대는 전술적, 작전적, 전략적 배합전 수행이 가능한 부대로 평시에는 국지도발을 비롯한 각종 전쟁 이외의 작전을 야기시키며 전시에는 아군 전·후방에서 교란활동을 실시할 것이다.

따라서 특수전 부대는 이러한 양상에 비추어 효과적으로 국지도발 및 적지종심작전에 대비하여야 하고 장차전은 주변국 및 범 세계를 상대로 한 정치, 외교, 군사적 위협에 대비할 수 있는 부대운용 개념이 수립되어야 한다.

(1) 전시 운용

전시 특수전부대는 직접작전, 간접작전, 기타 특수작전으로 구분하여 운용된다. 그 중 직접작전 시에는 개전 초 소규모 부대로 편성되어 정찰감시 및 타격작전 위주로 임무를 수행하며, 정규작전 진행 및 상황변화에 따라 부대편성 규모를 확장하여 운용될 수도 있다.

(가) 직접작전

① 정찰감시

전쟁은 적에 관한 정보의 획득을 얼마만큼 하느냐에 따라 크게 좌우된다. 따라서 작전부대는 적, 지형 및 기상에 관하여 적시적이고 정확한 정보를 필요로 한다.

지휘관들은 결정적 전투를 위한 신속 정확한 결심을 해야만 하는데 이러한 결심 채택에 영향을 줄 수 있는 주요첩보는 그 수집대상이 노출되지 않고 적의 전술상 2, 3제대 종심지역에 많이 산재되어 있기 때문에 일반적 수집자신으로는 첩보수집에 많은 제한사항이 발생하며 수집하더라도 정확성과 완전성이 결여된다.

걸프전에서도 그러하였듯이 첨단과학 첩보수집 장비를 갖추고 있었음에도 기상, 지형 등에 의한 첩보수집의 한계로 적 후방지역에 특수부대를 침투시켜 직접보고, 전파하고 유도하는 활동으로 전쟁승리의 결정적인 역할을 수행한 것은 과학장비에 의한 첩보수집의 한계를 극복한 인간정보의 중요성을 일깨워 준 전례라 할 수 있다.

정찰감시는 인간정보를 필요로 하는 지휘관의 우선정보요구를 충족시켜주는 동시에 일반적인 적의 활동을 탐지해 내기 위한 첩보수집계획을 수행하는 주요 수단으로 야전군 작전을 계획하고 실시하는데 필요한 첩보 및 정보의 수집과 표적제공으로 야전군 작전에 기여하고 연합 및 합동작전을 계획하고 실시하는데 필요한 첩보 및 정보수집과 표적제공으로 전쟁의 조기종결에 기여하는 것이다.

특수전부대는 적 보급과 부대이동을 위한 주요도로와 항만, 비행장 등 특정시설이 대부분 감시활동의 주가 되며, 정찰은 연합사/연특사/야전군/특전지휘소 등에서 미확인 표적, 특수표적(미사일)에 대한 첩보획득 및 확인지시가 있을 때 또는 감시만으로는 첩보 수집활동이 부족하여 추가 활동이 필요 시 정찰을 실시하는 특징이 있다.

따라서 개전 초 아군의 방어작전 시 특수전 부대는 적 제 2작전제대, 전략예비, 해·공군 활동사항에 대한 적극적인 정찰감시로 적시성있는 첩보를 제공하여 초기 단계에 모든 역량을 수도권 및 현 전선방어에 집중 운용할 수 있도록 하여 제 2 작전제대 및 전략예비가 전방 증원하는 것을 차단할 수 있도록 운용된다. 또한 북한군이 보유한 대량살상무기(WMD : Weapon of Mass Destruction)를 비롯한 전구탄도 미사일(TBM : Theater Ballistic Missile) 등을 식별하여 아군에게 보고함으로써 화학탄 및 장거리 미사일로부터의 대량피해를 사전에 경고할 수가 있다. 아군이 공세작전으로 전환 시에는 공격속도를 보장하기 위해서 적의 퇴로, 예상 집결지 조기파악을 위한 정찰감시에 주안을 두고 제 3국 지원 식별 및 해구사 상륙작전지역 정찰감시. 연합시 주요 관심지역 및 적 주요 방어부대 위치식별과 정찰감시 등에 중점적으로 운용된다.

정찰감시를 위한 작전제대 편성은 METT+TC와 통신장비, 감시장비 등을 고려하여 융통성 있게 편성된다. 특히, 특수전부대가 실시하는 정찰감시는 활동지역과 적 구성의 특성에 따라 정찰은 첩보획득 및 확인이 필요시 실시하게 되므로 감시활동이 주가 되어 수행하게 된다.

따라서 정찰감시 제대 편성은 감시에 주안을 두고 지휘 및 통신조, 감시조, 경계조로 편성하며, 추가 첩보수집 및 특정 임무 부여시를 고려 제대 규모에 따라 수집 정찰 및 추적감시조를 잠정 또는 별도 편성하여 정찰과 감시를 병행할 수 있도록 편성한다.

특전팀은 내부통신은 근접전투용 무전기로 실시하며 상급부대로의 보고는 극한 온도, 습한 지역, 산악지역에서도 운용이 가능한 AM무전기를 운용한다. 특전팀이 수집된 첩보를 보고 시에는 적 방탐 거부를 위한 보고시간 단축에 중점을 두고 지휘관의 우선정보요구에 기초하여 보고를 실시한다.

이러한 첩보보고 체계 및 절차는 운용제대별, 작전지역별, 첩보의 종류별로 정보요구부대 작전 기여도, 즉각 조치 가능여부에 따라 다음과 같이 운용된다. 먼저 정찰감시 전담제대는 주로 제 2작전제대/전략예비대, 고가치 표적의 전선지역 이동사항을 정찰 감시하는 제대로서 적의 주 전투지대 투입을 사전 경고하여 이를 차단하는 작전에 기여하기 위해 즉각 연특사로 보고한다. 일반작전제대는 특수작전과 병행하여 첩보보고를 하게 되므로 긴급첩보를 제외하고는 지휘통신체계인 특전지휘소로 보고하게 된다. 또한 특수작전 지상첩보수집(SOGIC)은 긴급타격이 요구되는 고가치 첩보를 공구사에 보고 후 긴급대기 항공기에 의한 타격임무(SCUD/FROG/갱도포병진지 등)를 수행하도록 하는 것이다.

② 타격작전

타격작전은 특수작전부대가 임무로 부여 받은 대상인 표적의 핵심을 직접 또는 간접수단(항공기, 미사일, 장사정 포병 등)으로 결정적인 피해를 입히거나 표적이 기능을 발휘하지 못하도록 파괴하는 공격작전이다.

타격작전의 대상은 우선 정규작전에 가장 심각하게 영향을 주는 표적부터 실시하되 정치, 사회, 경제, 심리, 군사적으로 적에게 심대한 영향을 줄 수 있는 시설과 자원이 포함된다.

타격작전은 특수작전부대가 직접 목표에 접근하여 습격 및 매복을 이용하여 타격하는 직접타격작전과 화력이나 기타수단을 이용하여 목표를 타격하는 간접타격작전이 있다. 특수작전부대에 의해 실시되는 직접타격작전은 정확한 정보와 현지에서 세밀한 관찰을 통해서 표적을 타격하며, 통상 사전에 계획된 표적에 대해 실시하고 작전의 장기화 및 능력 가용 시 적 교란효과 달성을 위하여 추가적인 표적을 선정할 수가 있다. 추가표적은 고정시설 위주로 선정하고 기 계획된 표적주변에 위치한 가용표적 유무에 따라 시설표적 또는 임기표적 타격이 가능하다.

타격작전은 표적이 최대한 장기간 기능을 발휘하지 못하도록 하되 일시적 정지 경우에는 특수작전부대의 능력에 따라 표적의 이용도나 활용도 등을 고려하여 일부만 파괴시킬 수 있다. 즉, 타격작전은 대상표적에 피해를 입히거나 표적이 기능을 발휘하지 못하도록 파괴하여 적의 지휘 및 통신시설, 화기 및 장비, 군사 지원시설, 병참선 등을 파괴 및 교란시키는 활동으로 습격, 매복, 화력유도, 장애물 운용 등을 통하여 작전을 수행할 수 있다.

따라서 타격작전은 적의 주요 지휘 통제·통신시설을 파괴하여 적 전투력 발휘를 방해하고 후방주요시설 파괴 및 교란으로 적 전쟁활동을 방해, 적 후방의 병력 및 보급지원 차단, 지상공격부대 공격축선 또는 공격로상 장애요인 사전제거 등 아군의 근접전투 승리의 보장과 적의 전선지원 및 전쟁수행능력을 약화시킬 수 있도록 전략적, 전술적인 목표를 타격하고, 전선지원을 교란, 전쟁지휘체계를 마비시켜 개전 초부터 적 전쟁의지를 분쇄할 수 있도록 운용되어야 한다.

특수전부대의 타격작전은 특전 팀 능력범위 내 타격 가능한 표적을 선정하여 동시다발적으로 타격을 실시한다. 타격간에는 표적의 결정적인 취약점에 대한 타격을 실시하는데 예를 들면, 통신체계 중 유선통신의 공중케이블은 케이블 지지대를 파괴하고 지하 케이블은 맨홀만 파괴한다 하더라도 응급복구는 곤란하다. 무선통신의 경우는 운용실 파괴 시 중계소 기능이 완전 마비되며 동력실의 파괴로도 전원차단으로 인한 전 시설 작동중지의 효과를 달성할 수 있다. 철도의 경우는 선로의 이격 및 파괴만으로도 철도운행을 제한하고, 터널내의 레일을 폭파함으로써 최소 24시간 이상 병참선 이동을 지연시킬 수가 있다. 또한 동력선 차단 시 전력공급시설의 중단으로 철도운행의 제한 및 각종 전쟁지속물자 생산을 방해할 수가 있다. 이처럼 특전부대의 타격작전은 첨단 과학장비로도 정확히 타격하여 아군의 의도대로 하지 못하는 표적에 대해 직접 눈으로 보고 표적의 취약부위에 타격함으로써 결정적인 작전에 기여할 수가 있다.

③ 특정지역 및 시설확보

특정지역 및 시설확보는 특수작전부대의 작전수행능력을 고려하여 목표가 부여되며, 통상 전략적, 작전적 수준의 특수한 목적에 운용된다. 따라서 장기간의 특정지역 및 시설확보는 다소 제한되나 단기 또는 일시적으로 적시 적절하게 운용될 수 있다.

특수전부대는 특수작전지역의 중요한 축선상에서 특정한 지역을 선점하여 적 증원 및 퇴로차단, 적 은거 및 도피처 거부, 야전군 기동로 확보 등에 운용될 수 있으며, 비행장 점령 및 확보, 주요 시가지 통제, 저항세력 수용소, 주요군사 및 산업시설 등의 특정시설을 확보 및 통제하는데 운용될 수 있다. 따라서 특수전부대가 이러한 특정시설을 확보 및 통제함으로써 적의 전쟁지속능력을 약화시켜 아군의 작전활동을 보장하고, 전투력을 보존하여 주도권을 확보함으로써 유리한 작전여건을 조성할 수 있도록 운용되어야 한다.

특정지역 확보는 특수전부대에 의한 직접적인 확보 및 통제와 화생방 오염과 연막 및 살포식 지뢰운용 등 광범위한 지역을 사용하지 못하게 하는 간접적인 확보 및 통제 방법이 있다.

(나) 간접작전

특수전부대는 적 지역에서의 단기 또는 장기적인 작전활동과 적국의 저항세력 및 조직을 적절하게 운용할 수 있는 능력을 가지고 있으며 이에 따라 훈련 및 편성, 장비되어 있다. 간접작전은 적 지역에서 주로 현지주민 미 저항세력들에 의해 자체 지휘계통을 유지한 상태에서 비교적 장기간 수행되는 작전으로 군사 및 정치, 경제, 심리적 목표달성을 위하여 운용되어야 한다.

즉, 적지 종심지역에서 소규모 또는 대규모 부대로 편성 및 조직하고 타격작전 위주로 작전을 수행하여 군사산업시설, 전략적 목표, 적 증원 및 퇴로차단, 주요 도시타격 등으로 사회적 혼란 및 민심동요를 유발하거나 적 증원역량을 약화시키며 특히 적의 전투력 분산 및 제 2전선 형성을 통하여 전쟁지속능력을 약화시키는데 운용되어야 한다. 직접작전 수행 시 간접작전 운용은 적 및 작전목표에 대한 첩보수집 및 안내 등의 정보활동, 피·아 주요인사 및 군사요원 도피 및 탈출, 특수작전부대 위주의 유격작전 지원, 직접작전 제대로써 편성 등의 목적에 운용될 수 있다. 간접작전 수행절차를 요약하면 다음과 같다.

단계	내 용
1단계 : (심 리 작 전)	목표 : 적 분산 및 약화 · 조직이탈 유발 · 전쟁의지 약화 방송, 전단, 선전활동, 전쟁결과 홍보 저항동기 자극 및 유발
2단계 : (저항세력 획득)	야전군 북진에 따라 자생적으로 조직화된 반체제 세력 획득 물리적 힘에 의해 반체제 수용시설 타격, 확보
3단계 : (편성 및 교육)	저항세력 조직/유격기지 편성, 지원체계 수립 유격부대 전투력 향상을 위한 교육훈련 실시
4단계 : (전 투 운 용)	직접작전과 유사 열세한 병력 및 장비 고려 전투운용 ※ 공세적, 속전속결, 기습달성
5단계 : (복 원)	작전지역 평정 후 해체, 또는 정규부대 편입 국가목표와 일치되는 방향으로 시행

① 유격작전

적 지역이나 적이 점령한 지역 내에서 현지 주민에 의하여 생성 발전된 저항부대에 의하여 공개적 또는 비밀리에 수행되는 군사적, 준 군사적 제반 전투활동이다.

유격작전은 간접작전을 위해 침투한 특수작전부대의 지원과 조언을 받아 저항부대 내에 편성되어 있는 보조부대의 지원하에 주로 유격부대가 실시하면 간접작전 수행단계 중 전투운용단계에서 실시된다. 유격작전 시 임부는 직접작전 시 임무와 유사하나 유격부대를 이용하여 작전을 수행한다는 점에서 다소 차이가 있다. 유격작전 수행은

첫째, 작전 및 전략목표타격을 실시하는데 주로 지휘통제시설, 군사지원시설, 산업시설, 동력시설, 행정 및 치안시설 등을 타격함으로써 군사적, 경제적, 심리적 효과를 달성하게 한다.

둘째, 유격지대 내 적 주요시설이나 부대를 타격하고 주요 보급로를 차단하여 후방교란 및 보급지원 체계를 파괴하여 적의 전쟁지속능력과 전투력 집중을 약화시킨다.

셋째 유격부대는 현지 주민의 심리적 동요를 강요하고 선전, 선동, 전단살포, 접촉포섭 등의 활동을 통하여 상급부대의 심리작전을 지원한다.

넷째, 상륙 및 공정작전 시 중요지역 통제와 확보를 통하여 아군의 작전을 지원한다.

다섯째, 작전지원을 위한 적 기만활동 또는 위협요소제거 등 주 전투지역에서 적 주의를 전환하여 타 방향으로 전환시킨다. 마지막으로 적에서 체포 또는 구금된 우군 요원이나 기타 선정된 인원을 구출하기 위한 작전을 수행한다.

② 전복 및 태업활동

전복 및 태업활동은 정치, 사회, 경제, 및 군사적 안정을 저해하고 사기를 저하시켜 국가방위를 교란 및 방해할 목적으로 인적, 물적 자원을 파괴하는 활동이다. 간접작전제대는 대상정권이나 점령세력에 대하여 조직적인 전복활동을 시도하며 주로 지하공작대에 의해 수행된다. 전복 및 태업활동은 정치적으로 북괴정권의 내부분열을 조성하여 정치세력 교란을 통한 통제능력을 마비시키며, 테러활동의 증

가로 사회질서를 교란하고 심리적으로 북한정권 제도상의 모순 폭로 및 선전활동으로 정권고립과 지배력, 설득력 악화를 유도하고, 군사적으로 지휘계통 항명유도 등으로 폭동으로까지 유도할 수 있으며, 염전사상 고취로 전투력을 약화시킨다.

(2) 평시 운용

특수전부대는 평시에 정규전으로 대응하기 곤란한 형태의 도발행위나 우발사태 발생시 신속히 대응할 수 있는 신속대응전력으로 사태의 확산방지 및 저지로 국가안보에 기여하는 부대로 운용이 된다.

첫째는 대 테러작전 부대로의 운용이다. 테러(terror)란 개인이나 집단이 그들의 특수한 목적을 달성하기 위하여 적에 대해 직접 및 간접적인 방법을 통해 폭력을 사용하거나 위협을 가함으로써 대중에 대한 심리적인 충격과 상징적 효과를 달성하기 위한 계획적인 폭력활동을 말하는 것으로 대 테러(Counter Terrorism) 작전에는 인질구출작전, 대 폭발물작전, 대화학 및 독가스작전, 요인 및 시설경호 등이 있다. 인질구출작전은 테러분자가 개인 또는 단체가 추구하는 목적을 달성하기 위하여 강제로 강금시킨 특정인, 강점된 건물, 차량, 항공기, 선박 등의 내부에 억류되어 있는 인질을 안전하게 구출하기 위하여 실시하는 작전이다. 대 폭발물작전은 폭발물을 이용하여 인원살상과 공공시설이나 물체 등을 폭파하였거나 폭파위협에 대응한 인명보호 및 구출, 후속 폭발물을 저지, 예방하여 피해를 최소화하는 작전으로 특히, 우리나라는 현충문 폭파사건과 부산, 대구 미 문화원 폭파사건, 버마 아웅산 폭파사건 등 북한의 사주 하에 끊임없는 테러활동이 전개되었다. 이에 따라 특전사 전 부대는 86년 아시안게임, 88년 올림픽게임, 2000년 ASEM, 2002년 월드컵 경기 시에 대테러 부대가 운용되었다.

둘째, 북한군 도발응징부대로의 운용이다. 도발응징이란 평시 예상되지 않은 적의 각종 국지도발행위나 적대행위 발생시 이에 상응한 응징을 신속하게 실시하여 도발사태의 확신을 저지하고 새로운 도발행위를 억제하기 위한 계획된 보복작전을 말하는 것으로 군 및 민간항공 시설 내 항공기 또는 주요시설파괴 등의 공중도발, 해군기지 및 항만시설 내 선박 및 주요시설파괴 등의 해상도발, 전선지역 내 군부대 주요시설파괴, 도서지역 내 침공, 요인납치 및 살해, 후방지역 내 주요

시설파괴 등의 지상도발에 대응하기 위한 작전부대로 운용되어진다.

셋째, 요인납치 및 구출작전부대로의 운용이다. 요인납치 및 구출은 분쟁 위험지역 내에서 억류, 구금 또는 도피상태에 있는 주요인사 및 아군요원과 귀순의사를 가진 적국의 주요 군사지도자급 인사와 포로수용소에 있는 전쟁포로 등을 적지역 또는 분쟁위험지역으로부터 아군지역으로 후송하는 작전을 말하며, 전·평시 공히 실시할 수 있다.

넷째, 대침투 작전 시 탐색 및 격멸부대로 운용이다. 특전부대는 부대창설 이후 '67년 괴산 연풍리 대간첩작전을 포함 12회의 대간첩작전에 참가하여 55명의무장공비를 사살하고 3명을 생포하는 등 혁혁한 전과를 올린바 있다. 특히, 북한이 남한에 대한 본격적인 게릴라 활동 전개와 지하조직 및 불순세력의 선동으로 민중봉기를 획책하여 전쟁도발의 구실을 모색하기 위해 '68년 10월 30일부터 11월 2일까지 120여명의 무장게릴라를 침투시켰던 울진/ 삼척지구작전에 투입되었고, '69년도에는 흑산도작전에 투입되었으며 그리고 지금도 우리의 기억에 생생히 남아있는 동해안 주요 군사시설 정탐을 위해 상어급 잠수함을 침투시킨 '96년 강릉 대간첩작전에 투입하여 신속한 작전투입과 협조된 작전으로 작전을 성공적으로 수행하여 국민에게는 신뢰의 표상이 되었고 적에게는 공포와 전율을 안겨주는 「검은 베레의 신화」를 남겼다.

다섯째, UN 평화유지 활동과 난민구출, 인도주의적 지원부대로 운용이다. '99년 9월에 특전사 평화유지군을 창설하여 동티모르 분쟁지역에 파병함으로써 지역치안유지, 민사작전지원, 주요시설 경계지원, 의료활동, 태권도 교육, 한국의 우수성 홍보 등을 통하여 동티모르 주민들로부터 한국민 및 군에 대한 강한 신뢰를 구축하였고 그들로부터 「다국적군의 왕」이라고 불리고 있다. 먼저 치안유지 작전시는 각종 불발탄 처리 및 VIP 경계, 시내정찰 활동, 구호품창고 및 주요시설물 경계 등을 통하여 작전책임지역의 평화와 안정을 회복하여 주민의 절대적인 신뢰를 구축하였다. 다음은 민사작전지원으로 위협세력관리를 포함한 난민복귀지원, 지역 치안유지회의 개최, 각종 생필품 및 구호품 분배, 현지주민 초청행사, 의료 및 방역지원, 그 외 한국의 날 행사를 실시하여 한국을 홍보 및 소개함으로써 현지주민의 민심을 확보할 수 있었다. 비록 짧은 기간의 파병기간이었지만 작전 책임지역의 평화와 안정을 회복하고 보병부대의 다국적군 파병의 명분을 축적할 수 있었으며 UN 회원국이자 수혜국으로서의 책임을 완수하여 국가의 위상을 제고하였다.

여섯째, 각종 재난재해 구조, 대파업지원, 국가적 행사지원 부대로의 운용이다. 먼저 재난재해지원은 수도권 지역은 수도권에 위치한 여단이, 기타 지역은 최기지역에 위치한 여단별로 각각 지원하여 왔으며, 그 동안 특전사는 이리역 폭발사고 피해복구지원('77. 11), 목포 회원반도 민간항공기 추락('93. 7), 성수대교 붕괴('94. 10), 삼풍백화점 붕괴사고 시 인명구조('95. 6) 외에도 대소지역 홍수피해, 대민지원 등 연 20~30회에 걸쳐 중대 및 대대단위 작전을 실시하여 작전을 성공적으로 수행하여 대군신뢰도 향상에 크게 기여하였다.

다음은 대파업 지원으로 대파업 분야는 국가기간산업 파업 시 즉각 투입을 위해 목표대비 115%의 기능인력을 확보(약 3,000여명)하고 있으며, 양성 및 보수교육을 실시하여 열차단독운행과 전기/통신장비 운용 및 점검능력을 구비하고 있다. 열차, 지하철, 통신, 전기 기능인력들은 유사시 시, 도 단위 지정된 지역으로 지원되며, 그 동안 열차/지하철 노조파업('94. 6), 부산지하철 파업('98. 7), 서울지하철파업('99. 4) 등에 투입되어 국가공공산업이 정상적인 기능을 회복하는데 크게 기여하였다. 다음은 국가적 행사지원으로 86아시안게임과 88서울올림픽게임 시 태권도와 고공시범 및 대테러활동, 대전 EXPO행사('93. 4), 무주 동계 유니버시아드 행사('96. 1), 강원 동계 아시안게임('99. 1), ASEM 행사('00. 10), 2002한일FIFA월드컵('02. 6)시 경호경비, 제14회 부산아시아경기대회('02.10)시 경호경비, 대터러작전 외에도 각종 경호·경비작전 지원과 국군의 날 행사지원 등 국가적 행사지원을 통하여 국민으로부터 신뢰 받는 특전부대로 그 위상을 확립하여 왔다.

아. 특수전 수행절차

앞에서 살펴본 특수전의 수행절차는 통상 다음과 같은 4단계의 전개과정을 통하여 비정규전을 실시한다. 이와 같은 단계는 일반적으로 순서에 의해서 전개되지만 상황에 따라 중첩 또는 병행 실시될 수 있다.

먼저 제 1단계 침투전 준비단계에서는 비정규전부대의 침투여건을 조성하기 위하여 상급전략기관에서 실시하는 심리전 활동과 특수전부대 침투를 위한 작전준비활동이 이루어진다.

제 2단계 침투단계는 특수전부대가 최초 필요한 장비와 보급품을 휴대하고 적 후방 지역 내 선정된 작전지역에 은밀히 침투하는 단계로서 육상, 해상, 공중으로 침투하거나 또는 잔류하여 침투한다.

제 3단계 작전운용(전투수행) 단계는 부여된 목표를 달성하기 위한 각종 형태의 작전으로서 적의 전쟁수행 능력을 감소시키기 위하여 실시되는 직접적인 전투행위를 말한다. 전투수행에는 간접작전에 의한 태업활동으로부터 특전부대 또는 조직된 현지 주민에 의한 대규모적인 습격작전이 포함된다. 그러나 비정규전작전은 정치적 영향에 민감하여 전략적 성격을 가지고 있으므로 상급부대로부터의 철저한 통제가 요구된다. 비정규전 수행은 통상 토기작전과 차후작전으로 철저한 통제가 요구된다. 비정규전 수행은 통상 초기작전과 차후작전으로 구분 실시되며 초기작전은 주로 특수전부대에 의한 직접작전으로써 전쟁발발시부터 적의 전방지역 공격작전이 둔화될 때까지 수행되는 작전을 말하며 차후작전은 직접작전과 간접작전이 병행 실시되는 단계로써 통상 우군의 반격작전이 실시되는 시기로부터 종결 시까지 수행된다. 만이리 전쟁양상이 장기화될 시 정규부대 여건에 관계없이 가능한 신속하게 초기작전으로부터 차후작전으로 전환할 수 있도록 노력하여야 한다.

제 4단계 연결 및 퇴출단계는 비정규전 작전지역이 야전군의 지상작전 지역 내에 위치하게 될 때 연결작전이 이루어지며 상황에 따라 특수전부대가 임무를 완수하거나 상급부대지시에 의거 특수전부대 스스로가 비정규전 작전지역으로부터 해상 및 공중을 통하여 아군지역으로 퇴출을 실시할 수 있다.

작전이 종결되면 특수전부대요원은 소속부대로 복귀되고 유격부대요원은 해체되거나 정규부대에 편입시키는 복원이 이루어진다. 현지주민으로 구성된 유격부대를 해체하는 절차를 바로 복원이라 하며 이는 정부방침에 따라 합동참모본부에서 결정한다. 유격부대에 대한 통제와 자문기관으로 활동하는 특전부대는 복원이 완료될 때까지 유격부대에 위치하여 지원 및 조언을 제공하고 복원 계획을 지원한다.

제 3 절 정규부대와 특수전부대의 임무 및 성격

이번 절에서는 정규부대와 특수전부대가 수행하는 임무와 관련된 성격을 살펴보도록 하겠다.

1. 정규 부대

가. 정규 부대의 구분

정규작전 부대란 전시는 물론 평시에도 유지하는 상비군으로 이러한 부대가 실시하는 작전으로는 공격, 방어, 지연전, 기타 작전 등이 있다. 정규작전 부대는 국가의 법령에 의하여 정식으로 편성된 군대이며 그 행동에 관하여서는 국가가 직접 이를 관할하고 또한 책임을 진다.

나. 정규 부대의 임무 및 성격

(1) 정규작전 부대의 임무

정규작전 부대의 임무는 부대별 유형에 전투부대, 전투지원부대, 전투근무지원부대로 구분하여 임무를 수행하고 있다.

(가) 전투부대 : 독립적인 전술 구성부대로서 사격과 기동으로 적에게 접근하여 적을 격멸 및 포획하며, 지형을 확보 및 통제하는 부대

(나) 전투지원부대 : 전투부대의 전투력을 증강하기 위하여 작전측면에서 지원하는 부대

(다) 전투근무지원부대 : 작전중인 부대에 제공되는 지원으로서 주로 행정업무, 군종업무, 민사업무, 재정, 법률업무, 영선, 의료업무, 헌병, 보급, 수송 그리고 기타 군수근무의 여러 분야

(2) 정규작전부대의 성격

(가) 국가의 법령에 의해서 편성된 부대이기 때문에 합법적으로 작전을 실시
(나) 인류의 평화를 저해하는 핵 및 화생방 이외의 수단 즉, 재래식 무기로 작전을 실시
(다) 국가의 목적 달성을 위해 우선 자국의 영토와 국민의 생명을 보존하기 위하여 준비된 부대
(라) 작전의 대다수가 대규모작전

2. 특수전부대

가. 특수전부대의 구분

특수전부대 란 전·평시에 군사적, 정치적, 민사적, 심리적 목표를 달성하기 위하여 특별히 편성, 훈련 및 무장된 부대로서 기본적으로 특수전부대는 적 지역에서 적과의 결정적인 전투를 회피하면서 소규모 단위 위주의 작전을 실시하다가 여건이 조성되면 제2전선을 형성하여 적 후방 교란 위주의 조직적인 공세작전을 실시한다. 특수전부대의 작전은 근본적으로 적의 지역·해역·공역에서 수행되는 공세작전이다. 이러한 작전은 비 선형 전으로서 작전시기와 작전대상, 그고 작전지역이 광범위하여 일정한 시간, 장소, 규모 등에 제한을 받지 않는다.

또한 특수전부대작전은 적 지역에 침투한 특수전부대 요원이 직접 작전을 수행하거나, 현지 동조세력을 규합하고 이들을 이용하여 작전을 수행한다. 이러한 특전부대 작전은 각 국 또는 각 군과 함께 연합 및 합동작전을 수행하며 각각의 작전목적을 달성하는데 직접적 또는 간접적으로 기여한다.

나. 특수전부대의 임무 및 성격

(1) 특수전부대의 임무

특수전부대의 임무는 크게 아래와 같이 3가지로 분류할 수 있다.

(가) 직접작전 시

특수전부대는 지상작전의 직접작전 시 유리한 작전여건을 조성하기 위하여 비교적 단기간에 정찰감시, 타격작전, 특정지역 및 시설확보 등의 작전을 실시한다.

(나) 간접작전 시

간접작전 시는 적 지역에서 특수전부대가 주체가 되어 저항주민 또는 저항세력을 편성 및 훈련, 조언 및 지시, 지원을 하여 유격작전, 전복활동, 도피 및 탈출, 정보활동 등을 실시한다.

(다) 기타 특수작전 시

기타 특수작전 시는 특수전부대가 직접작전과 간접작전 임무 외에 전·평시 임무중 추가 또는 변경되는 부차적인 임무를 상급부대로부터 부여받아 임무를 수행하게 되는데 이는 정규전으로 대응하기 곤란한 도발행위나 우발사태 발생 시 사태의 확산방지 및 저지를 단기간에 조치함으로써 국가안보에 기여하며 군사적, 정치적, 경제적 혹은 심리적 목표달성을 위해 특수전부대가 적지종심지역 또는 아후방지역에서 작전을 수행하다. 따라서, 기타 특수작전 시 부여되는 임무는 요인납치 및 구출, 탐색 및 구조, 대량살상무기 식별 및 확보 등의 임무를 수행한다.

(2) 특수전부대의 성격

(가) 강력한 지휘·통제

특수전부대작전은 통상 광활한 지역에서 소규모 단위의 독단활용 형태로 수행되며, 동시성 및 시차성과 통합성이 요구되기 때문에 일사불란하고 강력한 지휘·통제가 요구된다.

(나) 편성, 장비, 훈련의 정예화

특수전부대는 인원 및 장비 면에서 어떠한 지역과 환경에서도 작전을 수행할 수 있도록 특별히 편성 및 장비 되어야 하며, 고도의 작전 수행 능력을 구비할 수 있도록 정예화 되어야 한다.

(다) 정확한 정보에 의한 부대운용

특수전부대 작전은 통상 전략적, 작전적 목적으로 실시되기 때문에 적의 강·약점과 핵심 고가치 표적에 대한 정확한 정보는 매우 중요하며 작전의 성패를 좌우하는 조건이 되기도 한다. 또한 특수전부대 작전은 비밀이 보장되지 않으면 작전을 성공적으로 수행하기 곤란하기 때문에 적에 대한 정보 획득과 더불어 작전에 대한 보안이 요구된다.

(라) 전략적, 작전적 수준의 계획수립

특수전부대 작전은 통상 전반적인 작전에 크게 영향을 미칠 수 있는 핵심 고가치 표적을 파괴 또는 무력화시키기 위하여 수행되기 때문에 비록 작전의 규모가 작다 할지라도 전략적, 작전적 수준에서 고려되고, 계획이 수립되어야 한다.

3. 정규부대와 특수전부대와의 차이점

정규 부대와 특수전 부대와의 임무, 작전지역, 작전절차, 작전성격 면에서 비교하면 아래와 같다.

가. 임무형태면

정규부대 작전은 공격, 방어, 지연전 등으로 기술되지만, 특수전부대 작전은 정찰감시, 타격작전, 특정지역 및 시설확보, 기타 특수작전 등으로 기술된다. 또한 정규작전부대는 통상 단일 임무형태로 작전이 수행되지만, 특수전부대작전은 통상 2가지 이상의 임무형태가 동시에 수행된다.

나. 작전지역면

정규부대 작전은 아군지역에서 작전을 수행하지만, 특수전은 적 지역에서 작전을 주로 수행한다. 따라서 여러 가지 작전 시 제한요소가 많으며, 작전 반응시간도 정규작전에 비해 많이 요구된다.

다. 작전 절차면

정규작전은 곧바로 작전(전투)이 실시되지만, 특수전은 적 지역에 침투를 성공해야 작전을 실시할 수 있다. 따라서 침투 실패율을 고려하여 부대운용계획을 수립해야 한다.

라. 작전 성격면

정규부대 작전은 대부분 상급부대의 일부로서 작전을 하거나 또는 독립작전을 실시하지만, 특수전은 팀별 또는 지역대 단위로 소규모 분권화 작전을 주로 실시한다.

결론적으로 특수전부대 작전은 정규작전에 비해 주로 비합법적으로 특별히 훈련되고 장비된 요원에 의해서 고립무원 하의 적 후방에서 소규모로 분권화 하여 전략적 및 작전적 임무를 달성하기 위하여 작전을 수행하기 때문에 임무수행에 부합된 정교한 훈련과 고성능, 기동화 되고 경량화 된 장비가 요구된다.

제 4 절 특수전부대의 역할

1. 필요성

최근 걸프전이나 아프카니스탄전, 이라크전에서 보았듯이 현대전은 가급적 인명의 손실을 최소화하고 전쟁에서 승리하기 원한다. 이를 위해서는 정예화 된 특전부대요원들이 적 후방 종심 깊게 침투하여 각종 작전을 수행하는 방법 등으로 전쟁의 성격이 변하고 있다.

이러한 특전부대의 역할은 전시뿐만 아니라 평시 전쟁이외의 군사작전 등에도 커다란 비중을 차지하고 있다. 이렇기 때문에 세계 각 국가는 정예화 된 특전부대를 보유하려고 노력하고 있으며 많은 지원을 아끼지 않고 있다. 이들 특수부대는 각 국의 이익을 최전선에서 지키고 있다. 특히 저강도 분쟁에서 특수부대의 효용은 언급할 필요가 없다. 특수부대는 대규모 정규군 파병이 필연적으로 초래할 외교적 마찰을 간단히 회피하며 목적을 실현할 수 있다.

특수부대의 효용은 강대국에만 국한되지 않는다. 오히려 대규모 군비를 지출할 능력이 없는 약소국에겐 더 긴요한 존재다. 북한이 특수부대를 양성하고 있는 이유도 여기에 있다. 미국 합참은 21세기 전략환경과 대응방향을 분석해 지난해 발표한 '비전 2020'에서 '비대칭적 위협'을 특히 강조했다. 잠재적 적국들이 미국의 강력한 현대식 무기에 맞 대응하는 것이 아니라, 비정규적 방법으로 도전할 것으로 우려한 내용이다. 대표적인 비대칭적 위협 요인 중 하나가 특수부대다.

특수부대만이 특수부대를 상대할 수 있다는 것은 상식이다. 한국 특전 부대는 북한의 특수부대와 각종 저강도 분쟁 대응 뿐 아니라 강대국에 대한 위협 요소로도 큰 기능을 할 수 있다. 국가 이익을 극대화하기 위해 현재 및 장차전에서 특전부대의 역할을 고려해 볼 때

① 정규작전을 지원하는 역할

② 정규작전 부대와 상호 지원 및 보완하는 역할

③ 독립적으로 작전을 실시하는 역할로 크게 3가지로 구분할 수 있다.

2. 주요역할

가. 정규작전을 지원하는 역할

(1) 주요역할

특수전은 정규전으로는 대처할 수 없거나, 정규전의 능력을 초과하는 특수한 형태의 전쟁을 조기종결에 기여하는 역할이 주요 임무이며 구분하면 다음과 같다.

① 적 후방지역 작전으로 정규작전에 기여

② 후방 주요 축선상에서 정찰감시를 통하여 전쟁지도부의 눈과 귀의 역할 수행

③ 적의 전쟁수행능력과 잠재능력 약화

④ 제 2전선 형성으로 적 후방 전투력 분산 및 거부작전 실시

⑤ 적의 특수한 도발형태에 신속한 대응 및 저지

⑥ 적 또는 특수전 대상지역에 아 정부의 정책 및 통치기능 지원 등을 들 수 있다.

특수전은 상황에 따라 적절하게 대응할 수 있도록 적보다 신속한 대응조치로 주도권을 확보하여 군사, 정치, 경제, 사회, 심리 및 준 군사 활동을 포함한 제반 요소를 통합하여 집중과 분산이 이루어지도록 운용하여야 한다.

이를 위해 특수전을 수행하는 부대는 개전초기 신속히 적 후방지역에 침투하여 적 주요 축선상에 대한 정찰감시와 전략적 위협표적 및 지휘통제체제 등을 파괴하여 정규작전에 기여하며, 초기작전 이후 적의 전선증원 차단 및 심리적 교란작전과 적의 조직적 저항을 감시하며, 전쟁 지도기능 마비 및 전쟁 지속능력을 파괴하여야 하고, 전·평시 긴급사태 및 특수한 도발형태 발생 시 신속대응 저지로 적의 의도를 분쇄 및 안정유지에 기여하도록 운용하여야 한다.

이는 특전부대 작전의 대부분을 차지하는 역할로 정보수집, 전략정찰, 종심지역 목표타격, 후방교란작전으로 전방에 대한 압력을 분산하거나 특정지역 확보 등으로 정규작전 지원하는 역할을 수행하는 것과 대 비정규전 시 기동타격대의 임무도 수행할 수 있다.

(2) 비정규전 역할

비정규전은 적의 군사, 정치, 경제 또는 심리적인 취약성을 이용하여 적의 후방지역 교란으로 적의 전투력을 분산하고, 적의 동원능력을 와해하여 전쟁 지속능력을 약화시키며, 적지 종심작전 수행으로 증원부대를 차단하여 후속제대의 위협을 제거하며 적의 조직적 전투체계를 파괴하고, 적의 전선지역 전투력 집중을 약화시켜 근접작전에 유리한 여건을 조성하여 정규작전의 성공을 보장한다. 비정규전은 가능한 정규작전을 지원하며, 작전지역을 확대시켜 줌으로써 적의 전쟁지속 능력을 분산 및 마비시켜 유리한 상황하에 전쟁을 조기에 종결시킬 수 있도록 운용한다. 이를 위하여 적 후방지역에 침투하여 전투를 하고 이를 지휘 및 통제하며, 각종 전투지원과 전투근무지원을 효율적으로 수행함으로써 비정규전 임무를 수행할 수 있다.

비정규전은 적 지역이나 적 점령지역내에서 현지주민이나 침투한 정규군 요원이 주로 외부의 지원과 지시를 받아 통상 장기간 수행하는 광범위한 군사 및 준 군사활동으로서 직접작전, 유격전, 도피 및 탈출, 전복활동을 포함한다.

비정규전의 본질은 정상적인 전장(정규군 전장지역)에서 수행되는 전형적인 전투가 아니며, 일정한 시간, 장소, 규모에 제한 받지 않고 수행되는 비 선형적인 전쟁이고, 기존 정부나 점령세력에 저항하는 일부 주민의 조직적인 투쟁으로서 각종 불만 요소가 합법적인 방법으로 해결되지 않을 때 저항운동으로 발전하게 된다. 또한 적국의 정부나 적군을 격멸하기 위하여 정규군 요원이나 저항세력을 이용하는 조직적인 전쟁이며, 적 배치의 혼란, 적 배후차단 및 고립 등의 물리적 교란과 납치, 기습, 테러 등의 정신적 공포를 조성하는 공세위주의 작전이다.

비정규전은 전쟁 시 지상군(야전군) 능력으로는 영향을 미치지 못하는 적 후방종심지역에서 비 전형적인, 지속적인 전투로 장기전을 수행하여 전면전(정규전)을 지원 및 보완하는 역할을 한다. 그러므로 이러한 비정규전은 적의 정치, 경제, 사회, 심리 및 군사적 취약성을 최대로 이용하여 적의 배후를 교란하고, 적의 전투력을 분산함으로써 적의 기본 질서를 와해하고, 전쟁지속능력을 약화시켜 국가목표와 기본작전에 직접, 간접으로 기여하는 목적으로 수행된다. 또한 비정규전은 전쟁수행을 위한 제반 활동의 여러 분야에서 적에게 행동의 자유를 제한시키며,

심리적 동요를 유발할 수 있을 뿐만 아니라 스스로 선정한 시간과 장소에서 특정한 형태의 전술적 공세를 취하여 전략, 작전술 및 전술적으로 유리한 국면을 조성할 수가 있다. 특히 적 지역의 지형적 여건과 주민의 성분 분류에 따른 불만요소 등은 비정규전 수행에 유리한 조건을 제공하고 있기 때문에 최소의 희생으로 최대의 효과 획득이 가능한 비정규전은 장차 정규전과 더불어 균형 있게 발전시켜야 할 분야인 것이다.

비정규전의 특성은 다음과 같다.

① 작전지역은 적 후방 전 지역(도시, 농촌, 산간)으로 광범위하며,

② 정치, 군사, 경제, 사회, 심리 등 작전대상이 광범위하다.

③ 정치, 군사의 통합된 형태로 전개되므로 현지 주민의 역할이 증대되며,

④ 열세한 병력과 장비로 적의 정규군과 대결하므로 불리한 상황에서 작전을 수행하게 된다.

⑤ 고립무원의 전장환경에서 활동하므로 전투력 보존의 불확실성이 상존하고,

⑥ 다양한 전투기법의 운용이 가능하다.

비정규전은 정규전으로 대치또는, 수행하기 곤란한 작전을 수행하여 정규작전을 지원 및 보완하는 기능을 수행하는 것으로 연합사 및 야전군 작전과 연관하여 작전을 수행 한다. 따라서 개전 초 또는 개전직전에 적 지역으로 침투하여 전쟁초기부터 적의 속전속결 전략에 대응, 적극적으로 비정규전을 수행하여 입체고속기동전 수행 및 전장 동시전투를 달성하여 적 후방 침투 및 작전운용을 통해 적이 전후방 동시전투를 하게 만들고, 적의 공격용 핵심전력 및 전략표적 파괴를 통해 적의 전쟁 지휘기능을 마비시키며, 주요 산업 및 동력체계를 동시에 마비시킬 수 있도록 표적계열별 동시 무력화 작전을 수행 한다. 개전초기의 작전이 성공하여 여건이 조성되면 비정규전 전력의 점진적인 강화로 비정규전지역을 확대하여 작전기지를 중심으로 하는 비정규전 부대간 상호연결로 통제지역을 광역화하고, 여건 조성 시 현지주민을 이용한 준 군사부대 편성으로 비정규전 전력의 양적 질적인 강화를 도모해야 한다. 이렇게 함으로써 비정규전 부대가 통제하고 있는 지역 내에서의 적 활동을 제한하고 제 2전선을 형성하여 적의 후방지역 마비를 꾀하고, 대규모 작전수행체제를 구축해야 한다.

나. 정규부대 작전과 특전부대 작전 상호 지원 및 보완하는 역할

이는 8 · 18 판문점 공동경비 구역 내에서 북한군 경비병에 의해 저질러진 미군 장교 살해사건의 불씨였던 판문점 미루나무를 절단하는 작전이나 9·11 대 테러 작전과 같은 임무를 수행할 시 특전부대 요원은 미루나무 절단이나 빈 라덴 추종자를 생포하기 위한 특수작전을 실시하고, 정규작전부대는 유사시 즉각 대응하기 위하여 준비하거나 동시에 작전을 실시함으로써 상호 지원 및 보완하는 역할을 수행하는 것이다.

3. 특전부대의 발전 방향

북한도 우리가 정예화된 특전부대를 보유하고 있다는 사실을 파악하고 있을 것이다. 실제로 북한은 적지종심작전에 대비하여 우리보다 훨씬 더 많은 수개 군단 규모를 후방지역에 배치하고 있다. 이러한 사실들은 비정규전부대가 비록 그 숫자 면에서 미미하지만 군사전략의 수행에는 지대한 역할을 수행한다는 사실을 증명하여 주고 있다.

북한은 한국전쟁을 전후하여 비정규전부대를 운용한바 있으며 그 실효성을 높이 평가하여 비정규전부대의 증개편과 더불어 배합전을 통한 단기 속전속결의 전략 개념을 계속 발전시키고 있다.

이는 동해안 지역 무장공비침투로 그 실효성을 입증한 바 있다. 이러한 비정규전 전력은 개전을 전후하여 목표가 상이한 부대들이 대량으로 투입될 것으로 예측된다. 따라서 이를 상대할 수 있는 대응책은 우리도 초전에 적극적인 합동특수전을 전개함으로써 전세를 역전시킬 수 있도록 해야 할 것이다.

장차작전의 양상은 북한의 군사전략과 군사능력을 고려해 보았을 때 그들이 선정한 축선상에 전투력을 집중하여 기습달성이 가능할 경우 최초부터 공중 및 지상입체전을 구사한 기계화부대를 투입하여 방어조직을 와해시키고 특수부대의 배합으로 후방교란이 예측된다.

이는 전쟁 발발과 동시에 피아 대규모 특수전 부대를 후방지역에 투입시켜 전국토를 동시 전장화함으로써 주력부대 작전에 직접적으로 영향을 미치고 주요 지휘시설을 비롯한 전장기능의 파괴, 병참선 및 퇴로의 차단 등 전후방 동시 전장화하며 속전속결에 기여함은 물론 심리적인 마비효과와 사회적인 혼란을 야기시켜 작전의 지속능력을 약화시킬 것이 예상된다.

비정규전부대의 전시 역할 이외에 평시에도 특전부대는 국가전략수행 과정에서 항상 그 중심축상에 있어 왔다. 분단 이후 계속되어온 대침투작전시 비정규전부대가 활약하였고, 올림픽이나 월드컵과 같은 국가적 행사시 각종 시범지원은 물론 안전활동에도 가장 중요한 부분을 담당했다. 최근 정부에서 동티모르에 부대를 파견해야 할 상황에서 군의 수뇌부는 큰 고민 없이 특수부대를 선택할 수 있었다.

이제 우리의 안보 환경은 변화될 것이다. 국가 여러분야에 대한 투자의 압력 때문에 국방분야에 대한 투자 능력이 감소될 수도 있고, 군 감축의 압력을 받을 수도 있다. 군의 규모를 줄이기 위해서는 군을 정예화해야 할 것이고, 다목적 군으로 양성해야 될 것인데 특전부대가 바로 그러한 부대이다. 과거 '80년대에 미군이 군축을 단행할 때 특전부대를 대대적으로 증편한 것이 그 좋은 예이다.

우리 특전부대도 이제 50년이 넘는 역사와 함께 세계 유수한 국가의 특수부대와 비교해도 개개인의 기본전투 능력면에서는 손색이 없다. 단지 이러한 전투력을 효과적으로 투사시킬 수 있는 정밀타격을 위한 첨단장비 확보, 고성능 통신 및 감청장비 확보, 전투요소들의 능력을 동시에 통합할 수 합동 특수전 수행을 위한 교육훈련을 발전시키는 것은 앞으로도 계속 추구되어야 할 분야일 것이다.

현재 우리 군의 공군 수송기나 육군항공의 헬기는 양적인면에서는 어느 정도의 수량이 확보되어 운용하고는 있으나 정밀항법장치, 전자전장비, 피격회피 능력면에서 제한사항이 많음으로써 국지적으로나마 제공권이 확보되지 않고서는 특수전부대 작전팀이 공중침투를 지원하는 데에는 적절하지 못하다. 적의 기동, 단기속결전 등을 고려시 개전 초 최단시간 내에 적정 규모의 비정규전 부대의 적지역 침투가 요구되므로 침투규모를 고려한 적정대수의 항공기에는 첨단 항법장치, 전자전장비, 그리고 통신보안장비를 반드시 장착하고 운용할 수 있도록 소요반영 및 확보 운용에 제반 노력을 기울여야 할 것이다.

통신장비는 정찰감시작전 요원뿐만 아니라 원거리의 적지종심 후방지역에서 임무를 수행하는 비정규전 수행 부대에게는 필수적인 장비이다. 그러나 현재 보유 운용중인 내부통신용 무전기는 정찰감시 작전팀 내부 통신장비로는 부적절하며,

외부통신용 무전기는 통달거리 면에서는 제한이 없으나 장비의 성능이나 운용은 제한사항이 많다고 본다. 인간정보의 유일한 보고수단인 통신장비의 성능 제한은 작전팀 및 운용제대의 효율성을 매우 저하시키는 요인이 된다. 따라서 정찰감시작전 팀에는 보안성과 신뢰성이 향상된 첨단 위성 통신용 고성능 무전기가 보편화되어야 하고, 고속전문처리기, 영상 또는 각종 자료의 실시간 전송 기능을 보강시켜야 하며, 이를 운용할 상급제대의 통신체계를 보강해야 한다. 작전을 실시하는 현지에서의 적 통신망 감청장비도 적의 의도나 작전팀의 생존성 향상을 고려서 반드시 보완되어야 한다.

관측장비는 적을 관측, 식별하는 기본장비이다. 현재의 쌍안경과 야간투시경은 관측 성능이 저급하여 주요지점의 원거리 관측을 통한 가치 있는 고급 첩보의 획득이 제한된다. 적의 위험을 고려하여 멀리 이격된 거리에서 관측시는 명확한 적의 식별 능력이 저하되고, 적에서 접근해서 관측시는 작전요원의 생존성이 위협을 받는 양면성이 있다. 이를 극복하는 방안으로는 고성능 관측장비를 확보 운용하는 것이다. 원거리 관측 장비와 불량한 시계하에서 관측과 야간 관측 능력의 향상을 위하여 야시장비 또는 열상장비의 보완이 필수적으로 이루어져야 하고, 또한 원격조종 무인 관측장비로의 연구개발과 위성통신장비와의 연동체계의 구성이 바람직한 방안이다.

특전부대 생존에서도 야전 급조 무기, 도구, 장비 등을 포함 기술 및 실습시간을 반영하는 것과 바다에서의 생존 내용을 반영해야하며 북한지역의 언어와 문화에 대한 지속적인 연구가 필요하다. 분단 50여 년후 많은 언어와 문화의 차이가 있으므로 적지에서 임무수행시 지역주민과 접촉하게 될 특전부대원 들에게 꼭 필요한 부분이다. 더불어 도피, 저항, 탈출에 대한 효과적인 훈련을 위해 야외 전술훈련중 또는 훈련시간늘려 간접적인 체험을 하여 그 능력을 배양하여야 한다.

비정규전작전시 팀의 조편성 및 운용면에서도 단일 장비로 단일 지점에서의 임무 수행간에 나타나는 생존성 및 융통성의 제한사항을 극복하기 위하여 작전팀을 2개조로 구분 편성하여 임무를 수행하는 것이 바람직하다고 본다.

이와 같은 보완 방법외에도 여러 가지 문제와 제한사항이 있다. 그러나 이상과 같은 소요에 대한 인식의 확산이 필요하며 관련자들의 적극적인 관심과 구성원들의 노력을 기울인다면 지금 보다 한층 발전 특전부대가 될 것이다.

제2장

특전부대 정작

제1절 계획수립 및 명령작성
제2절 정찰감시
제3절 항공화력유도

제2장 특전부대 정작

제1절 계획수립 및 명령작성

가. 계획수립 절차

(1) 계획수립 절차는 다음과 같다.

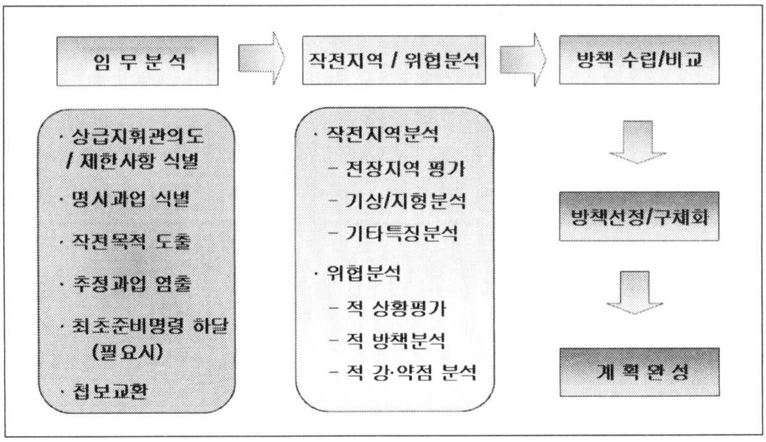

※ 임무분석 : 상급지휘관 의도 및 제한사항을 식별하고 명시과업을 식별 및 작전목적을 도출하여 추정과업을 염출하는 과정이다.

(가) 상급 지휘관 의도 및 제한사항 식별

① 상급지휘관 의도

작전계획(명령)의 1항 아군상황에서 2단계 상급부대의 의도를 확인하고, 3항 실시중 지휘관 의도에서 차상급부대의 작전결과인 최종상태와 작전 목적에서 식별가능

② 제한사항

행동의 자유를 제한하는 것으로 어떤 것을 반드시 수행하도록 요구하거나 어떤 행동을 금지하는 것으로 통상 작전개념이나 협조지시란에서서 주지 가능하다.

③ 명시과업 식별

상급부대 계획(명령)에 기술되어 있으며 주로 2항 임무, 3항 실시에 포함, 부록 등에서도 식별

④ 작전목적 도출

작전목적은 무엇을 위해, 왜 실시하는가를 의미하는 것으로, 부대의 능력과 현실적 여건을 고려하여 달성 가능한 목적을 설정, 지휘관 의도에 포함.

⑤ 추정과업 도출

상급부대 계획이나 명령에는 기술되어 있지 않지만, 명시과업과 작전목적을 달성하기 위해 수행해야 할 추가적인 과업으로서 상급부대 작전계획(명령)과 지휘관 의도, 명시과업, 지역연구 결과를 기초로 도출

⑥ 첩보교환

구 분	내 용
중대장	
정 보 (부중대장) (정작담당관)	
작 전 (중대장) (정작담당관) (화기담당관)	
군 수 (폭파담당관) (선임담당관)	
인 사 (의무담당관) (부중대장)	
통 신 (통신담당관)	

나. 지역연구 및 작전계획 완성

(1) 지역연구 정의

적지종심지역에서 특수작전을 실시하기위하여 부대가 침투 전 전장의 환경이 작전에 미치는 영향을 극복하기 위해 사전에 실시하는 행동이다.

(2) 지역연구 포함사항

가) 지리적 위치 / 지형의 특징
나) 주민분포 / 생활
다) 적 위협
라) 목 표

(3) 계획완성

가) 지역연구를 기초로 완성
나) 침투에 관한 사항을 상급부대와 협조
다) 침투계획 및 침투 후 임무수행 계획 작성
라) 통신운용계획, 우발계획, 연결 및 복귀계획 포함 작성
마) 중대장에 의한 명령 하달
바) 직책별 지역연구 및 작전지역 분석

구 분	내 용
공 통	• 작전지역의 위치 및 지형의 특징 • 작전지역내 동·식물 분포 및 생존 여건 • 주 및 예비기지(은거지) • 재집결지, 강하지점, 침투로 • 지형 및 기상이 작전에 미치는 영향 • 지역내 획득 가능한 물질
중(지역)대장	• 지리적 요소, 생활관습, 종교, 보건 • 저항세력 · 주민성향 • 작전목표에 대한 특징·성격·취약성·경계상태

구 분	내 용
부중대장	• 보급지원 및 제한요소 • 인사행정 문제점 • 보급지원 절차 • 생존계획 • 심리전
정작담당관	• 지역정보 산출 • 적 상황 • 표적분석 • 생존여건
화기 및 폭파담당관	• 화기운용 및 탄약 확보 대책 • 효과적인 화력운용 계획 • 목표제원 및 폭약량 산출
통신담당관	• 통신 소통여부(지형·기상고려) • 교신장애 요소 • 작전 지역내 통신시설
의무담당관	• 작전지역내 의무시설 및 의무기구, 의약품 확보대책 • 전사상자 발생시 대책 • 의약품 휴대 및 응급처치 방법 • 생존계획 • 작전목표에 대한 특징 · 성격 · 취약성 · 경계상태

다. 상급부대에서 제공하는 작전지역 분석 자료

Tip)

♣ 평시 작전지역에 대한 충분한 자료확보 및 연구결과는 전세규에 반영 / 작전요원들과 전술토의활성화(백지전술)

♣ 지역연구시 확대도, 항공사진 등 최대 활용

♣ 계획수립시 사판이용 / 워게임 실시 후 계획 검토 및 보완

♣ 계획수립간 토의 활성화(충분한 의견반영 및 직책별 임무숙지)

제 2 절 정찰감시

가. 정의

육안관측이나 기타 탐지방법에 의해 적의 의도 및 활동과 특정지역의 지리적 특성이나 기상, 시설 등에 관한 정보를 획득하여 보고하는 첩보활동으로 "정찰"과 "감시"기능을 포함한다.

나. 운용개념

(1) 목적

(2) 성공요소

(가) 정확한 정보획득 및 치밀한 계획
(상급부대 정보 / 현지 획득한 첩보를 기초로 치밀한 계획)

(나) 원활한 통신소통 (METT+TC 요소 고려)

(다) 효과적인 정찰감시지역 선정 (내·외부 통신 소통이 가능하도록 통신소 구축)

(라) 적시적·적극적인 첩보수집 (지속적 첩보 수집 및 제한시 수집정찰)

(3) 작전운용

구 분	운 용 위 치
전담 제대	• 야전군 관심지역내 적 이동 축선상 또는 특정한 표적에 운용 • 연합사령부 군사작전 여건 보장에 필요한 첩보획득을 위해 특정한 지역 / 표적에 운용
일반 제대	• 야전군 관심지역외 추가 첩보획득이 필요한 주요지역 운용 • 타임무와 병행하여 추가 첩보 획득이 필요한 주요지역 운용

(4) 첩보수집대상

다. 작전 조 편성 및 임무

(1) 고정 감시

적의 이동 및 고정 표적에 대한 관측이 용이한 지점에 감시소를 설치, 은거하면서 육안 및 장비를 이용하여 첩보수집을 실시하는 방법

구 분	지휘·통신조	감 시 조	경 계 조
편 성			
임 무			
휴 대 장 비			

(2) 수집 정찰

고정감시에 의한 첩보 수집이 곤란하거나 이동하는 적과는 다른 고정 되거나 일시 정지한 적에 대한 첩보를 수집하는 방법

구 분	지휘· 통신조	수 집 정 찰 조	경 계 조
편 성			
임 무			
휴 대 장 비			

(3) 추적감시

고정감시 임무수행 중 이동표적에 대한 추가 첩보수집이 요구될 때 C-NAI 또는 NAI 지역에 대한 다수의 정찰감시부대를 배치하여 이를 통제할 수 있는 본부와 정찰감시 부대들간의 상호 유기적인 첩보를 교환할 수 있는 네트워크체계를 구성하여 첩보수집 및 보고하는 방법

(4) 임무지원지점 정의 / 선정 시 고려사항

(가) 정의

정찰감시지역으로 전개 하기전 도상연구로 얻어진 정찰감시 지역의 안전성, 적절성 여부를 확인하고 최종적으로 작전을 준비하기 위해 일시적으로 점령하는 곳

(나) 선정시 고려사항

• 정찰감시지역 주변	• 적 접근 식별이 용이한 곳
• 식별이 용이한 곳	• 예비작전지역 이동이 용이한 곳
• 은·엄폐가능한 충분한 공간	

(5) 임무지원지점 점령절차

본대정지 / 사주경계	임무지원지점 정찰 및 주변수색

본대유도	잔류조 접촉

(6) 임무지원지점 활동

(가) 임무지원지점 잔류조(목표 정찰조 제외)

① 자체방어 및 경계
② 개인임무 숙지 및 장비점검
③ 조별 인원 및 장비 재편성
④ 작전지역 지형숙지
⑤ 정찰조 편성 작전지역 정찰
⑥ 충분한 휴식

(나) 목표 정찰조

<table>
<tr><th colspan="2">편 성</th><th>임 무</th></tr>
<tr><td rowspan="5">정찰조</td><td></td><td></td></tr>
<tr><td></td><td></td></tr>
<tr><td></td><td></td></tr>
<tr><td></td><td></td></tr>
<tr><td></td><td></td></tr>
<tr><td>잔류조</td><td></td><td></td></tr>
</table>

(다) 목표 정찰시 세부 확인사항

	임　　　무
지휘/ 통신조	
감시조 경계조	

(7) 작전지역 점령절차

(8) 작전지역 편성

(가) 지휘 및 통신소

각 조를 지휘·통제하며, 수집된 첩보를 상급부대에 보고하기 위한 곳으로 감시조 및 경계조, 상급부대와 통신소통이 가능한 지역

※ 선정 시 고려사항

1) 전파 장애물이 없는 곳
2) 지휘 통제가 용이하고 내부통신 가능한 곳
3) 적 부대와 차단되고 접근이 곤란한 곳

(나) 감시소

적 활동을 감시하여 지휘통신소에 첩보를 보고하는 곳

※ 선정 시 고려사항

1) 적 활동을 감시할 수 있으며 자연장애물 이용이 가능한 곳
2) 적의 예상 이동 축선상의 "목"지역 감시가 용이한 곳
3) 적의 관측과 사격으로부터 은폐, 엄폐된 곳
4) 경계 및 철수가 용이한 지역(높은 산 능선이 연결된 지형)
5) 예비 작전지역 및 지휘·통신소로 이동하기 용이한 곳

※ 야간감시소 선정시 야간감시 장비운용 가능지형 여부 확인 후 선정

(다) 경계소

정찰감시지역에 대한 적의 수색 및 기습을 조기에 경고하고 적 접근시 타 방향으로 유도하며, 감시조의 안전과 감시 임무를 보장받을 수 있는 곳

※ 선정 시 고려사항

1) 적 관측이 용이하고 적 접근 시 조기에 경고가 가능한 지역
2) 적 관측 및 사격으로부터 보호를 받을 수 있는 은·엄폐지역
3) 작전지역에 대해 감시를 병행할 수 있는 지역

(9) 작전지역내 세부 행동요령

(가) 배치완료 후, 불필요한 이동 통제
(나) 야간시 방광 및 방음대책 강구 ⇨ 기도비닉 유지
(다) 작전지역내 위장 및 흔적 제거
(라) 경계력 보강(부비츄랩 설치 : 작전지역 노출되지 않도록 설치방향 기만)
(마) 재집결지 선정 및 숙지(철수고려 수개 장소 선정)

(10) 첩보보고 시 고려요소

(가) 적합성 : 수집된 첩보가 첩보보고로서의 가치가 있는가 여부
(나) 중요성 : 중요도에 따라 우선순위를 부여하여 가장 중요한 것을 먼저 보고
(다) 적시성 : 신속한 보고로 실시간 첩보로서 활용이 가능토록 제공
(라) 간결성 : 작전부대 위치 노출 고려 최대한 간략하게 보고
(마) 완전성 : 상급부대에서 어떤 내용인지 알 수 있도록 보고

(11) 첩보보고 기준 / 대상

(가) 보고 기준

기준	보병	포병	전차 / 기계화	TBM / WMD / 탄약 및 유류 보급소
규모	대대급		중대급	규모 미적용

(나) 보고 대상

- 적 전쟁지도부 식별 및 이동사항
- 핵 및 화생무기 집적소, 발사대의 위치 및 이동사항
- 미사일 발사대의 위치 및 이동사항, 신무기 운용에 관한 사항
- 집결 또는 이동중인 대규모 적 부대(대대급 이상)
- 중대급 이상 전차, 장갑차 부대이동 및 집결상항

(다) 보고 종류

- 긴급 보고 : 우선 정보요구에 기초하여 획득 즉시 보고
- 정기 보고 : 사전 약정된 시간에 보고(종합, 분석, 판단)
- 기타 우발사태 보고

(라) 보고 양식(SALUTE 양식)

(12) 전투 피해 평가(BDA 보고)

(가) 정 의

전술적·작전적 목표를 달성하기 위하여 아군의 전력 운용을 통하여 달성한 적 피해에 대한 결과를 적시적이고 정확하게 평가하는 것

※ 목적 : 작전 제대별 지휘관이 아군의 전력을 가장 효과적으로 분배하고 신속하게 재배치 할 수 있도록 해 주기 위한 것

(나) 평가 절차

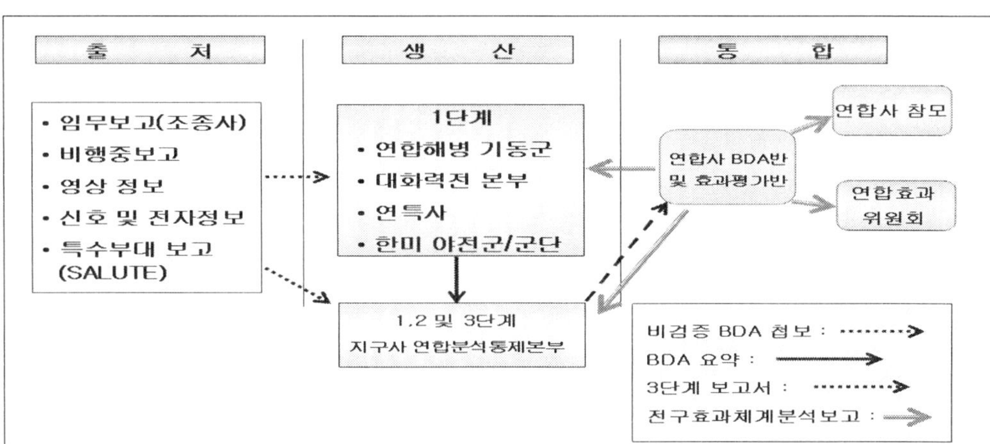

(다) 보고 양식

구분			
내용			

※ 전투피해평가 기준 : 야교 39-5 특전중대 p.3-26 BDA 평가기준표 참고

제 3 절 항공화력유도

가. 정의

적 지역에서 항공지원을 받기 위해 전문적인 항공화력을 유도 및 통제할 수 있는 자격을 갖춘 특전중대 요원이 적지종심지역의 주요 고가치 및 핵심표적에 대하여 고정익 및 회전익 항공기를 유도 및 통제하여 공중공격을 실시하도록 하는 제반 작전활동

※ 최종유도작전의 개념(TGO : Terminal Guidance Operation)

(1) 합동 최종공격 통제관(JTAC)이 없는 상황에서 특전중대가 항공화력을 유도해야 할 경우 실시하는 작전

(2) 특전중대가 획득한 주요 고가치 및 핵심표적에 대해 표적의 위치를 지시함으로써 항공기 조종사가 공격통제권을 가지고 공격하는 작전

나. 임무

(1) 항공화력 유도시 표적의 위치를 항공기가 식별할 수 있도록 레이저 표적지시기 등의 장비를 이용하여 표적 지시

(2) 표적의 정확한 좌표를 산출하여 항공기 조종사에게 제공하는 것

※ 항공기 조종사와 무선교신을 통해 공격전 표적지시 시기 및 방법 결정

다. 특징

(1) 목표 관측 및 통신 요원 등 소수 인원과 장비로 임무수행 가능

(2) 원거리 관측과 유도 가능, 적 시설물 및 장비 파괴 효과가 크고 정확

(3) 은밀한 작전부대의 활동으로 작전부대의 생존성 보장

(4) 화력유도간 적 장비 및 부대에 관한 추가적인 첩보획득 가능

(5) 화력유도수단에 따라 고도의 관측 및 유도, 통신기술 요구

라. 계획수립

특전지휘소의 지휘관 및 참모가 공중지원을 위한 임무분석을 통하여 통합임무명령서에 반영시킬 수 있도록 최초 항공화력 유도 자산을 요청, 이 요구서를 중심으로 각종 고려요소를 세부적으로 포함하여 방책을 발전시키고 명령을 생산하여 특전중대에 임무 하달.

※ 계획수립시 협조사항

(1) 통합임무명령서(ITO) 및 특별지시(SPINS) 정보

(2) 항공기 표준 재래식 무장일람표

(3) 임무항공기와 무기 능력 정보

(4) 항공작전 요소

⇒ 항공기 작전 고도, 적 지대공 위협, 작전에 영향을 미치는 지형과 기상

마. 항공화력유도 통제기법(신속하게 정확하게 "Quickly and Exactly")

(1) 큰 것에서 작은 것으로 (Big to Small)

(2) 저명한 것에서 저명하지 않은 것으로 (Known to Unknown)

(3) 처음에는 쉽게 (Easy First)

(4) 좀 더 자세히 (More Specific)

(5) 다시 시작 (Start again / Back on)

(6) 우회하라 (Detour)

(7) 확인 및 응답 (Confirm to Affirm)

(8) 상대의 눈으로 (What do you see?)

바. 용어해설

FIGHTER CHECK-IN

AO UPDATE

9-LINE BRIEFING

REMARKS

CLEARANCE

BDA

사. TGO Briefing Card 작성 양식

TAD		CAS BRIEFING(9-LINE)	TYPE		
PRIMARY			1	2	3
BACK UP					

AUTHENTICATE	, , ▶	FIGHTER CHECK IN		ABORT CODE	, ,
MSN NO	CALL SIGN	NO. A/C TYPE	ORDNANCE	PLAY TIME	ABORT__, ABORT__, ABORT__
Fighter Position & Altitude ? OVER OP_____ BASE ±_____					BASE NO.__ Altitude__M'

60-8 BRIEFING		
OP to TGT	HAZARD	LOST COMM'
_____degree _____NM		CLIMB
NO FLY LINE		H/D_____ , MAINTAIN ___FEET
		DESCEND
		CONTACT______ RZ FREQUENCY

AO UPDATE	
Threats	Enemy threats is ________________
Target	Enemy __________ position is _______ and moving_______
Friendlies	FLOT ______ gridline _____ / Ground commander intent is __________
Artillery	HAGF _______ to _______ hot to ______M'
Restrictions	Stay ____ gridline, above _____M', attack direction______ to _____

9-LINE			
1. IP			
2. HEADING(MAG)	° OFFSET L/R	° OFFSET L/R	° OFFSET L/R
3. DISTANCE	NM	NM	NM
4. TGT ELEV'(Feet in MSL)	Feet (meter × 3.3 = feet)		
5. TGT DESCRIPTION			
	(How many, What, Where and Moving)		
6. TGT COORDS	UTM(MGRS)	52S	
	Lat/Long(DM.)	N	E
7. TGT MARKS	(NONE, Smoke, WP, IR, Laser, Beacon) Laser code □□□□		
8. FRIENDLY LOCATION(Meter)	(cardinal direction and distance from TGT)		
9. EGRESS DIRECTION	(cardinal direction, return to IP, wheel)		

REMARKS	
A. HAZARD	(Weather, Friendly fire, High terrain)
B. ATTACK RESTRICTION	
C. THREATS	(Suppressed)
D. CLEARANCE	CALL DEPARTING IP / CALL IN WITH DIRECTION
	FINAL CONTROL ▶ JTAC or A/FAC
E. TOT	
TTT	_________ Minutes plus _________ Seconds, HACK
	READY ! READY ! HACK !

BDA	
ATTACK SUCCESSFUL / UNSUCCESSFUL	
TGT COORDINATES	TIME ON TGT
SPECIFIC RESULTS	

Tip)

◈ 작전지역 투입전에 주변지형을 충분히 익혀라.

- 주요 식별가능한 대도시, 하천, 도로 등을 사전에 숙지하라.
- 예상표적위치 및 항공기 위치에 따라 talk-on 연습을 충분히 하라.

◈ 작전에 소요된는 모든 제반요소에 대해 사전 준비를 철저히 하라.

- GPS, CSZ-5D, 다기능 쌍안경 등 장비를 완벽히 숙달하라.
- 지도, 나침의, 플로터를 항상 휴대하라.
- 전장정보분석을 철저히 하라. (지형, 기상, 적 위협, 방책분석 등)

◈ 표적에 대한 성질을 정확히 이해하고 작전 계획을 수립하라.

- 은폐기지, 발사기지 등 적 TBM전술을 이해하고 작전하라.
- 적 전술을 고려한 조편성, 작전지역 선정, 수집 정찰조운용을 하라.

* 고정표적인가, 이동표적인가에 따라 임무수행 방법을 달리해야 한다.

◈ 작전지역은 이동식별부터 BDA보고까지 가능한 지역을 선정하라.

- 작전지역은 고지를 선정하고 충분한 감시 거리, 위험예측거리를 확보하라.
- 감시구간을 충분히 확보하라.

* 제한시 수집정찰조, 추적감시조 등 보완책을 강구하라

Tip)

◈ 최종유도준비는 사전 정찰 및 예행연습을 통해 반드시 검증하라.

- 감시구간, 위험예측거리, 항공화력 유도 구간 정찰을 철저히 하라.
  * 가용한 모든 것을 활용하여 최종유도 준비를 해야 한다.
- 조편성은 주특기를 활용하여 통신, 표적 최종유도 등 임무를 명확히 부여.
  * 단, 전인원이 표적 최초 식별로부터 항공화력유도까지 우발임무에 대비하도록 숙지시키고 기본적인 임무수행이 가능토록 하라.
  * 예) 통신이 무전대기 중이었으나 기본 RADIO CHECK 제한으로 항공기가 계속 불러도 응답이 없자 RTB 함. (또한 시간초과 현상 발생)

◈ 최종유도준비는 다음과 같은 사항을 유의하라.

- 표적과 작전팀의 현재위치를 기준으로 지도정치와 자북방위각(8방위)을 계산하여 유도준비를 실시하라.
- 항공기의 작전성공보장을 위해 수집정찰조를 이용 대공위협을 파악.
- 기상체크, 항공기별 좌표체계 준비, 정확한 표적 제원 산출, 실시간 전장지역 최신화를 실시하고 공유하라.

◈ 표적성질이 우발상황을 초래하는 표적임을 항상 생각하고 작전하라.

- 배터리 체크, 항공기 표적 미식별시, 표적의 갑작스런 이동 및 추적제한시, 적 접근시 등을 항상 대비하여야 된다.
- 야간 상황에 대비하여 감시거리, 최종유도 대책을 철저히 강구하라.
- 항공기 유도시 8가지 유도 / 통제기법을 최대한 활용하라.

◈ BDA는 결과보고에는 다음과 같은 사항을 포함하라.

○ 크기 : 관측된 인원 및 장비의 수와 유형 ○ 활동 : 이동방향, 정지상태, 엄폐상태 ○ 위치 : 공격된 혹은 관측된 표적의 위치 ○ 시간 : 표적 고역시간 또는 관측시간 ○ 보고자 활동 : 사용한 무장, 관측된 피해, 임무번호, 완수된 임무 등

* BDA 보고가 실시되어야 상급부대에서 추가 임무를 결정할 수 있는 것.

제3장

특전부대 폭파

제1절 폭파 및 군용폭약
제2절 점화장치
제3절 폭파기술
제4절 표적파괴 방법
제5절 폭파안전관리

제3장 특전부대 폭파

제1절 폭파 및 군용폭약

1. 폭파의 개념 및 3대 효과

가. 폭파(爆破)란

폭파란 폭약을 사용하여 대상 또는 특정 물체를 파괴하는 작업으로 군사적인 폭파와 일반적인 폭파로 구분할 수 있다.

군사적인 폭파는 군사목적달성을 위한 파괴수단으로써 폭약을 이용하여 공격작전 시에는 기동로를 확보하고 방어작전 시에는 적 기계화 부대의 고속종심을 저지하기 위해 실시하는 제반활동 등을 말한다.

특수전부대의 폭파는 상급부대로부터 부여받은 표적인 적의 지휘 및 통신시설, 통신 중계소, 레이더기지, 미사일 기지, 탄약고, 유류저장소 등의 주요 군사시설물을 파괴하는 것이 임무이다.

나. 폭파의 3대 효과

(1) 화구형성 효과

- 폭약을 부착한 부위에 폭약이 폭발하면서 폭약의 위력에 의해 그 부위가 움푹 들어가는 현상이다.

(2) 분쇄 효과 (Spalling : 부스러짐, Hopkinson effect)

- 폭약이 장전된 표적의 반대편(면) 폭약이 폭발하면서 발생되는 강한 압축충격파에 의해 부스러지는 현상이다.

(3) 균열 효과

- 화구가 형성되면서 폭약의 폭발력에 의해 충격파가 폭약설치 부위 반대편으로 진행되면서 물체에 금이 가는 현상이다.

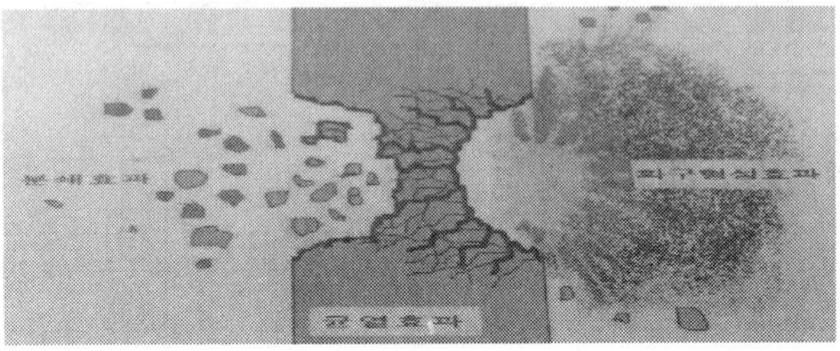

2. 화약류의 정의 및 분류

가. 화약류의 정의

고체 도는 액체 물질로서 일부분에 충격 또는 열을 가하면 순간적으로 화학반응을 일으켜 많은 열과 가스가 발생하여 순간적으로 큰 힘을 얻어 급격히 분해를 일으켜 물체를 파괴하는 물질을 말한다.

나. 조성에 의한 분류

- 혼합 화약류(Explosive Mixtures) : 두 가지 이상의 비폭발성 물질을 기계적으로 혼합하여 폭발성을 가지는 혼합물을 말한다.
  예) 흑색 및 무연화약, 콤포지션, 다이너마이트, 급조폭약 및 소이제류 등
- 화합 화약류(Explosive Compounds) : 다른 성분을 혼합하지 않아도 단독으로 분자내 산소를 쉽게 방출할 수 있는 자체 폭발성을 가진 단일 화합물을 말한다.
  예) TNT, RDX, 뇌홍

다. 성능에 의한 분류는 크게 화약과 폭약으로 분류된다.

- 화약 : 완성(緩性)화약류로서 추진효과가 있다.

폭발속도	400m/sec 이하
종류	흑색화약(Black Powder), 무연화약(Smokeless Powder)
용도	도화선의 내부심약 및 탄환의 추진 장약으로 사용

- 폭약 : 맹성(猛性)화약류로서 파괴효과가 있다.

폭발속도	1,000 ~ 8,500m/sec
종류	TNT, 콤포지션, 다이너마이트 등
용도	암석, 토양 및 구조물 파괴와 포탄 및 폭탄, 지뢰 등의 작약으로 사용

라. 용도에 의한 분류

발사약 : 탄환의 발사에 사용되는 추진약(흑색화약과 무연화약)

파괴약(작약) : 포탄, 폭탄, 지뢰 등을 작렬할 목적으로 사용되는 폭약

폭파약 : 암석 및 토양 등을 파괴할 목적으로 사용되는 폭약 (TNT, 콤포지션, 다이너마이트, 초유폭약 등)

전폭약 : 폭발하기 쉬운 것으로부터 폭발하기 어려운 것으로 차차 폭발을 전달, 확장하는 폭약 (TNT, 테트릴, RDX)

기폭약 : 폭약을 폭발시키기 위하여 사용되는 대단히 민감한 폭약

3. 군용 폭약의 종류 및 제원

가. 군용폭약의 종류

<table>
<tr><th colspan="2">종류</th><th>폭발속도
(m/초)</th><th>위력계수</th><th>용도</th><th>방수효과</th></tr>
<tr><td colspan="2">TNT</td><td>6,900m/sec</td><td>1.00</td><td rowspan="3">파괴약
폭파약</td><td>탁월</td></tr>
<tr><td rowspan="2">콤표지션</td><td>KM5A1</td><td rowspan="2">8,040m/sec</td><td rowspan="2">1.34</td><td rowspan="2">탁월</td></tr>
<tr><td>KM112</td></tr>
<tr><td rowspan="2">데이프형
폭약</td><td>K481</td><td rowspan="2">7,500m/sec</td><td rowspan="2">·</td><td rowspan="2">표적절단</td><td rowspan="2">탁월</td></tr>
<tr><td>K482</td></tr>
</table>

(1) TNT(Tri Nitro Toluene)

(가) 형태

(나) 제원 및 특성

종류/무게 : 0.25lb(0.113kg), 0.5lb(0.227kg), 1 lb(0.454kg)

폭발속도 : 6,900m/sec

위력계수 : 1.00

포장 : 국방색 방수마분지(한쪽 끝에는 뇌관구멍)

용도 ; 폭파약, 파괴약, 전폭약으로 사용

군용폭약의 위력을 평가하는 기준이되는 표준폭약

(다) 장점 및 단점

장점 : 충격과 마찰에 비교적 둔감, 방수효과가 우수(수중사용 가능), 크기, 형태, 포장이 사용에 편리

단점 : 외부형태를 변형 할 수 없음, 불규칙한 표적에 사용 제한, 폭발시 유독가스 방출

(2) 콤포지션(Plastic Explosives)

군용폭약으로 사용하는 콤포지션의 종류에는 덩어리폭약 KM5A1과 덩어리 폭약 KM112가 있다. (가소성 폭약의 일종으로 형태 변형 가능)

(가) 형태

(나) 제원 및 특성

종류 : KM5A1 , KM112

무게 : KM5A1-2.5lb(1.134kg), KM112-1.25lb(0.567kg)

폭발속도 : 8,040m/sec

위력계수 : 1.34

포장 : KM5A1-투명 비닐 포장 , KM112- 국방색 밀라필름

용도 ; 구조물 절단 및 파괴, 불규칙한 표적과 수중폭파에 효과적

합성비율 : RDX 91%와 비폭약가소제 9%를 혼합한 폭약

(다) 장점 및 단점

장점 : KM5A1 - 광범위한 온도에서 사용가능

- 가소성으로 표적에 맞게 사용

KM112 - 접착식 테이프로 쉽게 부착
- 국방색 포장색체로 위장효과

단점 : KM5A1 - 백색으로 위장이 곤란
KM112 - 젖은 표면은 접착테이프가 부착되지 않음

(3) 테이프형 폭약

테이프형 폭약은 기존 콤포지션을 개량하고 노이만 효과를 이용하여 제작된 특수폭약으로 확실한 절단력과 설치의 신속성, 휴대의 용이성, 유연성, 경량화 등을 보완하여 특수전 임무수행에 적합하도록 고안된 폭약이다.

(가) 제원 및 특성

구분		제원
형태		두리마리형 연성폭약(폭발력 응집효과)
크기 및 무게	K481	밑면 3.4cm×높이 2.5cm(0.9kg)
		롤당 콤포지션 : 0.7lb
	K482	밑면 4.3cm×높이 3.1cm(1.2kg)
		롤당 콤포지션 : 1.27lb
절단 능력	K481	5mm이하 철판 절단 가능
	K482	10mm이하 철판 절단 가능
운용온도	K481/K482	-40℃~50℃까지 운용 가능
폭발속도		7,500m/sec

(나) 장점 및 단점

장점 : - 노이만효과로 폭발력을 집중시켜 절단효과가 우수
- 접착력이 우수하여 신속하게 설치 가능
- -40℃~50℃ 온도에서 사용 가능
- 긴 표적 및 불규칙한 표적절단에 효과적으로 사용
- 폭약외피에 10cm간격으로 황색 띠 표기로 절단하여 사용

단점 : - 표적별 절단범위가 제한 (K481:5mm, K482: 10mm이상)
- 파괴력이 요구되는 표적에는 비효과적
- 심약두께가 얇아 뇌관삽입이 제한
- 라이너 변형시 절단력 감소

4. 군용폭약의 일반적 특성

가. 충격과 마찰에 비교적 둔감
나. 간편한 기폭관으로 확실하게 폭발
다. 분쇄효과(파괴력) 및 잠재에너지가 사용목적에 적합(많은 에너지 방출)
라. 광범위한 온도 조건하에서 상당기간 저장하여도 적절한 효용성 유지
마. 수중이나 습한 기후에서도 사용이 가능
바. 저장, 취급에 편리한 규격 및 형태

※ 상대효과 계수(위력계수)는 현재 사용되고 있는 여러 종류의 폭약은 폭발속도뿐만 아니라 폭약의 밀도와 에너지 방출량 및 기타 특성에 있어서도 제각기 상이하며 이러한 특성은 절단, 파괴, 화구형성, 등 용도에 따라 다른 효과를 나타낸다. 따라서 군용폭약의 기준이 되는 TNT 위력을 1로 정하여 놓고 상대되는 다른 폭약의 위력을 측정하여 나온 값을 상대효과 계수라 한다. 이 상대효과계수는 폭약의 종류에 따라 폭약량 산출시 환산값으로 사용한다.

☆ T N T : 폭발속도 6,900m/sec, 위력계수 1.00
☆ 콤포지션(KM112) : 폭발속도 8,040m/sec, 위력계수 1.34

제 2 절 점화장치

1. 비전기식 점화장치

가. 개요

비전기식 점화장치란 불꽃을 전달하여 비전기식 뇌관을 기폭시며 폭약을 폭발시키는 장치로서 단일 구조물이나 폭파 시간의 제한은 받지않는 표적에 효과적이다.

나. 비전기식 폭파기재

- 비전기식 뇌관 -도화선 -도화선 점화기(KM60점화휴즈) - 주름집게 - 도폭선

(1) 뇌관은 고성능 폭약을 폭발시키는데 사용되는 폭파기재의 하나로서 모든 폭약은 뇌관에 의해 폭발된다.

- 제원 및 특성
  - 종류 : KM7 특수 비전기식 뇌간(표준 보급)
  - 규격 : 직경 0.61cm, 길이 6cm
  - 용도 : 폭약을 폭발시키는 기폭제 역할
  - 도화선 및 도폭선에 의해 폭발
  - 수중 사용시 방수 처리(뇌관과 도화선 접촉부분)

(2) 도화선은 비전기식 뇌관 또는 기타 장약에 불꽃을 전달하는 하나의 화약선으로서 뇌관을 기폭시키는 역할을 하며 폭약이 폭발되기 전에 안전한 지역으로 대피할 수 있는 시간을 제공한다. 종류에는 안전 도화선과 M700도화선이 있다.

- 제원 및 특성
  - 종류 : 안전 도화선, M700도화선
  - 연소속도(60cm당) : 40초 내외

- 용도 : 비전기식 뇌간 및 기타 장약에 불꽃 전달, 안전 대피 시간 제공
- 수중 사용시 연소 속도 증가
- 도화선의 내부 심약 굴절 예방
- 사용전 연소속도 측정(90cm)

도화선 소요길이 산출

- 작전에 필요한 도화선 길이
  = 시험도화선길이×안전대피시간/시험 도화선 연소 시간
- 시험 도화선의 길이(cm) : 90cm(길이는 융통성 있게 조정 가능)
- 안전대피 시간(초) : 폭약 설치후 안전거리까지 대피할 수 있는 시간
- 시험 도화선 연소시간(초) : 시험 도화선의 연소 시간

(3) 도화선 점화기는 불꽃 발생장치로서 도화선을 점화시키는 역할을 하며 도화선과 연결부위를 방수처리하면 모든 기후 조건과 수중에서도 사용할 수 있다.

- 용도 및 사용법
  - 용도 : 불꽃 발생 장치로 도화선을 점화시키는 역할
  - 사용법 - 고정캡을 시계 반대방향으로 2~3회 돌린 후 보호마개를 제거
    - 도화선 삽입구멍에 도화선 삽입 후 고정캡을 원위치
    - 안전핀 제거 후 인력고리를 당김
  - 도화선 점화기가 없을 시는 라이터나, 성냥 등으로 점화한다.

(4) 주름집게는 도화선에 비전기식 뇌관을 고정하거나 도화선 및 도폭선절단 등에 사용하는 폭파기재이다.

- 제원
  - 용도 : 주름, 절단, 송곳, 드라이버, 자로 사용
  - 길이 : 18cm, 폈을 때 : 약 30cm(1ft)
  - 무게 : 0.15kg

(5) 도폭선은 고성능 폭약이 섬유 튜브내에 충전되어 있고 그 외부에 섬유질 또

는 프라스틱 껍질로 싸여져 있는 선으로 전기 및 비전기식 점화장치에 공히 사용되며 폭발속도가 빠르고 그 자체가 하나의 폭약이다.

- 제원
  - 폭발속도 : 6,100m/sec
  - 내부심약 : PETN 또는 RDX
  - 용도 - 수개의 장전개소 동시 폭발
    - 수중 및 지하폭파에 적합(수중 사용시 말단부 방수처리)

다. 점화경로

(1) 점화경로는 도화선 점화기의 불꽃으로 도화선이 점화되면 도화선이 불꽃을 비전기식 뇌관을 전달하여 뇌관을 기폭시키고 이때 발생되는 강한 충격에 폭약이 폭발하게 된다.

(2) 설치순서

(가) 도화선 준비	(나) 뇌관검사	(다) 뇌관에 도화선 삽입 및 고정
(라) 도화선에 도화선 점화기 부착		(마) 폭약에 뇌관삽입 및 고정

(가)-1 도화선준비는 15cm절단 후 연소속도 측정(90cm)을 하고 소요길이 만큼 절단하여 사용한다.

(나)-1 뇌관검사는 육안으로 검사하고 이물질을 확인 후 사용한다. 이물질 발견시 입으로 불거나 충력을 가하지 않는다.

(다)-1 뇌관에 도화선 삽입 및 고정은 도화선 끝부분을 뇌관 점화약에 삽입시키고 도화선을 삽입한 뇌관입구 3~6mm지점에 주름을 잡는다. 이 때 신체와 최대한 이격하여 실시하고 수중 사용시 뇌관과 도화선 연결부위에 방수처리 한다.

(라)-1 도화선에 도화선 점화기 부착은 곶어캡을 2~3회 반시계 방향으로 회전시켜 보호마개를 제거하고 도화선을 삽입구에 밀어 넣은 후 고정캡을

시계방향으로 조여 연결한다.

(마)-1 폭약에 뇌관 삽입 및 고정은 주름집게의 송곳부분을 이용하여 뇌관 삽입구를 낸 후 뇌관을 폭약에 삽입하고 끈이나 테이프를 이용하여 뇌관과 폭약이 분리되지 않도록 한다.

라. 불발 원인 및 처리

(1) 비전기식 점화장치의 불발원인은 아래와 같다.

- 불량한 뇌관사용시
- 도화선 및 도폭선의 내부심약이 과도하게 굴절시
- 도화선 점화기의 작동 미숙
- 점화장치의 연결의 불확실
  - 뇌관과 폭약과의 연결 불확실
  - 뇌관과 도화선과의 연결 불확실
  - 도화선과 도화선 점화기와의 연결 불확실

(2) 비전기식 점화장치의 불발처리방법.

- 불발검사는 최소한 30분 후에 실시
- 긴박한 전투 상황에서는 즉시 실시할 수 있다.
- 불발된 폭약이 무전색시 폭약 옆에 1lb를 설치하여 연쇄 폭파
- 30cm이하의 전색일 경우 폭약 위에 2lb를 설치하여 연쇄 폭파
  30cm이상의 전색일 경우 폭약 깊이까지 뚫고 2lb를 설치하여 연쇄 폭파

※ 모든 불발처리는 폭약 설치자가 해야 한다. 그것은 원인규명이 용이하고 점화장치의 문제점을 가장 잘 알고 있기 때문이다.

(3) 비전기식 점화장치의 장점 및 단점

장점	단점
- 설치가 용이하고 신속 - 유도전류에 의한 위험성이 적다 - 점화기재가 간편(휴대가 용이)	- 점화시간이 부정확 - 연소시 연기, 냄새로 적에게 노출 - 불발시 지연폭발 가능성으로 즉시 접근이 곤란

2. 전기식(원격무선) 점화장치

가. 개요

(1) 전기식(원격무선) 점화장치는 무선 신호방식에 의한 원격조정으로 폭표물을 원거리에서 파괴함으로써 시간적, 공간적 제한을 받는 표적에 효과적이며 필요시 수신기 자체 시한 기능으로 요구되는 시간에 폭파가 가능하다. 또한 폭약설치자의 생존성 확보에 효과적으로 사용된다.

(2) 전기식(원격무선) 폭파기재

- 전기식 뇌관	-도전선	-원격무선 폭파장비 세트

(가) 전기식 뇌관은 공급된 전류에 의해 뇌관의 백금선이 가열되어 전기 스파크에 의해 폭약을 폭발시키는 역할을 한다.

- 종류 : KM6특수 전기 뇌관(표준 보급)
- 규격 : 직경 0.16cm, 길이 5.875cm(뇌관선 길이 3.6m)
- 용도 : 전기 스파크에 의해 폭약을 폭발시키는 역할
- 군용 전기식 뇌관(KM6)의 하부장약은 RDX가 평균 920mg이 들어있다.

(나) 도전선은 점화기로부터 발생된 전기를 전기뇌관에 전달하는 선으로 원격 무선폭파 장비 세트에는 수신기 1대당 1롤(100m)씩 4롤이 별도 보급되고 있다.

○ 원격무선 폭파장비의 특성 및 능력

특징	• 무선 신호를 이용한 원격 조종 및 시한장치로 생존성 확보 • 소형, 경량화로 휴대가 간편하고 취급이 용이 • 주·야간 및 우천, 안개 등 각종 기상 조건하에 운용이 가능 • 데이터 전송능력이 우수한 VHF/FM방식 채택
능력	• 통달거리는 가시거리 5km, 차폐(산림)거리 1km의 목표물 폭파 가능 • 1대의 송신기로 최대 10대의 수신기를 동시, 그룹, 개별 폭파 가능 • 1대의 수신기에는 뇌관 4발을 직렬로 동시 폭파 가능(표준 도전선 100m) • 시한설정은 최소 3분~48시간까지 시, 분, 초, 단위까지 입력 가능 • 운용 온도 범위는 -35℃~+50℃에서 정상 기능을 발휘

기타 응용 점화장치등이 있다.

제 3 절 폭파기술

1. 폭약량 산출 및 설치

가. 폭약량 산출시 고려사항

• 표적의 종류와 강도	• 표적의 크기와 형태	• 요망되는 폭파효과
• 폭약의 크기와 형태	• 폭약 설치방법	• 기폭방향
• 전색 방법	• 폭약의 종류	

나. 폭약의 크기

가장 큰 충격을 전달하기 위해서는 표적과 접촉한 폭약의 접촉면이 폭약의 두께와 일정한 비율이 유지되어야 한다. 폭약의 두께가 얇으면 폭약의 폭발력이 수직으로 전달되는 힘보다 수평으로 전달되는 힘이 더 강하게 전달되므로 폭약의 두께와 폭은 아래와 같은 일정한 비율로 설치하는 것이 가장 효과적이다.

☆ 가장 효과적인 폭약의 두께와 폭의 비율
· 두께 : 폭 = 1 : 3 ⇒ 7.5cm 이하의 철재절단

다. 폭약량 환산 및 절상

(1) 폭약량 환산

폭약량 환산시 TNT에서 콤포지션으로 kg에서 lb로 또는 콤포지션에서 TNT값으로 lb값에서 kg값 등으로 다른 폭약이나 무게 단위로 바꾸어 주는 것을 환산이라 한다.

· TNT를 콤포지션으로 환산시		· TNT량÷1.34(콤포지션 위력계수)
· 콤포지션을 TNT로 환산시		· 콤포지션량×1.34(콤포지션 위력계수)
· kg을 lb로 환산시		· kg ÷ 0.454(1kg의 lb단위)
· lb를 kg으로 환산시		· lb × 0.454(lb의 kg단위)

(2) 폭약량 절상

표적의 제원이나 폭약량을 계산할 때 일정한 단위로 올려주는 것을 절상이라 하며 가소성폭약 절상방법과 TNT의 절상방법이 있다.

☆ 가소성폭약 절상방법

- 표적의 제원을 적용시 소수점 첫째자리 까지만 적용한다. 즉 소수점 둘째자리 이하에 숫자가 있을 경우 소수점 첫째자리로 절상하여 계산한다.
- 폭약량 계산시는 소숫점 둘째자리 까지만 적용한다. 즉 TNT의 kg값에서 lb값이나 TNT에서 콤포지션 등 다른 폭약 종류의 값으로 환산시 소수점 셋째자리에 숫자가 있으면 둘째자리로 절상하여 계산한다.

예)

1.241값의 경우	⇒	1.25로 절상
1.47값의 경우	⇒	1.47로 적용

- 폭약량 산출시 수수점 셋째자리에서 둘째자리로 절상하여 계산하는 것은 전자계산기를 이용하지 않고 수동계산에 의한 야전성을 고려한 것이며 통일된 값을 얻기 위해서이다.

☆ **TNT 절상방법**

- TNT는 최소포장 단위가 0.5lb이며 1lb의 폭약도 0.5lb 두 개를 결합하여 포장되어 있다. 따라서 0.5lb이하로 잘라서 사용할 수 없으므로 최종 TNT lb값에서는 0.5단위로 올려주어야 한다.

예) 0.31값의 경우 ⇒ 1.5로 절상

0.75값의 경우 ⇒ 1로 적용

라. 계측에 의한 폭약절단

KM112와 같은 가소성폭약은 산출된 폭약량 만큼 길이 단위로 잘라서 사용할 수 있다. 즉 산출된 폭약량을 계측하여 필요한 양만큼의 폭약을 절단하여 사용하는 것을 말한다.

☆ **소요 폭약량길이 X(cm)**

28cm(KM112폭약길이)×산출된 폭약(lb) / 1.25(KM112 폭약의 lb무게)

폭약절단시 소수점 첫째자리로 올려서 폭약을 절단하여 사용한다. 소수점 둘째자리는 0.01cm를 의미하므로 폭약량에는 크게 좌우되지 않기 때문이다.

☆ **예제)** 파괴하조자하는 표적에 KM112 덩어리 폭약이 2lb가 필요하다면 몇 덩어리 몇 cm가 필요한가?

풀이) X = 28×2 / 1.25 = 56 / 1.25 = 44.8 ∴ 1덩어리와 16.8cm가 필요함.

마. 폭약의 설치방법

표적외부에 폭약을 고정시키는 외부설치와 표적을 굴토 또는 천공하여 내부에 폭약을 설치하는 내부설치 두 가지로 구분한다.

(1) 외부설치는 표적의 표면에 폭약을 설치하는 방법으로 여건이 가능하면 폭약 설치 부분에 모래, 진흙, 기타 물질로 전색을 하는 것이 효과적이다. 폭발력의 효과를 집중시키기 위해 전색두께는 최소 30cm이상은 되어야 한다.

(2) 내부설치는 표적에 정이나 기타 장비를 이용하여 천공을 하고 폭약을 설치하는 방법이다. 폭약을 설치하고 천공한 입구를 모래, 진흙, 기타 물질로 단단히 메워서 전색을 하여야 한다. (천공시 소음 발생 및 설치시간이 많이 소요됨)

2. 목재절단

가. 정의

폭약을 이용하여 목재를 절단 또는 목책장애물을 설치하는 방법을 목재 절단이라 한다. 목재의 폭약 설지방법에는 외부 및 내부 설치 방법이 있다.

나. 절단 방법 및 폭약설치

외부설치는 목재를 완전히 절단하는 완전절단과 장애물 용도로 절단하는 장애물 절단 두 가지 방법이 있으며 폭약량 산출 공식은 다음과 같다.

• 완전절단 $P = D^2 / 560$		• 장애물 절단 $P = D^2 / 700$
• P : TNT(kg)량	• D : 목재의 직경(cm)	• 560,700 : 상수

폭약설치는 완전절단 시 폭약의 두께는 최소한 2.5 ~ 5cm, 폭은 폭약 두께의 2배 정도가 되도록 장방형으로 모아서 설치해야 하며 폭약은 목재 표면에 완전히 밀착시켜야 한다. 또한 폭약은 목재의 넓은 면에 설치하고 나무가 넘어지는 방향은 지형적인 경사나 바람의 영향이 없으면 폭약이 설치된 쪽으로 넘어진다.

테이프형 폭약을 이용한 완전절단 시 폭약설치 방법은 목재 외부를 완전히 감싸 환형으로 설치하는 것이 효과적이다.

- 목재의 직경이 25cm(둘레 79cm)이하의 표적은 K481로 절단이 가능하며 직경 35cm(둘레 110cm)까지의 포적은 K482 폭약을 사용하여 절단
- 폭약의 길이는 표적 둘레보다 5cm 길게 절단(뇌관 삽입길이 적용)
- 폭약 설치시는 교차되게 설치하는 방법과 폭약을 상호 겹치게 설치하는 방법 등을 융통성 있게 적용한다.

장애물 절단 시 폭약설치는 지상으로부터 1.5m 높이에 설치한 나무가 넘어지는 방향은 적 방향으로 45°되게 하며 나무가 넘어지는 방향을 유도하기 위해서 나무 높이의 2/3지점에 1lb의 반동폭약을 나무가 넘어지는 반대방향에 설치하여 동시에 점화한다. 또한 테이프형 폭약으로 장애물 절단 시 폭약의 양끝은 약 10cm 정도 엇갈려 사이를 두고 설치하여야 하며 엇갈린 부분이 적 방향이 되도록 한다.

환형절단 설치는 가소성폭약을 이용한 폭약띠를 나무둘레에 완전히 감싸 설치하는 것을 말한다.

- 설치할 표적의 폭약 두께와 폭은 1 : 3 정도가 적당
- 폭약 띠의 두께는 직경이 작은 나무 (둘레 38cm이하)는 1.3cm정도이고 큰나무 (둘레 750cm이하)는 2.5cm
- 환형절단 설치 방법은 나무가 넘어지는 방향이 중요하지 않고 나무의 그루터기를 제거할 때 사용하는 것으로 예를 들면 헬리콥터 착륙장을 만들 때 사용된다.

다. 외부설치

시간적 여유가 충분할 때 공구나 장비 등을 이용하여 장전공을 뚫고 장전공 내부에 폭약을 설치하는 것

☆ 내부설치 폭약량 산출공식

- 내부장전 $P = D^2 / 3500$
- P : TNT(kg) 량 • D : 목재의 직경(cm) • 3500 : 상수

폭약설치는 목재의 단면의 가장 큰 치수방향으로 평행되게 장전공을 뚫고 폭약을 설치한 후 전색한다. 목재의 직경이 크기나 폭약 또는 시간이 충분할 경우에는 장전공 2개를 나란히 뚫고 설치한다. 이때 장전공은 서로 직각되괴 교차되지 않도록 뚫고 폭약을 설치하여 동시에 점화하는 것이 효과적이다.

3. 철재절단

가. 정의

건물이나 교량, 송전탑 및 안테나 지지대 등에 사용되는 구조용 강재 및 강판과 각종 장비의 기어(변속기) 등에 사용되는 합금강 등을 절단하는 파괴기술을 말한다.

나. 표적의 종류

(1) 구조용 철재

건물이나 각종공사에 사용되는 구조용 강재에는 H빔, I빔, ㄱ빔, ㄷ빔, T빔, 강판 등이 있다.

(2) 고탄소강 및 합금강 (니켈강, 몰리브덴강)

고탄소강은 순철에 탄소 또는 니켈 크롬 몰리브덴 등을 첨가하여 일반 강재보다 인장력 및 압축강도 등을 높여 생산된 강재로서 특수한 기어(변속기), 빔, 군사무기 등을 제작하는데 사용된다.

(3) 절단방법 및 폭약설치

(가) 일반절단

일반절단은 폭약의 형태를 변형하지 않고 계산된 폭약을 원래의 형태대로 표적에 설치하여 폭파하는 방법으로 구조물 절단, 고탄소강 및 합금강 절단, 직경 5cm이하의 체인, 케이블, 봉강 절단이 있다.

☆ **폭약량 산출공식**

- 구조물절단 P = A / 38
- 고탄소강/합금강절단 P = D2 / 14
- 직경 5cm이하체인, 케이블, 봉강절단 P = D / 6
- P : TNT(kg) 량
- D : 표적 절단면의 직경(cm)
- A : 절단하고자하는 표적 단면적(cm^2)
- 38, 14, 6 : 상수

☆ 직경이 작은 철재는 폭약량 산출공식 미적용하여 아래 폭약량으로 절단 가능함.

- 직경 2.5cm 이하의 체인, 케이블, 봉강은 콤포지션 1lb로 절단 가능
- 직경 2.5cm가 넘고 5cm까지는 콤포지션 2lb로 절단 가능
- 철도레일 높이가 12.5cm이하는 콤포지션 0.5lb로 절단 가능
- 철도레일 높이가 12.5cm이상은 콤포지션 1lb로 절단 가능

구조용 철재 폭약설치는 절재단면의 크기와 형태에 따라 결정되며 절단하고자 하는 선을 따라 한쪽 면에 설치한다.

ㄱ, ㄴ, ㄷ형 철재는 절단면 외부에 보다 절단면 내부에 설치하는 것이 폭발력을 증가시킬 수 있으나 폭약 설치 시간이 오래 걸린다.

폭약설치 후 점화장치는 설치된 폭약이 연결되어 있지 않고 이격되어 있을 시는 동시폭파가 되도록 전기식 뇌관 또는 도폭선 길이를 동일하게 하여 동시 점화를 설치한다. 도한 I, H 빔의 웨브두께 5cm미만을 효과적으로 절단하기 위해서는 폭약을 서로 마주보게 설치하고 5cm이상은 서로 엇갈리게 설치해야 한다.

테이프형 폭약일 경우 절단하고자 하는 표적의 길이보다 약 5cm 길게 폭약을 절단하여 표적과 밀착되게 설치한다.

철도레일은 레일형태에 따라 가소성폭약을 이용하여 한쪽만 폭약이 분리되지 않도록 설치한다.

나. 특수절단

특수절단은 콤포지션과 같은 가소성 폭약을 이용하여 폭약이 폭발하면서 발생되는 힘의 작용 원리를 이용하는 절단방법이다. 일반절단공식보다 적은 폭약량으로 동일한 효과를 발휘한다.

☆ 특수절단 산출공식

- 콤포지션(lb) P = cm3 × 1.25 / 350
- 콤포지션(kg) P = cm3 × 0.567 / 350
- cm3 : 장약의 체적
- 1.25 : KM112무게(lb량)
- 350 : KM112 체적(5cm×2.5cm×28cm)
- 0.567 : KM112무게(kg량)

☆ 리본형 절단의 제원 용도

- 폭약두께 : 표적 두께의 3/4배
- 폭 약 폭 : 표적 두께의 1.5배
- 폭약길이 : 표적의 절단하고자 하는 길이
- 용　　도 : 약 7.5cm 이하의 강판 및 절단에 효과적이다.

※ 단 리본형 절단의 폭약량 산출시 표적두께가 1.7cm이하일 경우에는 폭약의 두께는 1.25cm로 하고, 폭약의 폭은 2.5cm로 강제 적용한다. 뇌관결합부분이 1.9cm미만일 때는 추가 장약을 설치해야 한다.

☆ 리본형 절단 폭약설치

- 폭약 설치할 부위에 이물질을 제거한다.
- 테이프나 끈을 이용하여 표적과 폭약을 밀착되게 부착한다.
- 점화장치는 비전기식 및 전기식 뇌관을 리본형 한쪽 끝부분에 삽입한다.

☆ 안장형 절단의 제원 용도

- 폭약두께 : 2.5cm • 장 축 : 표적둘레 • 단 축 : 장축의 1/2
- 용 도 : 한 변이 20cm이거나 직경이 20cm이하의 원형 또는 사각형 강재 절단에 사용된다.

☆ 안장형 절단 폭약설치

- 산출된 폭약량을 표적 둘레를 기준하여 장축과 단축의 제원에 맞게 제작
- 폭약의 장축은 표적의 장축과 평행하게 설치
- 테이프나 끈을 이용하여 표적과 폭약이 밀착 되도록 부착
- 점화장치는 장축의 삼각형 꼭지점에 전기식 및 비전기식 뇌관을 설치

☆ 다이아몬드형 절단의 제원 용도

- 폭약두께 : 2.5cm • 장 축 : 표적둘레 • 단 축 : 장축의 1/2
- 용 도 : 단면이 원형이거나 사각형인 고탄소강 및 합금강 또는 안장형 절단으로 절단되지 않는 강재에 적합하다.

☆ 다이아몬드형 절단 폭약설치

- 산출된 폭약량으로 제원에 맞게 다이아몬드 형태로 제작
- 폭약의 장축을 여유있게 제작하여 표적둘레를 감싸도록 폭약을 설치
- 테이프나 끈을 이용하여 표적과 폭약이 밀착 되도록 부착
- 점화장치는 폭약의 양쪽 단축 정점에 설치하여 동시폭파

☆ 도우넛형 절단의 제원 용도

- 폭 약 폭 : 폭약 높이의 2배(2.5 ~ 7.5cm)
- 폭약두께 : 1.25~ 3.75cm
- 기폭장치 : 비전기식 뇌관
- 용 도 : 5cm이내의 함정, 수문 철판 관통

☆ 도우넛형 절단 폭약설치

- 폭약을 이용하여 도우넛형 모양으로 만들어 판자에 부착
- 폭약이 부착된 판자의네 모서리에 자석을 폭약 높이와 동일하게 부착
- 수중에서 사용되므로 점화장치에 대한 방수처리
- 도폭선을 이용한 비전기식 점화장치가 효과적이며 도화선 연소속도가 증가하는 것을 고려하여야 한다.

제 4 절 표적 파괴 방법

1. 목표정찰 및 표적파괴

가. 목표정찰

파괴할 표적은 정찰을 통해 첩보를 획득 할 수있기 때문에 표적을 폭파하기전에 철저한 사전 정찰과 연구가 필요하며 이것을 목표정찰이라 한다.

- 목표물 사전확인 및 숙지
- 사전폭파 방법 판단 및 숙지
- 폭파에 소요되는 인원 및 시간 산출
- 소요 폭약량 산출 및 폭파기재 판다

목표물 사전 확인 및 숙지는 표적의 정확한 실제 위치 확인과 주·야간 감시장비 및 쌍안경을 활용하여 주변지형 및 침투시 장애요소 등을 관찰을 통해 사전에 숙지하여 목표의 견취도를 작성한다.

사전 폭파방법 판단 및 숙지는 표적에 가장 효과적으로 파괴할 수 있는 최적의 폭파방법을 판단하여 폭파 임무달성 및 생존성 보장과 기타 우발상황에 대한 다양한 폭파방법을 추가적으로 판단한다.

폭파에 소요되는 인원 및 시간 산출은 파괴할 표적의 핵심시설과 취약부위 선정에 대한 폭파 임무수행간 소요되는 인원과 시간을 치밀하게 판단한다.

소요 폭약량산출 및 폭파기재 판단은 선정된 취약부위에 대한 폭약량을 산출하고 각종 우발상황을 대비한 점화장치 및 필요한 폭파기재를 판단한다.

나. 표적 파괴

(1) 표적 파괴시 고려사항

기계획된 표적이나 작전활동간 획득한 표적을 파괴하기 위해서는 우선 폭파계획을 수립하고 표적에 대한 목표 정찰활동을 실시한 후에 파괴하여야 한다.

☆ 표적 파괴 시 고려사항

- 부여된 임무
- 전략 및 전술적 기대효과
- 가용시간 및 가용인원
- 적 능력 및 제한사항
- 가용폭약 및 폭파기재
- 현지주민에게 미치는 영향

(2) 파괴 활동의 성공요인

파괴활동은 기계획된 표적이거나 작전 임무수행간 전쟁 수행목표에 기여할 수 있는 표적을 획득하였을 때 표적에 대한 정확한 정보 및 첩보를 기초로 하여 주도 면밀한 계획과 준비를 하여야 성공할 수 있다.

☆ 표적 파괴 성공요인

- 폭파 요원의 기술수준
- 정보 및 첩보의 최대한 활용
- 신속성 및 정확성
- 파괴방법 및 수단의 융통성

2. 표적 유형별 파괴방법

가. 표적 유형별 파괴방법

(1) 통신시설

☆ 통신 시설의 특징

- 유선, 무선 중계원리에 따른 장비구성 유사
- 장비운용 원리상 산악고지 정상에 설치되어 식별이 용이
- 경계취약 및 자체 방호시설이 외부로 노출
- 수개에서 수십개의 송수신 안테나와 철탑으로 구성
- 전원 공급은 일반상전 사용, 비상시 자가발전시설 및 축전기를 사용
- 유선케이블은 전지역 네트워크망 및 일정 거리별 중계기 설치(50~60km)

통신시설 취약시설 분석

구분	취약시설	취약요소	파괴방법
1	교환소 (시험실)	시험실 박스	• 콤포지션 1발 • 도폭선 10회 내/외로 감아서 절단 • 테이프형 폭약을 감아서 절단 ※ 공용화기로 파괴 가능
		도파관케이블	
2	자 가 발전기	컨트롤박스	• 콤포지션 1발 • 도폭선 10회 내/외로 감아서 절단 • 테이프형 폭약을 감아서 절단
		전원케이블	
		연료 주입구	
		축전지(배터리)	
3	중계탑	안테나	• 콤포지션 1발 • 도폭선 10회 내/외로 감아서 절단 • 테이프형 폭약을 감아서 절단 ※ 공용화기로 파괴 가능
		외부도파관	
4	유선 케이블	공중 케이블	• 콤포지션 1발 • 도폭선 10회 내/외로 감아서 절단 • 테이프형 폭약을 감아서 절단
		지하 케이블	
5	예비 안테나	안테나혼	• 콤포지션 1발 • 테이프형 폭약을 감아서 절단 ※ 공용화기로 파괴 가능
		반사관	
6	전력 공급 외부 상전	지지대	• 콤포지션 2발 • 테이프형 폭약을 감아서 절단 ※ 공용화기로 파괴 가능
		변압기 및 애자	

(2) 전력시설

☆ **전력 시설의 특징**
- 전력 공급을 위해 송전탑과 변전소 기능이 필수적임
- 전 지역에 광범위하게 설치 및 경계취약, 접근용이, 생존성 확보
- 전국망 형성(링형, 환형) : 거미줄식 다발로 연결

전력시설 취약 분석

구분	취약시설	취약요소	파괴방법
1	통 제 실	모 니 터 운용 계기판	• 콤포지션 1/2발 • 테이프형 폭약을 감아서 절단
2	주변압기 (발전소내)	변압기 몸체 제어기	• 콤포지션 3~4발 • 테이프형 폭약을 감아서 절단 ※공용화기로 파괴 가능
3	1차 변전소	제어기 애 자	• 콤포지션 2발 • 테이프형 폭약을 감아서 절단 ※공용화기로 파괴 가능
4	송 전 탑	탑체(지지대) 애 자	• 콤포지션 1발 • 도폭선 10회 내/외로 감아서 절단 • 테이프형 폭약을 감아서 절단 ※공용화기로 파괴 가능

(3) 레이더 및 미사일 기지

☆ **레이더 미사일기지 시설의 특징**

- 운용 원리상 산악고지 정상에 설치 및 식별용이
- 기지내 인입되는 전력시설은 산악고지 정상으로 연결되어 전선차단 용이
- 상전 차단시 자가 발전기 이용 : 소음 및 장시간 사용 불가
- 레이더 및 미사일기지 핵심시설은 정밀 전자 장비로 구성(외부 충격에 취약)
- 미사일 기지는 레이더에 의해 작동되어 레이더 파괴시 기지 기능 마비

레이더 및 미사일 기지 취약시설 분석

구분	취약시설	취약요소	파괴방법
1	작 전 통 제 실	통제차량	• 콤포지션 1발 • 도폭선 10회 내/외로 감아서 절단 • 테이프형 폭약을 설치 파괴
		유선케이블	
		영상 스크린	
2	발전시설	발전기	• 콤포지션 1발 • 도폭선 10회 내/외로 감아서 절단 • 테이프형 폭약을 설치 파괴 ※ 공용화기로 파괴 가능
		컨트롤 박스	
		전원케이블	
3	레이더	반사/방사판	• 콤포지션 1발 • 테이프형 폭약을 설치 파괴 ※공용화기로 파괴 가능
		조정시스템	
		유선케이블	
4	미사일/ 발사대	미사일	• 콤포지션 1발 • 테이프형 폭약을 감아서 절단
		발사대	
5	미사일탑재용 궤도차량	엔진부위	• 콤포지션 1~2발
		궤도	

(4) 스커드 미사일 기지

☆ 스커드 미사일기지의 특징
- 스커드 포대에는 중대본부와 기상측정반, 측지반, 사격반으로 구성
- 통상 발사대 1기당 미사일은 2~3발씩 보유
- 발사진지는 미사일, 지상지원장비, 지휘통제 및 통신장비로 구성

스커드 미사일 기지 취약시설 분석

구분	취약시설	취약요소	파괴방법
1	발사대 차량	차량엔진	• 콤포지션 1~3발 • 테이프형 폭약을 설치 파괴
		유압장치	
2	미사일 운반차량	차량엔진	• 콤포지션 1발 • 테이프형 폭약을 설치 파괴 ※ 물리적인 수단으로 파괴 가능
		적재미사일	
3	탄두 운반밴	차량엔진	• 콤포지션 1발 • 테이프형 폭약을 설치 파괴
		탄두	
4	기상레이더/ 분석밴	벤차량	• 콤포지션 1발 • 테이프형 폭약으로 성치 파괴 ※ 공용화기로 파괴 가능
		연결케이블	
		레이더회전축	

(5) 철도 시설

☆ **철도 시설의 특징**
- 전 국토에 분포되어 경계가 취약하고 접근이 용이
- 험준한 지형으로 교량, 터널 및 취약요소가 산재
- 모든 철도 차량은 신호장치에 의해 운행

철도시설의 취약시설 분석

구분	취약시설	취약요소	파괴방법
1	통제실	운용계기판	• 콤포지션 1~2발 ※ 물리적인 수단으로 파괴 가능
		모니터	
2	신호장치	신호등	• 콤포지션 1발 ※ 공용화기로 파괴 가능
		지지대	
3	선로	철도레일 (터널, 급경사, 급커브, 교량)	• 3-5-2 탈선법 • 10-2-1 탈선법 • 분기점 탈선법

(6) 유류 저장 시설

☆ **유류 저장 시설의 특징**

- 저장 시설의 80%이상이 지하에 저장되어 있어 공중 공격으로부터 보호
- 전방 지원이 용이토록 철도 및 도로에 설치되어 진입로 차단시 유류공급이 곤란
- 입·출하 시설의 이부가 지상에 노출 되어있다.
- 입·출하 시설 및 주용 핵심시설은 감시 카메라가 운용된다.

유류 저장시설의 취약 부위 분석

구분	취약시설	취약요소	파괴방법
1	통제실	통제모니터 운용계기판	• 콤포지션 1~2발 • 테이프형 폭약을 감아서 절단 ※ 물리적인 수단으로 파괴 가능
2	갱도형	송유관	• 콤포지션 1발 • 테이프형 폭약을 감아서 절단 ※ 공용화기로 파괴 가능
3	매몰형	저장탱크 입/출하송유관	• 콤포지션 2~3발 • 테이프형 폭약을 감아서 절단
4	지상형	저장탱크 입출하시설	• 콤포지션 2~3발 • 테이프형 폭약을 감아서 절단
5	유류 수송시설	유조차량 외부연결철도	• 콤포지션 2~3발 • 테이프형 폭약으로 설치 파괴

(7) 탄약 저장 시설

☆ 탄약저장 시설의 특징
- 북한 탄약고는 지하형, 지상형, 이그루형 3가지 유형
- 유류(경유/휘발유), 소이제(화염병), 소이탄 등의 인화물질이 취약
- 산악/계곡지역에 설치 공중공격 보호, 분산배치로 자체경계 취약
- 기타 지원시설 타격시 탄약지원에 제한

탄약 저장시설의 취약부위 분석

구분	취약시설	취약요소	파괴방법
1	지상형 탄약고	잠금장치 내부적재탄약	• 콤포지션 1~2발 • 소이제에 의한 방화 • 테이프형 폭약을 감아서 절단 ※ 물리적인 수단으로 파괴 가능
2	지하형 탄약고	잠금장치 내부적재탄약	• 콤포지션 3~4발 • 소이제에 의한 방화 • 테이프형 폭약을 감아서 절단
3	이그루형 탄약고	잠금장치 내부적재탄약	• 콤포지션 3~4발 • 테이프형 폭약을 감아서 절단
4	지원시설	자체발전기 크레인/지게차	• 콤포지션 3~4발 • 테이프형 폭약을 감아서 절단

제 5 절 폭파안전관리

1. 안전사항

가. 폭파 안전수칙

(1) 폭약 취급시 안전수칙

- 열, 충격, 마찰, 습기에 주의하여 우발적인 폭발을 예방
- 군사적인 목적 외에는 사용을 금지
- 동결된 폭약은 사용을 금지
- 사용후 잔여 폭약은 100% 반납
- 폭약은 오래된 것부터 사용

(2) 폭파기재 취급시 안전수칙

- 뇌관은 열, 충격 주의하고 폭약과 항상 분리휴대
- 도화선 및 도폭선은 습기에 주의하고 내부심약의 굴절주의
- 도화선 및 도폭선은 사용전 끝 부분을 약 15cm 절단 후 사용
- 뇌관선(도전선) 단선 및 합선여부를 점검
- 뇌관 검사시는 신체와 이격하여 감사

(3) 폭약설치 및 폭파시 안전수칙

- 점화기 및 송신기는 폭약 설치자가 항상 휴대
- 점화기 및 송신기는 전원 “끔” 상태하에 점화장치 설치
- 우뢰 및 낙뢰시 전기식(원격) 점화장치 사용을 제한
- 동일회로 상에는 동일회사의 뇌관을 사용
- 폭약설치시에는 1인 통제하에 실시
- 폭파시 안전거리와 안전지대 확인 및 통제관 통제에 의한 점화

2. 폭파 안전거리

일반적으로 인원에 대해 가장 위험한 것은 폭파시 비산되는 파편이며 파편이 비산되는 거리는 파편의 무게, 형태, 최초 발사각도 및 최초 속도에 따라 좌우된다. 특히 철재절다닛 파편의 위험은 도로대화구 폭파, 체석폭파 또는 표면에 노출된 표적을 폭파할 때보다 더 먼 거리까지 영향을 미친다.

안전거리 계산은 폭약량에 따라 파편 비산으로 보호될 수 있는 안전한 거리는 다음과 같다.

※ 12.258kg(271lb)미만의 폭약 사용시 : 최소안전거리 300m
• 안전거리(m) = 130 × 3√폭약량(kg) × 위력계수
• 안전거리(m) = 100 × 3√폭약량(lb) × 위력계수

3. 폭약 관리

가. 소각처리 요령

(1) 소각처리 요령

일반적으로 고형폭약, 형성장약, 다이너마이트, 도폭선, 점화휴즈, 도화선 그리고 이와 유사한 품목들로 된 포장 및 비포장 고성능 폭약은 소각함으로서 신속하고 효과적으로 파괴된다. 소각시는 반드시 육군 규정(447-5〈탄약처리 규정〉)에 의거 한다.

(2) 소각처리대상

소각처리대상은 각종 군용폭약과 흑색화약, 무연화약 등이며 전기식 및 비전기식 뇌관의 기본장약(RDX, PETN) 등은 소각시 폭발하므로 절대 소각해서는 안된다.

나. 폭파장 관리

주위의 가연성 물질이나 파편은 수집 처리하고 소화장비는 항시 사용가능한 상태를 확인한다. 폭파장은 1일 1회 사용을 원칙으로 하며 재 사용시 반드시 지면에 지열을 냉각시켜야 한다. 폭파장 주위의 가장 높은 곳에 적색기를 게양하여 폭파장 활용여부를 표시해야 하며 필요한 통신시설을 갖추고 인원이 접근 할 수 있는 지역에는 경고문과 경계병을 배치하는 등 인원통제 및 폭파 안전 통제를 위한 관측소를 운영해야 한다.

제4장

특전부대 화기

제4장 특전부대 화기

제1절 보병화기

1. 소화기의 종류 및 제원

가. k-11 복합형 소총

K-11 복합형 소총은 우리나라가 세계최초로 개발한 공중폭발이 가능한 화기이다.

적 병력 등 단일표적과 밀집부대 등의 지역표적에 대해 사격 가능하도록 개발되었으며, 5.56mm탄과 20mm 공중폭발탄을 사용하며 두 가지 총열을 하나의 방아쇠로 선택하여 사용을 할 수 있다.

20mm탄의 경우 회전수 계수형 신관, 총강 내 신관 유도장입 기술 등을 적용하여 표적상공에서 탄을 폭발시켜 파편으로 적을 제압함으로써 밀집병력이나 은폐 및 엄폐된 표적을 효과적으로 제압할 수 있다.

사격통제장치는 열상검출기에 의한 표적탐지 및 레이저 거리 측정과 탄도 계산을 통해 조준점이 자동으로 유도되어 주·야간 정밀사격이 가능하다.

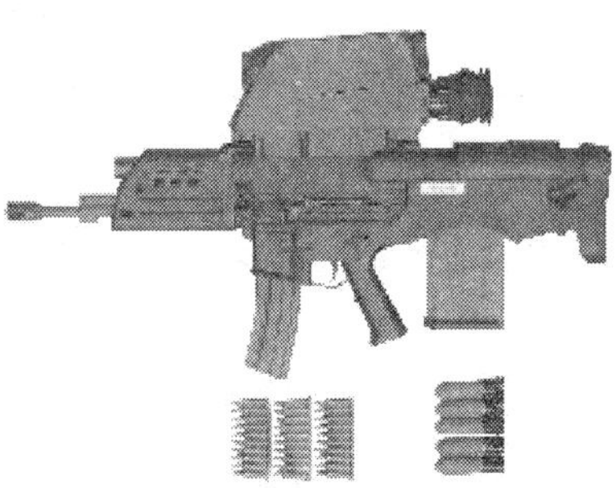

구 분	제 원
사거리	5.56mm : 500m 20mm : 500m
중량	6.1kg
탄알집 용량	5.56mm : 30발 220mm : 5발
열상능력	무월광 500m

나. k-4 고속유탄기관총

K-4 고속유탄기관총은 한국지형 여건에 적합하고 조작이 간편한 화기의 개발 소요가 제기되어 '85년부터 연구개발하여 '93년 생산 및 보급되었다.

기존의 유탄발사기가 단발로 사격하는 것을 자동으로 연발사격이 가능한 화기로 개선을 하였고 조작이 간편하며 직접 조준에 의한 원거리 사격이 가능하고 적 밀집부대 및 장갑차량과 축성진지를 제압하는 데 효과적인 화기이다. 주로 개인화기 및 기관총 사거리(1,100m)로부터 60밀리 박격포 사거리(1,800m)이내의 표적제압과 근접전투시 사용을 하는 화기이다.

구 분	제 원
구경	40mm
중량	33.6kg
사거리	최대 : 2,200m 유효 : 1,500m
최대발사속도	450~550(발/분)

다. k-3 기관총

K-3 기관총은 경량으로 1인 운용이 가능하고 조작이 간편하여 각종 전술상황 하에서 단일 및 지역표적을 효과적으로 제압할 수 있는 화기이다.

또한, 다량의 사격이 가능하고 개인화기가 미치지 못하는 원거리 표적에 대한 사격으로부터 근접전투에 이르기까지 소총분대 및 소총소대에서 효과적으로 운용 가능한 장비이다.

K-2 소총 탄과 동일한 5.56mm탄을 사용하여, 기존 소총과 탄환 교환이 가능하다.

구 분	제 원
구경	5.56mm
중량	6.87kg
사거리	최대 : 3,600m 유효 : 800m
최대발사속도	700~1,000(발/분)

라. K-2 소총

K-2 소총은 한국적 여건에 적합한 소총개발의 소요가 제기되어 '77년부터국방과학연구소에서 연구개발하여 '85년부터 생산 및 보급되었다.

접철식 개머리판을 사용하여 휴대를 용이하게 하였으며 한국군 병사의 신체조건을 고려하여 소총의 전장을 97cm(개머리판을 접었을 경우 73cm)로 짧게 설계하였으며, M16A1소총이 단발 및 연발로만 사격할 수 있는데 비하여 3발 점사 기능을 추가하여 연발사격시의 탄약낭비 문제를 보완하였다.또한, 연발사격 시 총구의 들림을 억제하기 위하여 '총구 앙등억제 소염기'를 개발하여 연발사격 시에도 양호한 명중률을 갖도록 하였다.

조준시스템도 M16A1보다 효율적인 원형의 가늠쇠울을 부착하였으며, 야광 가늠쇠를 이용한 제한적인 야간사격도 가능하도록 하였다.

구 분	제 원
구경	5.56mm
중량	3.26kg
사거리	최대 : 2,653m 유효 : 460m
최대발사속도	700~900 (발/분)

2. 대전차 화기의 종류 및 제원

가. 90 밀리 무반동총

2차 대전후 미국이 최초 개발 생산하여 월남전 및 중동전에 사용된 장비로, 한국군은 70년도 미 군원 장비로 인수하여 사용하다가 70년대말 국방과학 연구소가 국내개발에 착수, 대한 중기에서 생산 보급 하였고, 사격방식은 거치 및 견착식사격으로 충격식 공이를 사용하고 있으며, 90밀리 무반동총은 가볍게 휴대할 수 있는 대전차무기로서 고도의 명중률과 파괴력이 양호하며 또한 곡사화기로 제압할 수 없는 적의 동굴 진지 및 축성진지를 효과적으로 파괴할 수 있으며 대인용 무기로도 사용이 가능하다.

무반동총의 탄약은 고정된 완전한 형태로 불출되고, 탄두, 탄피, 추진장약이 함께 결합되어 있는 것으로 단일체로 구성되어 있기 때문에 신속하게 장전 할 수 있다. 탄약의 종류로는 대전차 고폭탄, 일반 고폭탄, 연습탄으로 구분되며, 대잔차 고폭탄의 탄두는 알루미늄 및 강철로 된 탄두로 성형장약의 원리를 이용하여 장갑을 관통할 수 있도록 제작되었다. 원추형 장약 원리의 효과는 탄착 순간의 속도에 관계없이 탄두 후미 모형에 나타난 원추형 깔대기를 따라 폭약의 효과가 집중되어 표적을 관통하고, 이 탄두는 비행시 탄저에 부착된 6개의 T형 날개로 평형을 유지하며 표적에 명중하여 충격을 받으면 탄두코에 있는 압전기 결정체에서 전기가 발전되어 신관을 작용시켜 주장약을 폭파시킨다. 폭약이 폭발되면 원추형 깔때기가 파괴되면서 초고속의 충격파 및 고열의 금속파편을 분출시켜 장갑을 관통시킨다.

무반동의 원리를 살펴보면 90밀리 무반동총 탄약의 탄피는 천공이 없는 대신 탄피 기저부가 얇은 플라스틱 파열판으로 되어 있고, 탄피 내부에 들어 있는 장약이 점화되어 발생한 팽창된 가스가 폐쇄기의 분사구를 통하여 후폭풍으로 방출되는 힘과 탄두를 목표지역으로 비행시키는 힘이 동일하게 작용되기 때문에 화기에 반동이 일어나지 않게 된다.

90밀리 무반동총에 사용되는 축사기는 무반동총 탄약이 제한되어 있는 경우에 사용하는 것으로써 값비싼 탄약을 사용하지 않고 사수와 부사수를 훈련시킬 수 있다. 이 축사기는 총열 약실에 6개의 구멍이 뚫어져 있으며 사격시 이 구멍을 통하여 가스의 일부가 방출됨으로써 탄두에 가하는 압력을 적게하고 반동이 없도록 해준다. 탄약은 M60기관총 탄약 7.62밀리가 사용되며 이 탄두는 속도가 감속되어 무반동총 탄두와 거의 일치되게 날아 간다.(400m까지는 대전차 고폭탄과 탄도 일치)

탄도란 탄두가 총구를 떠나 탄착점까지 비행하는 동안 지구의 인력과 탄두의 무게 및 대기조건의 영향을 받아 탄두의 무게 중심이 그리며 지나가는 포물선이다. 90밀리 무반동총은 평사탄도 화기로 분류되나 실제적으로는 직선이 아니고 곡선이다. 사거리 400m에서 사격할 경우 최고 탄도고는 약 5.8m이다. 정확한 사격을 위해서는 화기는 반드시 정확한 총강조준이 되어 있어야 한다. 90밀리 무반동총을 총강조준하기 위해서는 유효사거리 이상 원거리의 한 지점에 총강 축선과 가늠자의 조준선을 평행시키거나 일치시킨다. 총을 움직이지 않고 가늠자의 조준감사 십자선이 총강 축선과 동일한 조준점에 일치되도록 조정한다.

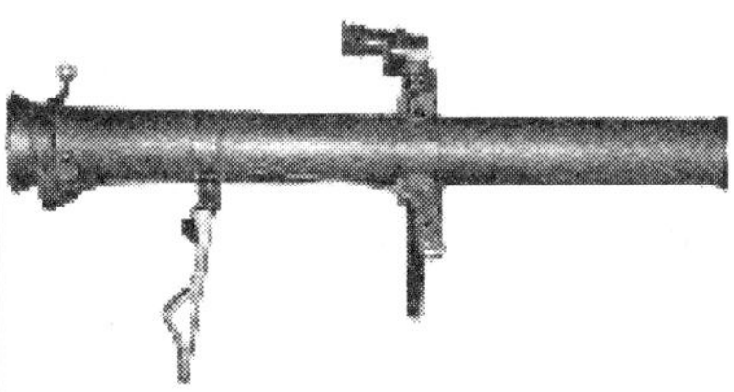

구 분	제 원
중량/길이	17kg / 135cm
강 선 수	64조 우선
사 거 리	최대:2,100m, 유효:400m
발사속도(발/분)	최대6초1발, 유효1발

나. 106 밀리 무반동총

이 장비는 제2차 세계대전이후 미국에서 개발 생산된 장비로서, 1960년대 미국으로부터 군원장비로 인수 후 1980년초 기아 기공에서 개량 생산하여 보급된 장비로 사격방식은 총가에 의해 직접 또는 간접으로 사격하고 폐쇄기는 막음 나사식이며, 주로 차량에 탑재하여 운용 하고 있다.106밀리 무반동총의 무반동 원리는 탄약의 탄피에 1160개의 구멍이 뚫어져 있어 장약이 점화되어 발생한 가스가 약실내로 균등하게 빠져 나간다.

이때 탄두를 전방으로 추진시키는 가스의 힘과 총 후미 폐쇄기 구멍을 통해 후방으로 방출되는 가스의 힘이 동일하기 때문에 발사 순간 총이 움직이지 않는다.

주요 구성품으로는 총열, 약실이 있는 총열뭉치, 폐쇄기등이 있는 총열 후미의 총미장치, 총열을 삼각대 형식으로 받치는 다리와 방향전륜기, 그리고 최고 2400m까지 사격할 수 있는 사격통제장치가 있다.

사용되는 탄약은 90무반동총의 경우처럼 탄두와 탄피가 단일체로 된 완전 고정탄약으로 신속히 장전이 가능하다. 그 종류로는 대전차 고폭탄, 플라스틱 고폭예광탄, 대인탄으로 구분되며, 대전차 고폭탄은 탄약무게가 16.3Kg 이며 총구속도는 초속 495m 이고 포탄 날개에 의하여 안정된다. 플라스틱 고폭예광탄은 예광물질을 포함하고 있고 근본적으로 철갑용으로 사용한다. 폭발장약이 폭발하면 전차 내부면을 분쇄하거나 깍아내게 하는 충격파가 발생하며 탄두는 수직철갑보다 경사 철갑에 최대효과를 발생한다. 탄두 속의 플라스틱 장약은 충격하면 표면에 퍼지는 경향이 있으며 방카, 바리케이트, 병력에 대단히 효과적이다.

대인탄은 대인 살상만을 목적으로 한다. 탄두는 9,000개의 강철제 날개 달린 파편으로 구성되어 있고 신관은 총구에서 작용하거나 200-3,300 미터의 사거리에서 작용하도록 조정이 가능하다.

무반동총의 후폭풍 위험 지역은 총미로부터 후방으로 24m이며 화염과 폭풍으로 심한 사상자가 생기는 지역이며, 준 위험지역은 후방으로 15m더 연장하여 각개 병사가 총미를 바라보고 있지 않다면 비교적 안전한 지역이다.

구 분	제 원
중량/길이	196.85kg / 340.36cm
강 선 수	36조 우선
사 거 리	최대:7,700m, 유효:1,100m
발사속도(발/분)	최대1발, 유효1발

다. 토우 (TOW)

이 장비는 1960년대 미 휴즈사에서 개발하여 1970년대에 전력화 된 이후 계속적인 성능개량을 통해 현재 TOW-2개량형을 운용중이며, 한국군은 1970년대 FMS에 의해 획득되어 사용중이다. 유도방식은 유선 유도방식으로 광학 조준기에 의해 표적이 주어지면 유도탄의 방향을 유선으로 유도하게됨. 추진연료는 고체2단 추진 연료로서 전천후 사격이 가능하고 차량 탑재 운용으로 기동성이 우수하며 발사관에 의한 발사방식을 채택하고 있다.

토우(TOW)는 Tube-launched, Optically-tracked, Wire-guided의 약어로 발사관에 의해 발사되고 광학조준경에 의해 추적되며 유도선에 의해 유도되는 무기체계로서 전차, 장갑차량 및 야전요새와 같은 견고한 기지를 공격하여 무력화 시키기 위한 重대전차 무기이다.

주요 구성품으로는 발사관, 방향이동장치, 미사일유도세트, 광학조준구 등이며, 발사관은 케이스속에 들어있는 미사일의 탄두 앞 부분을 고정하고 미사일의 최초비행을 위한 기계적 유도 역할을 한다. 방향이동 장치는 사수로 하여금 360°의 방위각 전 범위에 걸쳐 표적 추적을 가능케 하고, 또한 +30°부터 -20°까지의 고저각에 걸처 추적을 가능케 한다. 미사일 유도세트는 미사일 조종 및 발사기 자체시험을 위해 필요한 전자회로를 포함하며 운용자는 전술운용 또는 체계자체시험 상태를 선택할 수 있다. 광학조준구는 운용자로 하여금 표적 추적을 가능케하고 원거리 표적 확대를 위해 고출력 전원이 제공되며 정밀조준을 위한 십자선이 있다. 암흑, 안개, 연막 속에서 운용자가 표적을 포착할 수 있도록 야간조준경이 있으며 적외선탐지기를 냉각시키기 위해 재 충전이 가능한 냉각통이 있다.

운용방법으로는 우선 표적이 선정되면 표적을 십자선에 정열시킨다. 장전수가 장전손잡이를 장전위치로 올린다. 장전손잡이가 올라가면 전기 전원이 미사일 유도세트로부터 광학조준구로 보내지며, 광학조준구는 미사일의 비행을 교정하기 위해서 사용된다. 방아쇠를 누른 후 1.5초가 지나면 미사일이 발사관으로부터 발사된다. 사수는 광학조준구를 통하여 표적의 중앙에 십자선을 정확히 위치시키기 위하여 방위각 또는 고저각 수동조종 손잡이를 움직여 오차를 수정한다. 이 때 미사일 유도장치는 미사일의 비행 방향을 수정하기 위해 유도선을 통해서 미사일에 지휘 신호를 보낸다.

현재는 유선유도에 의한 방식이므로 미사일이 표적에 적중할 때까지 사수가 계속 노출되므로 사수의 생존성보장이 곤란한 측면이 있다. 따라서 발사후 망각형(Fire &Forget)이 일부국가에서는 개발되었으며 세계각국이 개발진행 중이다.

구 분	제 원
중량/길이	18kg (탄두 3.9kg)
발사속도	200m/s
사 거 리	65~3,750m
장갑관통력	기본 550m, 개량 850m

라. PZF-Ⅲ (Panzerfaust -Ⅲ)

1988년 경대전차 무기로 채택되어 1990년대 초 독일로부터 도입한 휴대용대전차 무기로서, PZF-Ⅲ(Panzerfaust Ⅲ)는 소형이며, 휴대용으로 어깨 견착 사격이 가능하고, 저렴한 가격으로 적 반응장갑도 대응할 수 있으며, 표적 획득 후 발사까지 3~4초가 소요되며, 이후엔 소형 조준경이 별도 운용되며, 조준장치는 4회 정도 재사용이 가능하고, 관통 능력이 우수하며 사격시 후폭풍의 위험은 있으나 실내 발사도 가능한 장비이다.

이 화기는 사정거리 500M 내의 전차 및 장갑 차량을 파괴 시킬수 있는 대 전차화기로서 발사기에 고폭탄두와 발사관이 결합된 탄약을 결합하여 사용하게 된다. 따라서 고폭탄을 발사후에 발사관은 폐기되고, 발사기는 분리하여 계속사용이 가능하다. 한명의 사수가 휴대 및 사격이 가능하여 발사기와 탄약으로 분리하여 운반 할 수 있으며 사격시 화기를 어깨위에 올려 놓고 사격 한다. 사용자의 부주위로 지면에 떨어뜨렸을 경우 돌발적 발사가 일어나지 않도록 낙하 안전장치가 부착되어 있다.

대전차 고폭탄은 대전차 고폭탄두와 점화휴즈, 연소실 그리고 날개장치로 구성되어 있다. 대전차 고폭탄두는 연장관과 장약, 원추로 구성되어 있는데 연장관은 중장갑차량, 즉 전차를 목표로 할 때는 탄두전면의 연장관을 잡아당겨 약 15Cm 가량 빼낸 후 사격하며, 그외 경장갑차량이나 콘크리트 요새, 방카 등을 목표로 할 때는 연장관을 빼내지 않고 사격한다. 날개 장치는 탄약의 맨 뒷 부분으로서 접기식으로 되어 발사관을 떠나기 전까지 내부에서 접힌상태이나 발사관을 떠나면 스프링 장치에 의하여 날개가 펴져 탄의 비행방향을 유지하여 준다.

발사관은 발사구 보호장치와 후미 보호장치, 운반손잡이, 안전판 및 2중 추진장약뇌관 추진체로 구성되어 있다. 발사구 보호장치 및 후미 보호장치는 밀봉되어있으며 운반손잡이를 이용하여 휴대하게 된다. 추진체는 발사관내에 장치되어 격발시 점화되어 대전차고폭탄의 속도와 비행 방향을 결정하여 주며 추진체의 점화는 2중 추진장약 뇌관에 의하여 점화된다. 발사기는 고정 부착되어 있는 조준경과 격발기를 포함하여 발사기라 하며, 조준경은 우측눈을 밀착 할 수 있는 눈 보호개가 부착되어 있고, 일정한 피사 거리내에서 목표물이 선명하게 확대되어 조준을 용이하게 한다. 조준을 위해서 사수는 먼저 사거리를 정확히 판단하기 위하여 표적이동 방향과 속도를 측정하여야 되는데 이동방향은 육안으로 확인하고 사거리와 속도는 조준경을 통하여 확인 할 수 있다.

판저-3 로켓은 건물지역 전투를 위하여 실제사격이 가능토록 설계되어 있다. 즉 밀폐된 공간 25㎥이상에서 발사관 끝과 벽사이의 거리가 최소 2m이상 이격되고, 후폭풍 지역에 파편위험물 (유리, 선반, 케비넷등)이 없는 곳에서는 사격할 수 있다. 밀폐된 공간에서 사격시는 특수한 방호복은 필요없으나 필히 귀마개를 착용하여야 한다.

구 분	제 원
중량/길이/구경	12kg/120cm/110mm
사 거 리	고정표적 500m, 이동표적 300m
관통력 / 후폭풍 위험거리	70cm / 10m
탄 비행고	2.4m

3. 박격포의 종류 및 제원

가. 6 0 밀리 박격포

이 장비는 1950년대 미군의 군 원 장비로 인수 후 1970년대 방위산업 육성의 일환으로 기아 기공에서 모방 생산하여 초도 생산된 장비로 1984년 국방 과학연구소에서 신형 장비 개발 후 대체 보급 되었다. 구성은 방아틀 뭉치, 포판 및 교환이 가능한 고정 공이식으로 되어 있으며, 외부 형태는 상부 민자, 하부는 나사형에 활강식 단포열이고 포구 장전식이다.

구성품은 포신, 포다리, 포판의 3부분으로 구성된다. 포신상단에는 두 개의 포다리 연결턱이 있는데 포다리를 윗 턱에 연결하면 800-1,150 밀, 아래 턱에 연결하면 1,000-1,511밀의 사각을 유지할 수있다, 따라서 원거리 사격시는 윗 턱에 연결하고 근거리 사격시는 아래 턱에 연결하여 운용한다, 포판은 1개의 운반 손잡이가 있으며 3개의 발톱이 있어 지면에 지지토록 되어 있고 중앙에는 포신을 6400밀 회전이 가능하게 하는 굴대집이 있는데 6개의 구멍이 있어 사격간 포판에 오는 충격을 완화시켜 주는 역할을 한다

사용 포탄으로는 고폭탄, 백린 연막탄, 조명탄등이 있다. 여기에 사용되는 신관은 다중선택식 신관으로 포로부터 최소한 100m의 안전거리를 유지하면서 다양한 작동형태를 갖추고 있다. 근접작동은 폭발고도가 0.9-3.9m 이고 초근접작동은 폭발고도가 0-0.9m이며, 착발작동은 지상 목표물과 충돌에 의해 작동하고, 지연작동은 목표물 충돌 후 0.05초 후 폭발하는 작동 형태이다.

박격포에서 발사된 포탄이 표적에 명중할 수 있도록 박격포 조정 및 포탄 준비에 필요한 자료를 사격제원이라고 한다. 이러한 사격제원은 사격방향, 표적까지의 거리, 수직간격등을 기초로 산출하며, 사격시 필요한 장약, 편각, 사각 등이 포함된다. 방향은 일정한 기준방향으로부터 측정한 수평각으로 표시된다. 통상 도북을 사용하여 도북에서 시계방향으로 각을 측정한다. 사거리는 박격포로부터 표적에 이르는 수평거리이며, 수직간격은 표적 또는 파열점의 표고에서 포진지나 관측소의 표고를 수학적으로 가감한 차이다.

축사탄 사격은 박격포 포술의 모든 단계에서 경제적 방법으로 포반 전원에게 훈

련시킬 수 있다. 축사기와 22밀리 축사탄의 2개 부품으로 구성되어 있으며 조작이 간단하다. 축사기 사격시 박격포로부터 추출되는 축사기는 전방 15미터이내에 낙하하며 축사탄은 탄착지점에 떨어질 때 연막표식과 명확하게 들을 수 있는 소리를 내므로 시각 및 청각적인 표시를 제공한다.

구 분	제 원
중량/길이	117.8kg / 98.7cm
고 각	40-85°
최대사거리	3,590m
발사속도(발/분)	최대30발, 유효18발

나. 81 밀리 박격포

이 장비는 1차 세계 대전 후 미국에서 개발하여 2차 대전 및 한국전에서 사용된 장비로 1950년대 미군 철수시 장비를 인수하여 사용되기 시작하였으며, 1980년대 한국형 개량 박격포로 개발, 기아 기공에서 양산 보급된 장비로서 포열 형태는 활강식 단 포열에 포구 장전식, 고각 사격식이며 교체 가능한 고정 공이식을 채택하고 있는 화포이다.81mm박격포는 포신, 포다리, 포판의 3부분으로 구성되어 있으며, 포신은 포열과 굴대로 구성되고, 포열 외부 하단부는 사격간 발생하는 열을 공기에 의해 냉각시키기 위해 나선형의 냉각홈이 있다.

포신 최하단부의 굴대는 내부에 공이를 포함하고 있으며, 포다리는 사격시 포신을 고정하고 수평 및 사격방향을 설정하며, 포판은 포신을 지지해 주고 사격시 충격을 지면에 전달하여 흡수하게 한다. 사격원리는 포구로부터 장전된 포탄이 포신의 경사에 의해 밑으로 미끄러져 내려가게되면 포열받침 하단의 밀폐된 공기로 하여금 포탄의 뇌관을 치게되며, 뇌관의 충격에 의해 점화약통이 폭박하여 추진장약을 연소시키고, 추진 장약의 연소시 발생되는 가스압력에 의해 포탄을 추진시킨다.

사격 기재로는 가늠자, 겨냥대, 조준감사기, 사격제원 계산기 및 관측제원 입·출력기등이 있다. 가늠자는 사격기재 중 가장 중요한 부품으로 겨냥대 또는 어떤 기준점(조준점)을 조준하는데 사용한다. 겨냥대는 8개의 작은 겨냥대와 1개의 타격겨냥대가 지급되며, 박격포를 사격방향으로 방열시 가늠자의 조준점으로 설치하는데 사용한다. 조준감사기는 가늠자의 사각과 편각을 정교하게 고정시켜 주는 부수기재이다. 사격제원 계산기는 유·무선 통신에 의해 전방관측자가 휴대하는 관측제원 입·출력기로부터 관측 제원을 수신하여 신속, 정확하게 사격제원을 산출할 수 있고, 관측제원 입·출력기로부터 전문을 수신 할 수 있는 장비이다.

사용 포탄은 개활지 및 방카내의 인마살상, 경차량 및 경방카 파괴를 위한 고폭탄, 연막차장과 목표지시를 위한 백린 연막탄, 야간조명을 위한 조명탄, 사격 연습/ 훈련을 위한 연습탄 및 훈련탄이 있다.

박격포 사격술 방법은 직접사격과 간접사격의 두가지가 있다. 직접사격 방법은 포수가 표적을 바라보고 가늠자를 통하여 표적에 직접조준하고 사각을 장입하여 사격하는 방법이며, 간접사격은 적으로부터 보호받을 수 있는 은폐, 엄폐 된 곳에 포진지를 준비하고, 관측자를 통해 획득된 정보와 제원에 의해 편각과 사각을 장입하여 사격을 실시하는 방법이다. 1문의 박격포는 동일한 롯드번호의 포탄을 동일 사각 및 편각으로 사격하여도 포탄은 한 지점에 떨어지지 않고 분산된 파열형태를 나타낸다. 이러한 현상을 사탄 산포라 하며, 포탄의 탄착점은 횡과 종으로 산포된다. 사탄 산포는 포탄 제조상의 불가피한 오차 범위와 매 사탄간의 사소한 변화에 의해서 생기는 것이며 포조작의 잘못에 의해서 생기는 탄착점의 변화와 혼동해서는 안되는 개념이다.

구 분	제 원
중 량	48.53kg
포열길이	129.54cm
최대사거리	4,500m
발사속도(발/분)	최대30발, 유효10발

다. 4.2" 박격포

이 장비는 2차 세계 대전 중 미국에서 개발, 한국전에서 사용된 장비로, 포열 형태는 활강포가 아닌 강선형 포선으로 최초엔 주로 화학탄 사격을 위해 사용 되었다가 그 후 성능 개량을 통해 최근에는 사거리를 6,850m까지 연장시킨 보병 공용화기이며, 1978년 미국으로 부터 FMS에 의해 주로 도입 되었고, 1980년에 기아기공에서 방위산업 육성 일환으로 모방 생산후 야전 보급된 장비로, 사격방식은 강선식 단 포열에 포구 장전식 장비이다.

4.2인치 박격포의 주요 특성 중의 하나는 포열에 강선이 있는 원통형으로 되어 있고, 강선은 24개의 요철로 되어 있으며 포열 저부로부터 23cm까지는 직선이고 그 강선의 처음 회전하는 지점부터 포구까지는 213cm이다.

4.2인치 박격포가 장갑차에 탑재되어 운용될 경우에는 특별히 고안된 포가를 설치하여 장착되며 이 장갑차는 수륙양용 궤도차량으로 기동력과 화력을 겸비하고 있으며 장갑차에서 4.2인치 박격포를 사격할 수 있도록 장갑차 뒷 상부에 박격포 헷치가 있고 뒤에는 램프가 있다. 장갑운반차는 사격시 적의 소화기 사격으로부터 보호받기 위해서 박격포 헷치만 열어 놓고 사격할 수 있으나 훈련시는 인원의 안전을 위해 램프를 열어 놓고 사격한다.

구 분	제 원
중 량	298.7kg
포열길이	152.4cm
최대사거리	6,8500m
발사속도(발/분)	최대18발, 유효5발

제 2 절 포병화기

1. 곡사포의 종류 및 제원

가. K - 5 5 자주포

현재까지 우리나라 자주포 세력의 주력을 차지하고 있는 'K-55 자주포'는 삼성항공(주)에서 미국의 M109A2 자주포를 라이센스 제작하여 공급한것으로 Jane's Information Group 자료에 의하면 1997년도에 총 1040번째 차량이 공급되면서 생산이 종료되었음. 이 화포는 1994년 한국 삼성 중공업에서 개발 생산하여 야전에 배치된 화포로 현대전에 적합한 기동성과 생존성, 자동 사격지휘 능력을 갖춘 우수한 화포임. 차체는 특수 알미늄으로 제작된 경장갑차이고 완전 궤도식으로 산악 및 늪지에서의 기동성이 우수하여 한국적 작전 환경에 적합한 자주 곡사포이다.

특성은 자동화 사격 지휘체계와 정밀 사격 통제장치로 신속하고 정확한 사격 제원 산출이 가능하여 명중률이 우수한 장비이다. 현대전에서 신속한 사격과 양호한 방호력 궤도에 의한 야지의 기동성은 포병의 생존력에도 직결된다. 대포병 사격은 연속적인 사격지원을 해야 하므로 장갑으로 보호 되고 양호한 이동력은 이러한 사격지원을 지속적으로 할수 있게 해준다. K-55는 장갑의 보호로 현대전에서 살아 남을수 있을뿐만 아니라 적의 사격과 기상 악조건으로 부터도 승무원과 탄약을 보호하며, 이러한 우수성은 32개 국가에서 직도입 또는 면허 생산등으로 사용중이다. 신뢰성은 사격지원을 지속적으로 할수 있는 능력과 양호한 기동력, 장갑등으로 충족 시켜 줄수 있다. K-55의 신속한 사격력 탄약의 다양성, 그리고 진보한 이동성과 생존능력은 그런 전장의 신뢰성을 충족 시켜 준다.

포대는 모든 가능한 지형을 극복하기 위한 우수한 기동력을 보유하고 있어야 한다. M109A2는 Detroit Diesel 8V-71T 405마력의Turbo-charged 엔진을 사용하며 최대 56km/hr 의 속력을 낼수 있다. 그리고 이러한 기동성은 사격후 바로 이동하는 현대 포병의 전술에 부합할 뿐 아니라 신속한 진지 이동과 다양한 지형에서 높은 기동성을 발휘 한다. 변속기는 전진 5단, 후진 2단으로 후진으로 약 11km의 속력을 낼 수 있다.

구 분	제 원
일반 제원	중량 : 26.5톤, 전장 : 6.71m 전폭 : 3.15m, 전고 : 3.4m
수송탄 관련	적재탄약수 : 110발, 적재장약 : 116발, 적재뇌관 : 132개 적재시간 : 60분이내(주간), 90분이내(야간) 최대송탄능력 : 6발/분
엔진, 보조 엔진, 성능	주엔진모델 : 8V71T, 수냉식 주엔진출력 : 405마력 보조엔진출력 : 19.5마력(공냉식디젤) T/M 모델 : XGT-411-2A 최고속도 : 56km/h(전진), 11.2m(후진) 최대항속거리 : 360km, 최대등판능력 : 60% 경사면 횡방향 주행능력 : 40% 수직장애물 통과능력 : 0.64m, 참호통과능력 : 1.83m

나. K -9 신형 자주포

1980년대 후반, 육군은 장사거리 사격지원 능력과, 숫적 열세를 압도할 수 있을 정도의 성능과 구릉지역에서의 효과적인 사격지원능력을 갖춘 21세기 전장 상황에 부합되는 신형의 155mm/52캘리버 자주포에 대한 요구 사항을 제안했다. 국방과학연구소(ADD-Agency for Defense Development)는 1989년 7월부터 신형의 자주포 개발에 착수하여, 1994년 시제차를 완성, XK-9이란 명칭을 부여했다. 또 1996년 10월부터 1997년 8월까지 실용시제차를 제작, 1997년 내내 기술 및 운용시험을 실시하였다. 이들 실용시제차에 대하여 선행 기술 및 운용시험 평가결과를 분석한 끝에 많은 부분이 설계보완 되었다. XK-9의 첫번째 양산차량은 1999년 말 완성되어 K-9이란 정식명칭을 부여받았다. 현재 포대는 6대의 K-9 자주포로 구성되어 운영되고, 각 포대는 일반적으로 한개의 포대 사격지휘반에 의해 통제된다.

또한, 최신의 자동화 사격 지휘체계와 정밀 사격 통제 장치를 갖추고 있어 타 자주포 3문의 역할을 수행할 수 있으며, DP-ICM등 특수탄약을 사용함으로써 적에게 심대한 타격을 줄 수 있고 고성능 장갑궤도 차량으로 기동성이 탁월하여 산악 및 각종 장애물 극복 능력이 뛰어나 한국적 지형에서 운용하기에 적합한 화포이다.

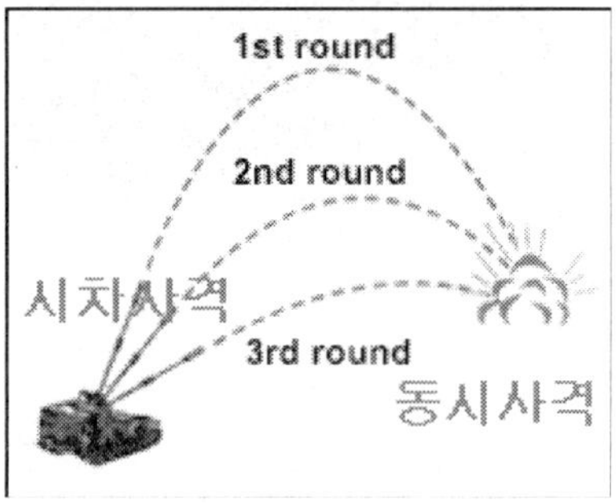

K-9 자주포의 승무원은 모두 5명으로 조종수를 제외하고 4명은 포탑과 승무원 탑승구역내에 위치하며, 그 구성은 포반장과 조종수, 사수, 부사수, 포수(장전병)이다. 조종수는 모두 세개의 전방 주시 주간 잠망경을 통해 차량내부에서 외부를 관측할 수 있으며, 중앙의 잠망경은 패시브식 야간 투시경으로 교체 가능하다.

K-9 자주포의 155mm/52캘리버 주포는 부피 23리터의 약실과, 제퇴기및 제연기가 장치되어 있다. 대형의 슬롯형 제퇴기(muzzle brake)는 사격시 주퇴복좌기(recoil system)에 전달되는 충격을 완화 시켜주는 역할을 수행하며, 폭풍압력과 화염을 약화시키는데 뛰어난 성능을 발휘한다. 수직으로 슬라이딩되는 포미 메카니즘은 사격이후 자동적으로 상방향으로 열려 추진가스를 배출시킨다. 포탄은 자동적으로 장전되어 지속사격시 분당 2발의 사격을 가능케 해준다. 차체에 전달되는 충격을 완화시키는 역할을 하는 주퇴복좌기는 두개의 유압식 후퇴 브레이크와 내부 완충기와 공압식 원복장치등으로 구성된다. 차체 후부의 자동 장전장치에 붙여진 고강성의 대차는 사격시 포신의 좌우 움직임을 최소화 해 주어 사격의 정확도를 높여주는 역할을 한다.

주행시에 포신은 요동 방지를 위해 차체 전방에 장치된 포신 잠금쇠에 의해 고정되게 되어 있으며, 포구 잠금쇠는 차량내부에서 조종수에 의해 원격 작동되게 되어 있어 NBC 방호상태에서의 작전 전개가 가능하다. 포 장치의 후부에는 포구초속 측정시스템이 붙어 있어 내장된 컴퓨터에 포구 발사 속도 관련 정보가 입력

된다. 이 장치는 도플러 타입의 시스템으로 초당 20~2000m 범위내에서 포구 초속을 측정 할 수 있다. 급작 사격시 15초 이내에 3발을 발사 가능하며, 최대 (한번 사용시) 분당 6~8발을 사격 할 수 있다. 또한 지속 사격시는 1시간 동안 분당 2~3발을 발사 할 수 있다. 기본사양으로 제공되는 열 경보기는 포신의 온도를 K-9의 자동 사통장치(AFCS - Automatic Fire Control System)에 전달하여 포신의 계속 가동 여부를 판단 할 수 있게 해준다.

최대 사정거리는 M107 표준 고폭탄(HE-high explosive projectile) 사용시 18km, RAP (rocket-assisted projectile) HE탄의 경우 5구역 탄착용의 단일 장약 사용시 30km, 신형의 K307 제6구역 탄착용 포탄 사용시 40km이며, 이때 약실 압력은 3,655kg/㎠이고 포구 초속은 924m/초 이다. 내장된 자동 사통장치를 사용하여 포격을 실시 할 경우 K-9은 단독 TOT (time-on-target : 동일표적에 대해 여러발을 시차사격을 하여 같은 시간에 표적에 명중시키는 사격 방법)사격을 실시 할 수 있으며, 이 경우 3발을 동시에 한 표적에 집중 시킬 수 있다.

포탑의 버슬랙에는 4가지 종류의 포탄을 수납할수 있는 포탄 격납대가 있으며, 각기의 격납대는 전기식으로 구동하여 포탄을 공급해주는 장치를 가지고 있다. 물론 비상시에는 수동으로 작업하는 것도 가능하다. 여기에는 사격 준비 완료된 총 48발의 포탄을 적재 할 수 있다. 내부의 자동 송탄 장치는 격납대에 보관되어 있는 포탄을 포신 후미와 연결되어 있는 트레이로 이송하여 래머로 장전 시키는 전 단계까지 작업에 사용된다. 장약은 수동으로 장전된다.

K-9의 155mm 포는 한국 육군에서 사용하는 전통적인 장약포(charge bag)인 M3A1, M4A2, M119A1, M203을 사용할 수도 있지만, 한국내에서 자체 개발한 모듈러식의 장약 시스템을 사용하도록 최적화 되어 있다. 신형의 모듈러식 장약 시스템은 두개의 장약으로 구성된다. 하나는 제5구역 탄착을 위한 단일 장약이며, 또 다른 하나는 최대 사정거리시 사용하는 장약이다. 신형의 K307 포탄은 고폭발, 사거리연장, 구경일치 베이스블리드(HE ER FB BB : high-explosive extended-range full-bore base-bleed) 형의 포탄으로 유선형의 몸통과 베이스블리드는 사거리를 증대시켜주는 기능을 한다.

K-9 자주포에 기본사양으로 제공되는 장비에는 하니웰(Honeywell)社 의 모듈러식 방위각 위치 시스템(Azimuth Position System), 자동사통장치(Automatic

Fire Control System), 파워식의 고각 구동기와 포탑 선회 시스템이 포함된다. K-9 썬더는 정지 상태로부터 30초 이내에 사격개시가 가능하며, 기동 중일 경우 60초 이내에 사격개시가 가능하다. 표적에 대한 정열관련 정보는 디지탈 무선 통신이나 혹은 음성통신을 통해 포대 사격지휘소로부터 전달 받을 수 있으며, K-9 자체의 내장형 사통장비를 사용하여 정열 데이터를 계산 할 수 있다. 자동화된 방열, 장전 시스템에 의해 K-9은 종전의 K-55에 비해 3배의 높은 공격 효율을 가지며, 따라서 종전에 3대의 K-55에 의해 달성된 공격효과를 한대의 K-9에 의해 달성 할 수 있다.

구 분	제 원
중 량	47톤
최대속도	60km/H
최대사거리	40km
발사속도	최대 6발

2. 미사일 종류 및 제원

가. 대구경 다련장 로켓(MLRS/ATACMS)

MLRS는 다용도 발사 로켓 시스템(Multiple Launch Rocket System)의 약자로써 무한궤도 차량위에 다연장 로켓발사대가 탑재된 형태를 띄고 있으며 Lockheed Martin Vought Systems에 의해서 생산된다. 이 시스템은 현재 미육군을 비롯하여 바레인, 덴마크, 프랑스, 독일, 그리스, 이스라엘, 이탈리아, 일본, 대한민국, 네덜란드, 노르웨이, 터키, 영국등 14개국에서 배치하였거나 배치 대기중이다.

우리나라에서는 1998년 10월 1일 국군의 날 행사에서 최초로 공개되었다. MLRS는 높은 기동성을 가진 자동화 시스템으로 M270 무장 플랫폼을 기본으로 하고 있다. MLRS는 地對地 로켓과 에이테킴즈(ATACMS:Army Tactical Missile System)를 발사할 수 있다. 이 차량에 탑승하는 3명의 승무원-조종수, 사수, 분대장-은 캡밖으로 나오지않고, 60초이내에 12발의 로켓을 발사할 수 있다. MLRS 발사장비는 12발의 地對地 로켓이 장전된 M270 발사대, 2개의 6열 로켓발사관으로 구성된다. 발사대는 변형된 브래들리 장갑차 섀시에 탑재되며, 자동화 자체 적재및 자체 조준 시스템을 갖추고 있다. 이 시스템은 차량과 발사작업을 통합시킨 사격관제컴퓨터를 탑재하고 있다. MLRS 발사대는 승무원이 그들이 원하는때에 언제라도 장갑으로 보호되는 차체내에서 그들의 위치를 파악할수 있게 해주는 네비게이션시스템을 가지고 있다. MLRS는 장전된 로켓을 개별적으로 혹은 단 두번에 12발을 발사 할수도 있다. 사격관제 컴퓨터는 발사간에 재조준작업을 실시하므로 모든 사격모드에서 정확도가 유지된다. MLRS 발사대는 주야간, 전천후 작전수행이 가능하다.

이 장비는 선진국 5개국이 합작하여 제작한 지대지 로켓 및 유도탄 사격체계로서 세계 최고의 성능을 갖춘 화포로 우리 군은 최초 1999년에 도입하여 야전에 실천 배치하였음. 특성은 300km까지 사격이 가능하고 다량의 탄약을 집중할 수 있으며, 걸프전시 미군이 운용하여 이라크에 심대한 타격을 끼쳤던 바, 하늘에서 철비가 내린다 하여 " Steel Rain"이라고도 하였음. 모든 체계가 자동으로 수행되고 브래들리 장갑차에 탑재되어 기동력과 방호력이 우수한 최고의 생존력을 갖춘 장비이다.

MLRS의 목적은 적 로켓포, 防空부대, 트럭, 경장갑차, 개별운송수단등의 격파를 위해서 운용된다. MLRS는 모든 육군 기동수단(트레일러, 기차등)에 의하여 작전지역에 전개될 수 있다.

MLRS는 빠르게 작전지역에 투입될수 있다. 예를 들어 C-5 갤럭시 수송기나 기차에 의해 운송될 수 있다. MLRS는 뛰어난 야지 주파능력을 가지고 있으며, 포장도로상에서의 최대 속도는 64km이다.

MLRS의 기본 전술 로켓 탄두는 644 M77 탄두로 중간고도에서 목표물 위에서 분산된다. 二重목적 탄두는 자유낙하탄과 리본식의 지연낙하 타입 두가지로 준비된다.각 MLRS 발사대는 거의 8000개의 산탄을 적어도 60초내에 32km떨어진 곳까지 운송(발사)할 수 있다.

MLRS는 또한 장거리 육군 전술 미사일 시스템(ATACMS:ARMY TACTICAL MISSILE SYSTEM) 유도 미사일을 발사 할수 있다. 에이태킴즈는 현재 블록- I 과 블록- I A 두가지 버젼을 가지고 있으며 보다 많은 버젼이 개발중에 있다. 사막의 폭풍 작전 기간중 실전에서 사용된 블록 I은 미사일 탄두내에 950개의 야구공 크기의 M74 보조포탄을 적재하여 165km이상의 지점까지 발사할수 있다. 블록 IA는 보조포탄의 적재수를 줄이고 GPS (Global Positioning System)의 도움을 받는 식으로 해서 사정거리가 300km가 넘는다.

블록 II와 블록 IIA는 현재 개발중으로 BAT 對戰車 보조탄을 적재한다. BAT 對戰車 보조탄는 목표물 검색을 위한 음향탐지기와 터미널 유도를 위한 적외선 센서를 가진다.MLRS의 승무원은 캡내에서 발사대의 조작, 사격, 이동임무를 수행할수 있다. 캡은 NBC방호능력을 가지고 있다. MLRS의 shoot-and-scoot(쏘고 튀는) 시스템은 적으로 하여금 MLRS를 발견하기 어렵게 한다.MLRS는 컴퓨터화 된 사격 관제시스템을 가지고 있어 제한된 승무원에 의해서 - 최악의 경우 1명에 의해서 - 작전 수행이 가능토록 한다. 전형적인 사격 임무수행 시에, command post는 지정된 목표물에 대한 자료를 곧바로 MLRS 의 사격관제 컴퓨터로 전달한다. 컴퓨터는 발사대를 목표물을 향해 조준하고 승무원에게 사전에 정해진 탄환넘버를 보여주는 등 무장및 사격을 할 수 있게 한다.

다기능 임무 시퀀스는 컴퓨터내에 프로그램되거나 저장될수 있다.M270AI 형태까지 업그레이드된 MLRS 발사대는 개선된 사격관제 시스템(IFCS:Improved Fire Control Systems)과 개선된 발사 기계 시스템(ILMS:Improved Launcher Mechanical Systems)을 탑재 할 예정이다. M270A1 발사대는 2000년까지 배치될 예정이다.

구 분	제 원
중 량	26톤
발사속도(발/분)	MLRS:12, ATACMS:2
최대사거리	MLRS:45km, ATACMS:300km
최고속도	64km/H

나. 현 무

이 장비는 국립 과학연구소에서 주관하고 국내 7개 업체가 참여 개발하여 운용중인 지대지 유도무기로서 장거리 사격이 가능하고 1발로 420평방 미터를 제압할 수 있어 전략적으로 중요한 무기체계임. 관성 유도 방식으로 장거리를 사격하더라도 정확도가 높은 것이 특성이다.

구 분	제 원
탄 두	자탄분산형
속 도	마하 4.1
사 거 리	11~240km
유효반경(발당)	120~420 평방 m

3. 지원장비의 종류 및 제원

가. 대포병 탐지레이다(AN/TPQ-36/37)

대포병 탐지레이다는 적 곡사화기의 포탄을 자동으로 탐지하는 장비로서 미국 Hughes사에서 개발한 AN/TPQ-36은 '90년, AN/TPQ-37은 '96년에 도입하여 사용하고 있다.

대포병 탐지레이다의 주요성능은 적화기의 종류를 박격포, 야포, 로켓으로 구분이 가능하며, 레이다 1대로 적 화기 10대를 동시에 탐지할 수 있다.

작동원리는 최초 포탄을 탐지하면 포탄여부를 확인하고, 탄도를 추적 및 역계산하여 적 화포의 발사 위치를 10계단 좌표로 확인하고 이를 아군 포병사격 지휘소로 전파하는 기능을 순차적으로 수행한다. AN/TPQ-37은 AN/TPQ-36보다 탐지거리가 26km 연장되어 적화기에 대한 탐지능력이 향상 되고 전술적으로 안전한 후방에서 운용할 수 있다.

구 분	AN/TPQ36	AN/TPQ37
탐지거리(로켓)	24km	50km
탐지범위	90°	90°
동시표적 처리능력	10개	10개
견인차량	2½톤	5톤

나. k-10 탄약운반차량

K-10 탄약운반차량은 5톤 탄약차의 기동성 문제 극복과 탄약적재 및 재보급 시간 단축을 위해 '06년도에 우리나라가 개발한 장비이다.

K-10 탄약운반차량은 K-9 자주포의 차체를 이용하였기 때문에 최대 67km/h 속도로 이동이 가능하며, 주간 및 야간잠망경을 이용하여 외부로 노출되지 않고 안전한 상태에서 운행이 가능하다.

탄약운반차량에 탄약을 적재하거나 K-9 자주포에 탄약을 보급시 자동화된 적재 및 이송장치와 컨베어를 작동하여 탄약을 취급함으로써 104발의 탄약을 운반차량에 적재시 37분 이내, 탄약운반차량에서 자주포에 보급시에는 28분이내에 가능하다.

구 분	제 원
중량	47톤
최대속도/항속거리	67km/h, 360km
탄약적재량/승무원	104발/3명
적재/이송능력	적재 37분, 이송 28분

제 3 절 기갑부대 화기

1. 전차의 종류 및 제원

가. K – 2 전차

K-2 전차는 신개념의 핵심기술을 적용하여 그 성능을 획기적으로 증대시킨 세계 최고수준의 전차로서 '11년도부터 생산 및 보급될 예정이다.

120밀리 장포신 활강포와 신형 전차 포탄이 적용되어 적 전차 파괴 능력이 크게 향상되었으며, 전차의 가장 큰 위협인 공격용 헬기에 대한 대응능력을 갖추었고, 장갑방호능력 향상과 대전차 미사일 방호체계, 핵전하에서의 방호능력 보유 등 생존성이 크게 향상되었다.

또한 자세제어, 야지주행속도, 심수도하(4.1m)를 포함한 지형극복 능력이 향상되어 전투가능 지역을 확대하였고, 적과 아군을 구별하는 피아식별 기능이 추가되어 우군간 피해 최소화가 가능하다.

구 분	제 원
중량/엔진출력	55톤 / 1,500마력
최대속도/항속거리	70km/h, 450km
적재탄수/승무원	40발/3명
무 장	120밀리 주포, 기관총(2)

나. K – 1 전차

전차는 제1차 세계대전중 영국에 의해 최초로 개발되어 보병의 최대 장애물이었던 철조망과 기관총을 무력화하여 전선의 돌파구를 만들기위해 운용되었으나, 현대전에서는 입체 고속 기동전의 주력으로 운용되고 있다. K-1전차는 1980년대 국내기술로 개발된 3세대 전차로 특수장갑에 의한 방호력과 열 영상장비를 장착하여 주/야 악천후시에도 관측 및 사격이 가능할 뿐만 아니라 레이저에 의한 거리

측정이 가능하여 기존 전차보다 초탄 발사시간을 현저히 감소시켰고, 특히 고지에서 저지 사격이 가능한 장비로 일명 88전차라고도 한다.

전차의 탄생은 제1차 대전이 발발하자 영국이 1914년에 스윈턴 대령을 프랑스 전선에 파견한데서 비롯한다. 그는 전선이 참호전에서 교착상태에 빠진 것을 재빠르게 인식하여 교착상태를 깨뜨릴 수 있는 장비가 필요하게 되어 1915년 11월 "Little Wille"로 명명되는 전차를 개발하게 되었다. 제1차 대전후 각국은 전차 개발에 대한 관심이 줄었으나 영국의 MK1A 전차를 개발, 각국에 수출하게 되므로써 각국은 MK1A 전차를 구매하여 자기 나라의 고유 전차를 개발, 현재에 이르고 있다.

제1차 대전시 전차의 주임무는 철조망 뒤쪽의 참호에 있는 기관총을 무력화하기 위한 임무였으나, 전차의 주행속도 및 주포 파괴력 증가와 아울러 창과 방패의 경쟁적 발전 요소가 가미되면서 1960년대에 이르러 지상 전투의 주무기로 탄생하게 되었고, 현대전에서는 방어시 적 전차를 막아내는 가장 좋은 수단이며, 공격시는 강력하고 신속하게 적진을 돌파하여 적에게 충격력을 가하여 심리적 마비를 달성하며, 아울러 명중률을 자랑하는 특성에 의해 적 벙커나 진지를 파괴, 아군 보병 및 타 전투차량의 진로를 개척하기도 한다.

전차의 중요성은 걸프전에서 증명되었다. 39일간의 공중폭격에 의해 32대의 전차가 파괴되었으나, "전차전이 개시 된지 20분만에 수천대의 전차가 파괴되었다." 라고 회고한 이라크 전차대대장 회고담에서 살펴 볼 수 있다.

구 분	제 원
중량/엔진출력	51.1톤/1,200마력
최대속도/항속거리	65km/H, 500Km
적재탄수/등판능력	47발 / 60%
무 장	105미리 주포, K6, M60각1정
승무원/제작사	4명/로템

다. K 1 A 1 전차

이 전차는 3.5세대(잠정 세대)전차로서 90년대에 개발을 시작하여 기동전의 주력 장비로 운용하기 위하여 기계화부대에 전력화하고 있는 장비이며, K-1전차와 외형상 유사하여 구분 하기는 모호하나 120mm 주포를 장착하고 있어 화력을 크게 증대 시켰다.

특히 K-1전차에서 기술도입 생산한 외국기술을 순수한 국내 기술로 전환하여 개발하였고, 전차포구경이 증대됨에 따라 탄약의 무게를 최소화하기 위해 사격시 탄피가 포구내에서 완전 소멸하는 일명 "소진 탄피"를 신기술로 적용한 전차로서 러시아의 T-80, 미국의 M1A2전차, 프랑스의 leclerc 전차, 독일의 Leopard-Ⅱ TVM전차와 유사한 성능을 갖고 있음. 또한 현 장비를 모델로 사거리가 증대되고 은폐/엄폐한 전차도 찾아 낼 수 있고, 미사일 발사도 가능한 제4세대 차기 전차를 개발중에 있다.

구 분	제 원
중량/엔진출력	53.2톤/1,200마력
최대속도/항속거리	65km/H, 500Km
적재탄수/등판능력	36발 / 60%
무 장	120미리 주포, K6, M60각1정
승무원/제작사	4명/로템

2. 장갑차의 종류 및 제원

가. K - 21 보병전투차량

'99년부터 국방과학연구소 주도로 두산 인프라코어를 비롯한 국내 주요 방산업체들이 순수 국내기술로 개발한 최첨단의 신형 전투차량으로 '09년부터 생산 및 보급될 예정이다.

40mm 기관포에 디지털 사격통제시스템 장착으로 기동 및 주 · 야간 조준 사격이 가능하며, 적 위협 경보장치와 피 · 아 식별기 등 최첨단 장비 탑재와 유기압 현수장치를 채택함으로써 야지기동성 향상과 보조 부양장치를 장착하여 수상운행을 가능하게 하였다.

승무원 3명 및 전투병력 9명이 탑승 가능하며, 차량간 정보체계 및 지상전술 C4I체계와의 연동이 가능한 장비이다.

구 분	제 원
중량/엔진출력	25톤 / 750마력
최대속도/항속거리	70km/h, 450km
적재탄수/승무원	12명
무 장	40밀리 기관포, 기관총(1)

나. K -200 장갑차

장갑차는 전차가 참호전 및 철조망을 타개하기 위해 개발된 이후 제2차 세계대전을 통하여 독일, 미국, 러시아 등 전차와 함께 행동할 수 있는 차량개발의 필요성이 인식되어 러시아에서 1967년 세계 최초로 개발 되었으며, 우리 군은 월남전에 참가하여 운용되었던 M113장갑차를 모델로 1980년대 한국의 지리적 특성을 고려하여 수심에 관계없이 깊은 호수나 강을 도하할 수 있도록 개발되었고, 특히 자동변속기가 장착되어 운용성/기동성이 현저히 증대된 장비이다.

향후 현 장비를 기본 모델로 하여 차기 장갑차를 개발, 대전차 화기 및 포탑을 설치하여 기동간 사격이 가능하도록 할 예정이다. 장갑차는 제2차 세계 대전중 기갑사단을 주축으로 한 전격전 개념이 도입됨에 따라 병력수송용 장갑차(APC : Armored Personnel Carrier)의 필요성이 대두되어 1899년 영국에서 개발된 기관총을 무장한 4륜 차량으로부터 비롯되어 현재에 이르고 있다.

제1차 대전이 일어나기 전까지는 개발에 커다란 진전이 없었으나 1915년 미국이 장갑차를 정식 채용함으로써 러시아, 영국 등 각국에서도 개발하기에 이르러 1930년대 까지 널리 운용되었다. 그러나, 그 후 보다 빠른 경전차가 등장 함에 따라 장갑차의 효율성이 상대적으로 저하되었으나, 2차 대전중 독일군이 정찰 임무에 효과적으로 사용하게 됨으로써 중요성이 증대되어 현재에 이르고 있으며, 경전차의 임무 수행이 가능한 장갑 보병 전투차량(IFV : Infantry Fighting Vehicle)으로 발전되었다.

공격시 보병 전투는 적에게 접근하여 사격과 백병전으로 적부대를 섬멸하여 목표를 탈취하는 것이나, 보병이 목표로 접근하는 동안 적의 포화에 의해 막대한 희생을 감수해야 하며, 목표에 근접한 이후에는 과도한 신체적 피로로 인해 전투력이 격감하게 되는 것을 방지하고, 전차만으로 점령한 지역을 계속 확보가 불가능함에 따라 전차와 동등한 속도로 적에 접근하여 적대전차 무기조/방어 부대 병력을 격멸하는 임무이다.

현대전에서의 장갑차의 역할은 준 전차화된 차체에 기동력, 화력, 방호력을 겸비하여 적 장갑차 파괴는 물론 전차와 대적할 수 있는 중기관포, 중구경포를 구비하고 있어 탑승전투 및 전차 기동에 제한을 주는 애로지역, 교량 확보등 하차전투, 침투전투 등을 수행하므로써 전차와 장갑차는 남편과 아내처럼 항상 동반하여 운용되어야 하는 주요 무기체계이다.

구 분	제 원
중량/엔진출력	13톤/280마력(8기통 v형)
최대속도/항속거리	74km/H, 480Km
적재탄수/등판능력	무제한/60%
무 장	MG50, M60 각 1 정
승무원/제작사	12명 / 대우중공업

다. K－288/242 장갑차

이 장비는 M125, M106등의 장갑차를 기본 모델로 국내 개발한 장비로 1987년 야전배치 운용 중이며, 특성은 박격포(4.2", 81M)를 탑재한 상태하에서도 사격이 가능할 뿐만 아니라 유사시에는 제거하여 지상 사격도 가능한 장비이다.

구 분	제 원
중량/(K-288/242)	12.9톤/13.2톤
최대속도/항속거리	74km/H, 480Km
도섭심도/등판능력	무제한/60%
무 장	MG50, 박격포(4.2",81M)각1정
승무원/제작사	5명 / 대우중공업

제 4 절 공병화기

1. 부교 / 교량의 종류 및 제원

가. 간편조립교(MGB)

간편조립교(MGB)는 영국 FAIREY사에서 제작되어 우리나라에는 '90년도에 도입되어 공병부대에서 운용되고 있다.

간편조립교는 M2 장간조립교보다 경량화되어 가설 및 철수가 신속하므로 시간과 병력을 절약하여 파괴된 교량이나 계곡, 운하, 대전차구 등 간격극복과 교량전차의 전환 사용을 위한 대체수단으로 사용된다. 간편조립교의 가설형태는 단층교, 이단교, 보강교 및 다경간교가 있다.

단층교는 7.9m, 이단교는 31.1m 까지 60톤의 전차 통과가 가능하며, 보강교는 49.4m 까지 60톤의 전차가 통과 가능한 능력을 가지고 있다. 다경간교는 교량에 교각을 설치하여 최대 76m 까지 교량구축이 가능하다.

간편조립교의 부품은 아연과 마그네슘, 알루미늄 합금 등 가벼운 소재로 제작 되었으며, 31.1m 이단교 구축 시 24명의 인원으로 90분 이내에, 49.4m 보강교는 32명의 인원으로 180분 이내에 구축이 가능한 장비이다.

구 분	제 원
가설길이	31.1m(기본), 49.4m(보강)
교량폭	4m
가설시간	90분(31.1m, 기본)
재 질	고강도 알루미늄합금

나. 리본 부교 (R B S)

이 장비는 하천 장애물 극복을 위한 장비로 구형 부교 구축에 따른 인원 및 시간을 절약하고 전투 장비의 신속한 도하 지원을 위하여 개발된 장비로 전투장비를 화물선에 실어서 운반하는 문교 형태로 운용하며, 필요시는 문교를 연결하여 물위에 떠있는 교량 구축도 가능한 장비이며,재래식 장비에 비해 운반 및 구축,철수가 용이한 장비 로서 부주와 차도가 일체식으로 되어 있는 교절식 장비이다.

수송차량 1대가 교절을 적재 운반하고 자체 작동장치에 의해 진수 및 철수를 할 수 있는 반자동식이며, 재질이 알루미늄합금으로 제작되어 고강도이면서 경량화되어 있고 공중수송도 가능하다. 따라서 리본문교 및 부교장비는 일반적으로 기동부대의 정밀도하 작전시 표준장비로 운용되며 경우에 따라 긴급한 병참선 복구시에도 사용된다. 한편 리본부교 운용지역에서는 별도의 도보교가 필요하지 않으며, 리본문교구축시간은 경문교 보다 짧기 때문에 속도를 요하는 작전에서는 초기에 리본문교 및 리본부교 운용 중심으로 도하계획을 수립하고 경문교 및 도보교는 필요시 추가지역에 운용하도록 한다.

또한 리본부교의 신속한 구축능력을 고려하여 문교단계에서 단시간내 부교단계로 전환하거나 문교단계 없이 바로 부교를 구축 할 수도 있다. 그러나 이때에는 적 포병화력 및 공중화력등 직, 간접 위협정도를 면밀히 검토하여야 하며, 자체 방호능력을 충분히 확보하여야 한다.

리본장비를 문교로 구축시에는 3교절, 4교절, 5교절, 6교절 문교로 구축가능하며 유속이 1.5mps 일때 형태에 따라 45, 70, 75, 80톤의 적재능력을 지니고 있으며 부교로 구축시에는 1개 셋으로 215m까지 구축가능하며 약 70톤의 적재능력을 지니고 있으나 유속의 변화에 따라 능력이 증감된다.

구 분	제 원
구 축 길 이	213m/셋
노 폭	8.1m
통 과 하 중	60톤
가 설 시 간	90분

다. 도하장비 발전방향

도하작전을 지원하기 위한 장비는 기계화부대의 강습도하 및 급속도하를 보장하고 가설시간을 단축할 수 있는 자주도하장비로 발전시키고 공중도하수단을 증대시켜 도하속도를 증진시켜야 한다. 자주도하장비는 기계화 부대의 급속 및 강습도하지원이 가능하며 통과급수는 63.5이다. 또한 적재장비의 통과급수 증대에 따라 기존 표준부교장비의 통과하중을 증대시키기 위한 개량형 리본부교(IRB)는 기존 표준 리본부교보다 향상된 유체공학적 설계와, 최대 2.4m/s의 유속에서도 통과급수 70을 소화할 수 있으며 교절은 1분내로 연결할 수 있다. 표준 리본부교 교절과의 연결도 가능하며 진입 교절을 길게 하여 유압식으로 둑 높이 1.2m 까지를 조절할 수 있게 개량되어야 한다.

라. 자주도하장비 및 개량형 리본부교

습지 극복 매트습지극복매트는 하천의 습지 및 연약한 지반에 부설하여 모든 차량 및 장비의 통과를 보장할 수 있다. 습지극복매트는 수송이 용이하며 우수한 지탱능력으로 내구성과 재사용이 가능하다. 또한 신속하게 설치할 수 있으며 사전훈련이 불필요하며 다목적으로 사용이 가능하다.

마. 교량 전차 (A V L B)

이 장비는 간격(GAP)극복 장비로 도로 대화구, 대전차구 등 장애물을 제거하고 즉각 사용 가능한 간이 교량을 구축하여 전투 부대의 기동을 지원하는 장비임. 구형 장비인 장간 조립교나 MGB(간편식 조립교)의 수송 및 조립시간을 크게 단축시켰는 바, 주력 전차 수준의 주행속도 보유로 기계화 부대의 근접지원과 제병 협동작전을 가능케 한 장비이며, 교량전차에 탑재된 교량은 20.5m 이하의 반땅크호 및 대전차 구나 각종 간격을 신속하게 극복할 수 있다.

그러나 장비 가설방법의 특성상 상부 13m 높이 까지는 장애물이 없어야하며, 양안의 제방높이 차가 2.4m 이하이어야하고, 종경사 ±10°, 횡경사 3° 이상일 경우에는 평탄작업이 요구된다.

구 분	제 원
K - 1 전차	47톤
길 이 / 폭	22m / 4m
통과가능중량	63톤
가 설 시 간	4-8분

바. 간격극복장비 발전방향

간격극복 장비는 가설길이와 통과하중은 증대되고 가설시간은 단축할 수 있도록 기계식 및 자동화된 전술교량으로 발전되어야 한다.

차기전술교량은 50M 이상의 장경간 간격을 극복할 수 있도록 현 운용장비의 능력을 향상시킨 장비이며, 기계식으로 가설하며 가설길이는 40 ~ 60m이며 가설시간은 70 ~ 100분으로 가설시간을 단축할 수 있다.

사. 차기전술교량

차기전술교량은 50M 이상의 장경간 간격을 극복할 수 있도록 현 운용장비의 능력을 향상시킨 장비이며, 기계식으로 가설하며 가설길이는 40 ~ 60m이며 가설시간은 70 ~ 100분으로 가설시간을 단축할 수 있다.

아. 중형 간격극복장비

중형 고정지원교량중형고정지원교량(HDSB)은 14명 또는 그 이하의 병사로 90분 안에 40m의 간격을 연결할 수 있는 교량이다. 하나의 교량?은 2개소의 20m 교량을 가설하거나 1개소의 40m 교량을 구축할 수 있으며 96

(차륜) / 70(트랙)톤급의 중장비를 통과시킬 수 있다.

중형 고정지원교량은 표준 고정교량으로써 간편조립교 및 장간조립교를 대체할 수 있는 장비이다.교량전차(AVLB)소개 리본 부교(R B S) 소간편조립교(MGB)소개

2. 지뢰 개척 장비

가. 지뢰탐지 장비의 종류 및 제원

작전지역내 지뢰는 운용요원의 생존성 향상과 실시간 지뢰를 탐지할 수 있는 원격지뢰탐지체계로 발전되어야 하며 지뢰지대 탐지장비 및 방법은 다음과 같다.

휴대용 지뢰지대 탐지장비 휴대용 지뢰지대 탐지장비(HSTAMIDS)는 모든 종류의 금속 및 비금속 대전차지뢰 및 대인지뢰를 탐지할 수 있다. 이 장비는 최신기술인 지상 침투식 레이다와 개량형 금속탐지 기술을 사용하여 소·대형 금속 또는 비금속 대전차 지뢰와 대인지뢰의 탐지 가능성을 크게 높여준다.

특히 금속 혼탁물을 걸러냄으로써 소형의 저금속 함유 대인지뢰의 탐지율을 크게 높일 수 있다.

차량장착 지뢰탐지장비 차량장착 지뢰 탐지장비(IVMMD)는 1인이 탑승, 2륜 구동 차량이며, 트레일러 차량(Husky)은 1인 탑승, 4륜 구동 차량으로 광역 지뢰를 확인하고 제거 및 트레일러를 견인하는데 사용된다. 두 차량 모두 대전차 지뢰 방어시설을 갖추었으며, 두 차량 모두 지뢰폭파 방어시설을 갖추었다. 탐지용 운용차량은 원격 조정할 수 있도록 필요한 장비를 개발 중에 있으며, 이를 사용하면 더욱 광범위한 지뢰지대를 탐지하거나 지뢰 위험지역에서 작전을 수행할 때 원격으로 지뢰탐지 작업이 가능하다.

제대별로 여러 대의 장비를 이용하여 폭 넓은 도로에 전개할 수 있으며, 탐지용 운용차량은 금속 지뢰를 1미터 이내로 탐지하여 표시할 수 있다.

공중 지뢰지대 탐지장비 공중 지뢰지대 탐지장비(ASTAMIDS)는 작전 실시간에 가까운 지뢰지대에 대한 정보를 제공할 수 있다. 정찰 임무 중 공중 지뢰지대 탐지 비행체는 지뢰지대 탐지 모드로 전환하면서 지뢰지대의 위치를 정밀하게 검색하고 수집된 정보는 지상 관제소에 전송되며 이 곳에서 정보는 선별, 처리되며 최종적으로 기동부대 지휘관에게 전달된다. 공중 지뢰지대 탐지장비는 지뢰지대 및 그 외곽을 초기에 파악함으로써 대응 시간을 확보하고, 작전의 전반적인 성공확률을 높이며, 이러한 활동으로 기동부대를 지원할 수 있다.

테리아를 이용한 지뢰탐지방법은 '슈도모나스 푸티다' 라는 박테리아의 유전인자를 조작하여 헬기에서 살포 후 지뢰의 화약 성분과 접촉 또는 금속 파편과 마찰에 의해 형광 물질을 발산하도록 하여 지뢰를 탐지하는 방법이다. 이 방법은 지뢰는 매설후 일정시간이 지나면 화약성분을 노출시키는데 이것을 반핵 평화 운동단체인 '퍼그워시'에서 공개하였으며 충분한 시간을 가지고 지뢰를 탐지할 수 있는 방법이다.

헬기살포 후 지뢰지대 야광발생 비 접촉식 지뢰탐지용 레이저는 레이저를 발사후 지상에서 반사되는 음향공진 현상을 이용하여 지뢰를 탐지하는 방법이다. 지뢰탐지 방법은 확성기를 지상으로 향하게 하여 지표면에 음향진동을 발생시키고 레이저를 지표면에 비추어 표면진동을 탐지한다. 이 방법은 금속 및 플라스틱 재질의 지뢰를 매설깊이에 관계없이 탐지 가능하다.

나. 지뢰지대 개척장비(M I C L I C)

이 장비는 지뢰지대를 신속히 통과시키기 위하여 최초 미국에서 개발된 장비로, 폭약을 선형으로 연결한 줄에 로켓 모터를 접속시켜 로켓을 발사하면서 선형 폭약을 전개시킴과 동시에 지뢰지대 50m 후방에서 대기중이던 운용병에 의해 폭약을 폭파시킴으로써 지뢰도 같이 폭파되는 장비로 이 장비의 주 용도는 전투장비의 기동 확보를 하기 위함이며, 기동부대의 신속한 지뢰지대 극복지원을 위해 공병이 운용하는 장비로써 덤프트럭 또는 장갑화된 장비 (전차, 장갑차, 장갑전투도쟈) 에 의해 견인되어 운용된다.

장비구성은 트레일러, 발사대, 선형장약 꾸러미, 로켓모터로 구성되어 있으며 악조건하의 기후나 기상에서도 가능하다. 안전을 고려하여 확인된 지뢰지대의 선단으로부터60m 이격된 지점에 트레일러를 위치시키며, 로켓모터 장전후 트레일러로부터 23m 이격된 장갑화된 견인차량 내부에서 발사시킬 수도 있고, 50m 이격된 엄폐된 지역에서도 발사가 가능하다. 공병부대에 편제되어 돌파작전을 수행하고 있는 기동부대 지휘관의 통제하에서 운용되며 주로 적 직사화기에 노출될 가능성이 적은 곳에서 사용하고 발사 소요시간은 5분이다.

구 분	제 원
구 축 길 이	69kg(로켓 모터 포함)
통로 개척 능력	길이 100m, 폭 6 m
운 용 인 원	4 명
발사 소요시간	5 분

지뢰지대 종심이 100m 이상인 경우에는 제거된 통로의 말단쪽으로부터 선형장약을 추가 발사할 수도 있다. 이때에는 통로당 2대의 발사대를 운용하는 것이 효과적이며 로켓모터 및 선형장약의 재장전을 위해서는 30분 정도 가 소요된다. 발사후 빈 트레일러는 탄약고에서 추가 선형장약을 운반하는 데 사용되거나 돌파지점에서 재장전 또는 지원부대에 의해서 차후 운용을 위해 사전 선정된 위치로 견인되기도 한다.

지뢰지대 통로개척장비는 1회 발사로 폭6-8m, 길이 100m의 통로를 개척할 수 있지만 지뢰지대의 크기(시점, 종점)를 정확히 파악하는 것과 선형장약 발사시 그 정확도가 통로 개설의 효용성을 좌우한다.

지뢰지대 통로개척장비에 의해 통로는 95% 정도의 효과를 보장받을 수 있다. 따라서 이용이 가능하다면 개척된 통로는 지뢰제거장비등을 이용하여 재확인하여야 한다. 차륜차량의 원활한 통행을 위해서는 장비를 이용한 노면정리 작업이 필요하다.

다. 지뢰지대 개척장비(P O M I N S – Ⅱ)

이 장비는 지뢰지대를 신속히 통과시키기 위하여 최초 미국에서 개발된 장비로, 폭약을 선형으로 연결한 줄에 로켓 모터를 접속시켜 로켓을 발사하면서 선형 폭약을 전개시킴과 동시에 지뢰지대 50m 후방에서 대기중이던 운용병에 의해 폭약을 폭파시킴으로써 지뢰도 같이 폭파되는 장비로 이 장비의 주 용도는 전투장비의 기동 확보를 하기 위함이며, 기동부대의 신속한 지뢰지대 극복지원을 위해 공병이 운용하는 장비로써 덤프트럭 또는 장갑화된 장비 (전차, 장갑차, 장갑전투도쟈) 에 의해 견인되어 운용된다.

휴대용통로개척장비를 운용할 경우에는 장비운용을 방해하는 요소(비행통로내 장애요소)를 제거하고 연결구의 정확한 연결여부를 확인한다. 운용자를 제외한 모든 인원은 엄폐를 해야하며 운용자도 발사 직후, 17초 이내에 도달 가능한 엄폐물을 사전에 준비 및 확인해 두어야 한다.

발사요령 및 작동순서는 첫째, 2명이 1개킷을 운반하여 발사지점에 위치시킨다.(선두 및 후미장약을 연결한다) 둘째, 작동안전선을 당기면 17.5초의 지연신관에 의해 로켓모터가 점화한다. 로켓모터가 선두 선형장약을 추진시키면 서로 연결된 후미 선형장약이 콘테이너 결합체에서 추출된다. 셋째, 후미 선형장약이 완전히 전개되면 선두 선형장약이 장약통에서 분리되어 비행한다. 넷째, 완전히 전개된 선형장약은 지면에 낙하후 기폭 지연신관 기능에 의해 폭발하게 된다. 폭발시간은 발사후 8초(작동안전선 해제후 25.5초 경과)이다.

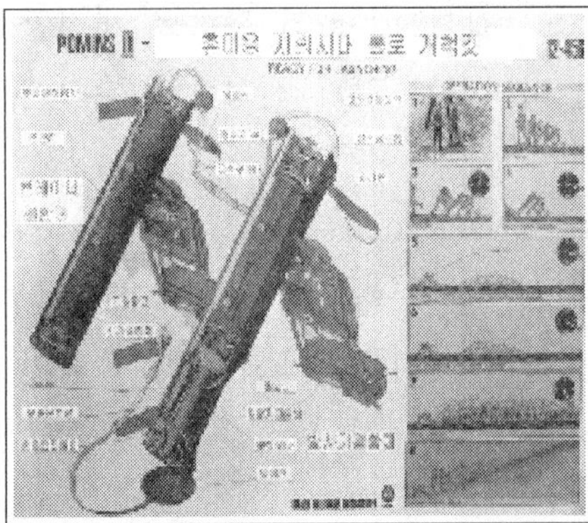

구 분	제 원
중 량	50kg
통로 개척 능력	길이 40m, 폭 0.5m
운 용 인 원	2 명
운 용 거 리	1- 5m 후방

라. 지뢰제거장비 발전방향

지뢰전 무기체계는 재래식 지뢰체계 중심에서 살포식 + 특수신형지뢰(인공지능) 등 복합적인 지뢰체계로 발전되어야 한다. 또한 다양한 투발수단에 의한 살포지뢰체계로 스스로 목표물을 탐지, 식별 및 공격 가능한 인공지능지뢰체계 및 근접·

종심작전지역에서의 실시간 선별적 원격운용이 가능한 체계로 발전되어야 한다.

살포식지뢰의 운용체계는 지상 살포식지뢰체계(KM138 지뢰살포식), 상자형 살포식지뢰체계(MOPMS), 야포 살포식지뢰체계(ADAM, RAAM), 공중 살포식지뢰체계(GATOR), 공중 및 지상 살포식지뢰체계(VOLCANO), 광역 살포식지뢰체계(WAM)로 구분된다.

살포식 지뢰지대는 아군의 기동에 방해가 되지 않도록 운용해야 하며, 주로 측방방호, 적 경계부대 견제 및 제압, 목표지역 적 부대 고착, 적 퇴로 및 증원차단, 병력절약, 적 반돌격 저지, 주요지역 이용 거부, 전과확대 및 추격시 철수로 차단과 적을 고립할 때 주로 이용된다.

지상형 살포식 지뢰 지상(K형) 살포식 지뢰체계는 KM138 지뢰살포기에 의해 투발되는 KM74 대인지뢰와 KM75 대전차지뢰가 있으며, 트럭, 장갑차, 장갑전투도자 등에 장착하여 인원에 의한 수동 조작에 의하여 전기식 동력장치를 이용, 지뢰를 회전시켜 투발하는 장비이다. 지뢰 살포능력은 최대 6초당 1발, 25~40m까지 살포할 수 있다. 투발된 지뢰는 50 ~ 60분(통상 55분)이 경과된 이후에 전자식 신관이 활성화되어 완전한 장전이 된다.

상자형 살포지뢰 상자형 살포식 지뢰(MOPMS)체계는 중량이 68kg으로 2명이 도수 운반하여 설치하며, 원격 무선장비의 조정으로 발사관에 내장된 지뢰를 지상 분사식으로 살포한다. 1개의 상자형 지뢰살포기는 7개의 발사관이 내장되어 있으며 1개 발사관당 3발의 지뢰가 장전되어 있으며 대전차지뢰 17발, 대인지뢰 4발 총 21발의 지뢰가 장전된다. 최대 35m 까지 살포가능하며 우회가 곤란한 지역이나 통로 봉쇄용 지뢰로 주로 운용한다.

야포 살포지뢰 야포 살포식지뢰체계는 155mm 곡사포에 의해 대인지뢰 또는 대전차 지뢰가 내장된 살포탄을 목표지점까지 발사하여 살포식 지뢰지대를 설치하는 지뢰체계로 야포(155mm)투발거리까지 설치가 가능하다. 야포살포식지뢰는 단자폭(4시간), 장자폭(48시간)으로 시한장치에 의한 자폭기능이 있기 때문에 별도로 제거할 필요가 없다.

광역 살포식 지뢰체계(WAM)는 살포수단에 의해 두가지로 분류할 수 있는데 227mm 다련장 로켓시스템에 의해 살포되는 WAM 지뢰와 수동으로 살포하는 WAM 지뢰가 있다. 다련장 로켓시스템에 의해 살포되는 WAM 지뢰는 로켓 1기당 6발의 지뢰를 내장하고 있어 12기 동시 사격시 72발의 지뢰살포가 가능하며, 음향, 진동, 적외선 감지장치에 의거 목표지점 150M 전방상공에서 목표물을 식별 후 자탄을 발사하며 헬기, 전차 및 기계화부대 장비들을 공격 및 파괴하는 지뢰이다.

WAM 공중살포식 지뢰(GATOR)체계는 항공기를 이용한 살포체계로써 2종류(해군 전술항공기와 공군 전술항공기에 의한 살포)가 있으며 전략적으로 사용된다. 살포기는 전술항공기에 장착되어 고도 75~1,500m에서 800노트의 비행 조건하에서 살포하며 1회 살포시 650×200m의 지뢰지대를 설치할 수 있다. 공중살포식 지뢰체계는 적 후방지역에 배치된 군수지원시설,집결지 등을 적 부대가 이용하는 것을 교란하고 적의 대공포기지 및 비행장 등 중요작전시설에 살포하여 활동을 제한할 수 있도록 운용한다.

공중/지상 살포식지뢰 공중 및 지상 살포식지뢰(VOLCANO)체계는 UH-60 헬기에 장착후 살포하는 공중살포식과 M548 궤도차량이나 M977 전술차량에 장착후 살포하는 지상살포식의 2가지 형태가 있다. 지뢰살포기는 4대까지 장착하여 살포할 수 있으며 1개의 살포기에는 40개의 지뢰발사관이 장착되어 있다. 4대의 지뢰살포기로 960발(대전차지뢰 800발, 대인지뢰 160발)을 살포할 수 있으며, 살포면적은 1,000×55m 크기의 지뢰지대 2열을 설치할 수 있다.

공중 살포식체계는 적 전방지휘소 및 집결지, 주요 기동로와 아군의 주요방어지역 전방에 설치하여 적을 교란 및 와해시키고 적 부대의 기동을 지연시키거나 고착하여 화력으로 격멸할 수 있는 여건을 조성한다. 지상살포체계는 경계부대 전방 적 부대의 주요 접근로 및 개활지에 주로 설치하여 운용한다.

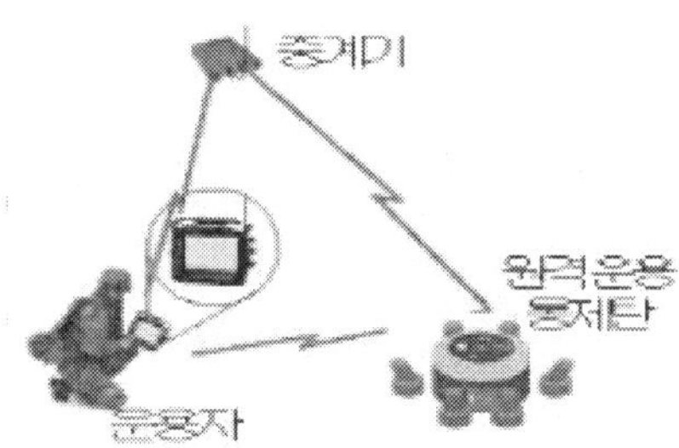

원격통제 무기체계 대인지뢰 대체용 원격통제 무기체계는 비자폭 지뢰 대체(NSD-A) 표적을 선별 후 타격하는 지뢰로 살상장치는 탐지부와 개별 연결로 운용, 상황에 적합한 배치가 가능하다. 또한 살상부와 탐지부를 분리 운용하여 기존 대인지뢰와 달리 매설 후에도 그 자체로는 위험성이 없으며 제거가 용이하고 재사용이 가능하다.

대기동 원격제어 체계 대기동 원격제어 체계(Centurion)은 광역 지뢰(또는 호넷, WAM) 및 폭파 제어를 위한 광범위한 원격제어능력을 가진 체계이다. 센츄리

언 원격제어 장비는 기동부대로 하여금 광역지뢰 등 광역 탄약을 원격 조정하여 활성화 또는 해제할 수 있으며, 자폭시간을 수정 또는 명령을 하달 할 수 있다.

이 장비는 라디오를 통해 작동하며 센츄리안과 호환성을 지닌 광역 탄약은 원격 명령을 접수후 실시하며, 융통성 있는 공격을 실행할 수 있으며, 아군에게 실시간 전투 상황보고(표적탐지, 표적확인, 표적공격)를 제공할 수 있다.지뢰지대 개척장비(P O M I N S - Ⅱ) 소개지뢰지대 개척장비 (M I C L I C) 소개

제5절 정보 장비

1. 감시장비의 종류 및 제원

가. 기관총 주 · 야 조준경

기관총 주 · 야간 조준경은 야간작전능력 향상을 위해 '03년부터 개발하여 '06년도에 최초 생산 및 보급되었다.

기관총 주 · 야 조준경은 K-3 기관총, K-4 고속유탄기관총, K-6 기관총에 장착하여 사용하며, 특히 야간에 표적탐지 및 사격을 보장하기 위한 조준경이다.

주간에는 주간 대안렌즈가 장착된 조준경을 기관총에 설치하여 인원 800m, 차량 1,200m까지 조준사격을 할 수 있으며, 야간에는 야간 대안렌즈가 장착된 조준경을 기관총에 설치하여 달빛, 별빛 또는 무월광에서 표적에 반사되는 약한 빛을 증폭시켜 인원 800m, 차량 1,200m까지 조준사격을 할 수 있다.

구 분	제 원
영상증폭관	미광증폭(3세대)
무 게	1.2kg
탐지거리(주 · 야)	인원 800m, 차량 1,200m
배 율	40°

나. 개인화기 주 · 야 조준경(PAS-01K)

현용 개인화기인 K-2 소총의 야간사격 제한사항을 해소하기 위해 '99년부터 개발하여 '01년도에 생산 및 보급되었다.

K-2 소총, K-7 소음기관단총에 장착이 가능하고, 주 · 야간 정밀조준사격용으로 운용하며, 필요시 주간 악천후 및 야간에 감시 / 관측수단으로 운용한다.

이 장비는 비냉각 열상장비로서 절대온도 0°K(-273.15°C)이상의 모든 물체에서 발사되는 열복사 에너지를 감지하여 물체의 열복사 에너지(온도차이)를 전기적 신호로 변환하여 물체의 영상을 탐지하는 조준경이다.

열영상을 사용하므로 주 · 야간 및 악천후 기상에 관계없이 탐지운용이 가능하며, 비냉각 방식으로 소음이 없고, 전력소모율이 적다.

구 분	제 원
방 식	3비 냉각 열상방식
무 게	2kg
탐지거리(주 · 야)	600m
배 율	3배

다. 단안형 야간투시경(PVS-04K)

단안형 야간투시경은 휴대용 야간투시경(PVS-7)의 무거운 중량과 양안형으로 인한 피로도 증가 등의 제한사항을 해소하기 위해 '05년 국내개발하여 '06년도에 생산/보급 되었다.

단안형 투시경은 3세대 야간 감시장비로서 야간에 가용한 달빛 또는 별빛을 이용하며, 영상을 증폭시켜 관측을 한다.

또한, 필요시 야간투시경 앞에 3배율의 광학배율기를 달면 탐지거리가 증대되나, 무게는 180g 정도 증가하고 시계는 14°로 감소하는 단점이 있다.
소화기 야간표적지시기와 셋트로 운용하면 정확한 조준사격을 할 수 있으며, 손에 들고 운용하거나 머리, 방탄모에 장착하여 사용할 수 있다.

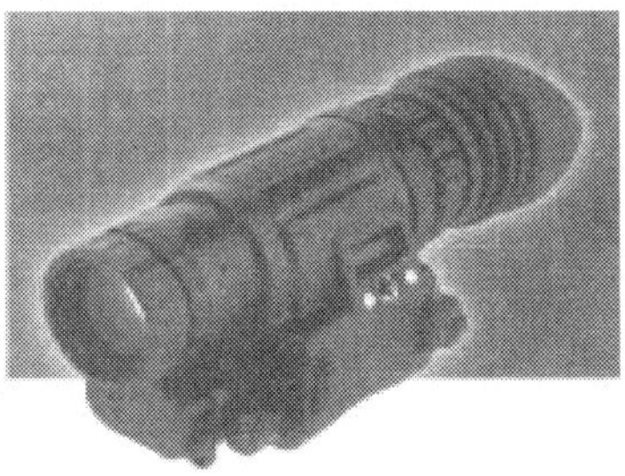

구 분	제 원
영상증폭관	3세대
무 게	380g
탐지거리(주 · 야)	300m(3배율 : 800m)
시 계	40°

라. 휴대용 야간투시경(PVS-7)

휴대용 야간투시경(PVS-7)은 '95년도에 삼성탈레스에서 개발하여 '96년부터 생산/보급되었으며, 야간감시용으로 운용하고 있다.

휴대용 야간투시경(PVS-7)은 3세대 영상증폭관을 사용하고 있으며, 기존 쌍안경식 구형 야간투시경이 두 개의 영상증폭관이 필요했던 것과는 달리 한 개의 영상증폭관만으로 운용되어 저전력, 소형화, 경량화 되었다.

야간의 미세한 달빛이나 별빛을 증폭하여 목표물을 관측할 수 있도록 한 야간 관측장비로서 소총용 적외선 표적지시기와 복합 운용되어 야간 조준사격이 가능하다.

구 분	제 원
영상증폭관	3세대
무 게	680g
탐지거리	300m(무월광)
시 계	40°

마. 정찰용 무인항공기 (U A V)

이 장비는 주/야 실시간 영상 정보를 수집하기 위한 국내개발 장비로, 구성품 1조는 비행체 6 대와 각종 지상 지원장비(지상통제장비, 지상추적장비, 발사장비, 발사통제장비, 중계장비)로 구성되어 있으며, 사전 비행 프로그램입력에 의한 자율 비행이 가능함. 특성은 TV 및 FLIR등 주야 감시장비를 동시 탑재하여 운용하고, 이륙 방법은 활주로를 기본으로 하되, 야전에서도 유사시 운용 가능토록 발사대에 의한 발사방법을 사용하고 있다.

비행체 회수시에는 활주로 및 파라포일을 이용한 착륙방법을 동시에 사용할 수 있으며, 중계방식은 지상 중계방법을 채택하여 비행체와의 가시선 확보가 곤란한 지역에서도 운용되나, 향후 공중중계 방식도 개발하여 사용할 예정임. 이 장비는 이미 아프간전 및 이라크전에서도 그 진가를 발휘한 바 있다.

UAV의 운용개념은 발사통제장비의 외부조종사에 의해 비행체를 활주로나 발사대를 이용하여 이륙시킨후 지상통제 및 추적장비의 내부 조종사가 통제권을 인수하여 비행을 조정·통제하며, 지상통제 및 추적 장비의 가시선 미확보시는 가시선 확보가 가능한 지역에 지상중계 장비를 추가로 운용하여 중계거리를 연장하게 된다. 임무 종료 후에는 발사통제 장비가 다시 통제권을 인수하여 낙하 예상 지역으로 유도후 활주로에 의한 착륙을 실시하며, 활주로가 없는 야지에서는 파라포일(낙하산)에 의한 비상착륙을 실시하게 된다.

무인항공기체계에서 가장 중요한 장비는 임무계획 및 비행체를 통제하는 지상통제장비(Ground Control System, GCS)로 차량에 탑재되어 신속 한 이동 및 배치가 가능하며, 발전기로 필요 전력을 공급하므로 야지 운용이 가능하다. 또한 전파를 발생함으로써 적 미사일 공격의 위협이 존재하는 지상추적(통신)장비(Ground Data Terminal, GDT)와 일정 거리를 이격 운용함으로써 운용자의 안전을 도모할 수 있다. 임무비행전에는 디지털지도상에서 지형고도자료를 이용한 가시선 분석을 통한 안전한 비행경로를 설정하며, 임무비행중에는 계획된 경로를 비행하기 위한 비행체 제어명령과 탑재임무장비(고성능 주/야간 영상감지기)에 대한 제어명령을 생성한다. 임무비행후에는 녹화기에 저장된 영상데이터, 음성데이터, 비행제어명령, 비행정보 및 통신장비 데이터를 재생함으로써 임무에 대한 자료분석을 할 수 있다.

지상추적 지상추적 장비는 지상통제장비로부터 업-링크신호(비행체 비행제어명령, 영상감지장치, 제어명령 신호 등)를 받아 C밴드 및 UHF로 비행체나 지상중계 장비로 송신하며, 비행체나 중계기로부터의 다운-링크 된 신호(획득영상신호, 비행체상태 데이터)를 수신하여 영상 및 상태신호로 분리하여 지상통제장비로 전달하는 역할을 하며, 30Km까지 통신거리를 확장할 수 있다.

발사통제장비는 무인기를 이륙 및 착륙시키는 장비로 발사통제장비 자체로 근거리 내에서 운용하거나 지상중계 장비를 통하여 원거리 운용을 하는 장비이다. 무인기는 이 · 착륙의 위험성이 많이 따르므로 계기 또는 육안에 의한 이 · 착륙 비행조종을 실시하며, 임무비행전에 다양한 축척의 디지털 지도상에서 지형고도 자료를 이용한 가시선(Line of Sight, LOS) 분석을 수행함으로써 안전한 비행경로를 설정한다.

지상중계 장비는 지상추적 장비 또는 발사통제장비로부터 업-링크 신호를 받아 C밴드 및 UHF로 비행체에 중계하며, 비행체로부터 다운-링크 된 신호를 지상추적장비 또는 발사통제장비로 송신하며, 비행체와 지상추적장비 또는 발사통제장비 간의 가시선 확보가 불가할 경우를 대비하여 가시선 확보 및 통신가능 거리를 연장한다. 발사대는 야지에서 차량으로 비행체를 이륙시키는 장비로, 원리는 전기적인 신호를 받은 유압이 발사조건에 맞는 유압력을 방출하여 운반차 조립체를 발사시키는 장비로, 발사전에 비행체는 운반차 조립체 위에 탑재되어 있으며, 발사시 운반차 조립체가 브레이크 테이프에 의해 멈춰지면 비행체만 날아가게 된다.

구 분	제 원
운용고도/체공시간	1~4Km/5.5h
작전반경/크기	80Km/길이 4.6m, 폭 6.4m
중량/제작사	290kg/한국항공 우주산업(주)
가 격	187억

바. TOD(TAS-970K)

이 장비는 적의 주요 접근로 및 해안 감시레이다의 사각지역을 감시하기 위한 열 영상 장비로 사물의 고유 온도에서 발사하는 복사 에너지인 열 적외선을 감지하여 전기적 신호처리로 영상화 함으로써 가시 광선과 무관하게 탐지하는 장비로, 신형장비는 구형(TAS-502)에 비해 K-311쉘타 차량을 이용한 기동 운용이 가능하며, 감시범위 설정 후 다중 탐색기능과 배율(3~10배)증가, 표준영상 재현 및 선명화면 획득이 가능토록 화소 수(25만)의 기능을 향상시킴. 관측방법은 직접관측과 TV모니터를 통한 간접 관측방법이 있으며 열상 관측기로부터 50m이상 이격된 원격 조정이 가능한 장비이다.

구 분	제 원
중량/배율	72kg/3~10배
운용온도	몸체: -35도 ~50도
탐지거리	인원: 3km, 차량: 8km
제작사/가격	삼성전자/1.8억

사. 휴대용 주 · 야간 관측장비 (P V S - 9 8 K)

이 장비는 수색, 정찰 및 전장 감시용으로 운용할 수 있는 휴대용 원거리 관측 장비로, 현재 운용 중인 쌍안경 및 야간 투시경을 대체할 수 있는 3세대 관측 장비임. 특성은 주/야간 동시 관측이 가능하며, 영상 안정화 기능을 보유하고 있다.

구 분	제 원
중량/배율	2.3kg/주간 15배, 야간 9배
탐지거리	주간 4km, 야간 1.3km
사용전원/수명	알카라인 건전지/리튬(38/2)
제작사/가격	한국 광학/1,080 만원

2. 탐지장비의 종류 및 제원

가. 지상 감시레이다 (R A S I T)

이 장비는 적 예상 접근로 및 취약지역에 배치하여 이동표적 탐지 및 추적 감시하는 전술제대의 전천후 주 감시 수단으로 탐지원리는 도플러효과를 이용한 입사 및 방사 방사선의 주파수 차이로 표적을 탐지하는 장비로서, 장비의 고정 및 이동

설치가 가능함. 인원, 차량/저비행 항공기 등 이동목표 탐지 식별은 용이하나 고정표적 탐지에는 제한을 받으며, 표적위치는 8계단 좌표로 자동 산출되고 표적성질은 청음으로 식별하는 장비이다.

구 분	제 원
주파수/고도운용거리	9.2~9.7 GHZ/4Km
탐지거리	인원:20km, 차량:30~40km, 경항공기:20~40km
가 격	5.4 억
제 작 사	삼성탈레스

나. 해안 감시레이다 (G P S - 9 8 K)

레이다(RADAR)란 Radio Detection And Ranging의 머리 글자로서 전파를 이용하여 물체와 위치(거리, 방위각/고도)를 탐지하는 장비로, 해안 및 해상의 선박 및 대침투 감시용으로 운용되고 있으며, 실시간 표적 정보 추출 및 통제 구역 표적 이탈 시 자동 경보가 가능하며, 자체 고장 진단기능과 표적 위치, 속도, 침로 등 표시가 가능한 Mapping기능을 보유하고 있다.

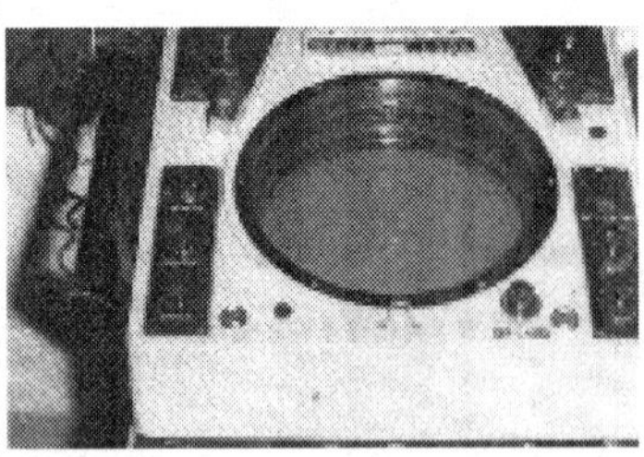

구 분	제 원
최대 탐지거리	72N/M(14km)
거리 분해능력	15m
최소 탐지거리	20m
가 격	1.3억

다. 전자전 장비 (E S / E A)

이 장비는 적 사단급 통신망에 대한 감청 및 방탐, 방해가 가능한 최신 전자전 장비로 ES장비는 실시간 첩보수집(감청)/보고 및 표적 위치 탐지에 사용, EA장비는 표적 탐지/보고 및 지시된 표적에 대한 전파방해 및 전자 기만을 하는 장비로, 특성은 적 전자파 출현시 자동 탐지 및 실시간 첩보처리를 위한 자동망 구성과 자동 위치 표시 및 자동 방해 기능을 보유하고 있으며, 적 주파수 도약 방식 대응이 하여 차륜탑재 및 산악 지형에서의 운용이 용이 하도록 궤도차량에 탑재되었다.

전파탐지장비(ES)는 감청과 방향탐지 장비로, K-533 궤도차량에 탑재되어 운용되며, 수송중에는 차량자체 발전기 세트에 의해 전원을 공급 받으며, 운용중에는 산업용 3상 전원 사용이 가능하다. 방향 탐지 및 감청에 필요한 각각의 구성품은 쉘터 내부의 랙 조립체에 설치된다. 쉘터 내부 장착 장비는 방향탐지 랙 조립체 1개와 개인용 컴퓨터와 녹음기, 수신기등이 부착된 운용 랙 조립체 2개, 무전기 부속품, 전원 공급기 등이 있으며, 쉘터 외부에는 ANT206 방향 탐지 안테나, 냉·난방장치, 발전기 세트 및 전원 입·출력 패널 등이 있다. 통신은 무선망 또는 유선망에 의해 기술통제 분석장비(TCAE)에 연결되며, 2대의 전파 탐지장비(종속장비)는 무선망 또는 유선망에 의해 1대의 전파 탐지 장비(주장비)에 연결된다.

전파방해 장비(EA)는 전파 방해를 통해 적 통신망을 무력화시키는 장비로 구성은 ES장비와 유사하며 쉘터내부에 0.5KW~1KW의 증폭기랙 조립체가 좌·우측 2개가 설치되어 있으며, 쉘터 외부에는 로그 주기성 LLB-21T 안테나 등이 부착되어 있으며 통신은 무선망 또는 유선망에 의해 기술통제분석 장비에 연결된다.

구 분	제 원
주파수 범위	1.5~500 MHZ
방탐 정확도(ES)	2~5 RMS
유효 방사출력(EA)	VHF:2~4KW, UHF:2~4KW
표적 주파수 입력	100개

기술통제분석장비(TCAE)는 수신된 명령 종합, 임무지침제공 전파방해 원격 통제 및 보고평가 및 분석장비로, 구성은 통제기능과 분석 및 시뮬레이션 기능으로 AF매트릭스를 포함한 감독용 및 분석용 PC와 디지털 AF신호판독기/기록기, 위성항법장치, UPS, 스캐너 등으로 이루어져 있으며, 통신은 3개의 독립적인 유·무선망을 이용하여 전파탐지장비에 연결하고, 2개의 독립적인 유·무선망을 이용하여 전파방해장비에 연결된다.

제 6 절 항공 장비

1. 공격용 헬기의 종류 및 제원

가. 500 MD

OH-6 소형헬기는 미육군용 경관측헬기(LOH)로 채용된 헬기로 민수용 휴즈 500을 군사용으로 전용한 것이다. 이 헬기는 317hp의 앨리슨 250-C18 터빈 엔진을 탑재하며 고정익 경관측기를 대체하였고, 동시기는 미육군의 장비근대화 시기였기 때문에 대량발주가 이루어졌다. MD500은 민수용 휴즈(현재 보잉) 500의 군용버전이고, 저가이면서 운용이 용이한 장점으로 인하여 미육군을 비롯하여 많은 중소국가에서 도입하여 운용중이다.

미 육군은 OH-6이라는 명칭으로 경관측 목적으로 대량 도입하여 베트남전에서 많은 활약을 하였다. 또한 OH-6를 개량한 MH/AH-6 특수작전용도 일부가 도입되어 1980년대에 페르시만의 작전에서 많은 활약을 하였다.
이 헬기는 미국외에도 많은 국가가 도입하여 관측기와 경공격기로 운용하고 있다. 중소국가에서는 고가의 공격헬기를 구매할 수 없기 때문에 기관총과 로켓포드를 탑재한 경공격기로 운용하고 있다. 또한 한국, 이스라엘, 케냐 같은 나라에서는 토우 대전차 미사일 탑재형을 운용하고 있다.

메인 로터는 직경이 적은 4엽 금속제 블레이드였지만 D형 이후는 5엽 블레이드로 교체되었다. 테일 로터는 소음이 적은 4엽 블레이드다. 엔진도 생산이 계속되면서 400hp C형, 420hp의 D형등 차례로 개량이 이루어져 오래동안 생산되었다.
TOW 디펜더는 500E형 TOW 대전차 미사일을 기체 양측에 2발씩 탑재한 대전차 공격형으로 기수에는 M65 TOW 조준장치를 가지고 있다. 530 디펜더MG는 530F의 군용버전이고, TOW 적재능력, FLIR, 레이더 경보수신기, IFF, PGPWS, 레이저 거리측정기등을 탑재할 수 있다. 또한 메인 로터 마스트에 마스트 조준장치(MMS)를 탑재한다.

530MG의 주 무장은 TOW미사일 이지만 미니건포드, 로켓포드 등을 탑재할 수

있고, 야간작전능력을 가진 나이트폭스도 제안되고 있다. 최근에는 테일로터가 없는 MD520N도 군용으로 공급되고 있다.

구 분	제 원
중 량	1,364kg
항속거리/ 순항속도	509 km, 217km/H
무장능력	토우 4기, 2.75" RKT 7기(2문), 7.62 mm 건 1문
엔 진	A250-C20B

나. A H - 1 S

AH-1 코브라는 본격적인 공격용 헬리콥터로서는 처음으로 등장한 기체로서, 미육군형이 휴이 코브라, 해병대용이 시코브라라로 불린다. 케네디 정권하의 맥나마라 국방장관은 1962년 지상전에 혁명적인 변혁을 가져오기 위하여 공중기동에 의한 전투속도의 개혁을 추진하였다. 지상전투에 있어서 본질은 병력×속도로서, 공중을 고속으로 기동하는 발상은 맥나마라 특유의 탁월한 식견의 결과였다.

최초모델은 AH-1G로서, 1967년 후반부터 베트남전에 투입되어 위력을 발휘하였다. AH-1은 UH-1의 많은 부품을 이용하고 있지만 폭이 91Cm로 아주 좁게 만들어진 동체에 파일럿과 사수를 탠덤식으로 배치하는 전형적인 공격헬기의 형태를 확립하였다.

무장은 기수 하부에 전용 터렛이 설치되어 7.62mm 미니건이나 40mm 유탄발사기등 4종류의 무장을 선택하여 탑재할 수 있다. 스터브 윙에는 좌우 하드 포인트가 각 2개소가 있어서 19발의 2.75인치 로켓탄 포드나 20mm 기관포등을 장착한다.

베트남전에서 높은 평가를 받은 AH-1G는 유럽의 바르샤바 조약군에 대항하기 위한 유력한 기체로 인정되었고 이에 개량형인 AH-1S가 등장하게 된다. AH-1S는 엔진을 강화하고 본격적인 대전차 헬리콥터로 만든 기체로서, 기수 글래스는 평면형태로 변경되었고, 지형추적비행에 적합하도록 계기판도 개량되었으며 APR-39 레이더 경보장치, 신형 항법장치, 엔진과 변속기가 개량되었고 M61 발칸포에서 파생한 3총신 기관포를 탑재하였다. 이 기관포는 분당 750발, 좌우 각 110도, 위로 20.5도, 아래로 50.5도를 움직일 수 있다. 이후 S형을 더욱 개량한 AH-1F형이 1988년에 등장했으며 신형 사격통제장치를 도입하여 레이저 거리 측정기, 조종사용 HUD등이 신설되었으며 신형 에어필터, 레이저 경보장치, 야간공격용 장비등도 일부 기체에 적용되었다. 기본무장으로 토우 8발, 2.75인치 로켓포드, 20mm 발칸포 등을 탑재하며 지상지원은 물론 대전차 공격을 주임무로 하고 있다.

AH-1J는 정찰과 수송헬기 호위, 상륙지점에 대한 사전제압 공격을 주임무로 하였지만 1976년 엔진을 강화하고 토우 대전차 미사일 운용능력이 부여된 본격 대전차 공격헬기로 개발된 AH-1T를 거쳐 1983년부터「수퍼 코브라」로 불리는 AH-1W로 발전하였다.

W형은 엔진을 출력향상형인 T-700GE401(최대출력 3,446hp)를 탑재하였고, 아울러 기체도 대형화되었다. 기체구조는 알루미늄에서 허니컴 구조로 변경되었으며 주요부분은 23mm 기관포탄에 대한 방어력이 있다. 또한 적외선 방출을 감소시키기 위하여 배기노즐에 적외선 억제장치를 추가로 설치하였다. 엔진 뒤에 AN/ALQ-144 적외선 교란장치, 파일런 익단에 N/ALE-139 채프/플레어 디스펜서 등을 추가로 탑재하였다. 탑재 무장도 기존의 로켓과 토우 대전차 미사일외에 AH-64에 탑재된 헬파이어를 운용할수 있다. 이외에도 원래 고정익기용으로 개발된 5인치 로켓탄과 각종 폭탄을 탑재할 수 있다.

공대공 전투를 대비하여 자위용으로 AIM-9L/M을 탑재할 수 있으나 거의 운용하지 않고 있고 현재는 스팅어를 사용하고 있다. 또한 적의 지대공 미사일에 대항하여 AGM-122 사이드암 대레이더 미사일을 탑재하였다. 이 미사일은 AIM-9C를 기초로 개발한 공대지 미사일이다. 그밖에 항공전자장비도 대폭 개량되어 장래에도 운용하는데 문제가 없으며 지형 추적비행능력과 안전성이 향상되었고 조종사의 작업량도 현저히 감소되었다.

AH-1W형은 1986년부터 부대배치가 시작되어 걸프전에도 참가하여 뛰어난 성능을 입증하였다. 1986년 44대와 2차로 30대가 도입되었고, 기존의 T형에 대한 개조도 진행되었다. 당분간 미해병대는 AH-1W 헬기를 주력으로 운용할 계획이다.

구 분	제 원
중 량	4,536kg
항속거리/ 순항속도	507 km, 230km/H
무장능력	토우 8기, 2.75" RKT 19기(2문), 20 mm 발칸 1문
엔 진	T55-L703

2. 정찰헬기의 종류 및 제원

가. O - 105

BO105는 독일의 MBB사가 개발한 소형의 쌍발 터빈 헬기이다. 티타늄제 헤드에 고정된 복합소재의 4엽 블레이드로 구성된 무관절형 메인 로터는 양호한 조종응답성과 운동성을 가지고 있고, 또한 조종성도 양호하다. 테일 로터도 복합소재의 2엽 블레이드로 구성되어 있다. 5인승의 캐빈은 일반적인 모노코크 구조이고, 후부에는 옆으로 열리는 도어를 가진 대형 화물실이 있고, 후부좌석을 제거하고 뒤로 길게 화물을 탑재할 수 있다.

「BO105M은 독일 육군용 연락 관측기형(VBH)」으로서 강화된 트랜스미션, 메인로터, 스키드등을 장비한다. BO105P는 대전차 공격형(PAH-1)이며 이 기체는 BO105M에 도플러 항법장치와 동체측면에 6발의 HOT 대전차 미사일을 탑재하고 있다.

PAH-1의 엔진과 로터의 성능을 향상시켜 탑재중량을 증가시킨 페이즈 1 근대화형은 1994년에 완료되었다. 하지만 암시 장치를 장비한 페이즈 2 근대화 개량은 취소되었다. 1994년부터 일부 기체에 스팅어 단거리 공대공 미사일 4발을 장비한 화력지원 호위용이 제안되었지만 취소되었다. 현재 BO105의 군용형으로 독일 육군이 연락 및 관측용으로 105M형을 100대 대전차 공격형인 105P형을 212대 채용하고 있다.

한편 1993년 공개된 105CBS-5형은「수퍼 5」로 불리는 형으로 메인 로터를 개량하고 안전성 향상, 연비개선을 이루었으며 우리나라에서 스카웃 헬기로 도입운용하고 있다.

구 분	제 원
중 량	2,500kg
항속거리	574 km
순항속도/탑승인원	242km/H, 5명
엔 진	A250-C20B(2개)

3. 기동헬기의 종류 및 제원

가. UH - 1H

UH -1H은 1955년에 개발된 미육군용의 중형 터빈 헬기로서 원형기 XH-40은 고정익기 회전익기를 모두 포함하여 미육군 최초로 터빈 엔진을 채용한 기체이다. 최초비행은 1956년 실시되었으며, 미 BELL사에서는 이미 12,000대 이상이 생산되었고 UH-1 시리즈는 아직도 전세계적으로 대량으로 운용중에 있다. 메인 로터는 벨사 전통의 안정봉이 붙은 금속제 2엽 블레이드로, 당시로서는 획기적으로 각 블레이드의 완전한 호환성을 가지고 있었다.

동체 중앙부에는 슬라이드식 대형 도어가 좌우에 있고, 동체 후방에는 연료 탱크가 있어며 바로 위에는 엔진이 설치되어 있는 전형적인 터빈 헬기의 형태를 가지고 있다. 이 형태는 이후 헬기에 많은 영향을 미쳤다.

초기 생산형 UH-1B는 T-53-L-11(820kW)엔진 장비형이며 같은 엔진을 장비하는 UH-1F는 미해병대의 침투작전용이다. UH-1F는 엔진을 제너랄일렉트로닉

T-58-GE-3(945kw)을 탑재한 미공군용의 미사일 사이트 엄호형이다.

1960년대에 미육군이 발주한 UH-1D는 본격적인 수송용으로 UH-1B의 동체를 연장하여 14좌석을 가지고 있다. 엔진은 UH-1B와 같지만 메인 로터의 직경은 1.22m 증가되었고 적재중량은 455Kg 증가되었다. 뒤를 이어 등장한 UH-1H는 UH-1D의 엔진을 T-53-1-13(1,044kW)으로 교체한 성능향상형을 미공군도 기지 구난용으로서 채용하였다. 후기생산형부터는 테일 로터가 트랙터 타입으로 변경되었다. UH-1V는 UH-1H를 개량한 구난수송형이다.

UH-1N은 카나다 정부의 의뢰에 의해 UH-1H의 기체에 P&W 캐나다 T460-PC-400 (671kW×2) 트윈팩 엔진을 탑재하고 로터 계통을 개량한 쌍발형으로서 미공군, 해군, 해병대에서도 채용하였다.

UH-1은 원래 수송형으로 개발되었지만 베트남전을 통해 각종 무장을 탑재한 건쉽 또는 무장헬기로도 널리 사용되었다. 이러한 무장장착형 UH-1은 뒤에 본격 공격헬기를 탄생시키는 계기가 되었다.

미육군은 복합소재의 로터, 개량형 항공전자장치를 장비한 UH-1H 근대화를 실시중이다. 또한 현재 각국에서는 아직도 대량의 UH-1를 운용하고 있으며, 최근들어 UH-1의 유용성이 재인식되어 장래에도 운용하기 위하여 개량사업이 일부 국가에서 진행되고 있다. 개량계획은 주로 엔진의 파워 업 또는 경량화를 통해 능력을 향상시키는 방안으로 추진되고 있다.

구 분	제 원
중 량	5,080kg
항속거리	517 km
순항속도/탑승인원	204km/H, 9명
엔 진	T53-L-13B

나. UH - 60

U H-60 시리즈는 1972년 1월에 미육군이 발표한 UH-1 시리즈의 후계기인 전

술수송기 시스템(UTTAS) 계획으로서 시코르스키의 YUH-60이 보잉 버틀의 YUH-61과 수주경쟁을 벌여 1976년 12월 13일에 채용된 쌍발 터빈 헬기이다.

UH-60A는 1978년 생산기가 인도되기 시작하였고, 1989년 11월부터 엔진을 T700-GE-701-C(1,385kW) 2기로 교체하고 트랜스미션도 용량을 증가시킨 UH-60L이 생산되었다. UH-60은 최종적으로 1,512대가 미육군에 배치될 예정이다.

메인 로터는 4엽 블레이드의 전관절형이고, 티타늄 스파와 노맥스 하니컴코어에 클래스파이버 애폭시의 외판을 가진 구조이고, 20도의 후퇴각이 부여된 익단부는 케블러제이다. 로터헤드는 1체구조의 티타늄제로 윤활유가 불필요하고, 진동흡수장치가 부착되어 있다. 로터 샤프트도 공수시등의 높이 제한 때문에 단축되었다. 테일 로터도 복합소재 4엽 블레이드이고, 회전면에서 좌측으로 20도 경사되어 상위로 양력을 발생시켜 중심이동의 허용범위가 증가하였다. 테일붐 끝에 장착된 수평안정판은 비행자세, 대기속도등에 따라 각도가 변하는 자동가변식이다.

동체는 금속제 세미모노코크 구조이며 전체적으로 복합소재를 대량으로 도입한 헬기이다. 착륙장치는 미륜식 3차륜의 고정식이다. 동체측면에는 외부탑재용 서포트 시스템(ESSS)이라는 파일런을 장착할 수 있고, 보조연료탱크내지는 AGM-114A 헬파이어 대전차 미사일등을 좌우 4개의 파일런에 모두 4,536Kg까지 탑재가 가능하다. 지원은 물론 대전차 공격을 주임무로 하고 있다.

UH-60 시리즈는 UH-1의 뒤를 이어 많은 국가에서 대량으로 도입하였으며 일부 국가는 면허생산으로 장비하였다. 총 생산수는 2,000대 이상에 달하고 이 헬기는 등장한지 15년이 지났지만 아직도 뛰어난 성능을 발휘하고 있으며 장래에도 대량으로 계속 운용 될 것이다.

한편, 우리나라의 공격헬기 선정에 있어서도 UH-60 시리즈에 헬파이어를 비롯한 각종 공격무장과 센서를 탑재하는「암드 블랙호크」가 아파치 및 AH-1Z와 경쟁중이다. 이 기체는 전용 공격헬기에 비해 성능은 떨어지지만 상대적으로 저가라는 점과 UH-60 시리즈와의 공통성 및 범용성 등의 이점을 앞세워 수주에 노력중이다.

구 분	제 원
중 량	9,185kg
항속거리	584 km
순항속도/탑승인원	278km/H, 무장병력 11명
엔 진	T700-GE-701C(2개)

다. CH - 47D

CH-47D는 미육군의 공중기동작전을 목적으로 개발되었다. 육군은 완전무장한 병력 40명 내지는 기내의 적재공간에 2톤, 기외에 8톤을 적재할 수 있는 능력이 요구되었고, 1959년 3월에 제안된 5개사의 제안중에서 버틀사의 모델 114가 선정되었다.

이 헬기는 텐덤형식으로 엔진을 배치하고, 후부 동체측면에 2개의 엔진을 탑재한다. 대형 상자형 동체는 수밀구조의 화물실이 있고, 전장 9.30m, 폭 2.30m, 높이 1.98m의 적재공간을 가지고 있다.

후방 램프 도어도 장비하고 있으므로 대형화물과 차량의 적재에 용이하다. 동체하면에는 3개의 화물수송용 카고후크가 있고, 중앙에 11톤, 전후에 각 7톤, 2개를 합하여 10톤 이내의 화물을 수송할 수 있다.

CH-47A의 시제기는 1961년 9월 21일에 최초비행에 성공한 이후 30년 이상 경과하면서 CH-47A에서 B, C형으로 단계적으로 발전하였고, 현재 운용하는 D형은 A형에 비하여 엔진 출력이 2배로 강화되어 유효탑재량도 약 2배 증가하였다. CH-47D는 현존하는 CH-47A/B/C를 재생한 근대화 개량형으로 수송능력, 정비성, 신축성, 생존성, 조종성등이 향상되어 다른 기체가 되었다. D형으로 모두 474대가 재생되었지만 이 중에서 15대는 특수작전용 MH-47E로 개조되었다.

CH-47은 미육군을 비롯하여 한국, 영국, 독일, 이탈리아, 카나다 등 세계 19개국에서 채용하였고, 이탈리아 아구스타사와 일본의 가와사키 중공업에서 면허 생산되었다.

보잉사는 21세기에도 운용을 위하여 개량형 치누크 헬기(ICH) 계획을 진행하고 있다. 중요내용은 엔진의 교체(T-55-L-714)로 20%정도의 출력향상, 고온 고지에서 최대 이륙중량 증대, 액티브 중력완화장치(AVS)를 채용하여 진동경감, 항공전자장치의 근대화, 정비성과 신뢰성 향상등이다.

구 분	제 원
중 량	24,494kg
항속거리	500 km
순항속도	246 km/H
엔 진	T 55-L-714(2개)

제 7 절 방공 장비

1. 대공화기의 종류 및 제원

가. 30밀리 자주대공포(비호)

우리 군의 저고도 취약공역 보강의 필요성이 대두되어 현 발칸포의 후속무기로 80년대 어려운 경제 여건속에서 산,학,연 협조하에 수백명의 연구인력을 투입하여 순수 우리의 국내기술로 30미리 자주대공포인 비호를 개발하였다. 비호는 국방과학연구소 주도하에 대우중공업외 4개 업체가 약 11년간 심혈을 기울여 개발한 국산장비로 개발기간동안 수차례의 시험평가를 통하여 군 요구성능을 완전히 충족한 우수한 무기체계이다.

비호는 중고도 방공망을 피해 침투해 들어오는 저고도 공중위협으로부터 아군의 기계화부대 및 주요시설에 대한 대공방어임무를 수행하며 , 이를 위해 주야간 표적획득 및 추적이 가능한 레이더와 광학추적기에 의한 전천후 사격능력과 최신 자동화된 사격통제 장비를 장착, 정밀사격에 의한 명중률을 향상시킨 대공화기이다.

비호는 순수 국내기술로 설계 / 개발되었으므로 국내 대부분의 다른 화력장비와는 달리 한국이 독자적으로 외국에 수출할 수 있는 무기체계중의 하나이며 , 비호 개발을 통해 축적된 기술로 차기 복합대공화기의 자체 연구개발의 기틀을 마련하였다.

비호 차체는 소구경 포탄 및 파편으로부터 탑승자를 안전하게 보호할 수 있는 장갑구조로 제작되어 자체 방호능력이 우수하며 , 520 마력의 디젤엔진에 의한 시속 60km속도의 우수한 기동력을 보유하고 있다.

구 분	제 원
탐지/추적거리	탐지: 17km, 추적:7km
피아식별	MODE 4가능
발사속도	600발(2문)/분
제 작 사	대우중공업

나. 자주발칸

대공화기는 저고도로 접근하는 항공기에 대응하기 위해 개발된 단거리 대공무기로 세계 각국의 여건에 따라 소구경에서 대구경에 이르기까지 다양한 구경에 의한 광범위한 저고도공격을 커버하고 있다. 20미리 대공포(발칸)는 저고도로 접근하는 항공기에 가장 효과적인 성능발휘가 가능하도록 설계/개발된 대공화기로 우리나라에는 70년대에 최초 도입되어 저고도 방공무기의 핵심 장비로 현재까지 운용되고 있다.

자주발칸은 80년대 기계화부대에 대한 기동간 대공방어의 필요성이 제기되어 당시 대우중공업에서 개발한 K200 장갑차체 일부를 설계 변경하고 견인형 발칸포탑을 탑재하여 한반도 지형에 맞게 궤도화하여 자주화시킨 장비이다.
20미리 자주대공포는 4명의 조원이 탑승하여 60km/s의 속도로 주행하면서 기계화부대에 대한 중단없는 방공지원임무를 수행하며, 분당 3,000발의 발사속도를 가진 고화력의 무기체계로 대공무기로서 뿐만 아니라 적 지상표적에 대해서도 강력한 화력지원이 가능하며, 또한 자체 레이더에 의한 표적에 대한 사격제원을 산출하고, 선도계산조준기에 의한 표적 정밀 추적으로 명중률을 향상시켰고, 1,000발이상의 탄을 적재하여 장기간 재보급없이 지속적인 임무수행이 가능하다.

구 분	제 원
레이다 탐지거리	250~5,000m
포 신	구경 20밀리 6개
발사속도	1,000~3,000발/분
사 거 리	유효: 1.2km, 최대(지상): 4.5km
제 작 사	대우중공업

또한 자주발칸은 그 화력의 우수성으로 인해 세계 수십여개국에서 현재까지도 운용하고 있고, 자국의 특성에 맞게 개량하여 성능을 향상시키고 있으며, 현재 우리나라에서도 성능개량이 진행중에 있으므로 성능개량이 완료되면 기존의 발칸보다 우수한 성능발휘가 가능할 것이다.

2. 유도무기의 종류 및 제원

가. 신 궁

국방과학연구소가 LG이노텍 등 국내 방산업체와 함께 국내 기술로 독자 개발하였으며 '98년부터 연구개발하여 '05년에 최초 생산 및 보급되었다.

신궁은 한국군의 체형에 맞도록 작고 가볍게 설계하였으며, 국산화율은 90% 이상으로, 이 장비를 개발함으로써 우리나라는 미국 · 러시아 · 프랑스 · 일본에 이어 적외선 방식 휴대용 대공유도탄을 개발한 세계 5번째 국가가 되었다.

신궁은 2색 적외선 탐색기를 적용하여, 전투기가 열추적 미사일을 따돌리기 위해 사용하는 기만용 섬광(플레어)과 목표물을 구분하는 능력을 보유하고 있으며, 목표 항공기가 반경 1.5m 이내에 근접할 경우 탄두가 폭발하여 파편에 의해 목표 항공기가 격추되도록 설계하였다.

또한, 피 · 아식별기를 장착하여 우군기에 대한 오인사격을 피할 수 있다.

구 분	제 원
중 량	46.6kg
유효 사거리	0.5~5km
유효 고도	3km
유도방식	적외선 추적

나. 단거리 지대공 유도무기(천마)

우리 군의 취약공역으로 지적되어온 고도 5km 이내의 저고도 대공방어능력 향상을 위해 국방과학연구소 주도하에 국내 산 , 학, 연의 유기적인 협조로 국내 최초 한국형 단거리 지대공 유도무기인 천마를 개발하였다 .

천마는 단일 궤도차량에 자체 탐지 및 추적레이더와 자동화 사격통제장비를 장착하고 있어 표적탐지로부터 사격에 이르기까지 모든 과정을 자동으로 수행할 수 있으며 , 최신의 레이더와 감시카메라 및 적외선 측각기 등의 최첨단 전자장비에 의한 주야간 전천후 작전수행능력을 보유하고 있다.

천마 유도탄은 시선지령 유도방식을 적용한 유도시스템으로 정밀유도가 가능하고, 근접신관과 집중 파편식 탄두로 설계되어 표적 8m 이내에서만 폭발하여도 표적을 파괴시킬 수 있는 높은 파괴력을 자랑한다 .

천마 차체는 소구경 포탄 및 파편으로부터 탑승자를 안전하게 보호할 수 있는 장갑구조로 제작되어 있으며 , 520 마력의 강력한 힘을 가진 디젤엔진과 자동 변속장치로 최고시속 60km와 10 초이내에 30km 까지 가속시킬 수 있는 기동력을 보유하고 있다 .

따라서 천마는 세계 유사 단거리 유도무기인 ADATS, CROTALE, ROLAND 등과 비교시 전혀 손색이 없는 우수한 대공 무기체계이다.

구 분	제 원
탐지/추적거리	20km / 16km이상
유도방식	가시선 유도
유도탄속도	마하 2.5
유효사거리	2~9km
제 작 사	대우중공업

다. 미스트랄

휴대용 SAM에 대한 개발은 서양 강대국들을 중심으로 2차 세계대전이후 시작되었으며, 체계성능에 따라 1,2세대 장비로 구분할 수 있고, 유도방식에 따라 크게 2가지 방식으로 대별될 수 있다. 휴대용 SAM 개발을 주도하고 있는 미국, 프랑스, 러시아는 항공기 배기열 추적방식의 적외선 탐색기를 사용하여 사격후 망각방식으로 발전하였고, 영국과 스웨덴은 사수 조준에 의한 표적의 유도신호를 유도탄에 무선으로 지령하여 유도하는 시선지령방식(CLOS)으로 발전시켜 왔다.

미스트랄은 프랑스 마트라사에서 개발한 대표적인 휴대용 SAM으로 현재 세계 23개국에서 운용하고 있는 주야 전천후 사격이 가능한 최신 휴대용 유도무기이며, 휴대용으로 뿐만 아니라 차량 탑재형, 육군 헬기장착 공대공용, 해군 함대공용으로도 개량 운용되고 있다.

미스트랄은 2개의 추진기관으로 구성되어 2단계로 추진되는 바, 하나는 사출모터이고 다른 하나는 유도탄을 마하 2.4까지 추진시킬 수 있는 주 추진기관으로 유도탄 발사시 최초 사출모터에 의해 40m/s의 속도로 발사관을 이탈한 유도탄은 발사기 전방 약 15m 지점에서 주 추진기관이 점화되어 고속 비행을 시작하게 된다.

유도탄 전방에 장착된 수동 적외선 탐색기는 4개의 검광기가 내장되어 4가지의 적외전 파장을 탐색하여 신호처리할 수 있게 설계되어 접근표적에 대한 교전 및 IRCM 능력이 우수하고, 충격 및 레이저 방식의 근접신관에 의한 표적 파괴력을 향상시킨 장비이다. 미스트랄은 운용인원 2명으로 구성된 팀단위로 운용되며, 조기경보 수신을 위해 사격통제 제원수신기(FCR)를 휴대하여 저고도 탐지레이더로부터 표적경보를 수신하여 작전을 수행하게 되며, 자체 피아식별기, 야간조준기 등을 장착하고 있어 주야 작전능력을 향상시키고 있다.

구 분	제 원
중 량	발사대: 22.5kg, 유도탄:19.5kg
유도방식	Fire and Forget
비행속도	마하 2.44
유효사거리	사거리:600m-5.3km, 고도:3km
제 작 사	프랑스 마트라사

제 8 절 화학 장비

1. 방독면의 종류

가. K-1 방독면

이 장비는 음성진동판이 부착 되어 있어 육성 지휘가 가능하고 음료수를 마실 수 있는 미군의 M17계열 방독면의 장점과 장비 국산화 시책의 일환으로 국내에서 생산 보급한 KM9A1 방독면의 문제점을 보완하여 한국형 방독면인 K-1방독면을 1983년부터 보급하여 운용중에 있으며, 향후 방독면의 발전추세는 고무재질 개선과 안면부에 패드 부착으로 착용감과 방호력을 증대시키고 일반 전투원용과 전차 및 항공 승무원 겸용이 가능한 신형 방독면의 개발이 요구되고 있다.

방독면은 에어라졸 형태의 화생방작용제 야전 농도로부터 착용자의 안면, 눈, 호흡기를 보호하는 장비로서 안면부는 천연(40%) 및 합성(60%) 고무 혼합물의 고무제품으로 착용자의 얼굴 크기에 맞추어 착용 할 수 있도록 대(L), 중(M), 소(S) 크기가 표시되어 있으며, 음성진동배기판이 부착되어 방독면을 착용하고 대화 및 부대 지휘가 용이하며 고무로 된 배기판막은 공기 역류 방지가 가능하고, 음료취수장치는 오염된 지역에서 방독면 착용자가 음료수를 섭취할 수 있는 장치이다.

정화통은 여과지(Filter Paper)와 특수 처리된 활성탄(Active Carbon)으로 구성되어 있으며, 여과지는 액체 및 고체 입자를 여과하는 물리적 여과기 역할을 수행하고 활성탄은 기체 및 증기상태의 작용제를 흡착여과하는 화학적여과기 역할을 수행한다. 그러나 정화통은 공기를 정화할 수 있지만 산소를 제조하거나 생산할 수는 없다.

K-1방독면 부수물자로는 보호두건, 방수주머니, 흐림방지포, 음료수취수관 및 수통마개가 지급된다. 보호두건은 착용자의 머리와 목부분을 증기, 에어라졸 및 액체상태 화생작용제로부터 보호하기 위한 것이며, 방수주머니는 고온 다습한 기후나 수륙양용 작전시 방독면을 건조하게 유지하고 침수로 인한 정화통 손상을 방지하기 위해 사용된다. 흐림방지포는 방독면 착용시 방독면 내·외부의 온도차이와 착용자의 입김에 의해서 발생되는 안경의 흐림을 방지 및 제거하는데 사용되

며, 음료취수관 및 수통마개는 오염된 지역에서 방독면 착용자가 음료수를 섭취할 수 있도록 제작되었으며 음료수취수장치에 연결하여 사용한다.

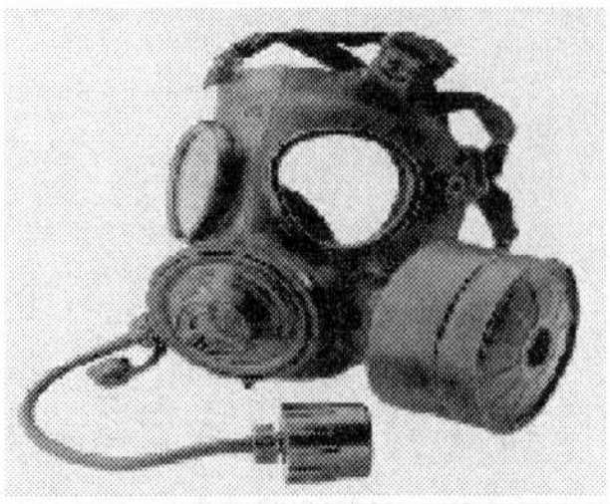

구 분	제 원
중 량	2.5kg
주 구성품	안면부, 정화통, 휴대주머니
가 격	59,000원
제 작 사	삼공물산(주)

나. 화학 자동경보기 (KM8 - K2)

이 장비는 화학전 상황하에서 인체에 치명적인 손상을 주는 신경 작용제의 존재 유무를 탐지하여 유/무선 수단으로 신속히 경보하여 주는 장비로서 1983년에 자동경보기를 개발 보급한 후 기존 장비의 재 충전킷이 시한성 물자로 관리 및 운용에 제한이 되어 방사능 원체를 이용하여 화학 작용제를 탐지하는 신형 화학자동 분석기를 개발 보급중에 있으며, 화학 자동경보기는 실시간 탐지, 경보가 가능하게 탐지기, 경보기, 무선송신기, 방한 키트, 정비 키트, 폐기 처리 키트 등으로 구성되어있다.

탐지기는 공기중에 작용제 존재 유무를 자동으로 탐지하여 자체경보 및 유·무선를 통해 경보기에 신호를 보내면 경보기는 탐지기로부터 경보를 수신하여 경보등과 경보음으로 경보를 발생하고, 무선송신기는 탐지기의 탐지 신호를 주파수 변조방식에 의해 경보기로 송신하는 장비이다. 방한키트는 축전지 2개와 케이블 뭉치 1개로 구성되며 동계작전시(-18℃이하) 탐지기 및 무선송신기에 전원을 공급한다. 정비키트는 탐지기가 정상적인 기능을 유지하는데 필요한 소모품으로 공기여과기와 감도점검기가 각각 10개씩 구비되어 있다. 폐기처리키트는 탐지기 파손시 셀모듈 및 기타 방사능에 오염된 조각들을 응급처리하기 위해 필요한 물자를 세트화한 것이다.

이러한 화학 자동경보기는 고정 설치 또는 개인휴대 및 차량에 장착하여 운용할 수 있도록 등받침대와 탑재키트가 보급되어 있다.

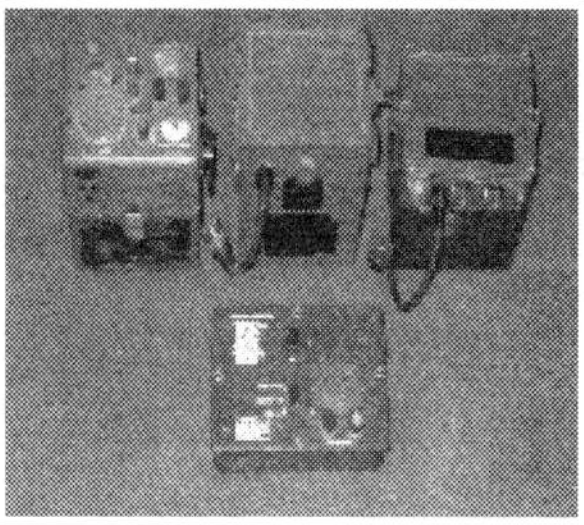

구 분	제 원
중 량	8 kg
주 구성품	탐지기, 무선송신기, 경보기
가 격	1,085 만원
제 작 사	한국통신기 사업(주)

2. 정찰 / 제독차

가. 생물학정찰차(K-317)

북한과 주변국의 전·평시 생물학 위협에 대비하기 위해 생물학작용제 오염(예상) 지역에 대한 탐지 및 조기 경보를 위해 '02년도에 생산 및 보급되었다.

생물학정찰차는 현용 화생방정찰차(K-316)의 개조형 차체에 생물학작용제의 탐지 및 식별을 위해 공기수집기, 생물학탐지기, 유전자식별기 등을 탑재한 장비이다.

공기수집기는 대기중의 미지의 입자를 수집하며, 생물학탐지기는 작용제의 존재 유무를 미생물과 독소로 구분하고, 유전자식별기로 작용제의 종류를 식별한다.
생물학정찰차는 농축시료 획득 후 10분 이내에 탐지할 수 있고, 탐지 후 60분이내에 8종 이상의 생물학작용제의 종류를 식별할 수 있다.

구 분	제 원
구성품	공기수집기, 생물학탐지기 유전자식별기
식별작용제	탄저, 콜레라, 페스트, 브루셀라 등
탐지/식별시간	10분 / 1시간 이내
운용인원	4명

나. 화생방 정찰차

이 장비는 화생방전 상황하에서 오염여부를 신속하게 탐지할 수 있으며 화학 자동 분석기는 오염공기 및 표면의 시료를 수집하여 자동 분석함으로써 실시간 탐지 및 식별이 가능한 장비로 대우 중공업과 아세아 자동차에서 개발, 96년부터 보급되어 운용 중이며, 향후엔 원거리 화학 작용제 탐지가 가능하고, 화학 및 생물학 작용제를 동시에 탐지하고, 식별이 가능하도록 화생겸용 자동분석 장치가 탑재된 장비로의 발전이 요구되고 있다.

화생방 정찰차는 K-200계열 장갑차 및 K-311계열 차량에 화생방 정찰, 보호, 경보전파 장비가 탑재된 장비로서 주요 탑재 장비는 화학자동분석기, 시료채취장치, 오염표시기 투척장치, 자동경보전송장치, 기상측정장비, 양압장치, 냉·난방장치 등으로 구성되어 있다.

화학자동분석기는 화생방전하에서 공기 및 지표면의 화학작용제 탐지 및 식별을 위한 질량 분석장비로 탐지 능력은 자동탐지모드를 운용시 공기탐지 모드는 30초 이내 22종을, 표면탐지모드는 15초 이내 12종의 화학작용제를, 또한 60여종류의 독성화학물질 및 농약등을 탐지할 수 있다. 시료채취장치 는 생물학작용제 및 미지작용제 표본 수집시, 오염표시기 투척장치는 기동 정찰간 확인된 오염지역에 오뚜기형 오염표시기 투척에, 자동경보 전송장치는 화학작용제가 탐지되었을 때 자동으로 차량에 탑재된 무전기로 국지경보 전파에, 기상측정 장비는 풍향, 풍속, 기온, 상대습도, 대기압 등의 국지기상 측정에, 양압장치는 오염지역 정찰작전시 차량 내부에 정화된 공기 공급을 통한 쾌적한 근무환경 조성에 운용된다.

구 분	제 원
차 종	k-216(장갑차형), k-316(차량형)
탐지작용제	공기탐지(22종), 표면탐지(12종)
주요구성장비	자동분석기, 자동경보 전송장치. 오염 표시기/투척 장치
가 격	장갑형: 12.5억, 차량형: 8.5억

다. 제독차

이 장비는 2 1/2차량에 제독기를 장착하여 야전에서 화학, 생물학, 방사능 작용제에 오염된 인원, 장비 및 지역에 대한 정밀 제독을 실시하는 다목적 제독 장비로, 1979년 국내에서 생산 보급되었으며, 물 가열기가 탑재되어 야전에서의 간이 샤워 뿐만 아니라 일반 소방 지원도 가능한 장비이며, 향후 인원, 장비 및 지역제독의 분리 운용 및 모듈화에 의한 제독임무를 동시에 수행할 수 있는 장비로의 발전이 요구되고 있다.

제독차의 차체는 2½톤 트럭으로 6기통, 4행정, 수냉식, 디젤엔진에 탑재된 제독장비는 펌프부분, 물탱크(통)부분, 물가열기 및 부수장비로 구성되어 있다.
펌프 부분은 물탱크 내에 분당 100가론의 물을 급수하여 살포총을 이용, 액체제독 혼합물 50가론을 살포할 수 있으며, 물 탱크(통부분)의 용량은 500가론으로 물 적재시는 400가론, 액체 제독혼합물 적재시는 317가론을 적재 하며, 20명이 동시 인체 샤워할 수 있는 인체샤워대가 설치되어 있다. 물가열기는 시간당 600 가론의 물을 흐르게 할 때에 출구 물의 온도를 5분 이내 37.8℃까지 높일 수 있는 장비로 최대 가열온도는 86~100℃이며, 물과 제독제 혼합이 용이하게 하고 동계 인체샤워시 온수 공급등에 사용된다.

제독차는 화학부대에 보급되어 대량오염 인원, 장비, 지역에 대한 제독에 운용된다.

구 분	제 원
탱크용량	500G/A(1,890리터)
물 가열능력	시간당 600 G/A(37.8℃)
주요 구성품	펌프, 물 탱크, 물 가열기
가 격	8,600만원

제 9 절 기동 장비

1. 일반차량

가. 1/4톤 차량 (K-131)

1/4톤지휘용 신형은 1998년 민수용 차량을 군운용에 적합하도록 개발한 장비로 구형에 비해 2명이 추가 탑승 가능하도록 하여 총 6명이 탑승가능한 차량임.

민수용 차량과 주요 차이점은 앞뒷 데후렌샬이 장착되어 있어 늪지 및 경사지 등판능력을 현저히 향상시키고 동계 적설시 운행이 용이하도록 되어있음. 또한 순간 가속 능력을 구비하고 있어 적 미사일 발견시 8초이내에 17m이상 회피하여 미사일로부터 피해를 최소화 시켰다.

가장 추운 동계 날씨를 연도별 통계치에 의해 -32℃에서도 정상적인 시동이 가능하며, 특히 전술타이어를 장착하여 적 소화기 및 파편으로 부터 펑크시에도 타이어 교체없이 45Km/h속도로 48Km이상을 이동가능하도록 설계되어 있다.

현재, 이 차량의 차체를 기본으로 하여 토우, 106밀리 무반동총, K-4 고속기관총 등을 탑재하여 운용하는 등 다양한 용도로 활용되고 있다.

외국의 유사차량은 미국의 HMMWV(험비), 이스라엘 M240 다목적 차량, 프랑스의 A3 경트럭, 일본의 미쓰비시 차량과 유사한 성능을 갖고 있으며, 향후 개발 차량은 자동항법 및 방탄장치, 자동공기압력 조절장치(CTIS), 자체진단장치, 컴퓨터 FAX 기능 장치등이 부착될 전망이므로 제반 운용능력이 현저히 증대될 것이다.

구 분	제 원
중 량	1,570kg
출력/최대속도	130마력, 130km/H
연료탱크 용량	53 리터
제 작 사	아시아 자동차

나. 2와1/2톤 카고 (K-511)

이 장비는 인원 및 화물 수송을 주 용도로 운용되는 차량으로 차체를 기본 모델로 하여 적재함을 용도에 적합하도록 개조하여 연료 수송용, 부식 운반용, 이동 PX, 청소용 및 급수차량 등으로 다양하게 활용되고 있음. 야지에서의 화물 적재 능력은 2.3톤, 인원 수송시 좌우측면 적재함 대를 활용하여 완전군장 병력 12명까지 가능하며, 야지/산악지 기동성 향상을 위해 엔진 마하는 등 민수용 차량과의 호환성 증대를 위해 성능 개 량중에 있다.

구 분	제 원
중량/적재량	5,790kg / 2,270kg(야지)
출력/최대속도	160마력, 87km/H
연료용량/항속거리;	200리터/523km
제 작 사	아시아 자동차

2. 특수차량

가. 10톤 구난차량

구난차는 1978년 미국의 AMG사와 기술제휴하여 아시아 자동차가 개발한 차량으로, 고장차량 및 장비를 견인 또는 구난하거나 전차/장갑차, 차량의 엔진/밋숀을 설치 또는 제거하는 등 각종 정비를 지원하는 장비임. 붐대는 5톤을 인양하여 360°회전이 가능하고 케이블이 설치되어 있어 케이블을 결합, 61m 이격되어 있는 장비를 구난 할 수 있다.

현재, 전쟁을 경험한 각국은 구난차량의 중요성이 증대되어 대형화 추세에 있으며 미국의 M9811,영국의 FODEN, 스웨덴 P113HK, 독일의 MAN, MAN KATLA, 프랑스 르소 TRM 10,000 차량들이 10톤으로 발전되어 있음. 우리군에서도 군용

장비의 대형화 추세에 적합한 구난차량의 필요성이 제기되어 구난능력을 현행 5톤→10톤이상, 견인 능력을 전방윈치 케이블로 60m에서 10톤이상, 후방윈치 케이블로 80m에서 20톤 이상으로 향상시키고, 수동식으로 각종 부수장치를 설치 및 제거하던 방식을 유압식 System으로 대폭 보완하는등 대형화 추세에 발맞추어 구난 및 정비 임무 수행이 가능하도록 보급 될 예정이다 .

구 분	제 원
중 량/적재량	16,100kg / 5,442kg
케이블길이/크레인능력	61m / 20,000 L/B
연료탱크용량	416 리터
제 작 사	아시아 자동차

나. 2 1/2톤 유조차량

이 장비는 1979년 ~ 1982년 민수용 차량의 군용화 계획에 의거 현대 자동차에서 생산한 쌍용 트럭으로 유류 소모가 많은 항공기 및 기계화 부대의 유류 보급용 차량으로 활용하고 있음. 이 차량은 44드럼을 적재할 수 있으며, K-1 전차 8대, 장갑차 21대를 1회 수송용으로 만충 시킬 수 있는 장비이다.

구 분	제 원
중 량	1,570 kg
출력/최대속도	236 마력, 103km/H
유조탱크용량	2,200 G/A
제 작 사	아시아 자동차

사진으로 보는 각국의 무기체계

한국군의 무기체계

30M
자주대공포(비호)

K-9 자주포

대공유도탄(천마)

K-1 구난전차

K-9 자주포사격

K-277 지휘용장갑차

ATCAMS 미사일

UAV

60톤 트랙터

화생방 보호의

K-1 교량전차

K-1A1전차

화생방 정찰장갑차

K-9 자주포

UAV

미국군 무기체계

155M 곡사포

토우미사일

AAV7A1 상륙장갑차

브레들리 장갑차

M1A1전차

PALADIN 자주포

스델스무인기(개념도)

피닉스 UAV발사차량

ASTROS 2 미사일

CH47D 헬기

M7 BRADLEY 장갑차

영국군 무기체계

155M 곡사포 M 777

155M 자주곡사포

경전투차량

지휘용 장갑차

차륜형 장갑차

챌린저

AFV 시스템

alvis vickers 4

alvis vickers 8

AS90 자주포

ATGV 대전차 장갑차

AVLB

AVRE 교량전차

AVW IFV

BAE 시스템
105M곡사포

BAE SYSTEM

CH-2 전차

Challenger 2

Challenger 1 MBT

Challenger 2 MBT

Challenger 구난전차

Challenger
훈련용전차

FV432 장갑차

FV434 장갑차

프랑스군 무기체계

155M 곡사포

구난전차

르끄레

르끌 구난전차

르끌 전차

르끌 주력전차

차륜형 장갑차

ACMAT 구급장갑차

ACMAT 군수지원차량

ACMAT VLRB

AML90 경전차

AMX 30 B2

AMX 30 EBG

AMX 30 MBT

AMX 30D ARV

CAESAR
차륜형곡사포

ERC90F4

K2D부착
지뢰제거시스템

MK F3 155M 곡사포

SPAAG 쌍열대공포

VAB

VAB 차륜형 장갑차

독일의 무기체계

LEOPARD 2A5 전차

LEOPARD 1A5 전차

토네이도 전투기

LEOPARD 1A2

LEOPD 2A5

중국군 무기체계

57M 쌍열 자주 대공포

107M 방사포

125M MBT

155M 곡사포

155M HOW

구난장갑차

NORINCO

NORNCO 501 경보병 장갑차

NORINCO 다련장

NORINCO
다련장시스템

NORINCO
지휘용장갑차

NORINCO WZ 551

T90 12.7M

YW304 82M
박격포탑재 장갑차

일본군 무기체계

35M 쌍열
자주대공포

75형 일본포

87일본대공

89일본

90 니폰 1

90식 전차

90식 전차

type-96

러시아군 무기체계

2s1

120M 박격포

120M 방사포

120M 자주 박격포

122M 방사포

122M 자주곡사포

130M 곡사포

152M 2S19 자주포

300M BM 9A52-2

bmp-3

BMP-3M

BREM-80U ARV

BTR-80 APC

BTR-80 APC

FROG-7 로켓

ibct

T54

T55

T59-1

T62Tank

172mla

T80

T80U M1

T80U M2

T80U

T80UMK

T90 MBT

T-59

T-72 MBT

T-72

T-72M1

t-80

이스라엘군 무기체계

160M ACCULAR

Doher 자주포 M109

M113 장갑차 PIP

MAGACH-7 MBT

MAGACH-8 MBT

Merkava MK1 MBT

Merkava MK3 MBT

RAMTA RAM V-1

RAMTA RAM V-2

Romach 175M 자주포

Sabra MK2 MBT

TIG2000 포병시스템

기타

35M 대공포(네덜란드)

SABIX 구난전차(벨기에)

캐나다 경장갑차

제5장

특전부대 통신

제5장 특전부대 통신

제 1 절 통신이란?

1. **통신이란? :** 멀리 떨어져 있는 송수신 장치를 통신회선(무선, 유선 등)으로 연결하여 넓은 지역에 분산되어 있는 정보를 능률적이고 효과적으로 주고받는 방식이며, 최근의 통신기술은 컴퓨터 기술(데이터 처리)과 통신 기술(데이터 전송)이 결합된 형태로 발전하고 있는 추세이다.

(1) 통신의 변천 과정

- ✔ 언어 사용 : 깃발, 종, 봉화 등
- ✔ 문자 발명 : 시간과 공간을 초월한 정보 전달
- ✔ 인쇄 기술 발명 : 정보 대량 생산 및 유통이 가능해짐
- ✔ 전기 통신 및 방송 기술 등장 : "지구촌(Global Village)"이라는 용어 등장

(2) 전기 통신 기술의 발달 과정

- ✔ 제 1의 통신 : 전신기
- ✔ 제 2의 통신 : 전화기
- ✔ 제 3의 통신 : 데이터 통신

(3) 제 1의 통신 : 전신기

✔ 1831년, 패러디(Faraday) : 전자기 유도 법칙 발명

✔ 1837년, Morse, 전신기 발명 : 유선으로 연결된 두 지점 사이에 전기적인 펄스 형태로 데이터 전송

✔ 1845년, 미국, 워싱턴 ↔ 볼티모어 : 최초의 전보 전송

✔ 1885년, 한국, 한성 ↔ 제물포 : 최초의 유선 전신 개통

✔ 1910년, 한국, 월미도 ↔ 광제호 : 최초의 무선 전신 개시

(4) 제 2의 통신 : 전화기

✔ 1876년, Bell, 전화기 발명 : 통신 회선을 통하여 데이터와 음성을 전달

✔ 1896년, 한국, 궁내부 행정 전화 개통

✔ 1902년, 한국, 한성 ↔ 인천 : 시외 전화 개통

✔ 전화의 원리

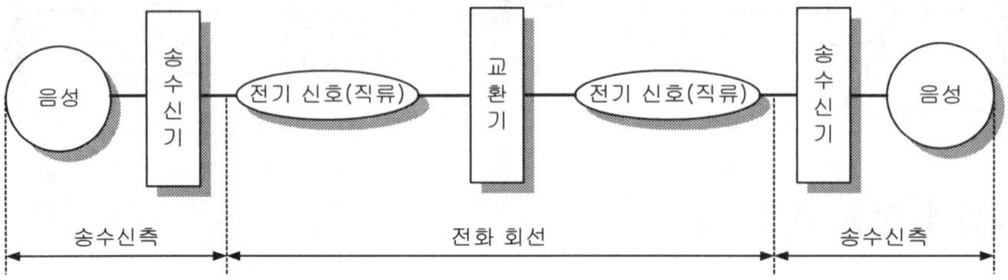

(5) 제 3의 통신 : 데이터 통신

✔ 1958년, SAGE(Semi-Automatic Ground Environment)

- 미 공군에서 개발한 반자동 방공망 시스템
- 컴퓨터와 터미널을 통신 회선으로 연결하는 온라인 처리 방식의 이용
- 감시용 레이더망을 통신 회선으로 연결하여 미사일의 발사 제어를 수행하는 시스템
- 데이터의 즉시 처리성과 입출력의 광역성 요구에 부응

2. 전신기의 원리

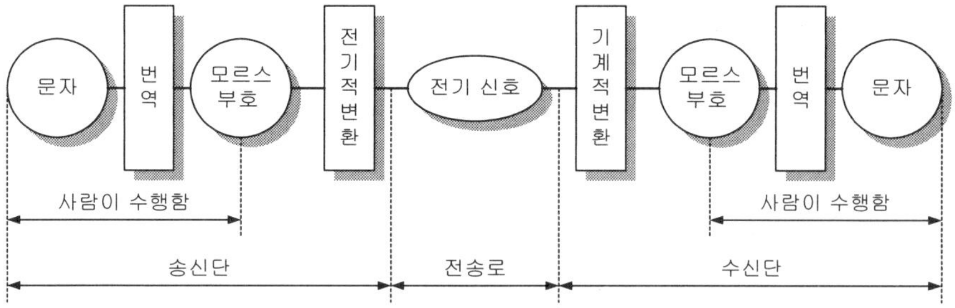

가. 모르스 부호

(1) 숫자부호

숫자	부호	숫자	부호
1	*____	6	_****
2	**___	7	__***
3	***__	8	___**
4	****_	9	____*
5	*****	0	_*_

(2) 영문부호

영문	부호	영문	부호	영문	부호	영문	부호
A	*_	H	****	O	___	V	***_
B	_***	I	**	P	*__*	W	*__
C	_*_*	J	*___	Q	__*_	X	_**_
D	_**	K	_*_	R	*_*	Y	_*__
E	*	L	*_**	S	***	Z	__**
F	**_*	M	__	T	_		
G	__*	N	_*	U	**_		

- 모르스 부호는 단점(·)과 그 3배 길이에 해당하는 장점(—) 으로 만들어지는데, 각 점 사이는 단점 하나의 시간 간격을 띄우고, 문자와 문자 사이는 장점 하나의 시간 간격을 띄움
- 예 : "4", "5"는 "····","·····"임

나. 모스부호 쉽게 익히기

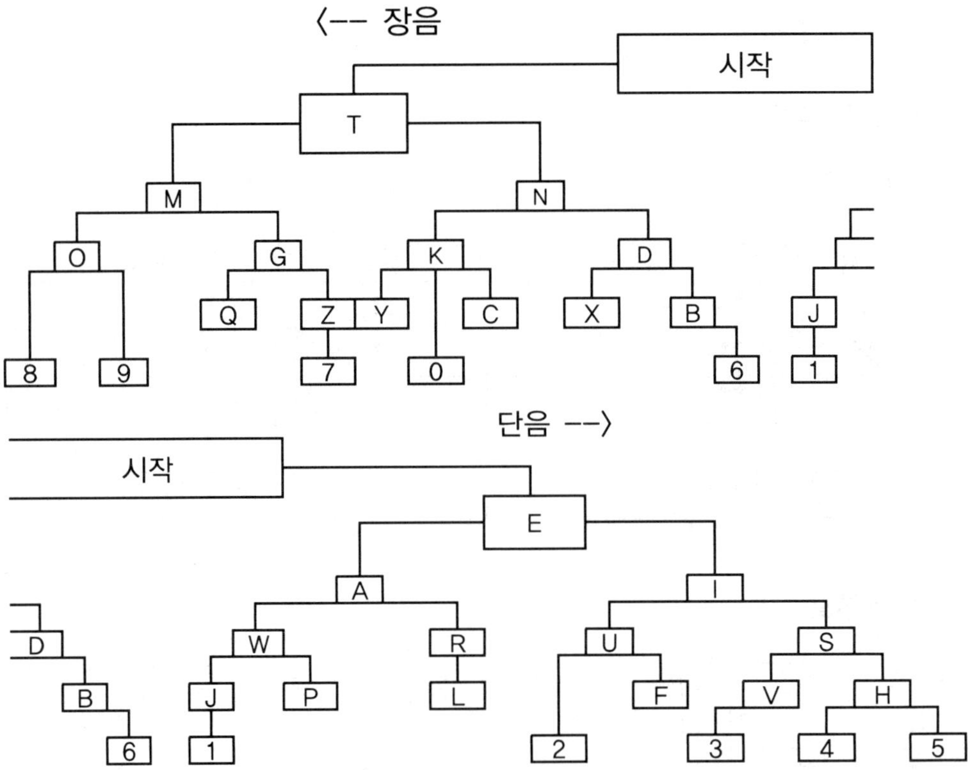

3. 유 · 무선 통신 장비의 발전

가. 유선 전화기

전화기란 멀리 떨어져 있는 두 사람간의 의사전달 및 정보를 주고받기 위하여 가청주파수(20~3400Hz) 범위 내에서 양방향 통화를 할 수 있는 편리하고 신속한 통신수단으로 1876년 그라함 벨에 의해 처음으로 발명되었다.

(1) 전화기의 구성 및 동작원리

전화기는 통화회로부, 다이얼 회로부, 착신 신호부, 송수화부로 구성되어 있으며, 전화를 걸고자 하는 사람을 선택하기 위해 상대방 전화번호를 누르면 다이얼 회로부에서 발생된 신호는 전화선을 통해 전화국 교환기로 보내지게 되며, 교환기에서는 상대방 전화기로 AC 75r.m.s의 신호를 보내며 착신 신호부를 통해 착신을 재생시켜 벨 소리를 들을 수 있다. 이때 송수화기를 들으면 통화회로부를 통해 쌍방이 통화를 할 수 있게된다. 송수화부는 음성신호를 전기신호로, 전기신호를 음성신호로 바꾸어 주는 역할을 수행한다.

(2) 전화기의 기능

- 재다이얼 기능(LNR : Last Number Redialing) : 마지막으로 다이얼한 전화번호를 재다이얼 버튼을 눌러 전화하는 기능
- 시외전화 발신제어 기능(DDD 제어기능) : 시외전화를 걸 수 없도록 제어하는 기능
- 재발신기능 : 후크스위치를 사용하지 않고 재발신 버튼을 눌러 현재의 통화를 끊고 새로운 통화를 할 수 있도록 발신음을 울려주는 기능
- 벨소리 크기조정 : 벨소리의 크기를 조정하는 기능으로 슬라이드 볼륨식과 버튼조작을 이용한 디지털 볼륨식이 있음
- 포즈(Pause) : 다이얼 송출시 다이얼을 일정시간 지연시키는 기능
- 스피커폰 기능 : 스피커폰 버튼을 눌러 소화기를 사용하지 않고 다이얼하거

나 통화하는 기능
- 보류중 음악송출기능(MOH:Music On Hold) : 통화중 전환하거나 교환기의 서비스를 받기 위해 통화를 대기시킬 때 멜로디를 송출하는 기능
- 비밀사서함 기능 : 외부에서 전화를 걸어 사서함의 비밀번호를 아는 사람만이 메시지를 녹음하거나 들을수 있는 기능
- 장난전화 격퇴기능 : 장난전화시 굉음을 상대방에게 송출하는 기능
- 룸모니터기능 : 외부에서 전화를 걸어 전화기가 놓여져 있는 실내의 소리를 듣는 기능

(3) 전화기 신호방식에 따른 종류

1) **자석식전화기:** 전화기의 핸들을 돌리면 발전기가 회전하여 신호가 송출(送出)된다. 또 전화를 하기 위한 통화전류를 보내는 전지가 각 전화기에 갖춰진 것도 이 전화기의 특징이다. 자석식 교환대를 사이에 두고 전화교환이 가능하여 전화기와 전화기를 접속하는 전화선 이외의 것은 일체 불필요하다는 간편함 때문에 비상용 전화 ·공사용 전화 ·철도전화 등에 사용된다.
2) **공전식전화기:** 수화기를 들어올리기만 하면 신호가 보내지기 때문에 거는 방식이 간단하며, 따라서 다이얼과 핸들도 없이 단순한 형(形)을 하고 있다. 보통 가입전화는 다이얼화(化)가 발달되어 있기 때문에 이 전화기는 적어지고 있으나, 사무소나 여관 등의 구내교환 전화에서 다이얼식(式)으로 되어 있지 않은 것은 대부분 이 전화기를 사용하고 있다.
3) **전자식전화기:** DTMF(Dual Tone Multi Frequency)는 일반 전화기의 버튼을 눌렀을 때 발생되어 전화국으로 보내어지는 신호이다. 미국을 비롯한 여러 나라에서, 다이얼식 전화기를 대체한 이 전화기를 터치톤 전화기 또는 전자식 전화기로 부른다.

MFC전화기는 다중주파수 방식이라고 하며, 전화기 버튼을 눌렀을 때 발생되는 신호는 4 종류의 낮은 주파수(697, 770, 852, 941 Hz)와 3 종류의 높은 주파수(1209, 1336, 1477 Hz)의 신호를 조합하여 만든 것으로 모두 12 종류의 신호로

이루어져 있다.

각각의 신호는 아래 표와 같이 고유의 문자(전화기 버튼에 표시된 숫자, *, #)로 지정되어있다.

MFC 신호가 두 주파수의 조합으로 이루어져있는 이유는 사람 목소리로 흉내 낼 수 없는 신호를 만들어야 임의의 신호를 전달하고 해석할 수 있기 때문이다.

고주파군 / 저주파군

Hz	1209	1336	1447	1633
697	1	2	3	A
770	4	5	6	B
852	7	8	9	C
941	*	0	#	D

초기에는 펄스를 이용한 다이얼 방식의 전화기가 쓰였으나 현재는 이러한 MFC 주파수를 이용한 전화기가 주로 쓰이고 있다.

1을 누르면 1209Hz 와 697Hz, 5를 누르면 1336Hz 와 770Hz가 발생하는 원리이다.

나. 무선의 기초

(1) 전파

전파란 인공적인 유도 없이 공간을 전파하는 3KHz에서 3,000GHz 사이의 주파수를 지니는 전자파를 말한다. 또 주파수는 전파가 공간을 진행할 때 생기는 파동이 1초 동안에 진동하는 횟수, 즉 신호의 주기가 1초 동안에 몇 번 반복되었는가를 의미한다.

즉 파동이 1초 동안에 1회 진동하는 경우 이를 1Hz라 하고 1천 번 진동하면 1KHz, 1백만 진동하면 이를 1MHz, 10억번 진동하면 이를 1GHz라 한다.

또 파장은 신호 주기의 길이, 즉 신호가 전파되고 있는 동안 주기의 시작점에서 끝점까지의 길이를 나타내며 단위는 거리 단위인 미터(m)를 사용한다. 따라서 주파수와 파장은 반비례하며 주파수 값이 큰 신호는 파장이 매우 짧은 신호가 된다.

(2) 전파의 구분

전파의 구분은 3KHz (1백km의 파장)를 기점으로 하여 주파수 값의 10배마다 구분하고 각 구분 사이의 주파수 범위를 주파수대라고 한다. 주파수대는 3KHz ~ 30KHz인 초장파(VLF)를 시작으로 장파(LF), 중파(MF), 단파(HF), 초단파(VHF), 극초단파(UHF), 마이크로파(SHF), 밀리파, 준밀리파 등으로 구분한다.

1) ULF (30 ~ 300Hz, ultra low frequency, 극극초장파)

주파수대 구분의 하나. 특별한 규정은 없으나 관용되고 있는 것으로 3kHz 이하, 수 Hz 이상의 주파수대를 말한다

2) ELF (300 ~ 3000Hz, extremely low frequency, 극초장파)

전리층에서 E층과 F층은 고주파 통신에서 무선파를 반사하는 역할을 하기 때문에 장거리 육상 및 해상 통신에 사용되고 있으며, D층에서는 초장파(VLF)와 극초장파(ELF)파가 반사되어 AM통신에 사용되고 있다.

3) VLF (3 ~ 30KHz,very low frequency, 초장파)

인간의 음성이 여기에 속한다.

4) LF (30 ~ 300KHz, low frequency, 장파)

매우 파장이 길므로 유효하게 이용하기 위해서는 송수신안테나를 크게 하여야 한다. 그러나 지표파(地表波)로서의 전파특성이 좋고 물 속 어느 정도까지 도달하므로 무선항행이나 수중통신 등의 특수목적에 이용된다.

5) MF (300 ~ 3000KHz, medium frequency, 중파)

중파는 근거리에서는 지표면을 따라 전반하는 지표파를 이용하지만, 파장이 길수록 감쇠가 적다. 원거리에서는 전리층파가 주체가 되지만, 주간에는 D층(60~85㎞ 상공에 존재)이 전파의 흡수층으로 작용하므로 전기장의 세기가 약해져서 거의 이용할 수 없다. 야간에 D층이 소멸하면 E층(90~110㎞ 상공에 존재)이나 F층(200~400㎞ 상공에 존재)에서 반사하여 수백㎞ 떨어진 곳까지 이른다. 전리층

파와 지표파의 전기장의 세기가 같은 정도인 곳에서는 페이딩(fading)이 있지만, 태양활동이나 계절에 의한 변화는 적다. AM라디오방송·선박통신·무선항행업무 등에 이용되고 있다.

6) HF (3 ~ 30MHz, high frequency, 단파)

단파는 지표면과 지상 100~300km 높이에 있는 F전리층 사이를 반사전파하는 성질이 있고, 파장이 짧기 때문에 지향성 안테나를 사용할 수 있으므로 작은 전력으로 국제통신 ·국제방송 ·아마추어무선 등에 사용된다. 소전력의 장점을 살려서 고도(孤島)와의 통신, 기상통신, 비상재해통신 등에도 이용된다. 전리층의 변화에 따른 페이딩(fading)의 영향도 있으나, 적당한 다이버시티 방식에 의해 피할 수가 있으며, 또 혼신(混信)을 피하기 위해 국제조약으로 규제하고 있다. 특전부대에서 이러한 단파의 성질을 이용하여 주로 장거리 교신용으로 주로 사용하고 있다.

7) VHF (30 ~ 300MHz, very high frequency, 초단파)

텔레비젼 방송 VHF 채널이나 FM 방송에 이용된다.

8) UHF (300 ~ 3000MHz, ultra high frequency, 극초단파)

텔레비젼 방송 UHF 채널이나 이동통신 등에 이용된다.
텔레비전 전파는 초단파(VHF)와 극초단파(UHF) 2종류가 있다.
VHF 전파가 도달할 수 없는 곳을 위해 UHF 전파를 사용하는 것이다.

9) SHF (3 ~ 30GHz, super high frequency, 마이크로파)

마이크로파가 점유하는 주파수는 대부분이 SHF인데, 마이크로파는 다음과 같은 특징을 갖는다.

㉠ 통신 주파수 대역이 비약적으로 확장될 수 있다.

㉡ 비교적 작은 안테나로 첨예한 빔을 얻을 수 있으므로 점 대 점(point-to-point) 통신이 가능하며, 다른 전파로부터의 방해 및 다른 전파에 대한 방해가 적다.

㉢ 광대역 변조가 될 수 있으므로 음성 및 데이터 통신 채널 수가 많은 다중

통신(multiplex communication) 또는 텔레비전 중계가 쉽다.

㉣ 외부 잡음의 영향이 적은 데다가 광대역 변조로 신호 대 잡음비(S/N)를 크게 개선할 수 있기 때문에 양질의 통신 회선을 얻을 수 있다.

㉤ 직선으로 전파하는 특성 때문에 통달 거리는 가시거리 내로 한정되지만 중계 시스템에 의해 신뢰도가 높은 장거리 통신 회선을 얻을 수 있다.

㉥ 유선 통신보다 경제적이고, 홍수나 지진과 같은 천재지변에 대한 신뢰성이 높다.

이와 같은 특성을 이용하는 마이크로파의 이용 분야는 고정 장거리 통신, 이동 통신, 텔레비전 중계 및 위성 통신을 비롯하여 무선 항행, 무선 표정, 각종 레이더, 기상 위성, 지구 탐사 위성, 전파 천문, 산업·과학·의료 분야의 고주파 이용 설비 등 대단히 다양하며 이용이 더욱 늘어나고 있다.

10) EHF (30 ~ 300 GHz, extremly high frequency, 밀리미터파)

밀리미터파라고 부르지만 이것은 주파수대의 공식 명칭은 아니다. EHF의 특징은 다음과 같다.

㉠ 통신 주파수 대역이 획기적으로 확장될 수 있다.

㉡ 초광대역 전송이 가능하다.

㉢ 안테나와 송수신 장치의 소형화 및 경량화가 가능하다.

㉣ 빛의 성질에 가까운 강한 직진성이 있다.

㉤ 비나 눈과 같은 강수(降水), 구름이나 안개와 같은 수증기의 입자 등에 흡수되거나 산란되는 등 영향을 많이 받는다. EHF를 본격적으로 이용하려면 해결해야 할 기술적 과제가 많지만 이것이 해결되면 대용량의 음성, 화상 및 데이터 전송용의 구내 또는 옥내 무선 구내 정보 통신망(LAN) 등 각종 뉴 미디어 또는 멀티미디어에 이용할 수 있다. EHF대의 주파수 중에서 30~275GHz 범위의 주파수는 국제 전기 통신 협약 부속 전파 규칙(RR)에 의해 고정 통신, 이동 통신, 위성 통신, 무선 항행, 무선 표정, 지구 탐사, 전파 천문 등 다양한 업무용으로 분배되어 있으며, 현재 50GHz대의 간이 무선 업무, 30~40GHz대의 위성 통신이나 위성 간 통신 업무 등에 사용되고 있다.

(3) FM / AM 방식 무선 전파

FM은 주파수 변조(Frequency Modulation) 방식이며, AM은 진폭 변조(Amplitude Modulation) 방식으로 FM이 AM 보다 주파수가 약간 높지만 주파수의 차이보다는 변조방식의 차이이다. 주파수가 높을수록 음질이 좋게 전송되는 반면, 수신거리는 짧아진다. 즉, FM(VHF 초단파)은 음질이 깨끗하며, AM 보다 방송이 멀리 전파되지 못한다. AM(HF 단파)은 음질이 좀 나쁜 대신 주파수 대역이 낮아 FM보다 더 넓어 멀리까지 전파된다.

다. 유무선 통신 장비의 발전

(1) 유선 전화기의 발전

(가) TA-1/PT 자석식 야전전화기 - 초기 사용하던 전화기

미군에서 주로 사용하였던 장비이며 우리나라에서는 6.25 당시부터 TA-312가 보급되기 이전인 70년대 초반 까지 사용되었던 장비로, 매뉴얼 상으로는 WD-1 야전선을 쓰면 무게 1.25kg, 통달거리가 4마일(6.4km)라고 하지만, 실제로는 3Km이내 임.

□ **용도**

- 전화기셋 K-TA-1/PT는 야전 및 지점간 통신을 위한 휴대용 음성 세력 전화기.
- 다른 K-TA-1/PT나 유사 야전전화기 및 자석식 교환기에 연결하여 사용할 수 있다.

- 어떤 기후에서도 사용할 수 있다.
- 건전지가 필요 없다.

□ **특성**

- 착신번호: 동시에 부저음(가변) 및 형광표시가 작동한다.
- 발신번호: 20Hz, 65~80Vrms
- 소요전원: 필요없음 (음성세력만이 필요하다.)
- 주파수범위: 300~4,000Hz
- 동작범위: 야전선 : 4마일(WD-1/TT)
- 중량: 1.29kg(휴대용 케이스 포함)

멜빵으로 연결된 방수 케이스에 넣어 휴대하여 이동이 가능하며, 음성전력으로 동작하는 2선식 전화기로 보병 중대급 이하 부대 간 또는 경계 초소 간에 각 초소를 연결하여 다른 전화기 또는 자석식 교환기에 연결하여 사용하였다. 특성은 자석식 교환기, 수동식 발전기(전원: AC-65V)를 사용하는 것이다.

본체 좌측부분의 스위치를 누르면서 통화를 하며 사용. 자체의 발전기(본체 우측의 큰 버튼)을 돌리면 수화기와 송화기 사이의 부분이 회전하면서 통화에 필요한 전류가 생성된다.

(나) TA-312/PT 자석식 야전전화기

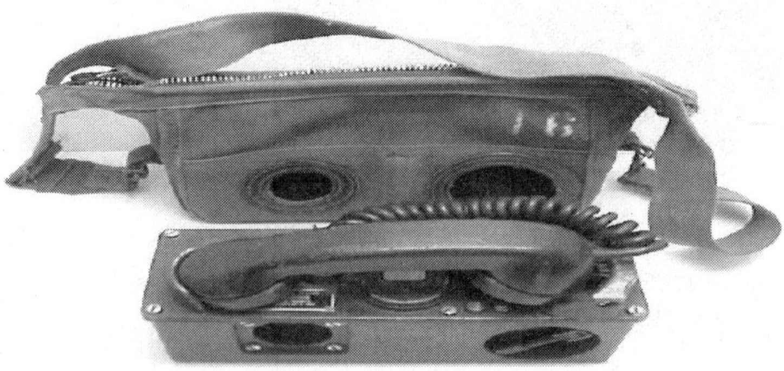

□ **용도**

- 전화기셋 K-TA-312/PT는 자석식 또는 공전식이나 반공전식으로 사용할 수 있다.

- 어떤 악조건의 기후에서도 사용할 수 있다.
- 탁상용이나 벽걸이용 전화기로도 사용할 수 있다.
- 핸드셋 대신에 사용할 수 있는 헤드셋을 연결하는 리셉터클이 부착되어 있다.
- 무전기와 같은 장비의 운용을 원방 조절할 수 있다.

□ 특성

- 착신번호: 부저음량(음량가변)
- 발신번호: 20Hz, 90~100Vrms, 1.75W이상
- 소요전원: BA-30(1.5V DC)건전지2개 또는 3V DC외부 건전지전원
- 주파수범위: 300~3,400Hz
- 동작범위: 야전선(WD-1/TT): 22마일
- 석도금케이블(19gage):30마일
- 나동선(W-Z #14AWG동선):230마일
- 중량: 4.75kg (휴대용 케이스, 안내책자 포함)

TA-312/PT 자석식 야전 전화기 (일명 딸딸이)로 미국에서 보급되어진 TA-312/PT 와 국산화한 KTA-312/PT 형이 뒤섞여 있다. 이 전화기는 1957년부터 1968년 사이에 미군의 군용전화기로 사용하던 것을 1971년 주한미군 철수 당시 인수하여 육군이 사단급 제대 이하에 보급하여 사용하기 시작하였다.

1974년 국방과학연구소 및 국제통신(주)에서 KTA-312를 국산 개발하여 군 전술용 전화기로 운용되고 있다.

2선식 방식의 건전지로 운용되고 지점과 지점 간, 그리고 다른 종류의 전화기 또는 교환기에 가입하여 사용했으며, 자석식으로 운용시에는 원방조정이 가능한 전화기로 노후화된 EE-8전화기와 교체하여 육군의 야전전술용 표준장비로 운용하였다.

운용방식은 자석식(磁石式) 및 공전식(共電式)으로 신호형태는 가청식(可聽式)이며, 전원(電源)은 AV90-100V이다. 주파수(周波數) 범위(範圍)는 300-3,200Hz, 통달거리 22~35km, 무게 4,3kg이다.

(다) TA-512K 전자식 전화기

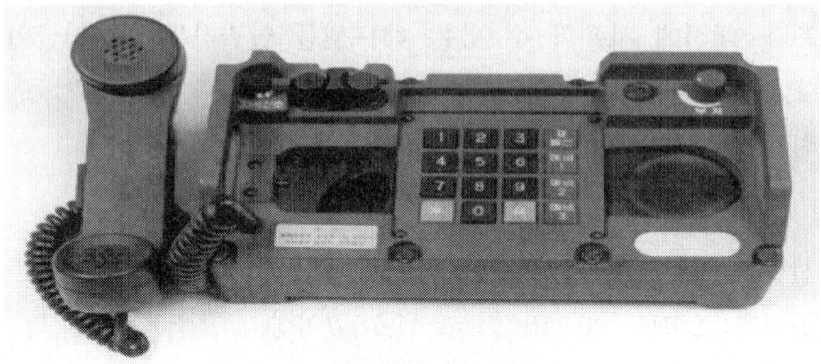

□ 특성

- 운용방식/전원 : 전자식/BA-30(3개)
- 송신출력/수신감도 : 5 dB SPL 이상 / 105 dB SPL이상
- 통달거리/무게 : 8 ~30Km / 2.8Kg

1993년 전자식 전화기인 TA-512K를 국내 기술진에 의해 개발, 현 야전에서 전술용전화기로 운용중이며, 이 장비는 휴대용, 야전 전술용 전화기로 공전식, 자석식 및 전자식으로 운용이 가능하며 군에서 운용중인 군용/상용 모든 교환기에 가입 운용 할 수 있다.

(라) TA-512KA 전술용 전자식 전화기

□ **용도**

- 주둔지 및 야전 전술용 전자식 전화기로서 소형, 경량화로 휴대가 용이하며 공전식 교환기 또는 전자식 교환기와 연동하여 통화 가능함.

□ **특성**

- 저 소모전력으로 야전 전술적 환경에 적합
- 전자식 마이크로폰 사용으로 전송 특성 우수
- 공전톤, 국부톤 및 자석식의 3가지 운용방식으로 사용가능

구형 TA-312 전화기는 그야말로 야전용 자석식 전화기로 손잡이로 발전기를 돌려서 신호를 보내는 방식으로 Direct방식의 수동식 전화기로 제약이 많을 수 밖에 없다. 1:1로 물리거나 교환기와 교환수에 절대적으로 의존할 수 밖에 없는 것이다.

점차 한국군의 통신 시스템이 첨단화 되면서 이러한 결점을 해결하기 위해서 DTMF 공전식 / DTMF 국부식 / PTP 신호방식 3가지 방식을 복합 사용할 수 있으며 전술용 전자식 교환기와 접속 운용할 수 있는 소형 / 경량화된 TA-512 계열 전화기가 개발되어 TA-312를 몰아내면서 명실상부한 한국군의 주력 전화기가 되었다.

(2) 무선 통신 장비의 발전

(가) FM 무전기

1) PRC-85K 분 · 소대급 휴대용 FM무전기 (구형)

P-85K 무전기는 보병부대 분대 및 소대와 특전 팀에서 주로 사용된 무전기로 반경 백미터 정도만 교신이 가능하다. 현재 PRC-96K 무전기로 교체중이며, 예비군 장비로 편성되어 사용하고 있다.

2) PRC-77 중대급 FM무전기 (구형)

제 2차 세계대전에 주로 사용하였던 PRC-25 무전기의 후계 기종인 PRC-77(P-77) 무전기는 외형상으로는 모든 면에서 PRC-25와 유사하게 생겼다. 품명 표시판을 빼면 두 무전기 사이의 차이점에 대해서 말한다는 것은 완전히 불가능하다. 분해되었을 때도 오직 숙련된 사람만이 차이점을 말할 수 있고 대부분의 내장 부품들은 모듈로 구성이 되어 있어, 고장 발생 시 모듈별로 교환 가능하다. 그러나, PRC-77 무전기에 여러 개량된 부분들이 포함되어 있었다.

무전기의 수신기가 더 좋은 분리 감도를 가진 것으로 업그레이드되었고, 발신기는 발신 시 해당 전파이외의 불필요한 전파의 발산이 줄어들었으며, 물론 출력용 진공관도 제거되었다. 마지막으로, 새로운 X모드(비화 통신) 장비에 대한 융통성을 가지도록 무전기의 가청 대역폭이 넓어졌다는 것을 들 수 있다.

이 점은 마침내 다양한 데이터 모드들을 이용할 수 있게 되었다는 이차적인 잇점을 허용해 주었다. 이 모드들에는 MCW 모드, TTY(텔리타이프) 모드, 현대식 패킷 무전기 모드가 있었다. 1973년이 되자, PRC-77 무전기는 전 세계에서 생산되게 되었다.

PRC-77 무전기는 미국내에서도 최소한 4개사에서 제작되었으며 최소한 10개국에 (어떤 나라에는 조립식 키트 형태로) 분배되었다. 이 무전기를 제작한 회사들에는 RCA, 메그너복스(Magnavox), 이-시스템즈(E Systems), 신시네티 전자(Cincinnati Electronics), 테더런(Tadiran) 같은 회사들이 포함 되어있다.

이 무전기들을 도입 하였던 나라는 미국, 독일, 스페인, 노르웨이, 한국, 이란, 요르단, 레바논, 이스라엘, 오스트레일리아 및 다른 나라들이 포함되어있다. 이 무전기 세트의 평균 단가는 1,200 달러였다. PRC-999K가 보급되면서 사라지게 되었다.

나. AM(HF) 무전기

(1) KAN/URC-87 휴대용 AM무전기 (구형)

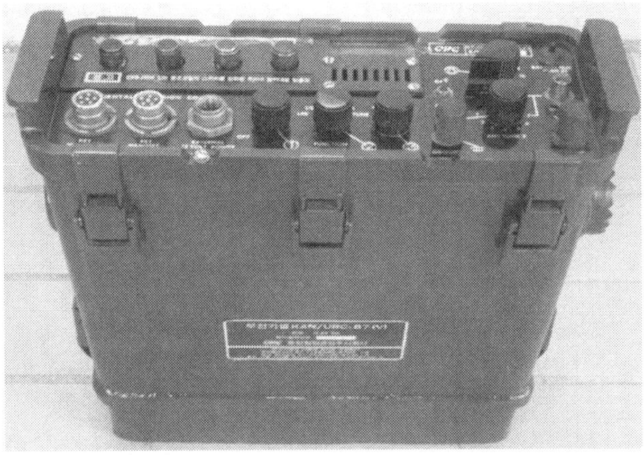

U-87 휴대용 AM무전기는 적은 전력으로 전리층을 이용하여 420km 이상의 장거리 통신이 가능하였으며, 특수전 임무에 주로 사용하였다. 현재 AN/PRC-950K 차기 AM무전기로 교체 되었다.

(2) PRC-950K 휴대용 AM무전기 (신형)

Frequency Range	2-29.9999MHz
Channels	280,000 in 100Hz steps
Modes	Voice(USB/LSB), Data(USB/LSB), CW
Self-Test	Fully Built-in
ECCM	Frequency Hopping (HOP1, HOP2)
ALE, LQA	MIL-STD-188-141A
Frequency Stability	1ppm
Temperature Range	-35°C to +50°C, operating
Antennas	9ft Whip, 14ft Wire, Dipole
Antenna Tuning	Automatic(9ft Whip/14ft); within 200msec
Supply Voltage	20-30 VDC
Size (W x L x H)	240mm x 252mm x 90mm (without Battery)

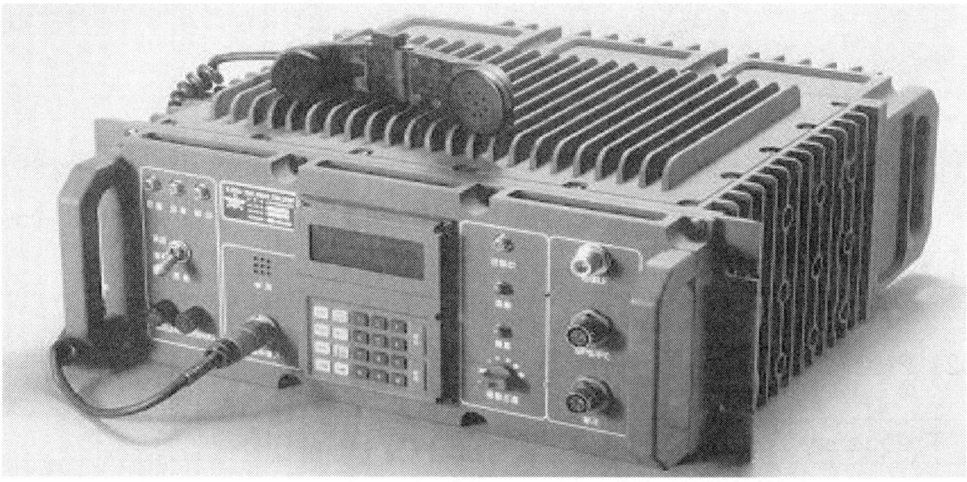

주파수 도약형 휴대용 무전기로서 구형 HF 무전기(KAN / URC-87)의 대체기종으로 개발되었습니다. 사람에 의해서 장비를 휴대하여 이동간에 운용할 수 있으며, 5Watts 또는 20Watts의 출력으로 쌍방 무선통신을 위한 진폭(AM) 변조방식의 차기 무선통신 장비이다.

PRC-950K는 주파수 고정 운용, 주파수 도약 운용, 주파수 예치기능, 주파수 품질측정 기능(LQA), 측정된 주파수 품질을 기준하여 양호한 주파수로 자동으로 통화로를 연결하는 연결(ALE), MEROD 및 각종 DTE 연동이 가능한 디지털 데이터 통신기능, 자체 점검기능(BITE), 정보의 유출을 방지하기 위한 제거기능 등을 보유하고 있다.

제 2 절 통신운용

1. 무선전신 운용

가. 절차부호

절차부호	의미(뜻)	절차부호	의미(뜻)
AA		GR	
AA		GRNC	
AB		HMHMHM	
AR		ZUG HMHMHM	
AS		II	
ASAR		INT	
B		IMI	
BT		K	
C		NR	
EEEEEEEE		X	
DE		Z	
EEEEEEEEAR		O	
F		P	
G		R	

나. 운용부호

(1) Q부호

절차부호	의미(뜻)	절차부호	의미(뜻)
QRA	귀국명은	QSV	조정부호
QRI	송신 신호 음조	QSY	주파수 변경
QRK	명료도	QTA	전문 취소
QRL	교신 중	QTC	전보통수
QRN	공전 여부	QTR	현재시각
QRO	출력 증가	QTH	귀국의 위치
QRP	출력 감소	QTD	귀국의 운용방식
QRQ	빠르게 송신	QTF	귀국의 사용채널
QRS	느리게 송신	QTG	본국이 재 측정
QRT	송신 중지	QTJ	도약1로 전환
QRU	전문 없음	QTK	도약2로 전환
QRV	수신 준비	QTL	연결로 전환
QRX	다음 교신시간	QTP	귀국의 출력
QSA	신호의 강도	QTQ	귀국의 조정주파수
QSO	타국과 중계가능여부	QTU	데이터로 교신

(2) Z부호

절차부호	의미(뜻)	절차부호	의미(뜻)

다. 호출 및 응답요령

(1) 호출요령

호출방식	요령
단일호출	
집단호출	
복합호출	

(2) 응답요령

호출방식	요령
정상응답	
약식응답	

(3) 무선교신 절차

작전팀	수신소
작전팀 :	
수신소 :	
작전팀 :	
수신소 :	
작전팀 :	
수신소 :	
작전팀 :	
수신소 :	
작전팀 :	
수신소 :	
작전팀 :	
수신소 :	

2. 무선전화 운용

가. 숫자 발성법

숫자	발성법	숫자	발성법
1	하나	6	여섯
2	둘	7	칠
3	삼	8	팔
4	넷	9	아홉
5	오	0	공

나. 영문 발성법

영문	발음	발성법	영문	발음	발성법
A	Alfa	알파	N	November	노맴버
B	Bravo	브라보	O	Oscar	오스카
C	Charlie	찰리	P	Papa	파파
D	Delta	델타	Q	Quebec	퀘백
E	Echo	에코	R	Romeo	로미오
F	Foxtrot	폭스트롯	S	Sierra	씨에라
G	Golf	골프	T	Tango	탱고
H	Hotel	호텔	U	Uniform	유니폼
I	India	인디아	V	Victor	빅터
J	Juliett	줄리엣	W	Whiskey	위스키
K	Kilo	키로	X	X-ray	엑스레이
L	Lima	리마	Y	Yankee	양키
M	Mike	마이크	Z	Zulu	줄류

다. 기호 발성법

기호	국문표기	영문표기	기호	국문표기	영문표기
(	괄호열고	PAREN	]	음호닫고	UNSHACKLE
)	괄호닫고	UNPAREN	,	구절점	COMMA
/	사선	SLANT SIGN	.	종점	PERIOD
–	장선	DASH	:	중점	COLON
×	가위표	X-RAY	“”	인용표	QUOTE/UNQU OTE
[	음호열고	SHACKLE			

라. 절차 용어

절차용어	의미(뜻)
이 상	
끝 (교 신)	
수신완료(잘 알았음)	
잠 시 대 기	
재 송	
전 보 있 음	
송 신 바 람	
복 창 바 람	
복 창 함	
정 확 함	
두 번 째	
정 정 (바람)	
틀 렸 음	
다음은 전보	
취 소	
귀소 어디인가	
풀 어 서	

마. 호출 요령

(1) 단일호출

▶ 사 용 시 기	✔ 최초 상대 통신소 호출할 때
▶ 호 출 요 령	✔ 피 호출국 호출부호(2회) ✔ 절차용어 (1회) ✔ 호출국 호출부호 (2회)
▶ 호 출 국	✔ 독수리 ⇒ 여기는 ⇒ 흑표범 이상

(2) 약식호출

▶ 사 용 시 기	✔ 교신 아무런 혼란의 우려가 없을 때 사용 또는 상대방 호출보호를 생략하여 호출할 때
▶ 호 출 요 령	✔ 절차용어 (1회) ✔ 호출국 호출부호 (1회)
▶ 호 출 국	✔ 여기는 ⇒ 흑표범 이상

(3) 복합호출

▶ 사 용 시 기	✔ 둘 이상의 상대 통신소를 동시에 호출할 때
▶ 호 출 요 령	✔ 피 호출국 호출부호(2회) ✔ 절차용어 (1회) ✔ 호출국 호출부호 (2회)
▶ 호 출 국	✔ 독수리,비둘기 ⇒ 여기는 ⇒ 흑표범 이상

(4) 부정호출

▶ 사 용 시 기	✔ 호출을 인지 했으나 상대 통신소가 불명확 할 때
▶ 호 출 요 령	✔ 절차용어 (1회) ✔ 호출국 호출부호 (2회) ✔ 절차용어 (1회)
▶ 호 출 국	✔ 여기는 ⇒ 흑표범 ⇒ 귀소어디인가 이상

(5) 집단호출

▶ 사 용 시 기	✔ 가입된 전 통신망에 동일내용의 통신물을 동시에 송신하기 위하여 호출할 때 집단호출 시 다음 사항에 유의해야 한다. ☑ 통제국의 집단 호출부호로서 호출 ☑ 예하국의 부대 건제순으로 응답 ☑ 예하국끼리의 통화는 통제국의 허가를 득한 후 통화
▶ 호 출 요 령	✔ 집단 호출부호(2회) ✔ 절차용어 (1회) ✔ 호출국 호출부호 (2회)
▶ 호 출 국	✔ 종달새 ⇒ 여기는 ⇒ 흑표범 이상

제 3 절 통신운용 체계

1. 특전부대 통신 운용

가. 특전부대 통신 운용 개념

구분	내용
아군지역 내 통신	특전부대의 지휘·통제하는 특수전 사령부 및 특전지휘소에서 예하 부대 및 작전통제부대 등 특전부대와 관련 부대간의 통신을 말한다.
적지종심작전지역내 통신	아군지역에 위치한 상급부대와 적지종심지역에 전개된 예하 특전부대간에 운용되는 통신으로 원거리 무선 통신에 의존한다. ㄱ. 적지 종심 작전이란? 적 부대가 근접작전에 투입되기 전에 와해 지연 및 파괴함으로써 근접작전에 유리한 여건을 조성하는 전반적인 활동 ※ 연합사에서 잔장지역 편성 ㄴ. 특전사 적지종심 지역이란? 지구사 전방 전투지경선 이후 지역으로 공구사 작전지역에서 활동을 하며 공측과 상호 긴밀한 작전을 수행한다.

나. 통신의 수단

전기적 통신인 통신으로 무선통신, 유선통신, 자동화 통신 등으로 구분하며, 비전기적 통신으로는 전령통신, 깃발이나 수신등을 사용하는 시호통신이 있음.

다. 통신의 방식

☞ 음성(VOICE)
☞ 전신(CW)
☞ 데이터(DATA)
☞ 모사(FAX)

라. 통신의 준칙

☞ 연속성 ☞ 보안성 ☞ 다재 다능성 ☞ 단순성

2. 특전부대 통신망

가. 공구사 첩보보고망

▶긴급타격이 요구되는 TBM관련 내용들의 첩보를 수집하여 공군 구성군사 CJ-SOLE내에 위치한 SOGLE반으로 보고 할때 사용	
▶사용시기	
▶운용제대	✔ 전 작전팀 ⇒ 공구사

나. 연특사 첩보보고망

▶연특사령부 통제하에 주요 핵심 및 고가치 표적에 대한 정찰감시 및 타격작전 등의 임무를 수행하는 전 작전팀이 연특사로 보고할 때 사용	
▶사용시기	
▶운용제대	✔ 전 작전팀 ⇒ 연특사

다. 수신망

<table>
<tr><td colspan="2">▶ 작전지역에 전개된 전 작전팀이 운용하고 각종 결과보고 및 다른 무선망의 우회통신망으로도 사용하는 망</td></tr>
<tr><td>▶ 사용시기</td><td></td></tr>
<tr><td>▶ 운용제대</td><td>✔ 전 작전팀 ⇒ SFOB</td></tr>
</table>

라. 정찰감시망

<table>
<tr><td colspan="2">▶ 계획된 정찰감시 지역에서 이동중인 주요부대 및 집결사항, 주요시설 및 특수표적 등에 대한 첩보를 획득하여 특전지휘소로 보고할 때 사용</td></tr>
<tr><td>▶ 사용시기</td><td></td></tr>
<tr><td>▶ 운용제대</td><td>✔ 작전팀 ⇒ SFOB</td></tr>
</table>

마. 지시망

<table>
<tr><td colspan="2">▶ 전 작전팀에게 각종 작전지시를 지정된 시간범위내에 일방적으로 송신하는 망</td></tr>
<tr><td>▶ 사용시기</td><td></td></tr>
<tr><td>▶ 운용제대</td><td>✔ SFOB ⇒ 전 작전팀
☆ SFOB 수신소에서 1일 3회 일방송신</td></tr>
</table>

바. 맹목방송

▶작전팀의 교신 두절팀 발생시 전 작전팀에게 공통으로 지시 할 때 특전 지휘소의 보조통신수단으로 사용되는 방송	
▶사용시기	
▶운용제대	✔ 연특사 ⇒ 방송국

4. 장비조작 및 운용

1) PRC-950K 2) PRC-950K 휴대용 AM무전기 (현용)

가. 장비특성

일반적 특성	전기적 특성
⑰ 휴대용 무전기로 근거리 및 장거리 통신 가능 ⑰ 차량용 장비와 연동 운용 가능 ⑰ 극한온도, 습도, 산악, 진동에서 운용 가능 ⑰ 비상시 태양충전기와 수동발전기로 충전가능 ⑰ 운용방식 : 고정, 자동, 제거 ⑰ 도약운용 시 대전자전 기능 보유 ⑰ 데이터 장비 연동 운용 가능	ϟ 주파수 범위 : 2.0~29.9999㎒ ϟ 변조방식 : AM (진폭변조) ϟ 신호방식 : 음성, 전신, 데이터 ϟ 예치채널수 : 고정방식 6개, 자동방식 6개 ϟ 송신출력 : 저출력 5W, 중출력 20W, 고출력 100W (차량용) ϟ 통달거리 : 420Km 이상 ϟ 사용전원 : DC 24V

Frequency Range	2-29.9999MHz
Channels	280,000 in 100Hz steps
Modes	Voice(USB/LSB), Data(USB/LSB), CW
Self-Test	Fully Built-in
ECCM	Frequency Hopping (HOP1, HOP2)

ALE, LQA	MIL-STD-188-141A
Frequency Stability	1ppm
Temperature Range	−35°C to +50°C, operating
Antennas	9ft Whip, 14ft Wire, Dipole
Antenna Tuning	Automatic(9ft Whip/14ft); within 200msec
Supply Voltage	20−30 VDC
Size (W x L x H)	240mm x 252mm x 90mm (without Battery)

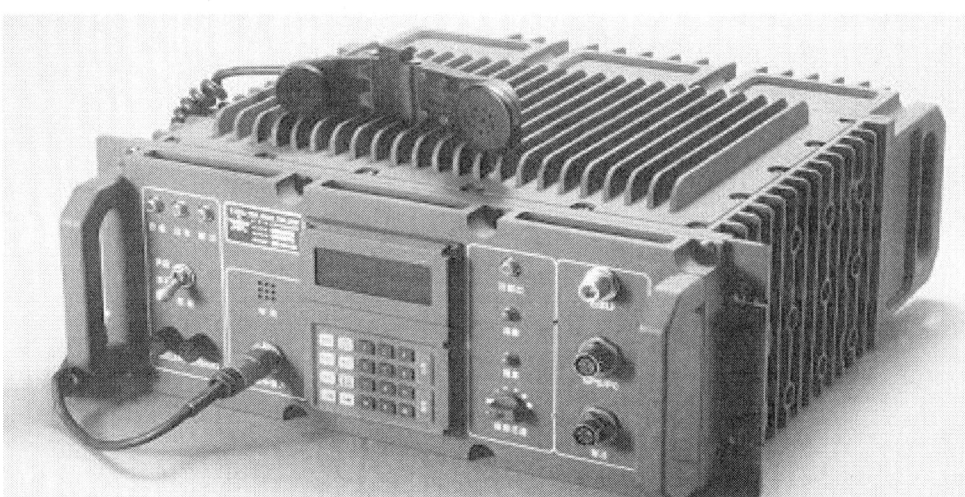

주파수 도약형 휴대용 무전기로서 구형 HF 무전기(KAN / URC-87)의 대체기종으로 개발되었습니다. 사람에 의해서 장비를 휴대하여 이동간에 운용할 수 있으며, 5Watts 또는 20Watts의 출력으로 쌍방 무선통신을 위한 진폭(AM) 변조방식의 차기 무선통신 장비이다.

PRC-950K는 주파수 고정 운용, 주파수 도약 운용, 주파수 예치기능, 주파수 품질측정 기능(LQA), 측정된 주파수 품질을 기준하여 양호한 주파수로 자동으로 통화로를 연결하는 연결(ALE), MEROD 및 각종 DTE 연동이 가능한 디지털 데이터 통신기능, 자체 점검기능(BITE), 정보의 유출을 방지하기 위한 제거기능 등을 보유하고 있다.

나. 고속전문처리기 PSC-107K

(1) 장비특성

일반적 특성	전기적 특성
ⓗ 신속·정확한 통신, 전문저장 가능 ⓗ 한글 모아쓰기 기능 ⓗ 암호/음어 편집 가능 ⓗ 수신시 또는 편집된 전문 자동기억 기능 ⓗ 편집된 전문의 송·수신 가능 ⓗ 표시창 조명 기능 보유 ⓗ 자체 점검 기능 보유	ϟ 전원 : DC 3.7V ~ 6.5V (LR-6 : 4개) ϟ 사용시간 : 16시간 ϟ 동작온도 : -30~55℃ ϟ 총 45개 Key (한글, 영어, 숫자, 특수기능키) ϟ 한글 16자 (8×2), 영문/숫자 32자 (16×2) ϟ 전문형태 : 평문, 암호, 음어 ϟ 저 전압 표시등 : 전압 3.7V이하

PSC-107K는 액정표시기를 통한 한글 및 영문전문을 각종 유·무선 장비와 연동하여 송·수신 하는 데이터단말기이며 아날로그, 디지털 모드가 지원됩니다. 전원인가시 자체 시험기능을 갖고 있어 사용자의 운용성을 높인 장비로서 야전에서

작전 수행 중 기도비닉 및 신속, 정확한 통신이 필요할 경우 1,200bps까지의 속도로 데이터 통신을 할 수 있습니다. 또한 표시창에 조명기능을 보유하여 야간 및 -30℃에서도 운영이 가능하며 무게가 가벼워 이동성이 뛰어납니다.

다. PRC-999K 중대급 FM무전기 (현용)

(1) 장비특성

일반적 특성	전기적 특성
ⓗ 단거리 휴대용 무전기 ⓗ 차량용 장비와 연동 운용 가능 ⓗ 극한온도, 습도, 산악, 진동에서 운용 가능 ⓗ 운용방식 : 고정, 도약, 호출 ⓗ 데이터 장비 연동 운용 가능 - 속도 : 75, 150, 300, 600, 1200bps ⓗ 도약운용 시 대전자전 기능 보유	ϟ 주파수 범위 : 30.000~87.975㎒ ϟ 변조방식 : FM (주파수변조) ϟ 신호방식 : 음성, 데이터 ϟ 예치채널수 : 고정/도약방식 각각 1개, 호출방식 1개 ϟ 송신출력 : 저출력 0.3W, 중출력 5W, 고출력 50W ϟ 통달거리 : 저출력 4Km, 중출력 8Km, 고출력 30Km ϟ 사용전원 : DC 12V

PRC-999K는 중대급 FM무전기로 넥슨(구 LG정밀) 국내 연구개발로 개발된 선진국형의 최신 기술을 적용 개발된 전술제대 지휘용 무전기이다.

전술제대에 효율적인 통신지원을 제공하기 위해 기존의 FM 무전기(PRC-77) 보다 광대역의 주파수와 다채널을 보유하였으며, 상호간섭 및 혼신을 최소하하였고 적의 전자전 위협으로부터 생존성을 보장 받기 위해 주파수 도약(HOP) 기능을 이용하여 대 전자전 능력을 보강시켰으며, 특히 고품질의 다양한 정보를 송/수신할 수 있는 데이터 전송 능력도 구비하였다.

주요기능으로는 빠른 속도로 주파수를 변경해가며 운용하는 방식으로 적의 간섭이나 도청을 피할수 있으며 대역도약과 지정 도약 방식으로 나누어지며, 고정 및 도약운용시 입력된 3개의 탐색채널 및 호출주파수의 운용 상태를 확인할 수 있고, 2대의 무전기 세트에 차량 및 휴대용 중계케이블을 이용 중계 운용할 수 있다.

특히, 중계운용 방법이란 두무전기간 거리가 기본 통달거리보다 멀거나 산악, 협곡등과 같은 전파의 장애물이 있어 통신이 불가능한 지형적인 조건에서 보다 나은 통신을 하기 위한 운용방법이다.

또한, 아날로그 및 디지털 방식으로도 송·수신이 가능하고 원격조정기세트(C-939K)를 이용, 야전선으로도 3.25Km까지 이격하여 원격으로 조정하여 운용하는 방식으로 지휘소 은폐, 엄폐 등의 융통성 있는 통신운용에 효과적이다.

구 분	제 원
주파수 범위	30~87.975 MHZ
채널간격/채널 수	25KHZ/2,320개
통달거리/전송속도	8km/75~16,000bps
가 격	793만원

라. PRC-999KE/C 전술제대 지휘용 무전기

넥스원퓨처의 자체 기술로 개발된 전술제대 지휘용 무전기 (PRC-999KE/C)는 한국군에서 현재 운용중인 전술 제대 지휘용 무전기(PRC-999K)를 동급 수준의 가격으로 소형화, 경량화, 저전력화 시킨 것으로 야전에서의 기동성이 뛰어나며 GPS(위치확인시스템)가 내장돼 인도네시아 군에서도 넥스원퓨처의 기술을 인정하여 2006년 8월 수출하게 됐다.

그러나 이러한 월등한 성능 및 가격 경쟁력에도 불구하고, PRC-999KE/C는 국내 무기 획득 체계의 경직성으로 아직 한국군에서 사용되고 있지 않으나 빠른 기동성을 요하는 특전사 등 한국군에 실전 배치된다면 전투력 향상에 크게 도움이 될 것으로 보인다.

마. PRC-96K

(1) 장비특성

일반적 특성	전기적 특성
⑸ 경량으로 휴대 / 이동간 통신운용 용이 ⑸ 머리걸리 송·수화기 사용으로 기도비닉 유지 용이	ϟ 주파수 범위 : 155~161.9875㎒ ϟ 송신출력 / 통달거리 ☆ 저(0.5W : 1.6Km, 고(2W) : 3.2Km ϟ 입력전원 : 니카드 전지 (8.4V) 리튬 전지 (10.8V)

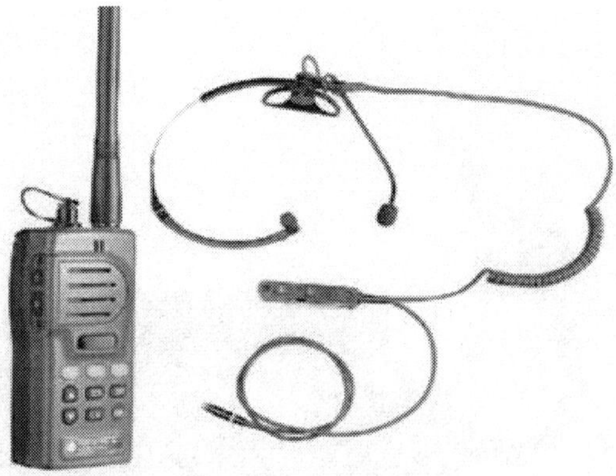

P-96K 무전기는 소부대용으로 개발된 VHF/FM 휴대용 무전기로 야전에서 작전운용간 효율성을 높이기 위해 기존 P-85K무전기에 비해 무게와 크기가 크게 줄어든 반면 주파수 범위와 채널수, 통달거리는 2~5배 대폭 향상됐다.

또한 무전 교신시 보안성 유지와 송·수신 상태를 확인할 수 있도록 비화 및 자체진단 기능이 추가돼 있으며, 이어폰 및 마이크가 부착된 헤드세트가 포함돼 전장 소음의 영향을 적게 받을 수 있을 뿐 아니라 사격과 기동간에도 원활한 통신상태를 유지할 수 있다.

특히 기도비닉이 요구되는 적지 종심작전 부대에서 지휘통제가 매우 용이하도록 개선됨으로써 소부대 작전수행능력 향상에 크게 기여할 것으로 기대되고 있다. 특성은 수신채널 자동탐색 기능(일반탐색/우선탐색), 채널예치 기능, 1차 전지(리듐전지) 및 2차 전지(니켈수소전지:충전식) 사용, 외부 송수화기 사용 가능(Ear MIC, 헤드셋 붐마이크) 하다.

바. PRC-821K

(1) 장비특성

일반적 특성	전기적 특성
ⓗ 1인이 휴대/운용할 수있으며 정지간에 설치하여 지상 지휘소와 보고 및 전파 작전망으로 사용하는 위성통신단말 ⓗ 1·2차전지에 의해 동작되는 소형 전술용 위성통신 단말 ⓗ 주파수 도약방식(FH-CDMA)운용 ⓗ DAMA망 전용 - Demand Assignment Multiple Access	ϟ 주파수 범위 - 송신 : 7.9 ~ 8.4GHz - 수신 : 7.25 ~ 7.75GHz ϟ 전이중 방식(Full Duplex)으로 음성 및 데이터 통신이 가능 ϟ 다중접속 / 채널 할당 방식 CDMA / DAMA 주파수 도약방식 ϟ 전원인가시, 주기적, 사용자 요구시 자체 긴단기능 ϟ 온도 : -32 ~ +43℃

사. CSZ-5D

(1) 장비특성

일반적 특성	전기적 특성
ⓗ 휴대 및 자량용 무전기로 사용 ⓗ 평문 및 암호문 음성 및 데이터통신 가능 ⓗ AM, FM 및 FSK 통신을 제공한다. 가능 ⓗ 휴대용 원격제어 장치(PRCD)를 통해 무전기의 모든 통제 및 운용이 가능하다.	ϟ 주파수 범위 : 30~511.999MHz ϟ 변조방식 : 진폭/주파수변조 ϟ 예치채널 : 10개 ϟ 채널간격 : 5kHz ~ 25kHz ϟ 통달거리 : 무제한 ϟ 입력전원 : DC 21V ~ 32V (DC 24V 정격전압) ϟ 운용온도 : -40 ~ 65℃ ϟ 보관온도 : -45 ~ 71℃

아. TMMR 전술용 다대역 다기능 무전기

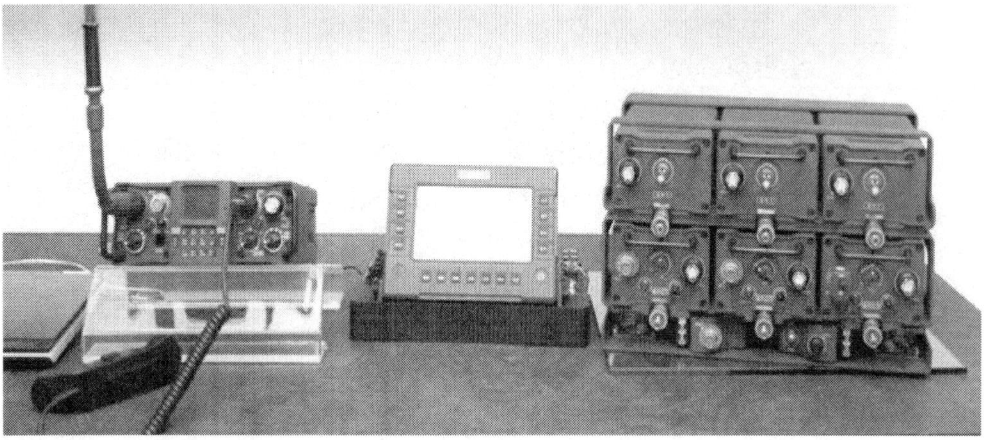

□ **주요기능 및 특징**

- 다대역, 다채널, 다기능 네트워크 중심 무전기
  - 2채널(휴대용),3채널(차량용) 동시 운용(송수신) 기능
  - 다중대역 지원 HF / VHF / UHF
  - 전술인터넷 기반 Ad-hoc Networking 구현, 자동 위치보고 기능, 무선 LAN 접속 기능
- 기존 무전기 상호 연동 가능 : FM 무전기 (PRC-999K), AM무전기 (PRC-950K)
- 하드웨어 변경없이 재구성 가능 무전기 : SCA기반 하드웨어/소프트웨어, 다중 웨이브폼
- 진화가 용이한 무전기 : 새로운 기능 및 서비스 추가 용이한 구조 설계
- 크로스 밴딩 기능 보유
- 핵심기술 : SDR 모뎀, 기술, Ad-hoc 네트워킹 기술, waveform 기술, 광대역 RF 기술

전술용 다대역 다기능 무전기(TMMR: Tactical Multiband Multirole Radio)는 2007년말 LIG넥스원과 국방과학연구소 주도 하에 개발에 착수, 기존의 음성만

송수신이 가능했던 단순한 무전 기능에서 음성과 고속 대용량 데이터 송수신은 물론 동시통화까지 되는 최첨단 기능으로 업그레이드하여 2008년말 개발 완료하였으며 군 운용성 확인시험도 통과한 바 있다.

TMMR은 세계적 수준의 미국의 통합전술무선시스템(JTRS: Joint Tactical Radio System)과 견주어도 손색이 없을 만큼 우수한 성능을 보유한 것으로 알려져 있다. 이 TMMR이 실제 양산이 되면 JTRS보다 가격 경쟁력이 뛰어나 해외 수출 가능성도 높을 것으로 내다보고 있다.

실제 LIG넥스원은 인도네시아 등에 무전기를 수출하면서 축적되어온 기술력과 마케팅 능력을 바탕으로 TMMR을 동남아시아 국가들과 수출협상 중에 있으며 여러 정부로부터 수출 예비 승인도 받은 상태다. TMMR 무전기는 기존 무전기가 1대 1로 음성만 송수신이 가능했다면, 음성은 물론, 데이터(SMS, 메일)까지 송수신이 가능하다. 뿐만 아니라 수신할 IP주소를 자동으로 찾아내는 중계 기능과 통화권 밖의 무전기와도 쉽게 통화가 가능하고, GPS기능을 탑재하여 무전기를 사용하고 있는 아군의 위치 파악도 쉬워진다.

또 H/W 교체 없이 S/W 업그레이드만으로 재구성이 가능한 차세대 통신 기술인 SDR(Software Defined Radio) 기술이 적용된 TMMR은 1대의 무전기에 6대의 무전기가 탑재된 기능(HF-AM, VHF-AM, VHF-FM, UHF-AM, 데이터전용 웨이폼 등 사용자가 다양한 주파수대역 및 변조방식을 소프트웨어로 구성하여 탑재)을 가지고 있어 기존에 운용되고 있는 무전기와도 상호통화가 가능하여 다양한 무선 통신 환경에서 유연하게 대처할 수 있다는 장점이 있다.

특히 휴대용 TMMR은 2채널, 차량용 TMMR은 3채널의 송수화기를 탑재하여, 한 대로 2~3명이 동시에 운용할 수 있는 큰 장점을 가지고 있다. Ad-Hoc 네트워크를 구성하는 노드들은 같은 네트워크를 구성하는 자신의 전파 도달거리 밖에 있는 다른 노드와 통신할 수 있으며, 이때 중간 노드(intermediate node)들은 소스와 목적지 노드 간의 데이터 통신을 위한 패킷을 전달(forwarding), 중계(relay)할 수 있는 기능을 제공한다.

Ad-Hoc 네트워크의 가장 큰 특징은 “ad-hoc” 자체가 의미하듯이 별도의 기반시설(infrastructure)없이 모바일 디바이스만으로 구성가능하며(self-organizing),

네트워크의 어떠한 변화에도 적응적(adaptive)이라는 것이다.(쉽게 말하면, 기지국이나 중계기없이 무전기 자체에 중계기능이 탑재되어 있다는 의미)

즉 네트워크를 구성하는 노드들만으로 별도의 시스템 관리(system administration) 없이 네트워크 상의 다른 노드들을 발견하고 네트워크를 형성할 수 있음을 의미한다. 또한 기존의 네트워크와 같이 별도의 베이스 스테이션(base station), 와이어 또는 케이블, 라우터나 브리지 등 네트워크를 구성하기 위한 기반시설 없이 네트워크 구성이 가능하다.

제 4 절 전자전 및 통신보안

1. 전자전

가. 전자전의 정의

아 군	전자전은 전자파 사용과 관련된 군사활동으로서 적의 전자파를 탐지하여 징후 및 위치를 식별하고 , 적의 C4I 및 전자무기체계의 기능을 마비 또는 무력화시켜며, 적의 전자전 활동으로부터 아군의 C4I 및 전자무기 체계를 보호하는 제반 군사활동
북한군	전자수단들에 의해서 진행되는 전파싸움이라 정의하고 있으며 아군의 무선전자조직을 사용 불가능하게 하고 북한군의 무선전자 조직을 아군으로부터 보호하는 군사행동

나. 전자전의 분류

(1) 아군

- 전자전 (EW)
  - 전자전지원 (ES)
    - 탐색
    - 감청
    - 방탐
    - 식별
  - 전자공격 (EA)
    - 전파방해
    - 전자기만
    - 대방사 미사일에 의한 공격
    - 직접에너지에 의한 공격
  - 전자보호 (EP)
    - 대전자공격
    - 대전자전지원

(2) 북한군

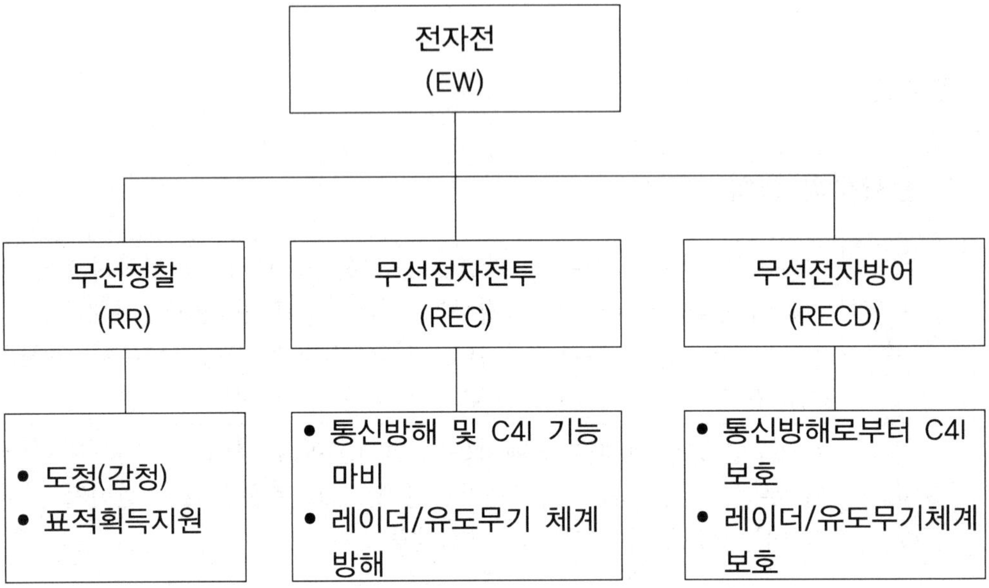

다. 북한군 전자전 부대편성 및 임무

구분	기능
정찰국	• 통신/전자정보 수집활동 및 각 군단 조정통제 • 기술무선정찰부 : 통신문 수신해도 • 기구정찰부 : 항공 및 기구 이용 정보수집
전자전국	• 전자전부대 지휘감독 및 작전보안 업무수행 • 통신 및 비통신 전파방해, 기만, 전자방해 방어대책 수행 • 정보수집 및 표적획득 지원 • 지상 및 항공감시에 대한 방해, 대 포병 레이더 탐지 • 화력계획 및 기만계획 통합 전자침투
전자대대	• 평양도시권 방어 및 전방군단 작전통제

라. 북한군 전자전 특징

● 전자전을 주요 전투 보장책으로 간주 - 제대 및 병종별 정찰수단에 무선정찰 기능을 통합 편성운용 - 기만대책 및 화력타격 계획과 통합운용
● 전자전기구의 중앙집권화 - 정찰국 기술무선 정찰소아 총참모국 예하 전자전국 인민무력부차원 편성
● 전자전 장비의 첨단화에 주력 - 외국 기술 및 장비도입, 자체연구 및 생산
● 독자적인 전자전 작전술 개발 - 전자기만(통신기만) 기법의 숙달 및 개발에 중점 - 파견 전대에 무선통신망 조직과 운용, 무선통신자재의 사용
● 교육훈련으로 무선전자전투 능력 향상 도모 - 모든 통신훈련시 무선전자전투 훈련 포함 실시 - 운용자의 무선전자방어 기술 향상 ※ 무선통신 교육훈련과 전파방해(장애조성)하 실제훈련

마. 북한군 신호정보 수집능력

구분	내용
대남 통신 정보 수집 운용	
수집 운용 실 태	

바. 전자전 능력 비교

북한국 무선방해 중대	한국군 정보중대
☞ 1개 전자전 대대 예하 5개 전파방해 중대 편성	☞ 1개 정보대대 예하 2개 전자전 소대 편성
☞ 1개 무선방해 중대 ※ ES장비 6대, EA장비 4대	☞ 장비종류/수량제한(능력열세) ※ ES장비 3대, EA장비 2대
☞ 독자적인 공세적 능력 보유	☞ 자체 공세적 능력 제한
☞ 지속적인 장비 현대화 추진중	☞ 한·미 연합 전자전 능력 우세

사. 북한군 감청 및 방탐 범위

구분	감청	방향탐지
AM	1~15㎒	1~ 21㎒
FM	20 ~ 600㎒	20 ~ 10㎒ 210 ~ 440㎒

아. 간섭 시 전파방해 식별

구분	내용
내부간섭	☞ 전자회로 등의 불량으로 인한 장비 자체 발생 간섭
외부간섭	☞ 북한군의 고의적인 전파방해나 기상조건 ☞ 고압선 등의 주변 환경에 의해 발생되는 간섭
식별요령	☞ 안테나 분리를 통한 내·외부 간섭 식별 ➡ 잡음이 계속되면 내부간섭, 사라지면 외부간섭 ☞ 주위에 잡음 발생원이 있는지 확인 ☞ 수신기 위치 변경후에도 신호의 강도 변화없으면 북한 군의 전파

자. 전파방해 예방책 및 대응책

구분	내용
예방책	☞ 최소한의 무선운용 ☞ 운용자 수시교대 ☞ 송수신기 및 케이블점검 ☞ 안테나 차폐 ☞ 송신소 위치 수시변경 ☞ 송신시간 단축 ☞ 보안장비 효과적 사용 ☞ 통신확인표의 적절한 사용
대응책	☞ 장비의 계속적인 동작 및 주파수변경 ☞ 음량 및 선택도 조정 ☞ 안테나 극성 변경 및 지향성 안테나 사용 ☞ 출력 증가 ☞ 통신방식 전환 ☞ 송신속도 유지 ☞ 통신소 위치 변경

2. 통신보안

가. 통신 보안의 정의 및 목적

(1) 정의

아군에서 사용되는 여러 가지 통신을 통해 주고받는 비밀이 가상적국에 누설 또는 피탈되는 것을 미연에 방지하거나 지연 또는 제거하는 방법과 수단등의 제반 보호방책을 일컫는다.

(2) 목적

각종 통신수단으로부터 정보 및 첩보를 획득하는 것과 아울러 획득된 자료를 분석하는데 최대한 지연시키거나 오판시키기 위한 방책으로 통신보안 자료 및 통신소를 보호하기 위하 제반대책이 포함되어 진다.

나. 통신보안 책임

지휘관의 책임은 상급부대에서 규정한 절차의 이행과 북한군의 방해에 대한 해당 부대의 통신시설을 적절히 보호하기 위한 통신보안 방책의 수립과 실행에 대한 책임이 있다.

개인의 책임은 각 개인이 통신보안 절차를 숙지하고 준수하여야 하며 취급하는 각종 비밀사항에 대하여 보호할 직접적인 책임이 있다.

다. 통신보안 방법

상대방의 통신정보 활동에 대처하여 상대적으로 취해지는 방어수단 이다.

즉, 통신으로부터 비밀을 탐지하려는 상대방의 통신정보수집에 대처하는 방책이라고 할 수 있으며 통신 보안의 방법에는 상대방의 통신정보 활동기관에서 행하는 제반수단에 대응하여 상대적으로 취해지는 방안대책이므로 그 방법이 일정한 범위에 국한되어 행하여질 수 없으며 따라서 통신의 4준칙 요소인 연속성, 보안성, 다재다능성, 단순성의 상호균형을 유지하면서 정보를 탐지 상대방으로 하여금 정보획득을 지연시키는 것이 통신보안의 하나이다.

라. 특수 암호자재 운용 및 취급

☞ 특수부대용 암호자재는 임무의 특성상 기존 암호취급소 설치가 불가하고 각 팀별 격실화된 보안대책이 요구되는 특수작전 임무수해 부대에서 사용하는 자재로서 자재의 분실 또는 피탈 방지에 각별히 유의하여야 한다.
☞ 편제상 무선장비를 보유·운용하는 특수작전 임무수행 부대에서 사용한다.
☞ 특수부대용 암호체계는 일반암호체계와 혼용하여 사용할 수 없으며 특수자재 취급 요원이라 할지라도 일반암호체계는 취급할 수 없다.
☞ 자재를 휴대하여 이송중인 자는 도보 또는 불완전한 교통수단을 이용하여 수행 할 수 없으며 타 임무를 겸하여 수행해서도 아니 된다.
☞ 특수자재는 현행 암호자재 관리기록부에 의거 관리등재 및 회계 유지한다.
☞ 특수용 암호로 발·수신된 암호전문과 작업지는 처리 즉시 관리책임관 입회하에서 완전 세절하여 파기하여야 한다.
☞ 야지 또는 특수임무 수행으로 북한군 지역에 잠입하거나 외부에 노출이 불가피한 경우에는 해 부대 지휘관 판단에 의하여 긴급파기 대책을 시행할 수 있다.
☞ 작전, 훈련시는 현용 자재만을 휴대하여야 한다.
☞ 자재는 어떠한 경우를 막론하고 복제, 복사할 수 없으며 군사목적 이외에 타 목적으로 사용 할 수 없다.

마. 보안자재 파기

☞ 보안자재의 파기는 일반파기와 긴급파기로 구분하며, 긴급파기의 경우를 제외하고는 사용후 반드시 배부부대에 반납하여야 한다.
☞ 일반파기는 사용 완료된 보안자재를 파기하는 것으로서 제작부대의 장이 파기함.
☞ 긴급사태 발생으로 보안자재를 안전하게 보호할 수 없을 때의 보안자재 긴급 파기는 "정"또는 "부" 취급책임관이 행한다. 다만, 배부 및 회수중일 경우에는 그 책임관이 행한다.
☆ 자세한 사항은 육군규정 201 "군사보안' 제 203조 참조

제 5 절 전술적 통신운용

1. 작전수행 단계별 통신운용

가. 작전수행 단계

준비		침투		실시		철수
	➡		➡		➡	

나. 준비단계

(1) 명령수령

☞ 통신 운용 개념
- 연특사 / 특전지휘소와 작전팀간 통신

☞ 작전지역내 통신 첩보사항
- 송·수신 영향요소
- 북한군 전파방해 및 탐지능력

☞ 공지 통신절차

☞ 통신전자 운용지시(CEOI)
- 공구사첩보보고망, 연특사 첩보보고망, 일반 정찰감시망, 수신망, 지시망, 맹목방송, 특전확인표

☞ 맹목방송 운용계획

☞ 통신보안

☞ 우발 계획

☞ 통신운용 준칙

(2) 계획수립

<table>
<tr><th>단계</th><th colspan="2">계획수립내용</th></tr>
<tr><td>위험분석</td><td colspan="2">☞ 작전지역 지형분석
✔ 통신소통 여부판단 (도상 연구)
✔ 교신장애 요소파악
– 북한군의 방탐소 유・무
– 고압선 통과여부
– 기타 장애물 판단
✔ 안테나 설치 방위각 산출
✔ 지역내 통신시설 위치파악
✔ 장비고장으로 교신 불가시 대책
☞ 맹목방송 청취
☞ 응급처치 및 우발상황 대처 계획</td></tr>
<tr><td rowspan="3">침투</td><td>공중침투</td><td>☞ 침투완료 보고요령
☞ 우발사태 발생시 보고요령
☞ 통신장비 포장계획 및 분할 휴대계</td></tr>
<tr><td>해상침투</td><td>☞ 해상 이동간 교신계획
☞ 침투완료 보고요령
☞ 우발사태 발생시 보고요령
☞ 통신장비의 방수 포장계획 및 요령과 분리 휴대계획</td></tr>
<tr><td>육상침투</td><td>☞ 침투이동간 교신계획
☞ 침투완료 보고요령
☞ 우발사태 발생시 보고요령</td></tr>
<tr><td>작전운용 및 복귀</td><td colspan="2">☞ 기계획 목표 습격시 통신운용
☞ 첩보보고 및 화력요청시 통신운용
☞ 항공기 화력 유도시 특수 장비운용
☞ 재보급 요청시 통신운용
☞ 연결 / 복귀시 통신운용</td></tr>
</table>

(3) 확인보고

☞ 부여된 임무	☞ 통신장비 및 보급품
☞ 통신운용계획	✔ 현황 및 휴대장비
✔ 교신 일정	☞ 통신보안 대책
✔ 교신 불가시 대책	☞ 통신 우발계획
✔ 비상 교신방법	☞ 자동 재보급 계획
✔ 작전지역내 내부통신망	☞ 긴급 재보급 계획

(4) 예행연습

☞ 통신장비의 성능 및 가동상태
☞ 예비부품의 확보여부 (예비 밧데리)
☞ 통신장비의 적절한 포장여부 (충격방지 / 방수대책)
☞ 통신전자 운용지시의 숙지상태
  ✔ 주파수 및 호출부호
  ✔ 비상 암호 체계
  ✔ 통신 확인표
☞ 암호 자재 휴대 여부
☞ 비상 통신 절차 (무형)
☞ 적 통신장비 운용 능력
☞ 자동 및 긴급 재보급 계획
☞ 맹목 방송 숙지상태 및 수신기 휴대여부
☞ 비상시 통신장비 및 암호자재 긴급파기계획
☞ 전문 보고요령 및 요청양식 숙지 상태
☞ 통신소 선정 및 방탐 대책
☞ 북한군 전파방해 대응책
☞ 우발사태시 응급처치 요령
☞ 특수장비 지급시 조작 요령

다. 침투단계

(1) 보고시기

<table>
<tr><th colspan="2">구분</th><th>보고시기</th></tr>
<tr><td rowspan="2">작전지역 부여시</td><td>육상침투</td><td>☞ 단거리 침투시
✔ 작전지역(은거지) 도착후 침투완료보고
☞ 장거리 침투시
✔ 안전지역(임 · 은)에서 상황보고
✔ 작전지역(은거지) 도착후 침투완료 보고</td></tr>
<tr><td>해상/공중 침투</td><td>☞ 강하 또는 상륙지역이 작전지역이외일 때
✔ 착륙/상륙 즉시 안전지역에서 상황보고
✔ 작전지역(은거지) 도착후 침투완료보고
☞ 강하 또는 상륙지역이 작전지역내 선정시
✔ 작전지역(은거지) 도착후 침투완료보고</td></tr>
<tr><td colspan="2">작전지역 미 부여시</td><td>☞ 임시은거지 점령 / 임무완료후 보고</td></tr>
</table>

(2) 통신소 위치선정

☞ 적 부대와 차단된 후사면
☞ 수신소 방향과 지형적으로 통신에 유리한 곳
☞ 비교적 장애물이 없는 곳
☞ 적으로부터 비교적 장거리로 이격된 곳
☞ 적의 지상 및 공중 관측으로부터 안테나 차폐가 용이한 곳
☞ 은폐 및 엄폐가 용이한 지역
☞ 은폐된 접근로 (통로)
☞ 통신소에 이르는 주 및 예비 통로의 확보
☞ 노출된 언덕이나 산 정상지역 등의 개활지 회피

라. 실시단계

(1) 침투완료 보고

☞ 침투부대가 침투목표 지역에 침투 완료후 침투간 부대상황 및 획득한 첩보 등을 보고하는 것 (48H 이내)
☞ 침투 지연시 상황보고 실시후 차후 완료보고 실시
☞ 침투는 특전지휘소에 침투 완료 보고시 종료
☞ 침투개시후 48시간 이내 침투완료 불가시 상황보고 실시
☞ 약정된 시간내 미보고시(48H 이내)
✔ SFOB에서는 장비파손/작전부대 손실로 판단하여 긴급재보급 및 추가 작전부대 침투를 계획
☞ 보고 양식

1. 일 시 분	
2. 위 치	
3. 내 용	

(2) 첩보보고

구분		보고시기
1순위 (긴급)		
	보고절차	☞ 작전 팀 ➡ 공구사
2순위 (PIR)		
	보고절차	☞ 작전 팀 ➡ 연특사
3순위 (기타)		
	보고절차	☞ 작전 팀 ➡ SFOB ➡ 연특사
작전운용 및 복귀		☞ 기타 긴급 및 정기보고에 포함되지 않는 상황발생시에는 예규에 명시된 절차에 의하여 보고 한다.

☞보고양식

구분							
내용							
예문	정상						
	긴급/단축						

☆ 긴급/단축보고 : 장비의 종류는 모르겠으나 미사일 장비일 때

(3) 타격작전 결과 보고

☞ 타격작전 결과보고는 타격작전지역으로부터 철수 후 안전지역에 도착하게 되면 타격작전 결과를 특전지휘소에 보고한다.

☞ 보고양식

1. 일 시 분	
2. 위 치	
3. 내 용	

☞ 전투피해평가(BDA)

✔ 아군의 군사력(화력, 특전부대) 운용으로 야기된 피해 결과를 적시적이고 정확하게 평가하여 첩보보고 계통으로 보고하는 것으로 아군 작전에 유리한 여건을 조성하고 장차 작전을 수행함에 있어 전투력의 신속한 재 할당과 지시를 보장한다.

☞ 보고양식

1. 일 시 분	
2. 위 치	
3. 내 용	

(4) 재보급 요청

구분	보고시기
자동재보급	☞ 침투전에 계획된 것으로서 재보급시간, 위치, 내용물, 강하지역 표지 및 확인표지가 사전에 결정된다. ☞ 작전부대가 성공적으로 침투하여 통신이 개소된 후 자동적으로 실시되는 것으로서 격리지역 활동간 계획을 수립하게 된다.
긴급재보급	☞ 작전부대가 침투 후 침투완료 보고/상황보고를 미실시 하거나, 임무수행중 48시간 이상 교신이 두절된 경우에 한하여 72시간 이후에 사전 약정된 지점에 기계획대로 투하하는 형태로써 통상 통신장비, 생존 및 의무 장비와 탄약류가 포함된다. ☞ 격리지역 활동간 계획 수립 실시
요청재보급	☞ 전부대의 작전 소요에 따라 실시되는 재보급이다.

마. 철수 단계

☞ 최소한의 무선운용
☞ 운용자 수시교대
☞ 송수신기 및 케이블점검
☞ 안테나 차폐
☞ 송신소 위치 수시변경
☞ 송신시간 단축
☞ 보안장비 효과적 사용
☞ 보고양식

양식	예문	양식	예문
1.부대번호		5. 연결부대	
2.연결(복귀)일시		6. 연결부대 CEOI	
3.주연결(복귀)위치		7. 접촉 신호	
4.지원장비 (항공 · 함정)		8. 아군 위치	

제 6 절 우발상황 극복 통신운용

1. 안테나 위치선정 및 설치

가. 안테나 위치선정

☞ 전기적인 잡음 발생지역으로부터 일정거리 이격
  ✔ 변전소, 고압선, 산악, 일반지역 등
☞ 전파의 흐름을 가로막는 장애물 지역 회피
  ✔ 건물 밀접지역, 산악, 암반지역 등
☞ 전파를 흡수하는 지역 / 기상요건 확인
  ✔ 무성한 숲, 나뭇잎에 맺힌 이슬 / 물방울, 눈 비오는 날씨

나. 안테나 설치요령

☞ 안테나 중간 부분이 밑으로 늘어지지 않게 최대한 수평으로 설치
☞ 인입선이 최대한 지상을 향해 수직으로 내려 오도록 설치
☞ 안테나는 여건을 고려하여 가능한 높을수록 양호하며 이론상 최적의 높이는 최소 안테나 길이의 1/2 이다
☞ 인입선이 꼬일 경우 고주파 손실이 증대하므로 최대한 직선을 유지하여야 한다.
☞ 급조 안테나 운용시 인입선의 표면 불량 등으로 인해 손실이 증대하므로 최대한 짧게 운용한다.

다. 거리별 최적 안테나

○ : 양호 △ : 보통 × : 불가

구분		100W		20W	
		휩	다이폴	휩	다이폴
5㎞	지상파	○	○	△	○
10㎞	지상파	○	○	△	○
15㎞	지상파	○	△	×	△
20㎞	지상파	○	△	×	△
30㎞	지상파	○	△	×	△
38㎞	지상파	△	△	×	△
65㎞	지상파/공간파	△	△	×	△
100㎞	지상파/공간파	△	○	×	○
220㎞	공간파	△	○	×	○

2. 교신장애 요소

가. 도약지대

☞ 도약지대란?
- ✔ 지상파의 최대 통달거리로부터 전리층에서 반사된파가 최초로 지상에 도달하는 지점간의 거리로서 전파가 미치지 못하는 지역
- ✔ 도약거리는 사용주파수, 전리층의 전자밀도분포, 전파의 입사각등에 의해 결정됨
- ✔ 도약거리 이내의 전파수신이 불가능한 지역을 Skip Zone(불감지대)이라 함
- ✔ 일반적으로 9㎒ 주파수에서 500~600km정도임

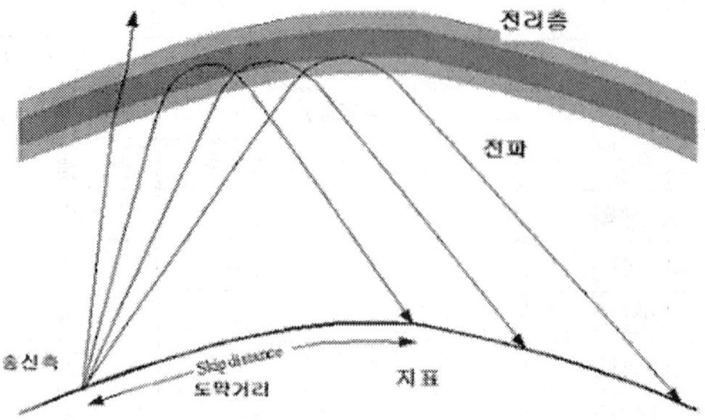

☞ 지상파 통달거리 제한 - 산악지형에서 약 30km이상 통화 제한
- 지표파 : 수목에 의한 감쇄, 파장이 짧을수록 감쇄 심함
- 직접파 : 가시거리 통신

☞ 공가파 통달거리 제한 - 전리층 입사각에 의한 약 100km이내 통화 제한
- 전리층 수직입사 불가
- 전리층 산란파에 의해서 도약지대 내에서도 전파 일부 수신 가능

※ (도약 거리(Skip Distance))
- 송신국과 전리층에 의한 반사파가 수신되는 수신점과의 거리
- 전파가 전리층에서의 1회의 반사로 도달되는 최대 통달거리

나. 기상에 따른 장애

요소	제원	영향
안개 / 황사	·	전자파의 전파에 영향 전파 감새 요인
온도	+50℃, 0℃이하	장비 운용 제한
강수	시간당 0.25cm 이상	전자파의 전파에 영향 전파 감새 요인
	시간당 1.3cm 이상	가시선통신 신호 감쇄 요인
이온층 교란	흑점수 변환	통신용 주파수 결정 요인
전자폭풍	태양 발생	전파 신호 간섭 / 통신두절
역전층	·	대기권 반사파 신호 감쇄

다. 지형적 장애

지형	영향	이격거리
선재한 나무 및 건물	회절 / 반사	185m 이상
철조망	회절 / 반사	275m 이상
높은 절벽 및 깊은 계곡	회절 / 반사	1.61km 이상
매몰된 금속 도체	산란	275m 이상
높은 물탱크	회절 / 반사	450m 이상
공중도체 및 철조망	산란 /회절	450m 이상
강 또는 호수	산란 /회절	550m 이상
고 압 선	산란 /회절	2km 이상

3. 유형별 제한사항

가. 전건 파손

◎ 철(쇠붙이) 조각을 2개 획득한다.

☞ 숟가락, 군번줄, 샤프, 송수화기, 철사, 바클 등 이용

◎ 급조 안테나용 케이블을 1m정도 양쪽을 절단한다.

◎ 케이블 피복을 벗긴 후 쇠붙이 양쪽에 한 선씩 결합한다.

◎ 결합한 반대편 케이블 피복을 2cm가량 벗긴다.

◎ 피복을 벗긴 케이블을 장비의 콘넥터 부분의 A단자와 C단자에 고정시킨후 교신을 실시한다.

☆ 급조전건은 전류의 흐름을 원활하게 소통될 수 있도록 하는 모든 도체를 이용하여 제작 할 수 있다.

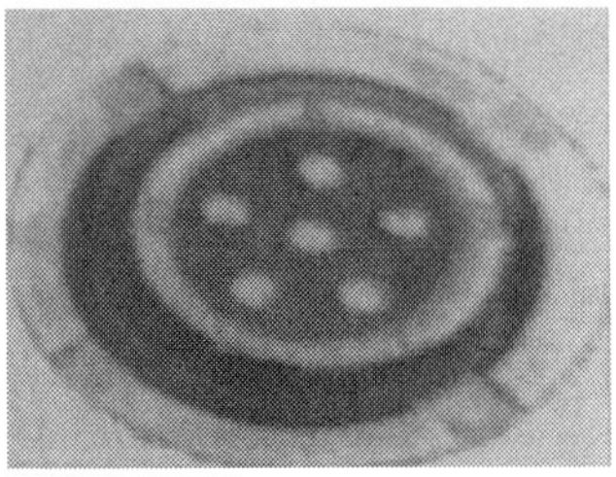

· A : GROUND(접지)
· B : 수신
· C : PTT(Push to Talk)
· D : 데이터(송신)
· E : 데이터(여부)
· F : 데이터(수신)

나. 안테나 파손

◎ 다이폴 안테나 사용 가능 획득 재료
☞ 야전선, 전화선(동선), 철조망, 전기선, 도전선 등
◎ 안테나 길이 산출
길이(λ) = 빛의속도(c) / 주파수(f) = (3×108 / F(㎐)) × 0.95
= 285÷2(반파장) / F(㎒)
☆ 0.95는 다이폴 안테나의 단축률(공기의 저항값)
☆ 위 공식에서 얻은 안테나의 길이는 전체의 길이를 의미함.
◎ 급조 안테나의 경우에는 전선 자체의 상처와 구부러짐 등으로 전파손실이 많고 정재파비(SWR)로 인해 장비에 무리가 많이 가해지므로 최대한 교신시간을 단축하고 적절한 출력으로 운용을 실시한다.
☆ 급전선을 분실하였을 경우 안테나 연결구에 한쪽은 접지부분에 다른 한쪽은 안테나 연결구 단자에 직접 연결해야 함.

다. 건전지 방전

◎ 방전원인
☞ 자가방전, 계절(기상)적 방전, 기타
◎ 대처 방법
☞ 태양 충전기, 수동 발전기, 급조제작
◎ 태양 충전기 충전 / 사용시간
☞ 1시간 충전시 약 3V정도 충전이 가능하며 약 20~30분가량 사용
☆ 충전량/사용시간은 기상과 충전시간대에 따라 변동이 심하다
◎ 수동발전기 충전 / 사용시간
☞ 1시간 충전시 약 3V정도 충전이 가능하며 약 20~30분가량 사용
☆ 충전시 분당 80회 이상일 경우 전압량이 더 이상 증가되지 않는다. 따라서 무리한 힘으로 과도하게 돌릴 경우 장비고장의 원인이 된다.
☆ 사용시간은 송·수신의 비율에 따라 심하게 차이가 난다.
☆ 충전시간이 증가할수록 충전 값은 적어진다.
☆ 최신 전투실험 결과 야전 참고자료임.

제6장

특전부대 의무

제6장 특전부대 의무

제 1 절 응급처치의 개요

1. 개요

상급제대로부터 정상적인 의무지원을 제공받을 수 없는 특수작전부대 작전제대 요원은 자체적으로 응급처치와 치료를 능력 범위 내에서 최대한 실시하여야 하며 상황에 따라 점차적으로 상급제대로부터 의무지원을 제공 받거나 후송할 수 있다. 그러나 침투이후 상당한 기간 동안은 작전지역의 특성 때문에 스스로 해결해야 하므로 모든 작전제대 의무요원은 가능한 완벽한 치료를 할 수 있도록 전문적인 지식과 처치능력을 가져야 한다.

먼저 일상생활에서도 적용이 가능한 응급처치 방법을 알아보자.

2. 응급처치

응급처치란 우발이나 돌발적인 각종 사로 인한 부상자나 병의 상태가 위급한 환자를 대상으로 전문적인 치료기관으로 옮기기 전에 현장에서 환자 발견 즉시 최초로 행해지는 즉각적이고 임시적인 현장처치를 말한다.

가. 목적 및 필요성

자신 및 전우의 생명을 구하고, 불구방지, 상태악화 방지, 치료기간 단축 및 비전투력 손실을 방지하여 전투력을 보존하는데 있다.

나. 증상별 응급 처치

(1) 기본개념

호흡이 정지되거나 심장이 멈추게 되면 4-6분 이내에 심폐소생술이 시행되지 않으면 환자는 생존의 가능성이 낮다. 구급차가 환자에게 도착하기까지 적어도 4-5분 이상 소요되므로 일반인들도 심폐소생술을 시행할 수 있어야 한다.환자의 연령이 9세 이상이거나 체중이 30kg 이상인 경우에는 아래의 심폐소생술의 단계에 따라 심폐소생술을 시행하지만, 8세 이하의 어린이의 경우에는 성인의 심폐소생술 시행 방법과는 차이가 있다.

- 일반적인 심폐소생술의 주요 단계별 처치

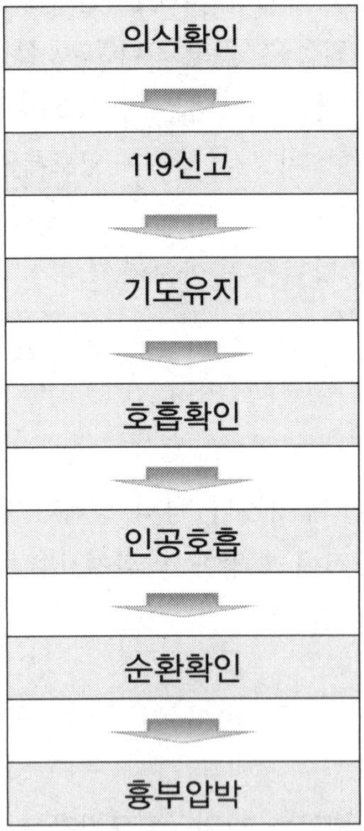

(2) 기도 유지

사람이 의식이 없을 때 가장 흔한 기도폐쇄의 원인은 혀가 뒤로 말려서 기도를 막는 경우이다. 막힌 기도를 열기 위해서는 기도를 유지시켜야 한다.

- 두부후굴 하악거상법

㉮ 환자의 머리쪽에 있는 처치자는 환자의 이마에 손바닥을 얹고 머리를 뒤로 젖혀준다.

㉯ 다른 손의 손가락을 환자의 아래턱뼈 밑에 대고 끌어올린다.

㉰ 턱 선과 바닥면이 수직이 되도록 한다.

㉱ 턱밑에 손가락을 댈 때 연한 조직을 누르면 기도가 막힐 수도 있으므로 주의한다.

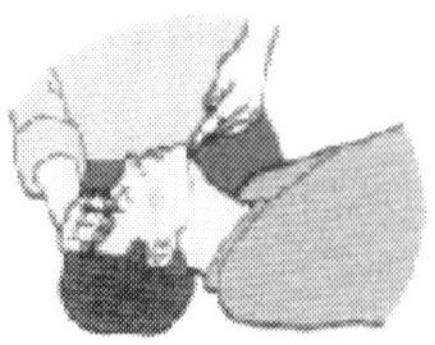

다. 기도폐쇄의 확인

일반적인 상황에서는 기도가 막히는 경우(기도폐쇄)가 발생하지 않지만, 다음의 경우에는 기도가 폐쇄될 수 있으므로 유의해야 한다.

(1) 기도가 폐쇄되는 경우

㉮ 소아나 고령자 : 이물질(사탕,고기,땅콩 등을 삼키다가 기도가 막히는 경우

㉯ 외상/사고 : 입안이 손상되어 부러진 치아나 출혈 등에 의해 기도가 막히는 경우

㉰ 의식이 없는 경우 :혀가 뒤로 말리는 바라에, 또는 구토물에 의해 막히는 경우

(2) 기도가 폐쇄될 때 나타나는 증상

(가) 완전 기도폐쇄 증상

기도가 완전히 막히면 말을 하지 못하면서 양쪽 손으로 목을 쥐는 '촉킹-싸인(chocking-sign)'이 나타나면서 얼굴과 입술이 파랗게 변하는 청색증이 관찰된다.

*촉킹-싸인 : 기도폐쇄 환자에서 일반적으로 나타나는 현상 양손으로 목을 쥐는 경우도 있고 한손으로 목을 감싸 쥐는 경우도 있다.

(나) 부분 기도폐쇄 증상

환자는 기침과 말을 하며 안절부절못하는 행동을 나타낸다. 청색증은 나타나는 경우와 나타나지 않는 경우도 있다.

{--------------기도폐쇄가 발생했을 때 응급처치법---------------}

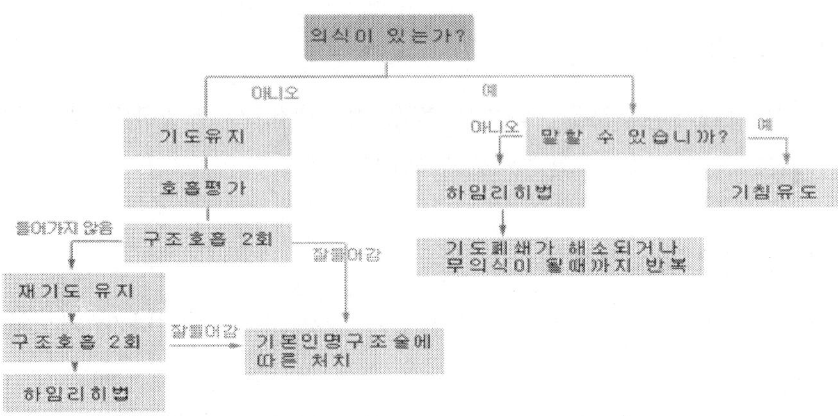

※ 단, 하임리히법에서 소아, 비만자, 임산부는 흉부압박을 적용한다.

라. 기도 폐쇄 처치

(1) 부분 기도폐쇄

숨이 통하는 경우에는 계속 기침을 하도록 격려하며, 지속적으로 기침을 해도 이물질이 배출되지 않을 때에는 즉시 응급의료체계(전화 119)로 연락을 취한다.

(2) 완전 기도폐쇄

(가) 의식이 있을 때

1. 기도폐쇄에 대한 처치 중 의식이 있고 기침을 할 수 없는 경우에는 하임리히법을 시행한다. 환자의 뒤에서서 환자의 허리를 팔로 감싸고 한 쪽다리를 환자의 다리 사이에 지지한다.
2. 구조자는 한손을 주먹쥔다. 주먹 쥔 손의 엄지를 배꼽과 검상돌기 중간에 위치한다.
3. 다른 한 손으로 주먹 쥔 손을 감싸고 빠르게 위로 밀쳐 올린다.
4. 이물질이 밖으로 나오거나 환자가 의식을 잃을 때까지 계속 한다.

(나) 의식이 없을 때

의식이 없는 완전 기도폐쇄 환자는 심폐소생술을 실시한다.

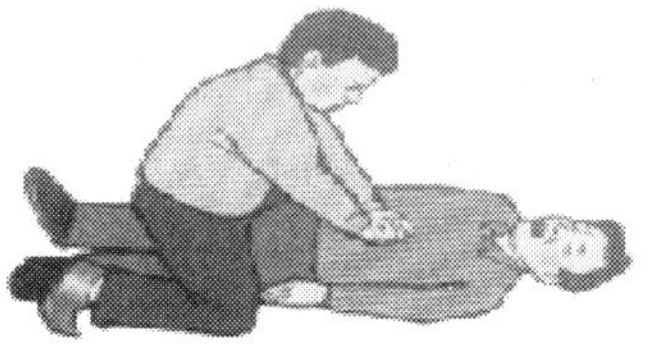

4. 심폐소생술

가. 의식확인

쓰러져 있는 사람을 발견하면 가볍게 어깨를 두드리며 큰소리로 "여보세요,괜찮으세요?"라고 말한 다음 반응을 살핀다. 환자는 지나치게 자극하면 목뼈를 다칠 수 있어 주의해야 한다.

나. 구조요청

의식이 없으면 소방서 119전화에 즉시 신고 하여 장소, 전화번호, 환자 발생 상황, 필요한 응급처치 등을 알려주어야 한다.

다. 기도유지

의식을 잃은 환자는 혀가 뒤로 말리는 바람에 기도가 막힐 수도 있으므로 환자의 머리를 뒤로 젖치고 턱을 들어주어 기도를 유지한다(두부후굴 하악거상법).

라. 호흡확인

기도를 유지한 상태에서 눈으로 가슴의 움직임을 관찰하고, 귀로는 호흡음을 들으며, 빰의 촉감을 이용하여 호흡유무를 5~10초간 확인한다(10초이상 금지). 10초동안 관찰한 후에도 호흡이 없거나 공기의 흐름이 느껴지지 않으면, 우선 환자를 바르게 누인 후 입안의 이물질(부러진 치아나 구토물 등)을 제거한다. 그 다음에는 2회의 인공호흡을 시행해서 이물질에 의한 기도폐쇄가 있는지 확인한다.

마. 회복자세

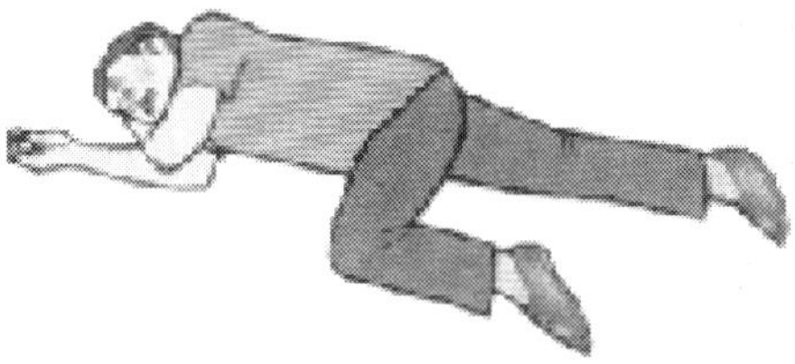

호흡이 있으면 환자를 왼편으로 눕힌 다음 한 팔을 머리 아래 넣고 환자의 다리를 굽혀주어 기도안으로 토한 것이 침이 흘러 들어가지 않게 한다.

바. 인공호흡법

환자가 숨을 쉬지 않으면 인공호흡을 시행해 주어야 한다. 가장 많이 쓰는 방법은 구강 대 구강 인공호흡법으로 다음과 같이 시행한다.

(1) 이마를 누르면서 턱을 들어 기도를 유지한 다음 환자의 입을 벌린다.

(2) 환자의 코를 막고 자신의 입을 환자의 입에 밀착시킨다.

(3) 공기를 서서히(1초)불어 넣는다(눈으로 흉부의 상승을 확인). 불어 넣는 양은 보통 숨쉬는 양(500cc)보다 조금 많게(600-900cc)한다.

(4) 잡았던 코를 놓고 입을 떼어 불어 넣은 공기가 밖으로 배출될 수 있도록 한다.

(5) 입으로 인공호흡을 할 수 없을 때는 입을 막고 코로 인공호흡을 할 수 있다.

사. 심정지의 확인

심정지를 확인하기 위해서는 숨쉬거나 기침을 하는지. 또는 조금이라도 움직이는지를 확인하는데, 10초 이내에 확인해야 한다. 즉,호흡확인과 같은 요령으로 하면서 눈으로 움직임을 살피는 것이다.

※ 주의 : 심정지를 확인하기 위해 10초 이상 허비해서는 안된다.

심장이 뛰는 것이 확인되면 인공호흡만 계속 시행하면서 1분이나 심정지를 확인하며, 심장이 안뛰거나 확신이서지 않는다면 흉부압박을 시작한다.

아. 흉부압박 위치 찾기

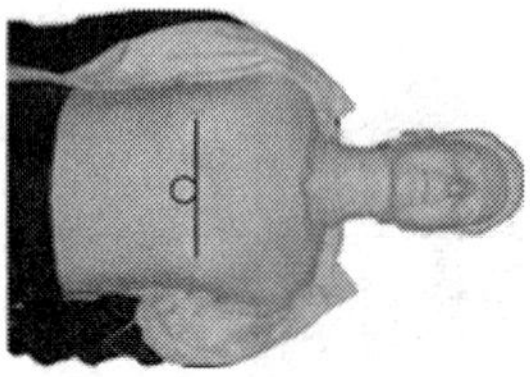

양쪽 위 두선을 이은선과 가슴뼈가 교차하는 지점의 바로 아래 지점(소아의 경우는 교차하는 지점) 압박.

자. 흉부압박

심장이 확실히 뛰지 않는다면 흉부(가슴)를 압박해야 하는데 압박하는 위치와 압박하는 깊이를 정확히 알고 있어야 한다. 압박할 위치 위에 한손을 올려 놓고 그 위에 다른 손을 올려 놓거나 깍지를 낀다(소아는 한 손만 사용). 이때 환자는 바닥이 평평하고 단단한 곳에 수평자세에서 흉부압박을 시작하여야 한다.

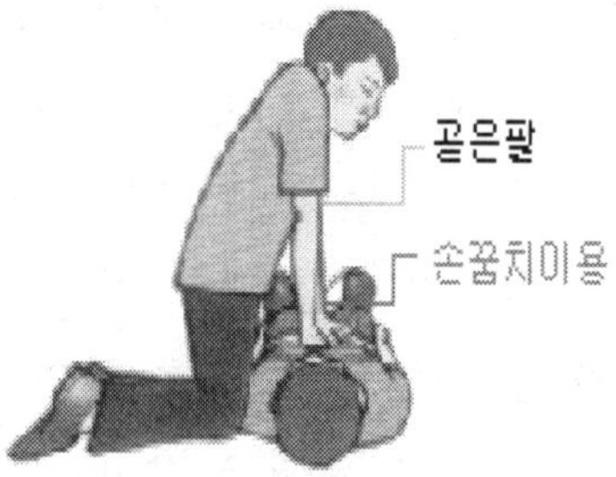

***흉부(가슴)압박을 가하는 자세**

1. 흉골의 하부 1/2에 한손을 올려놓고 그 위에 다른 손을 겹쳐서 깍지를 껴서 손가락이 흉벽에 닿지 않도록 한다.
1. 흉부를 압박하는 동안에 손가락이 가슴에 닿으면 늑골(갈비뼈)이 골절되어 합병증이 발생할 수 있기 때문이다.
1. 팔꿈치를 곧게 펴고 어깨와 손목이 팔과 일직선이 되게 한다.
1. 흉골 위에 수직으로 구조자의 제중을 실리도록 한 다음 압박해야 한다.

***흉부(가슴)압박을 가하는 방법**

1. 성인의 경우에는 흉부가 압박되는 깊이는 가슴이 4~5cm정도 함몰되도록 압박한다.
1. 압박하는 속도는 1분에 100회 정도이다.
1. 압박과 이완의 비율은 50:50정도가 바람직하다.

차. 재평가(순환과 호흡의 재확인)

2분 동안 심폐소생술을 시행 한 후에 다시 심장과 호흡이 되돌아왔는지 회복되지 않았을 경우 구조자가 도착할 때까지 계속한다.

*1인 및 2인 심폐소생술을 시행하는 방법

인공호흡과 흉부압박을 지속적으로 시행하는 일련의 행위를 심폐소생술이라고 한다. 심폐소생술의 방법은 현장에 있는 사람의 수에 따라서 다르다.

■ **한사람인 경우**

구조자가 한 사람밖에 없는 경우에는 흉부압박을 30회 계속한 후에 인공호흡을 2회 시행하는 30:2의 비율로 시행하여, 2분 동안에 5번 호흡과 150번의 흉부압박이 이루어지게 한다. 이와 같은 방법(30:2)으로 5차례 반복한 후에는 다시 맥박을 손으로 만져보아 환자상태를 평가한다. 즉,24초 이내에 2회의 인공호흡과 30회의 흉부압박을 시행하는 것을 1사이클로 하여 5사이클을 시행한 후에 다시 심장과 호흡을 확인한다.

■ **두사람인 경우**

2명의 구조자가 있을 경우에는 환자의 양쪽에 1명씩 위치한 다음 마주 본다. 1명은 환자의 머리 쪽에 위치하여 인공호흡을 시행하며, 다른 1명은 환자의 가슴쪽에 위치하여 흉부를 압박한다. 흉부압박을 30회 시행한 수에 인공호흡을 2회 시행하는 30:2의 비율로 반복하는데, 흉부압박을 시행하는 사람이 구령과 함께 30회의 흉부압박을 한 후에 다른 사람이 인공호흡을 2회 시행한다.

5. 증상별 외상처치

가. 상처의 처치 〉 ①멸균드레싱

이 드레싱은 붕대가 달린 드레싱 패드를 말한다. 멸균된 드레싱은 다양한 크기가 있고 낱개로 잘 포장되어 있다. 만일 포장이 파손되면 그 드레싱은 더 이상 무균상태가 아니다.

1.포장을 벗기고 붕대 끝을 찾아 들어놓는다. 멸균된 패드를 펴놓되 과정 중 닿아서 오염되지 않게 조심한다. 2.패드 양쪽의 붕대를 잡고 상처 위에 바로 패드를 놓는다.	3. 붕대의 짧은쪽을 팔이나 다리에 한번 돌려 잘 고정한다.	4.붕대의 긴 쪽으로 상처부위를 감싸고 있는 거즈의 전체를 고정하며 감는다.	5.붕대 끝을 매듭으로 묶고 고정한다. 매듭은 상처부위 위에 묶어 압력을 가할 수 있게 하고 만일 출혈이 새어 나오면 그 위에 다른 드레싱을 덧댄다. 6.피가 잘 통하는지 점검한다

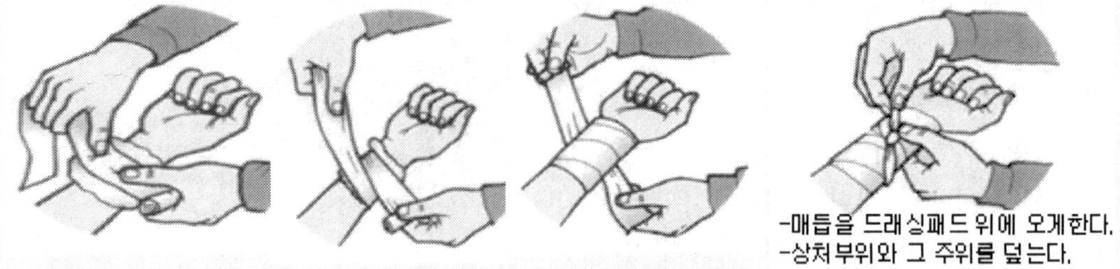

※ 만일 드레싱이 벗겨 나가면 제거하고 새 드레싱을 사용한다.

6. 환경 및 위험물에 의한 응급

가. 화상 및 화재시 대처방법 ①화상의 진단

화재가 발생하였을 때 현장에서의 응급처치는 환자의 생명을 좌우할 만큼 중요하다. 따라서 숨을 쉬고 맥박이 뛸 수 있게 하는 처치가 우선되어야 하고 더 불어서 화상에 대한 간단한 상식과 처치를 알면 도움이 된다.

화상은 원인에 따라 열상화상, 화학화상, 전기화상으로 분류할 수 있다. 일반적으로 자칭되는 화상은 열상화상을 의한다. 열상화상은 다시 화재에 의한 피부손상 혹은 기도 화상(Flame burn 이라 함), 끓는 물에 의한 조직손상 (scalding burn 이라 함) 및 주전자나 온돌방 등과 같은 뜨거운 물질에 접촉하여 발생하는 화상(Contact burn)이 있다.

화상은 환자의 피부손상 의외에도, 기도가 부어서 생기는 기도 폐쇄, 기관지염이나 폐부종, 쇽, 근육 파괴에 의한 신부전증, 부정맥 등이 발생할 수 있다. 인체의 피부는 표피, 진피, 피하조직으로 되어 있으며 세균침입 방지와 체온조절, 수분의 침투와 증발을 방지한다. 따라서 화상으로 인해 피부 손상 시엔 감염과 체액손실, 온도 조절 장애 등으로 죽음을 초래할 수도 있다.

(1) 화재가 난 건물에 갇혔을 경우엔 화재가 난 쪽의 문을 닫고 이불을 이용해서 연기가 들어오지 못하게 한 다음 외부로 난 창문을 열고 신선한 공기를 마시도록 하고 도움을 요청한다.

(2) 화재가 난 건물에서 탈출한 경우엔 아래쪽에 엎드려서 기어 나오는 것이 좋다. 아래쪽은 열이나 연기나 비교적 적은 곳이기 때문이다. 또한 합성물질이 타면서 가스를 방출할 수가 있기 때문에 물에 적신 수건을 입과 코를 막고 신속히 빠져나온다.

(3) 옷이나 머리카락에 불이 붙은 경우는 물이나 옷, 담요 등을 이용해서 불을 끄거나 바닥에 구르면서 끄는 방법도 좋다.

화상의 정도와 인체의 피해를 고려하여 다음과 같은 상황을 생각하여야 한다.

① 화재장소가 막힌 공간인지, 열린 공간인지? 화재장소에 독극물이 있는가? 환자가 호흡기에 문제가 있는가?

② **화상 범위 :** 화상이 심한 정도는 몸의 표면적 중 화상을 입은 부위의 비율에 따라 큰 영향을 받는다. 따라서 대략 그 비율을 알아두는 것이 좋다.

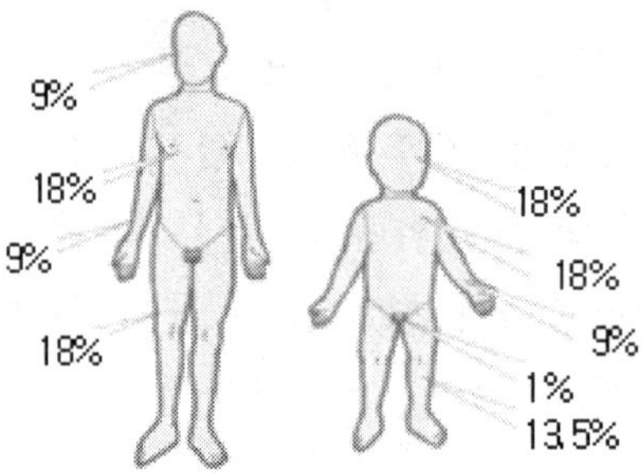

화상 범위- 9의 법칙

성인 : 얼굴18%, 등18%, 팔 각각9%, 다리 각각18%, 성기1%

소아 : 얼굴18%, 등18%, 팔 각각9%, 다리 각각13.5%, 성기1%

③ **화상의 깊이 :**

1도 화상 : 화상을 입은 부위가 붉게 변화지만 물집은 생기지 않고 붓고 경미한 통증을 동반하며 병원치료 시 후유증 없이 치유된다.

2도 화상 : 약간 더 깊이 침범한 화상으로 물집이 생기고 붓고 심한 통증이 발생하며 병원에 입원하여 전문적인 치료를 받아야 한다.

3도 화상 : 피부 전층이 화상을 입은 상해를 말하며 피부가 탄 것처럼 보이기도 하고 신경이 죽음으로 통증이 없기도 한다.

6. 응급을 요하는 증상

가. 의식변화 〉 혼수상태

의식의 변화는 간단한 사고의 장애로부터 완전히 의식이 없는 상태까지 매우 다양하게 나타나며, 혼수상태는 아무리 강력한 외부 자극을 주었을 자극에도(예: 환자를 꼬집어 보는 등) 전혀 반응하지 않고 깨어나지 못하는 경우를 말한다. 일반적으로 의식변화는 다음과 같은 원인들로 오게 된다.

㉮ 구조적 병변 : 외상,뇌종양,간질,두 개내 출혈 등

㉯ 대사성 : 무산소증,저혈당,당뇨성 케토산증, 간부전,신부전

㉰ 약물

㉱ 심혈관계 : 고혈압성 뇌증, 쇼크, 과민성쇼크,부정맥,심정지,뇌졸증

㉲ **감염**

원인이 이와 같이 다양하므로 일반인들이 이를 감별하기란 어렵다. 그러나 이런 상태에 놓여져 있는 사람을 발견했을 경우 가장 먼저 확인해야 할 상황은 그 사람이 숨을 쉬고 있는지에 대한 여부이다. 원인이 어떠하건 간에 의식이 없는 사람은 혀가 목구멍 뒤로 쳐지기 쉬우며 기도를 막아서 숨을 쉬지 못하여 생기는 것이 가장 시급하게 해결해야 되는 사항이다. 만일 호흡이 좋지 못하다면 기도를 유지하여 환자의 호흡이 가능하도록 한다. 만일 환자가 호흡이 없다면 기도유지를 다시 하고 인공호흡을 통하여 그 사람에게 산소를 공급할 수 있도록 한다.

또한, 이런 경우에 처해 있는 사람의 주변인들은 다음과 같은 것에 주의하여 정보를 모아 처치자가(예:응급구조사, 119구급대원 등) 도착하였을 때 정보를 제공하는 것이 중요하다. 처치자가 여유시간이 좀 있다면 환자를 더욱 자세히 관찰하여야 하는데 이때에는 의식,호흡, 맥박 등의 여부를 알아보아야 한다. 또한 가능하다면 다음도 확인하는 것을 잊지 않도록 한다.

① 의식변화의 기간이 얼마나 되는가?

② 갑자기 시작되었는가 혹은 서서히 시작되었는가?

③ 최근4주 이내에 두부외상이 있었는가?

④ 현재 치료 중인가?

⑤ 술을 마셨다거나 약을 먹었는가?

⑥ 변화이전의 특별한 행동이 있었는가?

⑦ 현재 먹고 있는 약이 있는가?

㉠ 기도를 열어주기 위한 고개를 들어준다

㉡ 호흡이 없다면 인공 호흡을 실시한다.

㉢ 만일 경추(목)손상이 의심되는 사람이라면 함부로 건드리지 말고 전문 처치사에게 조언을 받아서 행동할 수 있도록 한다.

㉣ 환자를 평평한 곳에 반듯이 눕힌다. 한 손을 환자의 이마에 대고 손바닥으로 머리를 뒤쪽으로 밀어주며 턱은 검지와 중지 두 손가락으로 들어준다.

㉤ 기도유지를 해준 상태에서 환자의 얼굴에 구조자의 얼굴을 가져가대고 구조자의 눈은 환자의 가슴을 보며 환자의 10초간 호흡유무를 확인한다.

구강대 비강법 : 구조자는 손으로 환자의 입을 막고 환자의 코에 구조자의 입을 댄 후 공기를 불어 넣는다.

구강대 구강법 : 구조자의 손가락으로 환자의 코를 막고 환자의 입에 구조자의 입을 댄 후 공기를 불어 넣는다.

7. 응급질환

가. 심각한 응급질환 〉 뇌졸중

뇌졸중은 뇌에 있는 혈관이 터지거나(뇌출혈) 막혀서(뇌경색) 생기는 병이다. 흔히 중풍이라고 들 말하지만 그 결과는 다양하다. 멀쩡해 보이는 사람은 어느날 갑자기 쓰러져 사망하거나 반신불수가 되는 등 치명적인 결과를 가져올 수 있기 때문에 공포의 대상이다. 실제로 50대 이후 사회적으로 어느 정도 성취하여 중추적인 역할을 할 시기에 뇌졸중을 포함한 뇌혈관 질환이 사망 원인 중 수위를 차지하고 있어 그 예방과 처치를 잘 알아두어야 한다. 뇌졸중은 사망하지 않더라도 평생, 혹은 오랜 기간 동안 식물인간, 반신불수, 언어장애 등 그 후휴증이 심각하기 때문에 사회적으로 미치는 손실은 실로 크다 할 것이다.

뇌졸중과 관련하여 식사, 운동, 담배 등 생활 전반이 규칙적이고 합리적이라야 한다. 이로 인한 고혈압, 심장질환, 고지질혈증 등으로 뇌졸중 발생의 확률을 높일 수 있기 때문이다. 예를 들어 고혈압 환자는 혈압 조절, 식사, 운동, 적절한 투약으로 뇌졸중의 발생을 최소화할 구 있다. 또한 심한 뇌졸중은 종종 치명적이지만, 많은 사람들이 미소 뇌졸중인 경우 성공적인 회복을 한다. 따라서 나이 드신 분들이 잠시 행동이 이상하거나 마비 증상을 겪으면 보지 말고 의료기관으로 가서 치료에 임하여야 한다.

나. 증상

뇌졸중은 다음과 같은 증상이 있을 수 있다.

-갑작스럽고 심한 두통이 있다.

-심한 구토를 한다.

-환자는 방향감각을 잃고 혼동하며, 불안해 하기도 한다.

-현기증과 의식소실도 가능하다.

-입가가 밑으로 처지고 침을 흘리며, 말을 더듬거나 발음이 어눌해진다.

-한쪽 내지 양쪽 사지가 약해지거나 움직이지 못한다.

-눈동자는 한쪽만 확장될 수 있고 동공이 좁아질 수도 있다.

-방광과 장 조절이 약해질 수 있어 소변을 잘 보지 못하고 변비가 생긴다.

-의식이 없어진다.

다. 치료

뇌졸중은 시간이 경과함에 따라 급격히 악화될 수 있다. 따라서 환자의 의식 상태와 관계없이 즉시 응급의료체계에 도움을 요청한다. 호전될 수 있는 환자가 상태가 안 좋아지는 상황의 많은 수가 뇌졸중인지 모르고 집에서 방치하고 있다가 치료의 시기를 놓치는 것이다. 뇌혈관이 막힌 경우에는 증상 발생 후 빨리 치료에 임하게 되면 적절히 막힌 혈관을 뚫어주는 약물요법을 사용할 수도 있지만 시간이 지나면 약물을 사용해도 소용없게 되고, 뇌출혈인 경우에는 신속히 수술 등의 치료를 해야 할 상황인데도 적절한 수술의 시기를 놓칠 수 있다. 일반적으로 일반인이 병원 도착 전 할 수 있는 뇌졸중의 응급치료는 보완적인 것이다. 그러나 그러한 처치가 없어 사망할 수도 있다. 치료의 원칙은 간단하고 일반적이다. 기도를 확보하고 심폐소생술이 필요하면 시작한다. 그러면서 가능한 빨리 병원에 후송한다. 뇌졸중 환자는 의식이 떨어진 상태에서 구토를 하게 되는 경우가 많다. 이런 경우에 기도가 막혀 제대로 된 치료도 못해보고 숨을 못 쉬어 사망하게 되는 수도 많다. 병원에 도착할 때까지 의식이 없는 뇌졸중 환자는 기도를 확보하여 숨을 잘 쉬게 해 주는 것이 가장 중요한 것임을 명심하여야 할 것이다.

※ 병원 도착 전의 구체적 치료

의식이 있다면 환자의 머리와 어깨를 약간 올리고 지지한 채로 환자를 눕힌다. 머리를 한쪽으로 기울인 상태로 이물이 입으로 흘러 나오게 한다.

목이나 가슴을 조이는 옷은 풀어 순환과 호흡을 원활하게 한다. 환자에게 입으로 아무 것도 주지 않는다. 환자가 의식을 잃으면 회복자세로 둔다. 호흡과 심박동이 멈추면, 즉시 심폐소생술을 시행한다. 치료자세를 유지하면서 즉시 병원으로 이송한다.

8. 응급처치 일반원칙

가. 신속하고 질서 있게 하라

- ◉ 응급처치를 행함에 있어 당황하지 말 것
- ◉ 현장안전을 확인할 것
- ◉ 사고 원인이나 환자의 상태를 침착하게 판단할 것

◉ 불필요한 시간을 낭비하지 말고 신속히 대처할 것
◉ 질서를 유지하여 혼잡을 피할 것

나. 긴급사항을 우선 처치하라

호흡정지 시 인공호흡법, 심장정지 시 심폐소생술, 출혈 시 지혈법, 의식상실시 쇼크방지법을 상황에 맞게 처치하되 응급처치 우선순위의 원칙을 고려하여 신속히 판단하여 처치한다.

다. 쇼크를 예방하는 처치를 하라

◉ 환자를 움직이게 하지 말고 편안한 자세로 눕히며 옷을 풀어준다
◉ 출혈부위는 높게 하고 멀 부분은 낮게 유지한다.
◉ 구토환자는 위 내용물로 인한 질식을 방지하기 위해 얼굴을 옆으로 돌린 후 입안의 이물질을 제거하라.
◉ 정상체온 유지를 위해 보온해 주고 지면의 냉기를 방지해 준다.
◉ 일사병의 경우에는 체온상승이 상태를 악화시키므로 보온을 하면 안된다.
◉ 온수는 혈액순환 촉진을 위해 환자의 상태에 따라 복용시키되 의식 불명 환자나 출혈, 골절, 복부손상 등의 응급수술 필요 환자는 먹이면 안된다.

라. 모든 손상을 발견하라

◉ 의식이 있는 경우 아픈 곳을 물어 보고 의식이 없는 경우 육안으로 관찰하여 모든 상처를 상황에 따라 확인한다.
◉ 상처의 범위를 확인하기 우해 손상부위를 충분히 노출 시킨다.

마. 일반적인 적용 및 주의사항

◉ 불필요한 사람 접근 통제

◉ 상처보고 당황하지 말고 침참하고 과감하게 조치
◉ 부상자에게 환부를 보이지 말고 회복 될 수 있다는 희망을 갖게 하라.
◉ 상처부위 청결을 유지하고 오염방지
◉ 환자운반 시 적절한 도구 사용으로 상처악화 방지
◉ 운반도중 환자상태 지속적으로 관찰
◉ 환자의 옷을 찢거나 당기지 말 것
◉ 상처에 드레싱 및 붕대를 댄 것은 다시 제거하지 말 것
◉ 골절환자는 부목을 대기 전에 이동시키지 말 것
◉ 두부손상환자는 두부를 체부 보다 낮게 하지 말 것
◉ 화상 환자에게는 어떠한 약품이라도 바르지 말 것
◉ 돌출된 내장이 뇌 조직을 다시 넣으려 하지 말 것
◉ 구호자의 능력 이상의 처치나 불필요한 처치를 하지 말 것

바. 손상의 노출

적절한 응급처치를 위해서는 손상부위를 완전히 노출하여 정확한 손상부위 및 크기, 출혈상태 등을 정확하게 파악해야 한다. 만일 부상이 탄환 및 파편에 의하여 발생된 경우 체내의 일부를 완전히 뚫고 나갈 가능성이 있기 때문에 날아 들어온 무기가 뚫고 나간 상처를 찾아보아야 한다. 이유는 사출구가 삽입구보다 손상 정도가 큰 것이 보통이기 때문이다. 상처를 세밀히 파악하기 위해서는 필요한 만큼 충분히 옷을 잘라 내거나 제거해야 한다. 옷이 상처에 닿지 않도록 하며 환자가 추위를 느끼지 않도록 해야 한다.

사. 응급처치는 항상 구명 4단계의 순서에 의하여 실시한다.

◉ 제1단계 : 기도확보 및 심박동유지
◉ 제2단계 : 지혈
◉ 제3단계 : 쇼크방지 및 처치
◉ 제4단계 : 상처보호 및 투약

제 2 절 환자평가

1. 개요

특수작전 부대원이 적지종심지역에서 임무를 수행 중 우발이나 돌발적인 상황에서 환자가 발생하였을 때 의무특기요원은 현장에서 최대한 신속(1분이내)하게 치명적인 요소를 즉각 평가하여 이에 대한 모든 상황과 가능성에 즉각 대처함과 동시에 신속하게 처치하는 것을 말한다.

2. 1차 평가

1차 평가의 목적은 환자를 발견한 즉시 생명의 즉각적인 위협을 감지해내는 것이다. 기도유지, 호흡기능, 순환기능, 신경학적 기능은 모든 환자에게서 우선적으로 평가되고 처치되어야 한다.

가. 평가 절차

① 현장 확인

☞ 환자를 발견하면 환자 수, 발생원인, 추가적인 도움여부, 처치자의 안전 여부를 확인한 후 다음 처치 단계에 들어간다.

② 의식 확인

☞ 두드리거나 가볍게 꼬집어 본다
☞ "괜찮아요?"하고 물어본다.
☞ 반응을 확인 후 의식여부를 판단한다.
☆ 의식이 없으면 주변에 구조요청을 한다.

③ 기도유지

☞ 환자의 옆에 무릎을 꿇고 앉는다.

☞ 한 손으로 환자의 이마를 뒤로 젖히고 다른 손으 검지와 중지로 턱을들어 올려서 기도를 열어준다.

④ 호흡 확인(10초간)

☞ 환자의 얼굴에 시술자의 뺨을 댄다

☞ 흉곽의 움직임을 보고, 호흡을 듣고 느끼면서 확인한다.

☞ 호흡이 없으면 이물확인, 재기도유지, 구조호흡 2회, 인공호흡 등 필요사항을 조치한다.

⑤ 맥박 확인 (10초간)

☞ 경동맥을 중지와 인지를 이용하여 박동상태를 촉지한다.

☞ 맥박이 없으면 즉시 심폐소생술을 실시한다.

⑥ 의식상태 평가

☞ 1,2,3,4,5번의 항목을 평가 후 환자에 의식이 없거나 저하되어 있으면 AVPU 척도에 따라 의식과 정신 상태를 평가한다.

☞ A : 의식명료
V : 언어지시에 반응
P : 통증자극에 반응
U : 어떠한 자극에도 무반응

3. 2차 평가

1차 평가 후 환자의 치명적인 손상에 대한 응급처치가 종료되면 환자의 부상 정도를 확인하는 단계로 신체평가와 활력징후 평가가 있다. 2차 평가 시 발견되는 손상은 생명을 위협하는 위급 사항을 제외하고 평가절차가 끝난 후 치료하는 것을 원칙으로 한다. 다른 술자의 도움으로 환자의 두부를 고정 시킬 수 있으면 고정이 이루어진 상태에서 2차 평가에 들어간다.

가. 평가절차

① 외 형

☞ 전체적인 상태를 육안으로 신속히 확인한다. (출혈, 기형, 탈수 등)

② 두부 및 안면부

☞ 머리, 안구, 코, 피부상태 등을 촉진 및 시진하여 변형, 출혈, 압통, 혈종 및 종창 등을 확인한다.

③ 경 부

☞ 경부변형, 압통, 갑상연골 위치, 피하기종, 경정맥 팽대 여부를 확인한다.

④ 흉 부

☞ 흉벽의 압통, 염발음, 종창, 변형, 혈종, 피하기종, 기흉 및 혈흉을 확인한다.

⑤ 복 부

☞ 복부의 팽만, 변색을 확인하고 촉진/타진을 통해 압통이나 복벽의 강직 등을 확인한다.

⑥ 골반, 상지, 하지

☞ 골반 상지 및 하지의 근육과 골격을 확인하여 변형, 종창, 혈종, 압통, 좌ㆍ우 비대칭 여부를 확인한다.

⑦ 후면 (척추)

☞ 두경부의 기형, 자세, 비대칭성, 극돌기의 돌출, 압통 등을 확인한다.

⑧ 호흡, 맥박, 혈압

☞ 청진기, 손가락, 협압계를 이용하여 호흡, 맥박, 혈압을 측정한다.

제 3 절 출혈 및 쇼크

1. 개요

야전지역에서 전투행위 시 각종 창상으로 인한 출혈이 발생하기 쉬우며 출혈이 계속되면 쇼크를 유발하게 되어 사망하게 된다. 그러므로 야전지역에서의 응급처치 중 지혈은 가장 신속하게 조치하여야 하며 부상자의 상태에 따라서 우선순위는 상이할 수 있다. 호흡과 심장박동이 정상이면서 출혈이 심한 경우에는 지혈을 먼저 하여야 하며 의식이 불명한 상태에서 호흡이나 심작박동이 정지되었을 시는 심폐기능을 먼저 회복하고 지혈을 해야 한다.

2. 출혈

출혈이란 혈관으로부터 혈액이 외부로 빠져 나오는 것을 말한다. 인체에는 kg당 70ml(70kg의 성인일 때 약 5L)의 혈액이 있으며 1/3 이상 혈액이 출혈되면 순환혈액량의 감소로 저혈류량 쇼크를 유발하는 원인이 되어 생명이 위험하게 된다. 따라서 출혈환자에 대한 지혈 및 응급처치를 통하여 생명을 구하도록 해야 한다. 출혈에는 동맥성 출혈, 정맥성 출혈, 모세혈관성 출혈의 형태가 있다.

구분	형태	혈색
동맥성 출혈	박동성	선홍색
정맥성 출혈	지속성	암적색
모세혈관성 출혈	삼출성	적 색

① 출혈의 증상

☞ 피부가 창백하고 차며 습하다.
☞ 호흡이 빨라지고 얕으며 불규칙적이다.
☞ 맥박이 빨라지고 약하며 불규칙적이다.
☞ 혈압이 낮아진다.

3. 지 혈

출혈이 계속되면 쇼크를 유발하고 다량으로 출혈 시 죽음을 초래하므로 혈관을 압박하여 상처부위에 혈액순환을 감소시켜야 한다. 출혈부위에 골절이 의심되면 부목을 대기 전에 손상 부위를 함부로 움직여서는 안된다. 지혈법에는 직접압박법, 국소거양법, 지압법(간접압박법), 지혈대 사용법, 지혈겸자법 등이 있으며, 상황에 맞게 여러 방법으로 지혈을 할 수 있다.

① 직접압박법

☞ 압박대나 압박붕대 혹은 손바닥을 이용하여 출혈부위를 직접 압박하는 방법이다.

② 국소 거양법

☞ 손상부위를 심장의 위치보다 높게들어주는 방법으로 출혈의 속도를 감소시켜주는 방법이다.

☞ 주로 상·하지 출혈 시 사용한다.

③ 지압법 (간접압박법)

☞ 출혈부위로 이어지는 상부 혈관을 눌러주는 방법으로 동맥성 출혈이나 대량출혈을 잠시 억제시키는데 용이한 방법이다.

④ 지혈겸자

☞ 지혈겸자를 이용하여 출혈부위 혈관을 직접 집어 지혈하는 방법으로 수술시 사용한다.

⑤ 종합응용

☞ 여러 가지 방법을 이용하여 효과적으로 지혈할 수 있다.
(직접압박법, 국소거양법, 지압법)

⑥ 지혈대 사용법

출혈이 심하면서 지혈이 되지 않고 상처부위가 팔이나 다리일 때는 지혈대를 사용할 수 있다. 지혈대는 최소 폭이 5cm 이상, 길이는 팔 또는 다리를 두 바퀴 이상 감을 수 있어야 하며 재료로는 천으로 된 띠, 허리띠, 스카프 등을 사용할 수 있다.

㉠ 먼저 상처 바로 윗부분에 지혈대를 대고 두 바퀴를 감은 뒤 한번 묶고, 그 위에 막대기나 기타 튼튼한 물건을 놓고서 다시 두 번 단단히 묶는다.

㉡ 묶여진 막대기를 비틀어서 피가 멈출 때까지 지혈대가 죄어지도록 하며 막대기는 매듭 후에 남아 있는 여분의 천을 이용하거나, 아니면 새로운 천을 이용하여 조인 것이 풀리지 않게 고정 시킨다. 지혈대를 부착한 시간과 장소를 표시해서 환자의 옷이나 지혈대 위에 부착한다.

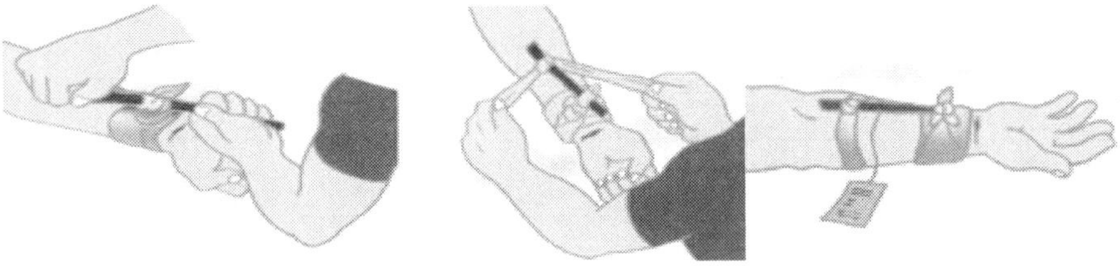

지혈대는 출혈을 멈추는 데는 효과가 크지만 부작용도 크다. 만약 장시간 착용하고 있으면 지혈대 하부의 피부조직이 죽게 되어 나중에 손이나 다리 절단수술이 필요할 수도 있다.

그러므로 환자의 출혈을 멈추지 않으면 생명을 잃을 것 같은 응급상황이 아니고는 될 수 있으면 이 방법을 사용하지 않는 것이 바람직하며, 설사 사용하더라도 다른 조치를 강구하는 것이 이상적이다.

⇒ **지혈대 사용 시 주의사항**

☞ 지혈대는 반드시 완전히 지혈이 되도록 정확하게 매야 한다.
☞ 지혈대는 5cm 넓이의 천을 사용하여 줄이나 철사의 사용은 금한다.
☞ 출혈부위를 심장 부위보다 높게 올려 혈류량을 감소시킨다.
☞ 지혈대 사용시간과 상처부위를 기록하여 부상자에게 붙여 둔다.
☞ 심한 출혈시 부상자에게 음료를 제공해서는 안 된다.
☞ 손, 발, 팔, 다리의 절단 및 지혈 시 지혈대를 상처 바로 위에 댄다.
☞ 절단 외에 전박 및 하퇴부 지혈 시 팔꿈치 및 무릎 위에 지혈대를 감는다.
☞ 가능하면 옷소매나 바지자락 위에 지혈대를 감아서 피부를 보호한다.

4. 쇼크

지혈 및 심폐기능이 회복되면 출혈 및 기타손상의 결과로 생기는 쇼크를 예방하고 상처부위를 오염되지 않도록 보호하는 것이 중요하다. 쇼크는 순간적인 혈액순환의 감소에 의해서 신체의 기능이 부진하거나 허탈한 상태에서 나타난다.

가. 쇼크의 종류 및 처치

종류	원인	처치
출혈성	대량 출혈	지혈, 수액보충, 혈액보충, 하지거상
저체액성	화상, 과다 출혈 및 설사	수액보충, 하지거상, 혈액보충
심장성	심장의 전기 및 기질적 부전	충분한 산소공급, 제세동기 사용
패혈성	세균감염으로 생성된 독소	일반적 처치, 후송 후 전문적 처치
신경성	혈관 이완에 의한 저혈압	일반적 처치, 척추고정, 보온
과민성	과도한 알레르기성 반응	원인제거, 산소공급, 항히스타민제, 스테로이드제

나. 쇼크의 증상

불안감(초기증상), 차고 끈적끈적한 피부, 식은땀, 산소부족으로 인한 청색증, 빠르고 불규칙한 호흡, 약하고 빠른 맥박, 소변량 감소, 혈압 및 체온 하강, 동공 산대, 현기증, 구역질, 구토, 의식불명 등

다. 쇼크처치

① 절대 안정

☞ 환자를 편안하게 눕히고 안정을 취하게 한다.

② 보온

☞ 체온 유지를 위해 노출된 부분을 모포나 상의 등으로 덮어준다.

③ 호흡 및 심박동 유지

☞ 구강 및 상기도를 깨끗이 유지 하고 구강 내 이물질이 잘 배출되도혹 환자의 자세를 유지시키며 필요시 인공호흡과 심장마사지를 실시한다.

④ 혈액순환 유지

☞ 팔다리의 혈액순환 여부 확인 및 필요시 혈액순환 저해 요소를 제거한다. (꼭 맞는 전투화, 장갑 등)

⑤ 수액보충

☞ 의식이 있으면 온수 및 차를 입으로 먹이고 의식이 없거나 두부 및 복부손상, 대량출혈 환자는 구강으로 투여를 금지한다.

⑥ 쇼크 체위

☞ 다리를 심장보다 높게 하여 뇌로 가는 혈류량을 증가시켜준다.
(매 5분마다 환자상태 측정)

제 4 절 심폐기능 회복

1. 호흡 장애

호흡은 자연적으로 이우어지는 것으로서 공기를 폐 속으로 흡입하는 흡기와 폐 속의 공기를 외부로 배출하는 호기의 두 운동으로 이루어진다. 만일 호흡작용에 이상이 생겨 호흡정지 시 호흡재개를 위한 구조 호흡과 심장박동 정지 시 이를 회복하기 위한 심장마사지를 신속히 실시하여 기도를 확보하고 심장박동을 유지하여야 한다.

2. 구조 호흡

구조호흡은 호흡이 중지되었거나 의심이 갈 경우에 실시하게 된다. 호흡은 정지되었더라도 심장이 박동을 계속하고 있을 때는 소생이 가능하며 심장이 활동하고 있는 한 구조호흡은 쉬지 않고 계속해야 한다. 구조호흡으로 소생시키는데 있어서 중요한 요점은 두 가지이다. 첫째, 호흡이 정지된 후 될수 있는 대로 짧은 시간 내에 구조호흡을 시작하는 것과 둘째, 구강이나 인후에 들어있는 이물질(틀니, 점액, 흙, 액체, 구토물 등)을 속히 제거하고 공기의 통로를 확보하여 폐에 공기가 들어갈 수 있게 하는 것이다.

☆ 호흡정지의 진단 및 확인

☞ 환자의 얼굴에 구호자의 뺨을 대서 숨소리나 공기의 움직임을 관찰한다.

☞ 환자의 상의를 벗겨 가슴과 배의 움직임을 관찰한다.

☞ 입술에 청색증이 나타나면 혈액내의 산소부족 현상이 심한 상태이다.

☞ 완전 기도폐쇄에도 흉곽, 복부의 움직임이 숨 쉬는 것같이 보일 수 있으므로 환자의 코, 입에서 나오는 숨을 확인하는 것이 중요하다.

☞ 호흡 불규칙, 코고는 소리, 침을 삼키는 증상은 부분적 기도폐쇄를 의미하므로 신속히 기도를 유지하고 구조호흡을 실시해야 한다.

3. 심폐소생술

심폐소생술이란 심정지로 인한 주요 장기의 비가역적 손상을 막기 위하여 구조호흡과 인공순환을 시행하여 조직으로 산소공급을 유지하고, 궁극적으로 환자의 심박동을 회복시켜 심정지 환자를 소생시키고자 하는 것이다.

가. 도수 기도유지

① 두부후공 하악거상법

☞ 환자를 바르게 눕히고 환자 옆에 무릎을 꿇는다.
☞ 환자의 이마를 뒤로 젖히면서 다른 손으로 턱을 들어준다.
 -〉 연부조직을 누르지 않도록 주의

② 삼중기도 조작법

☞ 환자의 머리 쪽에 위치하여 두 손으로 두부를 후굴시키면서 아래 턱을 당겨주고 엄지손가락으로 환자의 입을 열어주는 방법이다.

③ 하악견인법(경추 손상 의심 환자에 적용)
☞ 환자를 바르게 눕히고 머리 위쪽에 무릎을 꿇는다.
☞ 두 손을 환자의 하악에 올려 엄지 손가락으로 턱을 밀고 나머지 손가락으로 당겨주면서 구강이 개방되도록 한다.
 -〉 두부가 뒤로 젖혀지지 않도록 주의

나. 도구를 이용한 기도유지

구인두 기도기(Oral Airway) 입을 통해 기도기를 삽입하여 기도를 유지하도록 하는 기구이다.
☞ 크기 선택(귀에서 입까지 거리)
☞ 수지 교차법을 이용하여 구강을 개방한다.

☞ 굴곡 부위를 아래쪽으로 향하게 하여 넣다가 기도기 끝 부분이 입천장에 닿기 전에 180˚로 회전하여 입술과 치아에 닿을 만큼 삽입한다.

다. 구조 호흡

호흡이 중지된 환자에게 인위적으로 숨을 쉬게 하는 방법이며, 절대 지연되어서는 안 되고 적기에 실시해야 한다. 뇌손상을 방지하기 위해서는 구조 호흡을 조기에 시작하여 산소 공급을 하여야 한다.

라. 인공호흡의 종류

① 구강 대 구강법

	☞ 기도를 확보 후 구강 내 이물질 제거 및 호흡유무를 확인한다. ☞ 호흡이 없으면 환자의 코를 막고 입으로 환자의 입을 완전히 덮은 후 2회 구조호흡을 실시한다. ☞ 1회 호흡시간 5~6초 1분당 12회 이다

② 구강 대 비강법(구강개방 불가, 심한 안면손상, 구강 내 오염 시 사용)

☞ 기도확보 후 비강 내 이물질을 제거하고 호흡유무를 확인한다.

☞ 입으로 환자의 코를 막아 밀폐시킨 후 서서히 호흡을 불어 넣는다.

☞ 호기가 끝나면 환자의 입을 개방하여 환자가 숨을 내쉴 수 있게 유도한다.

마. 일반원칙

☞ 구조 호흡이 필요하다고 판단된 즉시 시행한다.
☞ 구강 내 이물질이 발견되면 손가락을 넣어 신속하게 제거한다.
☞ 환자에게 균등한 압력으로 호흡을 불어 넣는다.
☞ 환자에게 호흡을 불어 넣는 시간은 1초로 하고 동일한 시간을 환자가 호기 할 수 있도록 한다.
☞ 환자의 흉곽이 상하로 움직이도록 500~600㎖를 불어 넣는다.
☞ 구조 호흡은 환자의 자발적인 호흡이 회복될 때까지 시행한다.
☞ 1회 호기를 한 후 호흡이 적절성을 보고, 듣고, 느끼면서 확인한다.

바. 기타 호흡법

흉부압박 상지거상법과 등압박 상지거상법이 있으며, 화생방전과 같은 오염 환경에서 방독면을 착용하고 있는 경우나 상기도 감염 또는 심한 독극물 오염이 있는 경우에 사용할 수 있다. 그러나 이 같은 상황에서도 가장 좋은 방법은 신속히 환자를 비오염 지역으로 후송하여 제독시킨 후 구강 대 구강법이나 구강 대 비강법을 시행하는 것이다.

사. 흉부 압박

흉부압박은 심장박동이 약해지거나, 정지 혹은 부정맥이 있어서 말초조직으로 충분한 혈액을 보내지 못할 때 인위적으로 혈액순환을 유지하고자 흉부에 압박을 가하는 것이다.

아. 흉부 압박 실시방법

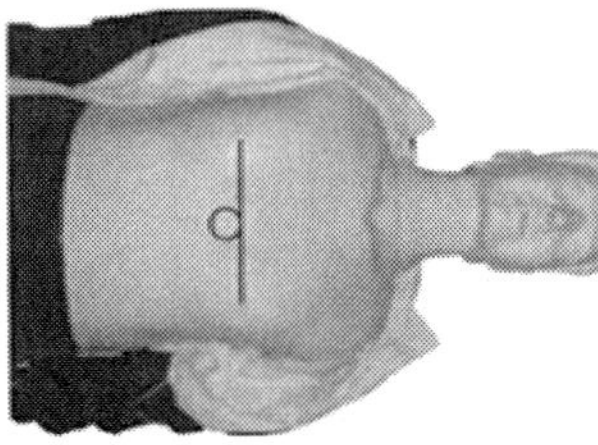

① 흉부압박부위

☞ 술자는 환자를 앙와위로 눕힌 후 환자의 측면에

무릎을 꿇고 앉는다.

☞ 환자의 유도와 유두 사이에 임의의 선을 긋고 정중앙부위를 확인한다.

② 손의 모양 및 위치

☞ 확인된 중앙위에 반대편 손바닥을 올려 깍지를 한다.

③ 흉부압박 자세

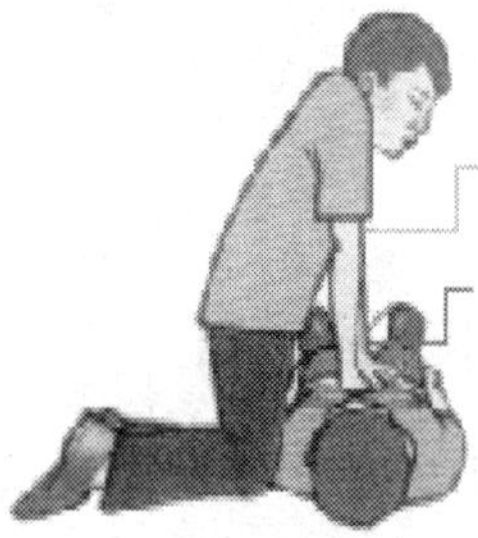

☞ 주관절은 곧게 펴고, 손바닥이 흉골에서 떨어지지 않도록 하여 이깨와 허리의 힘을 이용하여 압박하고, 압박과 이완의 주기를 50:50으로 환자의 흉골과 술자의 팔이 서로 직각이 되도록 하여 압박한다.

☞ 압박 속도는 분당 100회, 깊이는 4~5㎝이며 최초 2분(5cycle)실시 후 매 2분마다 맥박을 측정하여 심장박동이 회복되었는지 확인한다.

4. 심폐소생술 단계

심폐소생술이란 일반적으로 심장박동과 호흡이 정지되었을 때 흉부압박과 구조호흡을 동시에 실시하여 생명을 구하는 방법이다. 1인이나 2인 심폐소생술 모두 흉부압박 30회당 구조 호흡 2회의 비율로 실시한다.

① 1인 심폐소생술

② 2인 심폐소생술

순환기전과 자발적인 호흡이 돌아오거나, 다른 시술자와 임무교대를 한 경우, 군의관이 더 이상 소생 가능성이 없다고 판정하거나, 심정지의 증상 및 증후가 심폐소생술 중 밝혀진 경우이다.

5. 이물질에 의한 기도폐쇄

무의식 환자의 혀가 기도를 막거나 위 내용물의 역류, 구강 내 출혈로 인한 응고된 혈액, 손상받은 조직 등 다양한 원인으로 나타날 수 있는데 기도폐쇄를 조기에 진단하고 처치하는 것이 환자의 예후에 가장 중요한 요소이다. 기도폐쇄환자는 의식이 있는 환자와 의식이 없는 환자로 나뉜다.

가. 기도 폐쇄의 처치

하임리히(Heimlich)법을 사용하는데 이 방법은 횡격막 아래를 힘껏 압박함으로써 순간적인 폐의 압력을 높여서 기도내의 이물질을 밖으로 배출시키는 방법이다. 의식이 있는 환자의 처치와 무의식 환자의 처치는 다음과 같다.

나. 의식이 있는 환자

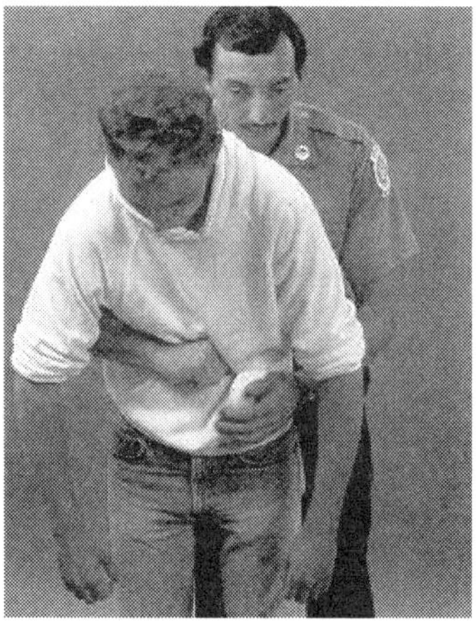

☞ 1.환자를 세우거나 앉힌 뒤, 뒤에 서서 환자의 허리를 팔로 감고 한손은 주먹을 쥔다.

☞ 2.주먹 쥔 손 엄지손가락 부분이 배꼽 위와 가슴뼈 아래쪽 사이의 정중앙에 오도록 한다.

☞ 3.주먹 쥔 손을 다른 손으로 잡고 환자의 복부 안쪽으로 주먹을 누르며 위를 향하여 빠르게 복부를 밀쳐 올린다.
이 때 주의할 점은 명치 부위를 압박해서는 안 된다는 것이다.

☞ 4.이 동작을 계속 반복하지 말고, 한 번씩 하고 그때마다 이물질이 제거됐는지 확인한다.
중간에 환자가 의식을 잃으면 중단해야 한다.

☞ 5.이물질이 제거되거나, 환자가 숨을 쉬거나 혹은 기침을 하면 복부 밀쳐 올리기를 중단한다. 환자가 다시 자유롭게 호흡을 하는지 지켜본다.

☞ 6. 들어간 물질이 밖으로 나와 의식이 돌아온 뒤에는 배 안의 장기가 손상됐을 가능성이 있으므로 반드시 의료 기관을 방문해야 한다.

하임리히 요법의 핵심은 사고를 당한 사람의 허파에 담긴 공기를 강제로 밀어내서 기도에 걸린 이물질이 같이 밀려나오게 하는 것이다.

복부를 밀쳐올릴 때는 그냥 살짝 압박해서 되는 게 아니고, CPR(Cardio-Pulmonary Resuscitation, 심폐 소생술)할 때처럼 이러다가 사고자의 갈비뼈가 부러지는 거 아닌가 싶을 정도로 "강하게" 압박해야 한다.

또한 이 압박이라는 게 명치 부위를 등뼈 방향으로 똑바로 누르는 게 아니라, 명치 부위를 누르면서 사고자의 머리 방향으로 들어 올린다는 기분으로 누르는 거다.

(명치 부위는 호흡에 관련된 기관 중 횡경막이 있는 지점인데, 사람은 이 횡경막이 위아래로 오르내리면서 호흡하는 것이다. 그러니까 횡경막을 위로 밀어 올려준다는 느낌으로 압박한다.)

때로 사고자가 어린이라든가 아주 체격이 작은 경우에는, 위와 같이 사고자를 뒤에서 끌어안은 자세로 사고자를 통째로 들어 올렸다가 떨어뜨리면서 압박을 가하기도 한다.

보통은 이 동작을 대여섯 번 정도 반복하면 사고자가 이물질을 토해내게 된다.

다. 의식을 잃거나 없는 환자

6. 소생술의 활용

구조 호흡 및 심장마사지를 통하여 일시적인 호흡 정지와 심박동 정지 상태를 원상태로 회복시킬 수 있으며 이와 같은 소생술은 다음과 같은 경우에 활용할 수 있다.

가. 질식

호흡 중추신경 기능이 마비됨으로써 혈액과 조직 내에 산소가 결핍되고 이산화탄소가 축적되어 조직이 기능저하 및 마비된 상태를 말한다. 이는 신속히 응급처치를 취하지 않으면 생명을 잃게 되므로 원인물질을 제거하고 신속하게 심폐소생술을 실시해야 한다.

나. 익수

물에 빠져서 기도가 막히거나 심장마비를 일으켜 조직의 기능 저하 혹은 마비가 된 상태를 말한다. 익수된 지 얼마 되지 않은 경우 대부분 아무 도움 없이 회복된다. 익수자가 호흡하지 않을 때는 즉시 처치해야 한다.

◎ 의식이 있으면 물을 토하게 한다.
◎ 물을 토하게 하여도 호흡이 되지 않으면 즉시 구조 호흡을 한다.
◎ 맥박이 정지되어 있을 때는 구고 호흡과 동시에 심장마사지를 한다.
◎ 전신마사지를 하고 보온을 한다.

다. 감전

전기가 통하고 있는 전도체에 신체의 일부가 접촉되어 충격을 받아 가사상태가 되거나 화상을 입은 상태를 말한다.

◎ 감전자와 전류가 계속 접촉되어 있을 시 구조자는 감전예방을 위해 고무장갑이나 면장갑을 착용하고 바싹 마른 나뭇가지나 작대기 등으로 환자를 전선에서 분리시킨다.
◎ 환자 상태를 파악 후 쇼크상태인 경우 구조 호흡을 실시한다.
◎ 맥박 정지시 심장마사지를 실시하고 화상부위를 치료한다.

제 5 절 창상의 처치

1. 개요

지혈 및 심폐기능이 회복되면 출혈 및 기타 손상의 결과로 생기는 쇼크를 예방하고 상처부위를 오염되지 않도록 보호하는 것이 가장 중요하다.

2. 상처보호

상처란 신체의 조직이 외부에서 가해지는 힘으로 인해 손상된 상태로서 주로 피부나 점막의 손상을 말한다. 피부 혹은 조직이 절단 및 파열되는 손상으로 이러한 상처를 창상이라고 한다.

가. 폐쇄성 창상

☞ 타박상(좌상) : 물체와 충돌로 푸르스름하게 멍이 드는 것이 특징이다.
☞ 탈 구 : 관절이 정상적인 형태에서 벗어나 전위된 상태이다.
☞ 염 좌 : 관절주위의 인대(힘줄)가 과도하게 늘어나거나 손상된 상태이다.
☞ 단순골절 : 피부와 교통되지 않은 골절이다. (외부출혈이 없다)

나. 개방성 창상

☞ 찰과상 : 마찰이나 긁혀서 발생하며 출혈은 경미하나 감염되기 쉽다.
☞ 절 창 : 날카로운 물체 (칼, 유리, 파편)에 의해 베인 상처이다. (출혈 심함)
☞ 열 창 : 외면이 거친 흉기에 불규칙하게 찢어진 손상이다.(감염성이 높다)
☞ 자 창 : 못, 총탄 등의 날카로운 것에 찔리거나 뚫린 손상이다.(감염성이 높다)
☞ 개방성 골절 : 골절부위가 외부에 노출된 상태이다.(감염성이 높다)

다. 세균감염 증상

☞ 발 적 : 빨갛게 변한다.
☞ 발 열 : 따끈따끈하게 열이 난다.
☞ 동 통 : 손상부위가 심하게 아프다.
☞ 종 창 : 백혈구와 세균 덩어리인 노란 분비물이 생기며 붓는다.
☞ 기능장애 : 그 부위의 통증 때문에 기능에 이상이 생긴다.

라. 폐쇄성 연부조직 손상 처치

처치 방법	휴식 (rest)	냉포 (ice)	압박 (compression)	거상 (elevation)	부목 (splinting)
치료 효과	지혈, 통증감소, 부종감소	지혈, 통증감소	지혈, 통증감소	지혈, 부종감소	지혈, 통증감소, 2차 손상예방

마. 개방성 연부조직 손상 처치

☞ 손상 부위를 움직이지 않는다.
☞ 가위를 이용해 의복을 제거한다.
☞ 출혈 부위는 지혈법을 이용한다.
☞ 드레싱으로 오염을 방지한다.
☞ 부목을 이용하여 고정한다.

3. 봉합법

외상 및 수술에 의해 손상된 조직과 근육을 서로 봉합해 주는 것으로 치료기간의 단축, 조직의 감염방지, 내부조직의 노출방지 및 상처의 흔적을 최소화하기 위해 봉합법을 사용한다.

가. 사용기구

☞ **봉합침** : 피부를 천공할 때 사용	☞ **핀 셋** : 조직, 피부, 봉합침 고정 시
☞ **봉합사** : 조직을 연결할 때 사용	☞ **지침기** : 봉합침을 잡을 때 사용
☞ 수술가위 : 손상된 조직 및 봉합사를 자를 때 사용	

나. 봉합 시 주의사항

☞ 다친 후 8시간 이상 경과된 1차 봉합을 금지한다.
☞ 사람이나 동물에 물린 상처는 봉합을 금지한다.
☞ 반드시 무균법을 준수한다.(장비 소독, 손 소독, 상처부위 소독)
☞ 절개된 주위 조직이 너덜너덜할 때 가위나 매스로 절제 후에 봉합한다.

다. 봉합 방법

인체의 조직은 표피, 진피, 피하조직, 근육이나 혈관, 장기 등의 내부조직순으로 배열되어 있다. 봉합법은 손상된 정도에 따라 방법을 선택하고 적용한다. 사용할 수 있는 방법으로는 다음과 같다.

① 일반봉합	② 메트리스 봉합
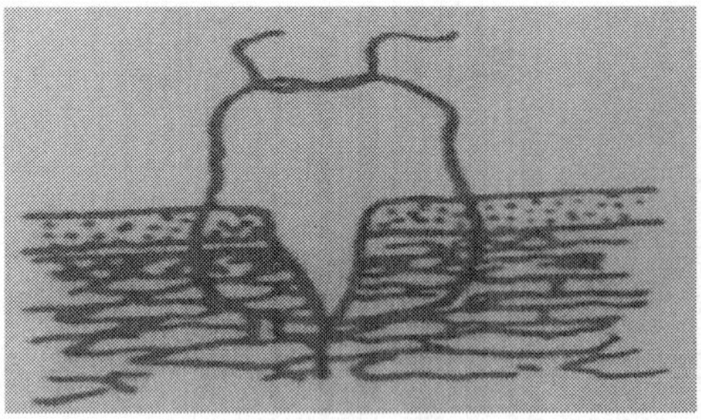	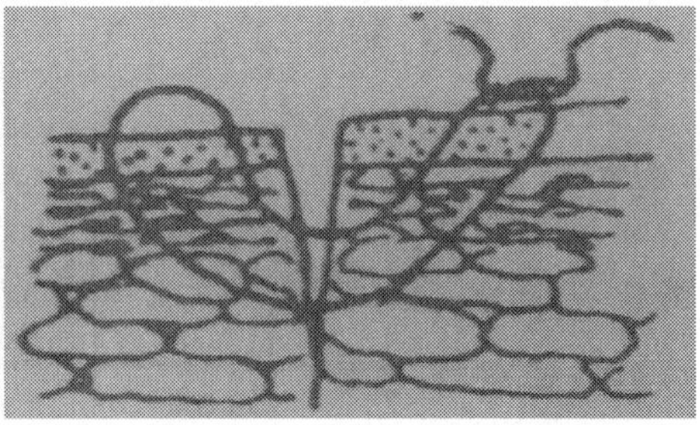
☞ 표피, 진피, 피하조직 등 비교적 얕게 손상된 경우 봉합하는 방법	☞ 손상된 부위가 크거나 각 단면의 끝을 맞추기 힘든 경우 이용

③ 8자 봉합	④ 이중 봉합
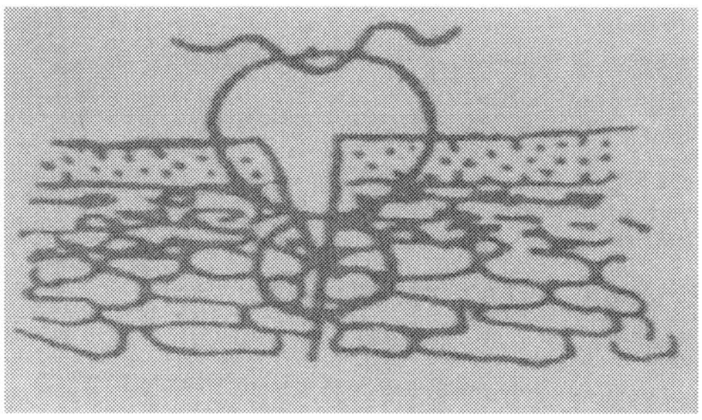	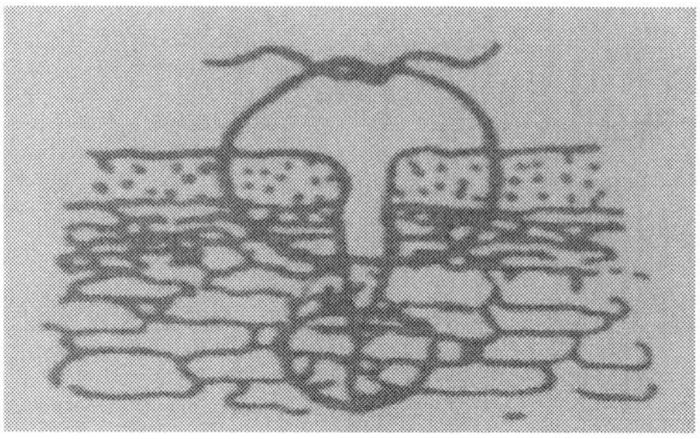
☞ 관절과 같이 봉합하여 힘을 지탱해야 하는 경우에 사용	☞ 절개된 내부조직을 먼저 봉합 후 피부조직을 봉합

제 6 절 각종 손상의 증상 및 처치

1. 개요

야전지역에서 입을 수 있는 손상의 종류에는 여러 가지가 있으며 주로, 화상, 교상, 열상, 중독상, 동상, 화학 작용제에 의한 손상, 질식, 익수, 감전, 골절, 특수손상 등이 있다.

2. 화상

화상이란 열로 인하여 피부나 혹은 다른 조직에 미치는 손상을 말하며 화상의 정도에 따라 합병증의 유발 또는 생명의 위협까지 초래할 수 있다.

가. 화상의 원인

☞ 열 : 불꽃, 수증기, 뜨거운 금속, 뜨거운 물 등 열에 의해 발생
☞ 전기 : 번개, 전선과의 접촉에 의한 감전에 의해 발생
☞ 화학약품 : 강한 산, 강알카리, 화학열 등에 의한 접촉 시 발생
☞ 방사선 : 방사선물질, 핵폭발에 의해 화상

나. 손상정도에 의한 분류

구분	손상부위	증상
1도 화상	피부 표피층만 화상	피부가 붉게 변함, 통증동반
2도 화상	표피와 진피 일부의 화상	수포형성, 동통동반
3도 화상	진피 전층이 손상된 화상	갈색 및 흰색으로 변색되며 3도 화상 부위는 통증이 없으나 주변에 동통발생

다. 손상범위에 의한 분류

화상의 정도는 화상의 깊이보다 화상을 입은 신체면적에 좌우되며 화상의 범위는 "9의 법칙"에 의하여 계산된다. 체표면적의 9% 혹은 그 배수로 몸을 나누어 손상정도를 수치로 나타내는 것을 말한다. 신체 전면적의 20%이상 화상을 입으면 쇼크가 올 수 있으며 60 ~ 60%이상이면 사망 확률이 높다.

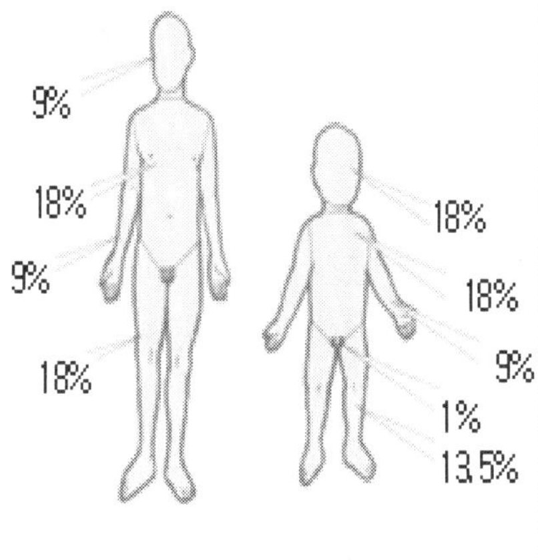

화상 범위- 9의 법칙

☞ 경도 : 체표면적 15%이하의 2도 화상, 2%이하의 3도 화상

☞ 중등도 : 체표면적 15~30%의 2도 화상, 손·발·얼굴을 제외한 2~10%의 3도 화상

☞ 중증 : 체표면적의 30%이상의 2도 화상, 10%이상의 3도 화상, 2%이상의 손·발·얼굴의 3도 화상, 전기화상 등

라. 화상에 의한 합병증

☞ 무뇨증 : 오줌의 배설이 없다.
☞ 세균감염 : 피부의 기능상실로 감염의 위험성이 매우 높아 신속히 소독 및 드레싱을 실시한다.
☞ 쇼크 : 상망원인의 60%로 체표면적 20% 이상 2~3도 화상의 경우 발생.
☞ 궤양, 빈혈, 흉터, 독혈증, 파상풍 드잉 발생할 수 있다.

마. 화상 응급처치

☞ 국소처치 : 환부를 차가운 물에 20~30분간 냉각시키고 드레싱한다.
☞ 동통처치 : 몰핀과 같은 진통제를 사용한다.
☞ 세균감염 예방 : 세균감염 시 항생제를 투여 및 심하면 파상풍 주사.
☞ 쇼크예방 및 처치 : 저체액성 쇼크 및 세균감염에 의한 패혈성 쇼크에 대비해 혈장용액이나 5% 포도당을 주사하여 체액 손실을 교정.

바. 주의사항

화상부위에 소다, 고약 혹은 기타의 약품을 발라서는 안 되며 탈지면의 사용을 금하고, 수포를 터뜨리면 안된다.

3. 교상

교상이란 독상, 독충 및 짐승에게 물려서 손상을 입는 것을 말한다.

가. 사교상

뱀에 의한 교상을 말하며 뱀의 독액은 두 가지를 포함하고 있다. 즉 마비, 쇼크, 호흡을 막는 신경독소와 적혈구를 파괴하여 혈관을 손상하는 용혈독소로 증상은 독사에 물리면 심한 동통, 마비 및 호흡곤란, 부어오름, 파상풍, 쇼크 및 허탈, 피부가 진주색으로 변색 및 괴사가 발생한다.

나. 사교상 처치

① 정맥/임파선 차단 : 팔다리 교상 시 지혈대를 이용 차단
② 세척 : 물린 부위를 비눗물로 독소분해(알카리성)
③ 운동제한, 안정 : 물린 부위 부목고정
④ 증상에 따른 처치 : 수액, 항생제, 진정제 등
⑤ 음식, 알코올, 담배 제한 및 항혈청주사, 파상풍 항생제 투여
⑥ 독에 의한 과민반응 시 절개 후 흡각기를 이용하여 흡입 물린 후 5분 경과 70~80% 15분 후 40~50% 30분 경과시 효과 없음

다. 곤충교상

독거미, 벌과 같이 곤충에 물리거나 다친 상처를 말한다.

독거미 : 물리면 심한 통증과 격렬한 근육경련, 특히 열과 땀을 동반한 복부경련이 발생한다. 처치는 상처를 물과 비눗물로 씻어낸다.

벌 : 쏘이면 심한 통증이 일어나며 부어오른다. 처치는 쏘인 독침을 카드나 소톱으로 성처에서 긁어내 듯 제거하고 묽은 암모니아수를 바르거나 식용소다를 반죽하여 바른다. 냉찜질을 하면 아픈 것이 덜하고 효과적이다.

4. 약물중독

독물(toxin)이란 적은 양이라도 체내에 들어오면 자체의 화학작용에 의해 인체조직을 손상시키거나 기능상의 장애를 야기하는 물질을 말한다. 독물은 복용, 흡입, 주사, 흡수 등에 의해 체내에 들어올 수 있다.

가. 중독 환자의 일반적 증상

☞ 오심, 구토, 호흡곤란, 복통, 청색증, 동공 수축 및 확장, 입주위의 손상
☞ 과다한 타액분비 및 발한, 의식장애, 경련
☞ 피부점막부위 발적, 수포, 심한 화상(화학약품일 경우)

나. 중독 환자의 처치

☞ 주변에 알약, 화학물질, 약병 구토물을 수거하여 병원으로 같이 보낸다.
☞ 오염물질을 제거한다. (의복, 장갑 등)
☞ 약물은 중추신경계에 작용하므로 호흡유지 및 의식상태 변화에 주목한다.
☞ 세척(눈, 피부, 구강), 구토유발(의식이 명료한 상태에서 구토시럽 투여)
☞ 활성탄 투여(흡착하여 중화), 위세척, 하제(설사유발) 및 이뇨제 투여

다. 구토유발 금지 환자의 유형

☞ 의식이 명료하지 않거나 경련중인 환자
☞ 강산 또는 강알칼리, 세척액 등의 부식성 물질을 복용한 환자
☞ 입 주위나 구강 내에 복용물질에 의한 화상이 있는 환자
☞ 경유, 광택제 등 석유화학 물질 복용 시(폐로 흡입 시 화학성 폐렴유발)
☞ 구토반사가 소실된 경우

5. 특수손상

생명에 직결되는 손상으로서 응급처치와 전문적 치료가 요구된다.

가. 두부손상 분류

① 두피열상

☞ 두피에만 손상을 입은 것
☞ 대량 출혈로 인한 출혈성 쇼크 발생가능
☞ 소독된 거즈로 압박 시 대부분 지혈

② 뇌진탕

☞ 외부 충격으로 뇌신경세포 파괴
☞ 뇌기능의 일시적 장애
☞ 기억 장애나 호흡장애 유발

③ 뇌 자상

☞ 뇌조직의 실질적인 손상
☞ 손상부위와 연계된 기관의 마비 및 감각장애 발생
☞ 구토, 두통, 의식저하, 혼수상태 발생

④ 경막외 출혈

☞ 두개골내의 출혈
☞ 뇌조직의 손상은 없음
☞ 혈액 덩어리가 뇌 압박
☞ 압박부위와 연계된 기관의 기능장애, 두통, 구토발생

⑤ 경막하 출혈

☞ 출혈이 서서히 진행
☞ 증상 / 징후는 늦게 발생
☞ 두 개 내 혈종이 유발되어 뇌를 압박
☞ 영구적인 뇌손상 유발
☞ 신속한 외과적 수술

나. 일반적 두부손상 증상

☞ 두피의 창상, 귀와 코로 혈액이나 뇌척수액이 흘러나온다.
☞ 양쪽 동공 크기의 불균형 또는 확장, 사지의 편측마비가 발생한다.
☞ 의식불명 및 점차적 의식소실, 두개골의 변형, 반사작용이 저하된다.
☞ 혈압상승, 느린 맥박과 호흡, 구토, 경련, 발작, 졸음, 두통 등이 발생한다.

다. 일반적 두부손상 처치

① 기도유지(이물질 제거) ② 호흡유지(구조호흡 및 산소공급)
③ 순환유지(심폐소생술) ④ 경추 골절로 간주 후 처치
⑤ 귀, 코에서 흘러나오는 뇌척수액과 혈류는 막지 않고 닦아 낸다.
⑥ 의식변화, 편 마비, 동공크기 확인 ⑦ 흘러나온 뇌 조직은 제거금지
⑧ 진정제 및 몰핀 투여 금지 ⑨ 경구투여 금지(기도폐쇄 유발)
⑩ 환자측정 후 기록(10분 간격)을 하고 처치즉시 후송한다.

라. 개방성 두부손상 처치

① 손상주변을 깨끗하게 소독
② 손상된 조직은 원래의 상태로 위치
③ 소독된 거즈로 덮어 지혈
④ 지혈되면 압박붕대로 고정 후 필요시 항생제 투여 및 봉합법 실시

마. 흉부손상

흉벽의 손상이나 폐 자체의 손상으로 공기나 혈액이 흉막강으로 들어가 폐를 압축시키고 기능장애를 유발시킨다.

바. 흉부손상의 합병증

① 기 흉

☞ 폐와 흉강 사이에 공기가 들어간 것으로 폐와 흉벽이 분리된 상태이다.
☞ 기도유지 및 산소투여, 개방창 3면 폐쇄 드레싱을 실시한다.

② 혈 흉

☞ 개방성, 폐쇄성 흉부손사에 의해 흉강 내로 혈액이 유입되어 발생한다.
☞ 기도유지, 산소투여, 쇼크처치를 하면서 후송한다.

③ 혈기흉

☞ 기흉과 혈기흉의 원인에 의해 혈액과 공기가 동시에 들어와 급작스런 호흡 곤란이나 청색증이 발생한다.
☞ 외상 처치 후 흉강에 고여 있는 혈액과 공기는 주사기를 이용 제거한다.

④ 연가양 흉부

☞ 3개 이상의 늑골이 골절 각각의 늑골은 2곳 이상이 골절되는 경우
☞ 통증, 흉벽의 가성운동, 저산소증
☞ 충분한 산소공급 및 호흡처치
☞ 연가양 분절 위에 모래주머니를 올려 주거나 베개를 이용 고정한다.

사. 흉부손상의 일반적 증상

☞ 손상부위의 통증 ☞ 흉막통 ☞ 각혈
☞ 맥박증가 및 혈압저하 ☞ 청색증
☞ 호흡이 빠르고 얕으며, 12~20회/분의 정상범위에 속하지 않는 호흡곤란

아. 흉부손상의 일반적 처치

① 기도유지 및 구강 내 이물제거 ② 산소투여 및 필요시 인공호흡 ③ 흉강으로 개방된 관통성에 대한 3면 폐쇄성 멸균드레싱 실시한다. ④ 외부출혈에 대한 지혈 ⑤ 환자 측정, 기록, 감시 ⑥ 상처의 이물질은 제거하지 않고 주위를 거즈로 덮은 후 고정한다.

자. 복부손상의 증상

☞ 무릎을 당겨 누워있기 원함	☞ 주된 증상은 동통
☞ 빠르고 얕은 호흡 및 빈맥	☞ 혈압저하(폐쇄성 손상)
☞ 복부근육의 경화	☞ 압통 및 반사압통, 오심, 구토

차. 복부손상의 분류

① 폐쇄성 복부손상

☞ 환자병력파악, 통증이 형태, 오심, 부종, 혈뇨 및 혈변의 유무를 확인 ☞ 장음청진, 촉진으로 압통 및 반발압통, 늑골 골절, 압통 여부를 확인 ☞ 정맥 확보 및 쇼크방지를 위한 처치 ☞ 항생제 투여 및 배설량을 측정

② 개방성 복부손상

☞ 환자를 눕힌 후 일반적 쇼크 처치 ☞ 무릎을 굽히고 기도 유지 ☞ 장기는 밀어 넣거나 제거금지 ☞ 노출된 장기는 마르지 않도록 한다. ☞ 드레싱은 세게 조이지 않으며 음식이나 물을 먹이지 않는다.

제 7 절 환경응급

1. 개요

열과 추위에 대한 노출, 익수 및 수중사고, 곤충과 동물에 의한 자상과 교상 등을 포함한다.

2. 온열손상

대기의 온도가 높거나, 온도와 습기가 높은 지역에서 장시간 동안 신체를 노출시키거나 체력을 과도하게 소모할 때 발생하며 열경련, 일사병, 열사병(stroke)의 3가지 형태로 분류한다.

가. 열경련

가장 경미한 유형으로 통증을 동반한 근육경련이 주된 증상이며, 근육통은 보통 하지에서 나타난다. 전해질의 불균형으로 유발되며 통상 격렬한 운동 후에 발생한다.

나. 열경련의 처치

① 환자를 더운 환경으로부터 그늘진 곳으로 옮긴다.
② 수분을 공급한다.(0.1% 소금물 보충)
③ 한자를 앉히거나 눕혀서 편안한 자세로 경련중인 근육을 쉬게한다.

다. 일사병

가장 흔한 유형이며, 많은 양의 수분과 전해질을 소실하여 체액이 고갈되는 경우 저체액성 쇼크의 형태로 발생한다.

라. 일사병 증상

☞ 오심이나 두통을 수반하는 현기증이나 전신쇠약 증세
☞ 맥박이 빠를 수도 있지만 생체 징후는 대부분 정상이다.
☞ 체온은 거의 정상이지만 드문 경우 40℃ 정도로 높을 수도 있다.
☞ 의식 혼미 및 체온 상승 시 열사병으로 발전할 수 있어 신속한 처치 요망.

마. 일사병 처치

☞ 그늘지고 서늘한 장소로 환자를 신속히 옮긴다.
☞ 의복을 충분히 제거하고, 꼭 끼는 의복은 느슨하게 한다.
☞ 의식이 있으면 입으로 1L의 수분이나 평형 전해질 용액을 투여하고, 의식이 없으면 정맥을 통하여 수액을 투여한다.
☞ 의식이 나빠지거나 체온이 상승하면 즉시 전문 의료기관으로 후송

바. 열사병

온열손상 중에서 가장 중증은 유형으로 고온 다습한 지역에서 활동 시 체내의 열이 발산하기 어렵고 점점 체온이 상승하게 되면서 갑자기 의식장애를 일으키게 되는 것이다. 열경련이나 일사병과는 달리 사망률이 매우 높으므로 신속하고 효율적인 응급처치가 시행되어야 한다.

사. 열사병 증상

☞ 피부는 뜨겁고 건조하며 붉은색으로 땀을 흘리지 않는다.
☞ 중심체온이 42℃ 이상으로 높게 상승한다.
☞ 두통, 경련, 허약감, 경련이나 섬망과 같은 증상도 발현할 수있다.
☞ 호흡이 빠르며 초기의 맥박은 빠르고 강하지만 시간이 경과하면서 맥박은 더욱 약해지고 혈압은 저하된다.

아. 열사병 처치

☞ 환자를 서늘하고 그늘진 곳으로 옮긴다.
☞ 기도, 호흡, 순환을 확인하고 환자의 의복 제거 및 충분한 산소와 수액 공급
☞ 물을 뿌리거나 젖은 수건 등을 이용해 환자를 닦이면서 통풍시킨다.
☞ 지속적으로 환자의 활력징후를 확인하여 상황에 따라 처치
☞ 전문 의료기관으로 연락하고 신속히 환자를 후송

3. 한랭손상

노출된 신체부위에 국소적으로 발생하며 말단 부위인 손과 발은 한랭손상 위험성이 높다. 신체가 저온에 장시간 노출되면 방어기전이 억제되어 체온을 유지하지 못하고 증발, 복사, 전도, 대류에 의한 체열 방출이 신진대사에 의한 체열 생산량을 초과하여 체온은 하강하게 된다. 수분은 공기보다 온도 전도율이 30배 정도 높기 때문에 체온하강이 심하게 나타난다.

가. 저체온증

체온이 35℃ 이하로 저하되면 저체온증이라 하고 저체온증 환자는 체온에 따라 다음과 같은 입상증상이 발생한다.

체 온	입 상 증 상
32~35℃	오한, 말초혈관 수축, 대사량 증가, 빈맥, 과호흡
28~32℃	대사량 감소, 호흡수 감소, 오한소실, 의식장애, 서맥, 부정맥
28℃ 이하	서맥, 저혈압, 혼수, 무수축, 심실세동

나. 저체온증의 처치

☞ 젖은 의복을 제거하고 신체를 건조시킴과 동시에 체온손실을 방지하기 위해 환자를 추운 환경에서 따뜻한 곳으로 옮긴다.
☞ 담요 등으로 신체를 덮어 체온하강을 방지하고 머리를 따뜻하게 한다.
☞ 바람이 없는 장소로 옮기거나 바람막이를 세워 체온손실을 방지한다.
☞ 보온(40~42℃ 온욕)을 해주고 특히 심장부위를 따뜻하게 해준다.
☞ 후송 간 심장의 안정을 위해 환자의 움직임을 최소화한다.

다. 국소적 한랭손상

추운 외부에 노출된 신체부위에 국소적으로 발생하는 경우이며 특히 손이나 발은 한랭손상을 받기 쉽다.

라. 동상 및 참호족

추운 환경에 지속적으로 노출된 경우에 발생하며 동상부위는 통증이 심하지 않으며 주로 코와 귀에서 빈번히 발생한다. 참호족은 찬물에 지속적으로 노출된 후에 발생하며 피부에 주름이 잡히고 창백하고 차갑다. 손상부위는 따뜻한 신체나 물체에 접촉시켜 따뜻하게 해주며 동창과 감별되지 않으면 손상부위를 문지르면 안된다.

마. 동창(frostbite)

가장 중증인 상태로서 조직이나 수분이 결빙되어 조직괴사가 나타나고 기능을 상실한 상태로 손상받은 조직을 촉진하면 매우 딱딱하게 느껴진다. 손상부위는 회색이아 청백색으로 보이는 경우가 많다.

바. 분류

☞ 경도 : 피부로부터 표충부만 손상된 경우
☞ 중증 : 피부 심층까지 손상(드물게는 근육이나 골격까지 손상)

사. 동상 응급처치

① 추운 환경으로부터 환자를 따뜻한 장소로 옮긴다.
② 손상된 부위가 외부의 물리적 자극을 받지 않도록 보호한다.
③ 젖었거나 신체에 꼭 조이는 의복을 제거한다.
④ 건조하고 소독된 거즈로 드레싱하고 느슨하게 붕대를 감는다.
⑤ 환자가 저체온증의 증세나 징후가 있는지 관찰한다.
⑥ 기도, 호흡, 맥박, 감각상태를 확인하면서 전문 의료기관으로 후송한다.
⑦ 온도계로 정확히 측정한 38~42℃의 물에 가온한다.(현장에서 금지)
⑧ 동상부위는 비비고 물질을 터트리지 않고 건조열을 직접 가하지 않는다.

아. 동상 예방법

체온을 보존하는 것이고 다른 하나는 동상을 일으키는 추위, 찬바람, 습기, 기타의 요인에 장시간 노출을 피해야 한다.

☞ 발을 자주 씻고, 비비고, 말려라!
☞ 여유 있는 크기의 장갑과 신발을 사용해라!
☞ 양말을 자주 갈아 신어 습기를 방지해라!
☞ 충분한 휴식과 따뜻한 음식을 자주 섭취하라!

제 8 절 약용식물

1. 개요

특전부대는 임무수행 간 의무지원이 어려워지면 침술과 더불어 오랜 전통을 가지고 있는 본초항목 중 야전에서 쉽게 구할 수 있는 약용식물을 효과적으로 활용할 수 있어야 한다. 때문에 식물에 대한 특징 및 사용방법을 숙지하여 약용식물을 채취하고 질병치료에 적극 활용하여야겠다.

가. 약용식물

☞ 지혈제 : 쑥, 소나무(송진), 담배잎, 오이풀, 엉겅퀴, 씀바귀
☞ 옻 : 이끼, 산국, 자작나무, 소나무(솔잎)
☞ 동상 : 구기자, 토란, 소나무(솔입), 참마
☞ 해열 : 삼주, 머위, 미나리, 구기자, 칡
☞ 기침 : 싸리, 질경이, 도라지
☞ 소화기질환 : 민들레, 익모초, 산딸기, 칡, 쑥

나. 식용식물 판별법

☞ 우유와 같이 흰색 즙이 있는 것은 피한다.
☞ 생것으로 입에 넣었을 때 맵거나, 쓰거나, 구토가 나는 것은 먹어서는 안 된다.
☞ 15~20분간 끓여 소량을 입에 넣고 5분간 대기후 쓰거나, 구토, 기타 이상이 없을 때는 삼켜, 8시간 경과 후 이상이 없는 것은 먹어도 된다.
☞ 버섯 중 색소가 이상하고 반점이 있거나 이상한 냄새 또는 우유 즙이 나오는 것은 피한다.

다. 독초 식별법

☞ 독초는 한국에 있는 전체 식물수의 1% 정도 밖에 되지 않는다.

☞ 잘 모르는 식물은 처음부터 멀리하여, 채집하지 않는 것이 안전하다.

☞ 줄기를 자르면 흰색과 황색, 오렌지색 액이 나오는 것이 많다.

(예 : 옻나무, 양귀비, 여우풀, 등대풀)

☞ 풀 전체에서 이상한 냄새가 나는 것이 많다.

☞ 혀 끝에 대 보면 고약한 맛이 나기도 하고, 혀가 마비되는 것 같은 강한 자극이 있는 것이 많다.

☞ 꽃잎의 색깔이 선명한 적색, 황색을 띠기도 하고, 섬뜩한 느낌이 드는 열매를 갖고 있는 것이 많다.

☞ 독초를 먹게 되었을 경우 빨리 손가락을 입에 넣어 구토를 시키고, 소금물을 마시게 하여 2~3회 구토를 반복하여 위세척을 한다.

라. 부위별 채취 방법

☞ 잎과 줄기를 식용으로 채취할 경우는 막 피어나기 시작하는 초봄 무렵의것이 가장 좋다. 약용으로 채취할 경우는 늦봄부터 여름에 걸쳐, 꽃이 필 때에 가장 큰 효력을 볼 수 있다.

☞ 종자는 대체로 여름부터 늦가을에 걸쳐서 식용은 약간 어린 것을 , 약용은 완숙한 것을 채집한다.

☞ 열매는 대체로 여름부터 가을에 걸쳐서 삶아서 먹을 경우는 완숙하지 않은 어린 것을, 생식용이나 약용은 충분히 숙성한 것을 채집한다.

☞ 뿌리는 일년내내 여름부터 식용・약용으로 적합하지만, 가장 많은 영양을 얻을 수 있는 계절은, 가을부터 그 이듬해 초봄 사이이다. 뿌리를 캘 때에는 뿌리 근처로부터 조금 떨어진 곳에서 옆으로 비스듬하게 파나가야 한다. 뿌리는 땅 깊숙한 부분까지 박고 있어(예:민들레)무리하게 잡아 당기면 뿌리가 도중에 잘릴 수 있기 때문에 마지막 순간까지 천천히 침착하게 파내야 한다.

2. 약용 식물

가. 지혈제

① 쑥

☞ 분포 : 전국에 분포하며 햇볕이 잘 드는 곳에서 자란다.
☞ 채취 : 5~8월 경 잎을 채취한다.
☞ 사용법 : 출혈 시 잎을 찧어서 출혈부위에 붙인다.

② 소나무(송진)

☞ 분포 : 북부 고원지대를 제외한 전역에 분포한다.
☞ 채취 : 일년 중 어느 때나 채취 가능하며 묽은 송진을 채취한다.
☞ 사용법 : 송진을 채취해서 묽게 된 것을 환부에 붙인다.

③ 담배잎

☞ 분포 : 따뜻한 지역에서 재배되는 식물이다.
☞ 채취 : 7~8월에 잎을 채취한다.
☞ 사용법 : 담배 잎을 찧어서 환부에 붙인다.

④ 오이풀

☞ 분포 : 전국 고산지대 습기가 많은 곳에 자란다.
☞ 채취 : 새싹은 3~4월에 뿌리는 7~8월에 채취한다.
☞ 사용법 : 대장지혈에 뿌리를 채취하여 건조 후 잘게 썰어 달여서 복용

⑤ 엉겅퀴

☞ 분포 : 햇볕이 잘 드는 산야, 논두렁, 물가 등에서 자생한다.
☞ 채취 : 잎은 봄에 뿌리는 가을에 채취한다.
☞ 사용법 : 출혈 시 풀잎을 찧어서 환부에 붙인다.

⑥ 씀바귀

☞ 분포 : 전국의 산과 들에 자생한다.
☞ 채취 : 5~7월에 잎을 채취한다.
☞ 사용법 : 출혈에 씀바귀 잎을 찧어서 환부에 붙이고 붕대를 감아준다.

나. 옻

① 이끼

☞ 분포 : 산지의 그늘지고 습기가 많은 곳(계곡, 냇가 등).
☞ 채취 : 5~10월 경애 잎이나 줄기를 채취한다.
☞ 사용법 : 이끼를 모아서 물기를 꽉 짜고 염증부위에 바른다.

② 산국

☞ 분포 : 전국 각지에 널리 분포되어 있으며 양지바른 곳에 자란다.
☞ 채취 : 잎은 생잎을 뜯고 꽃은 피어난 것을 손으로 훑어 모은다.
☞ 사용법 : 생잎을 찧어서 환부에 붙이거나 달여서 나온 액으로 닦아낸다.

③ 자작나무

☞ 분포 : 중부 이북지역에 분포하며 깊은 산의 양지쪽에 군락을 형성한다.
☞ 채취 : 5~10월에 잎이나 줄기를 채취한다.
☞ 사용법 : 껍질을 달인 뜨거운 물로 환부를 찜질한다.

다. 동상

① 구기자

☞ 분포 : 전국의 들, 길가, 제방 등의 햇볕이 잘 드는 곳에 자생한다.
☞ 채취 : 열매는 가을, 잎은 봄-가을, 뿌리는 가을-겨울에 채취한다.

☞ 사용법 : 열매를 으깨 즙을 환부에 바른다. 해열시 뿌리를 달여 마신다.

② 토란

☞ 분포 : 건조함에 약해서 약간 습한 곳에서 잘 자란다.
☞ 채취 : 가을에 토란 알이 여물면 채취한다.
☞ 사용법 : 토란 알을 구워서 익으면 껍질을 벗기고 밥풀과 같이 환부 붙인다.

③ 참마

☞ 분포 : 전국의 산야, 숲에서 자란다.
☞ 채취 : 줄기가 시드는 늦가을에 뿌리를 파낸다.
☞ 사용법 : 동상에 뿌리를 찧어서 환부에 붙인다.

라. 해열

① 구기자

☞ 분포 : 산지, 구릉지의 햇볕이 잘들고 건조한 곳에서 자생한다.
☞ 채취 : 잎이 시드는 늦가을에 뿌리를 채취한다.
☞ 사용법 : 해열에 뿌리를 달여서 액을 복용한다.

② 머위

☞ 분포 : 전국의 약간 습기가 있는 낮은 산지나 길가 등에 서식한다.
☞ 채취 : 이른봄 꽃이 피기 전에 새순과 줄기를 채취한다.
☞ 사용법 : 열이 있을 때 뿌리를 채취하여 달여서 복용한다.

③ 미나리

☞ 분포 : 전국적으로 논, 늪지대, 개울 등 습지에 자생한다.
☞ 채취 : 6월에 잎과 줄기를 채취한다.

☞ 사용법 : 미나리를 빻아서 물과 섞어서 걸러낸 물을 달여서 복용한다.

마. 기침

① 싸리

☞ 분포 : 전국의 햇볕이 좋은 산야에 자생한다.
☞ 채취 : 전초를 개화기의 7~9월에 채취한다.
☞ 사용법 : 전초를 적당한 크기로 잘라 말린 후 달여서 복용한다.

② 질경이

☞ 분포 : 전국의 풀밭, 길가, 황무지에서 자란다.
☞ 채취 : 전초는 꽃 이삭이 나올 때, 열매는 흑갈색 과실이 갈라지기 전
☞ 사용법 : 기침에 전초 및 열매를 말려 달여서 복용한다.

③ 도라지

☞ 분포 : 햇볕이 잘 드는 건조한 야산에 자생한다.
☞ 채취 : 뿌리를 6~7월에 채취한다.
☞ 사용법 : 기침에 뿌리를 달여서 복용한다.

바. 소화기 질환

① 민들레

☞ 분포 : 전국의 햇볕이 잘드는 야산, 길가 등에 자생한다.
☞ 채취 : 뿌리는 11~2월, 잎 및 줄기는 2~3월에 채취한다.
☞ 사용법 : 소화불량에 뿌리와 잎 및 줄기를 달여서 복용한다.

② 익모초

☞ 분포 : 전국의 햇볕이 잘 드는 초지나 길가, 산지 등에서 자생한다.
☞ 채취 : 전초는 꽃이 피는 7~9월경, 열매는 10~11월경에 채취한다.
☞ 사용법 : 복통에 전초를 말려 달인 후 복용한다.

③ 산딸기

☞ 분포 : 전국의 산 양지쪽에 자생한다.
☞ 채취 : 6~7월 열매가 붉게 물들기 전에 채취한다.
☞ 사용법 : 설사에 익지 않은 열매를 채취해 즙을 내서 복용한다.

제7장

부 록

제7장 부　록

제1절　특수전 용어해설

ㄱ

가 변속 낙하산(可變速落下傘 : Reefing Parachute)

강하자가 낙하산의 강하속도를 임의대로 어느 정도 조정을 하여 속도의 변화가 가능한 구조를 갖춘 낙하산

가소성폭약(可塑性爆藥 : Morphine Explosive)

일정 온도 상에서 밀가루 반죽과 같은 형태로 되어있어 어느 정도 모양을 변형시키더라도 형태만 변하고, 그 원래의 성질은 변하지 않는다.

가소제(可塑劑 : Plasticizer)

폭약의 탄성이나 강도를 조절하기 위해 첨가되는 화학물질

가시거리(可視距離, Visibility Range)

지(수)평선 위로 크고 작은 목표물을 육안으로 볼 수 있는 정도의 수평거리.

초단파의 전파경로를 판단할 때 사용하는 송·수신기 안테나 최고 높은 위치에서 지구의 구면과 닿는 부분을 연결한 직선거리.

전파 가시거리란 전파가 굴절작용에 의해 전달되는 기하학적 가시거리 보다 먼 지점까지의 대지에 접하는데 이때의 송·수신기 간의 거리를 말함.

가시광선(可視光線 : Visible Light)

사람의 눈으로 느낄 수 있는 광선으로 보통 380~770㎛의 파장을 가진 빛이며, 자주색, 남색, 청색, 녹색, 황색, 등색, 적색의 일곱 가지가 있음.

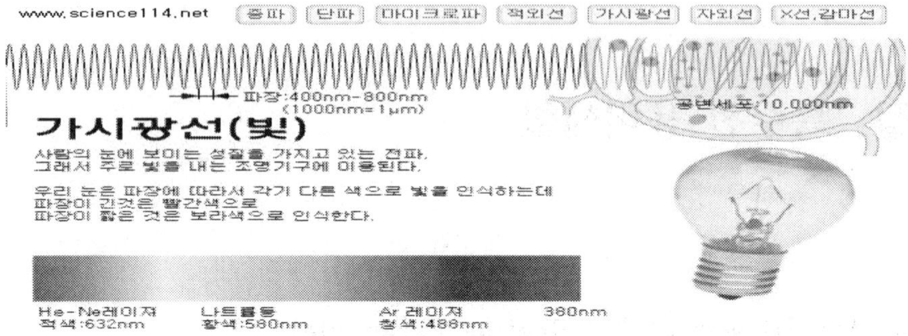

가청주파수(可聽周波數, Audible Frequency)

사람의 귀로 들을 수 있는 진동주파수로 보통 16㎐ 이상 20,000㎐ 이하 주파수를 말함.

간섭(干涉, Interference)

전자장비에 필요 없는 반응을 유발시키는 전기적 또는 전자기적인 혼란으로 2개 또는 3개의 파동이 서로 영향을 미칠 때 변화하는 현상. 레이더 운용시 부근의 다른 레이더에서 방사된 고주파 신호가 수신되어 방해를 줄 때 이를 간섭이라고 함.

간접사격(間接射擊 : Indirect Fire)

1. 표적을 직접 조준하지 않고 실시하는 사격.
2. 포진지 또는 포반에서 볼 수 없는 목표에 대하여 실시하는 사격.

감시(監視 : Surveillance)

1. 정보목적상 시각, 청각, 전자, 사진, 기타 다른 수단에 의해 공중, 지표면, 수상, 수중 해역, 인원 또는 물체에 대한 조직적인 관측.
2. 행동의 우위를 확보하고 적의 동태를 파악하기 위하여 취하는 관찰행동.

감압실(減壓室可 : Decompresson Chamber)

잠수병 환자의 치료목적으로 사용되는 고압기밀실로 해군기지나 함선에 고정 설치된 장착용 챔버와 잠수현장에서 잠수병 환자의 응급치료로 사용 가능한 이동용 챔버로 구분됨.

감청(監聽 : Monitering)

통신유통 상황에 대한 정상상태의 유지와 통신 개선 또는 참고목적으로 적 및 아군(자체 및 인접부대)의 통신상황을 청취, 검토 및 혹은 기록하는 행위.

강선(腔線 : Rifling Groove)

탄환의 정확성과 사거리 등의 증가를 위해 탄환의 회전력을 증가시키도록 하기 위해 총강에 설치된 나선형 홈.

강습(强襲, Assault)

특정한 국부적인 목표에 대해 짧고 맹렬하면서 질서 있는 공격을 감행하는 것.

강하(降下 : Jump Drop)

1. 병력이나 화물이 항공기로부터 이탈후 낙하산을 이용하여 지상이나 해상에 내려오는 것.
2. 항공기가 고도를 낮추는 것.

강하연명부(降下聯名簿 : Manifest)

화물목록, 강하를 목적으로 항공기에 탑승 시 필요한 강하자 명부.

강하 전 지상훈련(降下 前 地上訓練 : PLF ; Parachute Landing Fall Training)

강하 이전에 지상에서 강하에 필요한 제반훈련(착지, 공중동작, 모형문, 모형탑 등)을 실시하여 강하기술 및 자신감을 체득 등 강하 중 발생 가능한 행동의 예행연습을 실시하는 훈련.

강하조장(降下組長 : JM ; Jump Master)

강하 시 강하와 강하인원들의 장비투하를 통제하고 조절을 위하여 교육받은 전문 요원.

강하지역(降下地域 : DZ ; Drop Zone)

공정부대 장비 및 보급품이 낙하산으로 낙하되거나 장비 및 보급품이 자유낙하로 투하되는 특정지대.

개략계획(概略計劃 : Outline Plan)

세부계획을 수립하기 전에 중요한 특징이나 기본원리, 순서 등을 포함하여 작성하는 개념적이고 대략적인 계획.

개방회로잠수장비(開放回路潛水裝備 : Open Circuit)

대기 중의 공기를 압축하여 사용. 호흡 시 배출된 공기는 기포의 형태로 발생되며 흡입된 공기 중 5%의 산소만 사용하고, 나머지는 배출하는 방식의 잠수장비로 공기 소모율이 매우 큼, 공기 소모는 수심에 따라 변함.

게릴라(Guerrilla)

일정한 제복을 착용하지 않고 또한 정규군에 속한다는 것을 명시하지 않고 대적 전투행위를 하는 사람 또는 그 단체, 유격전(Guerrilla Warfare)을 수행하는 주체.

게릴라 전(~戰 : Guerrilla Warfare)

적지역 또는 적이 점령한 지역 내에서 현지 주민들에 의해 생성 발전된 유격작전부대가 적의 전투력과 산업시설 능력 및 적의 사기를 감소시키기 위하여 공개적으로 수행하는 군사적 또는 준군사적 전투작전.

격리지역(隔離地域 : Isolation Area)

허가된 인원만이 접근할 수 있도록 최대한의 보안이 유지된 지역으로서 특전부대 작전제대는 침투 및 작전에 필요한 준비를 격리지역에서 실시하며 보안목적상 각급 작전제대는 상호 격리함.

격리지역활동(隔離地域活動 : Isolation Area Activities)

비정규 작전지역으로 전개되는 부대가 작전을 준비하기 위하여 격리되어 지역의 활동으로 작전보안을 위해 허가된 인원만이 접근할 수 있도록 통제됨.

결심(決心, Decision)

1. 지휘관이 상황을 판단하여 그의 임무를 성공적으로 수행하기 위한 최선의 방책으로서 의도하는 바를 6하 원칙에 의거 명확하고 간결하게 진술하는 것.
2. 예비방책을 포함한 모든 문제에 관련된 요소를 고려한 후 얻은 결론.

결심조건(決心條件 : Decision Conditions)

작전실시간 예상되는 주요 국면에서 전투력 운용방법을 지휘관이 적시적으로 결심할 수 있도록 사전에 구상된 적과 아군에 관한 조건

계기투하방법(計器投下方法 : Computed Air Release Point)

2대 이상의 항공기를 이용한 전술강하 시 사용되며 강하지역 중심에서 표지를 이동시킬 수 없을 경우 사용함. 이탈 시기는 항공기 항법사와 강하지역에 있는 전술항공 유도반 요원과의 협조 하 결정되며, 항공 유도반 요원은 지속적으로 강하지역의 풍속과 풍향을 항법사에게 알려준다. 구두지시 투하와 다른 차이점은 녹색등의 점등시기를 지상근무자가 요구하느냐 항공기의 항법사가 결정하느냐의 차이 임.

계략(計略 : Ruse)

기만작전의 한 방법으로 아군의 허위첩보를 고의적으로 적에게 전달하여 적을

기만하는 방법으로 전장에서 단순한 전술적인 속임수에서부터 전략적 제대의 속임수까지 포함될 수 있음.

계획(計劃, Plan)

1. 부여받았거나 예상된 임무(과업)를 수행하기 위한 방법 또는 복안.
2. 확정된 목표를 완수하기 위해 가용한 인적 및 물적 자원을 단계적으로 배분한 세부명세서.

계획표적(計劃標的, Planned Target)

사전에 표적에 사격을 실시하려고 계획한 표적으로 계획표적을 계획하는 목적은 부대 임무수행에 방해를 줄 표적에 정확하고 적시적인 사격을 실시하는 데 있음. 이는 예정표적과 요청표적으로 구분됨.

계획, 결심, 시행주기(計劃, 決心, 施行週期, Planning, Decision and Execution Cycle)

상하급 부대간 계획, 결심, 시행 주기의 연계성을 유지 및 예하 부대 계획수립 시간을 보장하여 현행 및 장차 작전을 연계한 전투력 통합이 가능한 절차.

고가치표적(高價值標的 : High Value Target)

적 지휘관이 자신의 작전을 성공적으로 수행하기 위해 요구되는 자산으로 파괴 또는 무력화된다면 조직적인 전투력 발휘에 심대한 저하를 가져오리라고 예상되는 자산을 말함.

고고도공중재보급시스템(High-Altitude Airdrop Resupply System)

투하고도 제한은 25,000ft이며, 30-inch 또는 68-inch 보조 낙하산에 의해 자세를 유지하면서 고속 투하 중 고도감지 센서의 작동으로 주 낙하산이 산개되어 저속투하로 전환되는 것으로 적용 가능 화물은 BDL과 CDS가 있음.

고고도이탈고고도개방(HAHO : High Altitude High Opening)

고공강하의 방법으로 3,040~7,600m(10,000~25,000ft) 고도에서 항공기를 이탈하여 3,040m(10,000ft, 미군교범에는 6,000ft 이상) 이상의 고도에서 낙하산을 개방하여 침투하는 방법

※ 25,000ft 이상 고도에서 이탈시 강하자는 반드시 최소 25,000ft에서 낙하산을 개방하여 함.

고고도이탈저고도개방(HALO : High Altitude Low Opening)

고공강하의 방법으로 3,040~7,600m(10,000~25,000ft) 고도에서 항공기를 이탈하여 1,067m(3,500ft) 이상의 고도에서 낙하산을 개방하여 침투하는 방법

고공침투강하(高空浸透降下 : MFF : Military Free Fall)

1,067m(3,500ft) 이상의 고도에서 자유강하하여 자신이 직접 개방하거나 기계적장치에 의해 낙하산을 개방하여 강하하는 것.

고공침투조(高空浸透組 : High Altitude Infiltration Team)

고공 침투 능력을 구비한 2~3명 이상의 인원이 특수작전 임무수행을 목적으로 필요한 장비를 휴대하고 목표지역에 고공강하 하여 침투하는 요원을 말함.

고리줄검사(Check Static Lines)

생명줄 고리와 안전핀이 삽입된 상태로 정박줄에 정확하게 결속되어 있는지 확인하는 검사.

고립(孤立 : Isolation)

상급부대(아군부대)와 연락이 두절되고 연결이 불가능하며 지원을 못받는 상태

고성능폭약(高性能爆藥 : High Capability Explosive)

폭발속도가 초당 1,000~8,500m로 거의 순간적으로 폭발(기체 상태로의 변화)하는 폭약으로 폭파작업이나 지뢰, 탄두, 폭탄 등의 내부폭약으로 사용 됨.

고속고무보트(高速~ : CRRC ; Combat Rubber Raiding Craft)

고속고무보트는 해상으로 침투하는 침투부대의 가장 기본적인 침투장비임. 고속고무보트의 종류는 7인승, 15인승 고속고무보트가 있으며, 임무 및 편성에 적합한 보트를 선택하게 됨. 또한 고무보트는 노를 저어 은밀하게 이동 할 수도 있음. 아웃모터를 부착하여 고속 또는 저속으로 항해할 수도 있음. 고속고무보트는 해상이나 육지에서 기도비닉을 위한 은닉과 조작 및 운반이 용이하고 선체가 격실로 되어 있어 어느 한 격실의 파손으로도 침몰하지 않으며, 전복이 되더라도 용이하게 원복할 수 있는 장점이 있음.

고속단정(高速艇 : RIB ; Rigid Infllatable Boat)

선체 바닥은 FRP이며, 보트 외부는 고무보트 재질로 구성된 소형 쾌속정으로 최고속도 33~45Kts의 속력과 GPS 및 레이더 항법장치를 갖추고 있으며, 무장은 중·구경 기관총을 장착할 수 있음.

만재 배수량 120ton~170ton 고속정으로 '참수리급 고속정'이라고도 한다. 최대 속력은 35Kts이며 항속거리는 600해리, 탑승인원은 승무원 28명으로 해상침투시 특전중대 규모의 모선으로 활용됨. 함정의 주요 무장은 40mm 포 1문과 20mm 발칸 2문, K-6 기관총 2문이 장착되어 있음.

고속보트(高速~ : HSB ; High Speed Boat)

전장 40피트, 전폭 9피트, 중량 7톤, 최대속력 55Kts 이상의 보트로 특수작전팀의 침투수단으로 운용

고속저고도투하(高速抵高度投下 : High Speed Low Level Aerial Delivery System)

미 MC-130H 항공기를 이용하여 고도 250ft~750ft 사이의 고도에서(250kt)의

속도로 비행하면서 22ft 추출낙하산에 의해 개방되는 화물낙하산을 이용하여 화물을 정밀하게 투하하는 특수전부대 공중재보급 형태를 말함.

고속투하(高速投下, High Velocity Drop)

항공기에서 낙하산을 이용하여 낙하속도가 매초당 저속투하(30 feet/sec 이하 속도)보다 빠르고 자유투하(낙하산 없이 하는 투하)보다 느리게 투하하는 과정.

고정식 탄약(固定式彈藥, Fixed Ammunition)

1. 탄환, 탄피, 장약이 완전히 결합되어 있는 탄약.
2. 포탄형 탄약에 속하며 사출탄, 뇌관, 장약이 한 약식에 들어 있는 탄약.

고정익 항공기(固定翼航空機, Fixed Wing Aircraft)

1. 동체에 날개가 고정되어 있는 항공기, 회전익 항공기를 제외한 전 항공기.
2. 모든 비행상태에서 고정된 익면을 갖고 그 익면에서 발생하는 양력으로 비행하는 항공기.

고형폭약(固形爆藥 : Solid Type Explosive)

외부형태가 규격화되어 있는 바탕이 단단하고 일정한 형체를 가진 폭약 T.N.T, 콤포지션(KM5A1, KM112)등이 있음.

공기색전증(空氣塞栓症 : Airembolism)

잠수자가 호흡을 정지한 상태에서 상승시 폐 속에 있는 공기가 팽창하여 폐조직을 파과하는 병

공수(空輸, Airlift)

공중수단을 이용하여 병력, 장비 및 물자를 이동하는 것.

공수작전(空輸作戰, Airlift Operation)

공중수단을 통하여 필요한 시간과 장소에 군사력을 이동시키고 분쟁지역으로부터 안전지역으로 철수시키는 작전으로 병참공수, 공정, 항공의무후송, 특수항공전 등의 임무를 수행하는 것.

공용화기(共用火器, Crew Served Weapon)

2명 이상의 인원이 1조로 조작하는 화기로 부대의 화력지원을 위해 사용됨.

공작원(工作員 : Agent)

정보 또는 방첩목적으로 첩보자료를 수집하거나 이를 도와주도록 인가되거나 교육받은 인원

공전(空電 : Atmospheric)

대기 중의 자연현상에 의해서 발생하는 잡음, 전파, 천둥과 같이 공중 전기의 방전에 의해서 전파를 발생하고 잡음으로 수신되어서 수신기에 들어온다. 여름에 많이 발생하여 저위도 지방에 발생하는 경우가 많음.

공정부대(空挺部隊 : Airborne Force)

공수착륙이나 공중투하로 전투지대에 투입되어 작전을 수행할 목적으로 편성 및 장비되고 훈련된 부대로써 지상군과 공군으로 구성됨.

공중보급(空中補給 : Aerial Supply)

화물(보급품 및 장비)을 헬리콥터, 수송기 등 공중수송수단의 내부 화물실 또는 훅에 적재하여 공중인양·투하·착륙으로 보급하는 것

공중 재보급(空中再補給, Air Resupply)

적 후방지역에 침투한 특전부대의 장비 및 보급품 손실을 보충하여 주며 작전수

행에 필요한 긴요품목의 보급수준을 유지하기 위하여 공중을 통하여 제공해 주는 것으로서 기계획 재보급과 요청 재보급으로 구분.

공중조기경보 및 통제체계(空中早期警報및統制體系, Airborne Early Warning & Control System; AEWACS)

항공기 탑재 탐색레이더에 의해서 목표를 탐지 식별하며 동시에 아군의 전투기, 함정 등을 공중에서 지휘통제하는 체계.

공중투하(空中投下, Air Drop)

항공기에서 목표지역에 병력, 장비 및 물자를 투하하는 행위. 이는 통상 지상병참선이나 비행장을 이용할 수 없을 때 또는 고립된 부대에 군수물자를 재보급할 때 사용함.

공중투하지점(空中投下地點 : Air Drop Point)

1. 항공기로부터 투하되는 화물이 작전제대가 선정한 지역에 정확하게 투하될 수 있도록 최초에 항공기로부터 화물을 이탈시키는 지점.
2. 비행중인 항공기로부터 공간에 제한을 받거나 착륙지대가 없는 작전지역에 병력, 화물을 지상으로 투하하는 것으로, 특별히 훈련된 요원과 특수장비가 소요되기 때문에 비교적 비용이 많이 드는 수송방법임.

공지작전(空地作戰, Airland Operations)

공지전투를 확장 발전시킨 개념이며 화력과 기동을 이용하여 불확실한 전장환경에서 어떻게 싸울 것인가를 구상하기 위하여 전쟁전 준비단계부터 전쟁시행단계 및 전쟁후속단계까지를 망라한 개념으로서 공지작전을 시행할 수 있는 선결조건은 전장을 감시할 수 있는 신속 정확한 정보와 장거리 및 정면 사격체제, 전쟁을 효율적으로 수행 감독할 수 있는 C4I체제 및 적절한 군수지원이 구비되어야 함.

공지전투(空地戰鬪, Airland Battle)

재래전에 핵, 화학, 전자전 등의 가용 전투력을 최대로 통합, 제대별 종심공격으로 전장을 확대하여 적 선두 및 후속제대를 동시에 타격함으로써 조기에 주도권을 장악하여 승전의 가능성을 증대시키는 공세적 기동전.

공지통신(空地通信, Air To Ground Communication)

공군의 근접항공지원과 전술항공정찰에 관한 예하 지상군부대의 요청을 작성, 평가, 협조 처리하고 공지간의 신속하고 계속적인 정보교환을 위하여 작전의 핵심부서인 전술작전본부를 중심으로 구성되는 통신망.

공통작전상황도(共通作戰狀況圖 : COP ; Common Operation Pictures)

한반도 전구내 가종 정보(지상군, 해군, 공군, TMO)를 실 시간대 파악, 전파함으로써 전장상황을 명확하게 인식할 수 있도록 해 주는 체계를 말함.

관능검사(官能檢査 : Organic Function Inspection)

인체의 생명을 영위하는 여러 가지 감각 기능인 5관(시각, 청가, 미각, 후각, 촉각)에 의해 판단기준을 두고 검사하는 것.

교감신경(交感神經, Sympathetic Nerve)

부교감신경과 함께 자율신경계를 구성하는 신경으로 심장의 작용을 촉진하고 위와 장의 운동이나 분비를 억제, 혈관이나 입모근의 수축, 한선(汗腺)의 분비를 촉진하는 등의 기능이 있음.

교란(攪亂, Harassing)

질서 있는 체제 및 작전에 혼란이 일어난 상태.

교화(教化 : Edification)

의사나 사상 또는 학설 따위를 열렬히 주장하여 널리 선전하는 것으로써 적의 교화는 포로들의 사상체계에 혼란을 야기시켜 포로의 조국에 대한 충성과 이념에 회의를 갖도록 유도하고, 상대국의 이념과 사상의 우월성을 인정하도록 세뇌시키는 것을 말함.

구두지시투하방법(口頭指示投下方法 : Verbal Initiated Release System)

전문적 항공기 유도교육을 받는 인원이 강하지역에 위치하여 항공기를 유도하여 투하시키는 방법이며, 협소한 강하지역 내에 지정된 인원의 강하를 위한 경우와 표지설치에 제한을 받는 작은 강하지역에 선택된다. 고정익, 회전익 항공기 모두 사용 가능함.

구성군(構成軍, Component Forces)

2개 군 이상이 합동부대를 편성하여 합동작전을 수행시 합동부대사령관의 작전통제 하에 있는 각군 부대의 총체를 지칭한 것으로서 각군에서 제공된 모든 단위대, 파견대, 각급부대 및 각종 시설부대가 포함됨.

구조(救助, Rescue)

1. 생존자를 재난이나 위험한 장소로부터 안전한 장소로 이동조치하는 행위.
2. 파손된 것을 구조하거나 건져 올리는 것.

구조기(救助機)

전투탐색 및 구조작전시 조난자를 구조하는 항공기로 통상 회전익 항공기가 사용되며, 주 임무기 1대, 예비기 1대가 목적지에 투입 됨.

구조엄호기(救助掩護機 : RESCORT ; Rescue Escort)

전투탐색 및 구조작전시 구조기의 고도, 속도, 성능에 맞추어 작전을 수행하는 항공기로 적 지상군으로부터 구조기의 엄호를 담당하며 주로 A-10기가 사용 됨.

구조전투공중초계기(救助戰鬪公衆哨戒機 : Rescue Combat Air Patrol)

전투탐색 및 구조작전시 공대공이나 전자전 임무를 주로 수행하며 특수기동군을 보호하는 항공기.

구조협조본부(救助協調本部, Rescue Coordination Center; RCC)

전구항공통제본부 내의 구조관계 전담 협조부서이며, 구조협조의 핵심부서로서 모든 구조 작전에 관한 임무를 접수하고 계획, 지시 및 통제하는 중추적 기구.

구조협조팀(救助協助~ : RCT ; Rescue Coordination Team)

전시 탐색구조 작전을 위해 편성되는 팀으로 탐색구조 전문부대나 특수 작전부대.

국가통수 및 군사지휘기구(國家統帥및軍事指揮機構, National Command and Military Authorities; NCMA)

군사분야에 관한 전략지시 및 작전지침을 제공하는 국가 최고기관으로서 한·미 군사관계에서 사용되는 용어임.

미국의 국가통수기구(NCA)는 대통령과 국방장관으로 구성되며 국가통수 및 군사지휘기구(NCMA)는 대통령, 국방장관, 합참의장으로 구성됨.

한국의 국가통수기구(NCA) 또는 국가통수 및 군사지휘기구(NCMA)의 구성은 법적으로 설치 근거가 없으나 『1978. 7. 27. 한국 외무부장관과 주한 미대사가 확인 체결한 교환각서』에 의거한 한 · 미 군사위원회 및 연합군사령부 권한위임 사항을 근거로 위기관리 및 전쟁지도를 위한 일반적인 개념으로 적용하는 용어임.

군비통제(軍備統制, Arms Control)

잠재 적대국간 군비경쟁의 안정화, 즉 군사력의 운용과 구조(병력, 무기)를 통제하고, 합의사항 위반을 제재함으로써 전쟁위험과 부담을 제거 또는 최소화시켜 안보를 증대시키려는 모든 노력으로서, 군비축소, 군비해제, 군비제한, 신뢰구축 등을 포괄하는 개념으로 군비통제와 관련된 용어는 다음과 같음.

1. 군비통제 또는 군비관리(軍備統制 또는 軍備管理, Arms Control)

군비축소, 감축, 삭감 및 제한을 망라.

2. 군축 또는 군비해제(軍縮 또는 軍備解除, Disarmament)

현 군비의 부분적인 축소 또는 완전한 제거나 폐지를 포함.
(전쟁을 일으킬 수 없을 정도로)

3. 군비삭감(軍備削減, Arms Reduction)

전쟁의 가능성을 배제하지 않으면서 자발적으로 시행하는 감축(보유무기 및 병력의 수량적 감축).

4. 군비제한(軍備制限, Arms Limitation)

특정 또는 비특정 기간의 군비수준을 어떤 일정규모 이상으로 늘리지 않도록 규제하는 것.

5. 신뢰구축조치(信賴構築措置, Confidence Building Measures)

국가 상호간 오해·불신에서 오는 군사적 위협 또는 불안요소를 제거하기 위해 상호 정보교환, 군사적 활동 및 군사력 사용 가능성을 제한하는 활동으로서 상대방 군사행동의 예측가능성 제고로 전쟁위험의 감소와 위기관리를 향상시키려는 제반조치.

6. 검증(檢證, Verification)

군비통제 협정 당사자들 간에 조약의무사항에 대한 이행정도를 인적, 기술적 수단으로 조사·증명하는 과정.

군사분계선(軍事分界線, Military Demarcation Line; MDL)

유엔군사령관 통제 하에 있는 지역과 북괴군사령관의 군사통제 하에 있는 지역을 분할하는 군사적인 경계선, 군사분계선은 임진강 북쪽 둑(한강하구의 동북방 경계선)으로부터 시작하여 군사분계선 표시번호 0001에서 동해안으로 군사분계선 표시번호 1292까지 계속됨.

군사정보(軍事情報, Military Intelligence)

가상적인 적이나 실제적인 적군 또는 작전지역에 관한 지식으로서 군사정책기획 및 계획을 준비하고 실시하는 데 필수적인 것임. 군사정보에는 전투정보와 전략정보가 포함됨.

군사정보통합처리체계(軍事情報統合處理體系 : MIMS ; Military Intelligence Management System)

한국군 합동지휘통제체계(KJCCS)의 정보지원체계로써 전군 차원의 특수정보(SI) 유통이 가능한 정보유통체계를 말함.

근거리통신망(近距離通信網, Local Area Network; LAN)

지휘소 내부에서 수개의 워크스테이션, 서버, 시스템 컴퓨터 등을 연결하여 자료의 효과적인 교환, 저장 및 관리를 가능케 하는 시스템.

급속매복(急速埋伏 : Rapidity Ambush)

매복형태의 하나로 침투가 ㄴ또는 적으로부터 추격을 받고 있는 상황에서 불시에 적과 조우했을 경우 적 추격 단절 및 시간 확보를 위해 상황을 판단하여 단시간 내에 준비하여 수행하는 매복

급조폭발물(急造爆發物 : IED ; Improvised Explosive Devices)

규격화된 군용탄약 또는 상용 폭발물의 본래 운용 목적 및 작동방법과 다르게 파괴, 교란, 무력화, 와해를 위해 급조한 방법으로 제작된 장치 및 폭발물

기계획재보급(旣計劃再補給 : Preplanned Resupply)

작전팀에게 필요한 필수품목을 제공하기 위해 침투전에 계획을 수립하여 침투후 작전 팀에게 지원하는 재보급 형태로써 이는 다시 자동재보급과 긴급재보급으로 구분 됨.

기계획 통합 임무 명령서(Prepositional Integrated Tasking Order; Pre-ITO)

초전 3일간 운용되는 종심전투자산을 효율적으로 운용하기 위하여 FB을 중심으로 계획한 연합자산 운용계획서.

기구강하(氣球降下 : Ballon Jump)

헬륨가스를 주입한 특수 제작된 풍선을 이용하여 강하하는 것을 말하며, 장비로는 P.T.B 한국형 기구에 헬륨가스를 사용하는 계류기구, 윈치차량, 탑승대 등이 있음.

※ 강하운용 높이 : 지상으로부터 300m

기능고장방지망(機能故障防止網 : Anti - Inversion Net)

하부밴드 하단에 붙어 있으며, 하부밴드의 엇갈림 또는 부분적인 말림으로 인한 기능고장을 방지하는 역할. 길이는 45m, 한 칸의 규격은 9×9㎠, 총 둘레 21.6m의 가는 나일론 줄로써 하부밴드와 낙하산줄 상단에 재봉되어 있음

기동형낙하산(機動形落下傘 : Maneuverable Parachute)

T-10B 낙하산을 변형시켜 조종줄과 기공에 의해 움직이는 모든 낙하산을 말하며 일반적으로 MC1-1B, MC1-1C 낙하산이 있음.

기뢰(機雷, Mine)

『기뢰수뢰』의 준말로 수면 밑에서 폭발하는 장치를 가진 폭약통으로서 부설위치에 따라 계류기뢰, 부유기뢰 및 해저기뢰 등으로 분류하며 감응폭발장치에 따라 접촉기뢰, 압력기뢰, 음향기뢰, 자기기뢰 및 복합기뢰로 분류함.

기만(欺瞞, Deception)

상대방의 상황인식에 영향을 줌으로써 상대방이 어떤 행동을 하거나 또는 하지 못하게 하는 것으로서, 조작, 왜곡, 징후의 변조를 통하여 상대방에게 해로운 방

향으로 반응토록 유도함으로써 상대방이 판단을 잘못하게 하도록 고안된 수단. 군에서는 군사기만을 사용함.

기온경도(氣溫傾度, Temperature Gradient)

두 공기층에 있어서의 기온차이를 나타낸 것으로서 지상 4m의 기온과 지상 0.5m에서 측정된 기온을 비교함으로써 결정함. 화학작용제 효과계산에 있어서 기온경도 예측은 역전, 체감 및 중립상태로 구분함.

기파(磯波, Surf)

풍랑이 연안에 가까워지면 해저의 영향을 받아서 일반적으로 파장이 짧아짐과 동시에 파고가 높아져 점차 파장의 전면 경사가 급해져 생기는 현상.

1. **점진형(Spiling)** : 경사가 완만한 해안에 발생하고 급경사 해안에도 잔잔한 파도일 때 너울 같은 파도가 해안에 부딪혀서 생기는 작은 백파
2. **돌진형(Plunging)** : 외해에서 바람의 영향으로 높은 파도가 형성되어 급경사면으로 인하여 파정이 수직으로 이루어져 분사시키면서 해안에 파도가 깨짐 (수영자 및 상륙단정에 위험)
3. **쇄도형(Surging)** : 강한 발람의 영향으로 아주 높은 파도가 형성되어 급격한 경사면에서 파정이 수직으로 이루어지면서 파정이 백파를 이루며 해안에 부딪힐 때 안쪽으로 감아서 깨어지는 높은 백파(수영자, 상륙주정, 함정에 위험)

기폭(起爆 : Detonation)

탄약 처리방법의 일종으로 강한 파괴 효과와 충격을 수반하는 고열의 신속한 반응

기폭약(起爆藥 : Igniter)

외부에서의 점화 또는 발화점까지 가열에 의하여 쉽게 폭발하는 동시에 인접부의 폭약을 신속히 폭발시킬 수 있는 화약류

긴급 재보급(緊急再補給, Emergency Resupply)

침투된 작전제대와 특전지휘소 간에 약정된 기간 내에 통신개소가 이루어지지 못했을 경우에 실시되는 기계획 재보급 제도로서 침투 직후 또는 작전기간 중에 실시.

긴급표적(緊急標的 : Immediate Targets)

예상하지 못하였거나 작전지역 내에 존재하는 것을 알고는 있으나 늦게 식별되었거나 적기에 조치하기 위한 정상적인 표적처리 과정에서 선정되지 않아 공격계획에서 누락된 표적으로써 미계획 긴급표적과 미예측 긴급표적으로 분류됨.

꼭지고리(Bridle Loop)

낙하산 산개 시 무게중심의 역할과 낙하산 추출시 산개를 촉진시켜 주는 나일론 띠로써, 넓이는 4.5cm, 직경 7.6cm, 장력 1,600kg 임.

꼭지줄(~茁)

예비 낙하산의 카나피와 보조 낙하산을 연결해주는 길이 80cm 예비 낙하산 줄

ⓛ

나침의수영(羅針儀水泳 : Compass Swimming)

개방 및 폐쇄회로 잠수장비를 착용하고 휴대한 나침의 방향 유도에 따라 접안지점까지 수중으로 이동하는 수중방향유지 방법으로 손목형 나침의를 이용한 방법과 어택보드를 이용한 방법이 있음.

낙조류(落潮流 : Ebb Tide)

썰물이라 하며, 바닷물이 해안에서 바다로 밀려나가는 동안의 조류의 흐름을 말함.

낙하산(落下傘 : Para ; Parachute)

낙하하는 물체의 낙하속도를 공기에 의한 저항력 및 부력으로 감소시키기 위하여 사용되는 둥근 우산형 모양의 특수재질의 천으로 제작된 장구

낙하산기능고장(落下傘機能故障 : Parachute Malfunction)

낙하산의 부분 또는 일부가 파손되었거나 정상적으로 산개되지 않아 낙하산이 제 기능을 발휘하지 못하는 것을 말함.

낙하산전복(落下傘顚覆 : Parachute Recovery)

낙하산이 바람에 의해 끌려갈 때 바람의 반대 방향으로 이동하거나 카나피 급속해체 뭉치를 분리하여 낙하산 카나피가 바람을 받지 않도록 하는 동작

낙하산투하지대(落下傘投下地帶 : Parachute Drop Zone)

기동이나 전투작전에 있어서 낙하산병 및 보급품을 투하하기 위하여 작전상의 요구와 지형적인 요소를 고려하여 미리 선정하고 지정한 장소

낙하지점(落下地點 : DZ ; Drop Zone)

최초의 낙하산병 및 공중투하 화물이 착륙하거나 착륙이 예상되는 투하지대의 한 지점 또는 폭탄, 폭탄 재돌입 운반체 등이 영향을 주거나 영향이 예상되는 지점

낚시고리(Ejector Snap)

하네스에 가로등 띠 좌 · 우측과 가슴 띠 우측에 달려있으며 장력은 1,400kg임

난수표(亂數表 : Additive Table)

0에서 9까지의 숫자를 각각의 숫자가 나오는 율이 같도록 불규칙하게 늘어놓은 표 통계조사에서 표본을 무작위로 가려낼 때 , 암호통신 등에 이용함.

내부보급(內部補給 : Inter Support)

특수작전 지역 내에서 작전제대 스스로 보급품을 획득하는 것으로써 공격작전에 의한 노획, 물물교환, 구매, 징수, 몰수 등의 방법이 사용 됨.

내전(內戰 : Civil War)

국내의 대립된 세력이 무력에 의해 서로 싸우는 상태로써, 내란이 전투형태와 같이 된 상태

냉전(冷戰, Cold War)

제2차 세계대전 이후 미·소에 의해 각기 영도된 서방 자유제국과 공산국가들 간의 이념, 정치, 경제대립으로 인한 전체전(全體戰) 이전의 분쟁상태를 말함.

네트워크(Network)

1. 데이터 통신 시스템에 있어서 단말기(컴퓨터 포함)를 접속하기 위해 쓰여지는 기기(예를 들면 전송기기, 교환기) 및 선로 등으로 구성되는 전송매체.
2. 계획분석검토기법(PERT)을 사용하는 경우 어떤 시스템을 도표화한 것.
3. 회로망

네트워크중심전쟁(~中心戰爭 : NCW ; Network Centric Warfare)

다양한 전장 구성요소들을 네트워크로 연결하여 전투력 상상의 시너지 효과를 얻고자 하는 미래 지향적인 전쟁수행방법이자 정보화 시대에 부응한 군사이론

노이만효과(~效果 : Neumann Effect)

원뿔 또는 반구형에 폭약을 모양대로 부착하고 표면에 금속제(라이너 : 구리, 알루미늄)를 부착하여 폭파시 금속제가 녹아 미립자가 방출되며, 주어진 각도에 따라 진행하여 제트(jet)의 거센 속도에 의해 구멍이 형성되는 효과

노트(Knot)

해상, 수중 및 공중에서 사용하는 속도단위로서 매시간 1해리(1,852미터)에 해당하는 속도단위.

뇌관(雷管 : Detonator / Blasting Cap)

폭발물을 폭발시키는 기자재로써 불꽃에 의해 점화하는 비전기식과, 전기 스파크에 의해 점화하는 전기식 2종류가 있음.

ⓓ

다이너마이트(Dynamite)

군용 다이나마이트는 RDX 75%, TNT15%, 감도가소제 10% 혼합하여 만들어 지며 주로 암석파괴 등에 사용됨. 위력이 약하기 때문에 철재 절단용으로는 부적합 함.

다국적군(多國籍軍 : MNF ; Multinational Force)

특정 목적을 위하여 동맹(Alliance)이나 연합(Coalition) 형태로 구성된 군으로, 2개 국가 이상의 군으로 결성된 군을 표현하는 일반적인 용어.
예) 걸프전시 다국적군, 한·미 연합군사령부, 이라크전시 미·영 연합군 등.

다중채널 무선통신(多重~無線通信, Multichannel Radio Communication)

초단파(VHF) 이상의 주파수를 사용하는 무전기와 반송장비 등을 사용하여 다중통신회로를 구성하는 방식으로서 부대간에 신속하게 많은 회선을 제공할 수가 있으며, 중계통신소를 설치 운용하여 통신거리를 연장할 수 있음. 그러나 다중채널 무선통신은 지형의 장애를 받고 적에 의한 도청과 전자방해를 받기 쉽기 때문에 무선통신에 준하여 보안에 유의하여야 함.

다중통신(多重通信, Multiplex Communication)

한 통신로의 회선을 사용하여 수많은 통신을 구성하는 유·무선통신의 총칭.

단락(短絡 : Short - circuit)

전기 회로의 두 점 사이를 작은 저항으로 접촉시키는 것(사전적 의미로 명주실을 꼬아둔다는 뜻)

단측파대전송(單側派帶傳送 : Single-side Transmission)

반송파 및 한쪽의 측파대를 제거하고 단일측파대만 사용하여 신호파를 전송하는 방식.

단측파대전송은 SSB(single side band) 전송방식이라고도 한다. 진폭변조(振幅變調)된 신호파를 반송파(搬送波)로 변조시키면 피변조파(被變調波)의 스펙트럼은 반송주파수를 대칭축으로 2개의 상·하측파대(上下側派帶)가 된다. 이 피변조파 중 상측파대는 신호파의 스펙트럼을 그대로 높은 주파수대로 이동시킨 것이고 하측파대는 신호파의 스펙트럼을 반전하여 낙은 주파수대로 이동시킨 것.

단파통신(短波通信 : Shortwave Transmission)

비교적 작은 전력으로 원거리까지 전달되는 특징을 지닌 단파를 이용한 통신. 한정된 주파수(3,000~3만 MHz)를 효율적으로 이용해서 다량의 전신(電信)을 능률적으로 전달하기 위하여 시분할(時分割) 다중 전신방식, 주파수분할 다중 전신방식, 4주파 2중 통신방식 등이 사용되고 있다. 국제통신·국제방송·국제무선전신·국제무선전화·어업무선·기상통보·아마추어 무선 등에 사용되며, 전파관리법의 규제를 받음.

단편명령(斷片命令, Fragmentary Order)

1. 부대의 임무에 대한 변경과 전술상황의 변경을 알리는 데 사용하는 간략한 작전명령.

2. 해당하는 부대에 한하여 부분적으로 하달하는 명령. 단편명령의 각 부분은 단지 단편명령을 접수하는 지휘관 또는 부대를 위한 지시사항만이 포함됨.

대공포판(對空布板, Signal Panel)

지상부대 또는 함정과 비행중인 우군항공기간에 신호용으로 사용되는 포판. 대공포판 부호(對空布板符號, panel code)는 대공포판을 시각신호로 사용할 수 있도록 사전에 설정한 기호.

대기층(大氣層 : Atmospheric Layers)

지구를 둘러싸는 대기는 그 무리, 화학적 성질에 따라서 몇 가지 특징적인 층으로 나눌 수 있는데 특히 고도에 대한 대기 온도의 변화에 따라 구분 됨.

1. D층(지상 50~90km), E층(지상 90~150km), F층(지상 150~1000km)
2. 대류권(지상 10~20km), 성층권(지상 20~50km), 중간층(지상 50~80km), 열권(지상 80~600km), 외기권(지상 600km이상)

대량살상무기(大量殺傷武器, Mass Casualty Weapons; MCW)

핵, 화학, 생물학무기 등과 같이 대량살상 및 파괴를 유발하는 무기의 총칭.

대륙간 탄도탄(大陸間彈道彈, Intercontinental Ballistic Missile; ICBM)

대양을 횡단하여 대륙간 사격이 가능한 사정거리 5,000마일 이상의 전략탄도미사일.

대역 전파방해(帶域電波妨害, Barrage Jamming)

방해주파수의 대역폭이 광대역으로 발사되는 방해전파. 어떠한 특정 주파수만을 방해할 목적으로 발사하는 것이 아니고 수개 또는 수십 개의 불특정한 주파수를 동시에 방해할 목적으로 발사함.

대외심리전(對外心理戰, External Psychological Warfare)

우방이나 중립국 또는 적대관계에 있는 국가나 집단에 대하여 수행되는 심리전으로 우방국에 대해서는 협력관계를 더욱 강화하고 중립국에 대해서는 우호를 증진시키며 적대국 또는 적대집단에 대해서는 관계를 개선할 수 있도록 하는 심리전 활동임.

대유격작전(對遊擊作戰, Counter Guerrilla Operation)

침투에 성공한 후 근거지를 확보하거나 잔류하여 유격전을 수행하는 적을 소탕 및 격멸하기 위하여 실시하는 작전으로 대유격작전은 적의 근거지를 거부하고, 적을 소탕 및 격멸하기 위한 타격작전과 군·관·민 통합으로 지역안정을 회복하기 위한 평정작전으로 구분함.

대전자공격(對電子攻擊, Anti-EA)

우군의 통신망과 무기체계에 대한 적의 전자방해, 기만 등 적대행위의 효과를 감소 또는 무력화시키기 위해 사용되는 모든 대책이며, 기능적으로 전자보호(EP)의 범주에 속함.

대전자지원(對電子支援, Anti-ES)

적의 전자지원책(ESM) 능력을 감소 또는 무력화시키기 위한 우군의 대응책으로서 무선침묵, 전자파 발사통제(EMCOM) 등의 소극적 대책과 전파방해, 기만 등의 적극적 대응책이 포함됨

대전파방해(對電波妨害, Anti-Jamming)

전자전을 수행하려는 적의 전자이용능력을 제거 또는 감소시키려는 전자보호(EP)의 일부임. 일반적으로 주파수 도약 및 광대역 스펙트럼 송신방법 등이 있음.

대침투작전(對浸透作戰, Counter Infiltration Operation)

평시 지상 · 해양 · 공중을 통하여 침투하는 적의 특수부대 및 요원을 포착, 격멸하거나 소탕하기 위하여 실시하는 제반활동.

대태업(對怠業, Counter Sabotage)

어떤 국가의 방위력 또는 전쟁 잠재력을 방해하거나 좌절시키기위하여 여러 가지 수단과 방법으로 그 국가의 정상적인 모든 기능을 고의적, 계획적으로 파괴하거나 분열시키는 행위를 방지하기 위하여 실시하는 대정보 활동.

대테러(對~, Counter Terrorism)

테러사건이 발생되기 이전에 예방·저지활동을 하거나 테러사건 발생이후 취해지는 대응활동의 체계적인 수단 및 방법을 말한다.

대테러는 주로 정부기관 주도로 이루어지는 특성 때문에 일반적으로 '대테러활동'이라 하며, 군사적으로는 '대테러작전'이라 한다. 또한Combatting Terrorism에는 방어적 의미인 Anti Terrorism과 공세적 의미인 Counter Terrorism이 포함됨.

대테러해외전지훈련(對~海外轉地訓鍊)

연합 대테러 작전수행 능력 향상과 전술교리 교환 및 대테러 전문요원 육성을 위해 실시하며, 미국, 러시아, 독일, 호주 등 선진부대와 주로 실시하며, 대테러 전술분야 후발국각인 인도네시아, 캄보디아 등 국가에 대해 대테러 사격술 및 통로개척 기술/작전수행절차를 전수할 목적으로 시행되며, 주요 훈련내용은 대테러 사격과 침투 및 통로개척, 저격수 관측 및 내부 소탕, 종합모의훈련(실사격)을 주로 수행하는 훈련을 말함.

더블 덕(Double Duck)

수상강하 고무보트 침투(Hard Duck)시 2척의 고무보트를 개별적으로 포장 후 동시에 투하하는 방법으로 포장된 화물의 최소무게는 953kg, 최대무게는 1,135kg 이다. 더블 덕은 화물포장이 용이하나 분포거리가 긴 단점이 있음.

도약거리(跳躍距離 : Skip Distance)

송신점에서 오는 전파를 수신할 경우, 전리층에서 오는 반사파가 닿지 않는 거리를 말하며, 상공을 향해 발산한 전파가 전리층에서 반사되어 다시 지상으로 되돌아오기 위한 조건은 사용주파수, 전리층의 전자밀도(電子密度)분포 및 전파의 전리층에의 입사각(하늘로의 수직방향과 전파의 진행방향이 이루는 각도)에 의해서 결정된다. 이를테면, 작은 입사각의 전파가 전리층을 꿰뚫는 것과 같은 관계에 있는 주파수와 전자밀도를 가정하며, 이 경우, 전파의 입사각을 차차 크게 할 때, 어느 입사각 이상이 되면 전파는 반사되어 지상에서 수신할 수 있음.

도전선(導電線 : Electric Firing Wire)

폭파에서 사용되는 전기를 전달하는 선으로, 도전선은 18번 전선 두 가닥으로 되어 있으며, 피복은 플라스틱이나 고무로 되어 있음.

도청(盜聽 : Wiretap)

의도적으로 엿듣는 행위로 적의 상황과 정보를 입수하여 아군을 이롭게하기 위한 모든 방법 및 수단

도폭선(導爆線 : DC ; Detonating Cord)

다른 폭약을 점화시키거나 여러 개소의 폭약을 동시에 연결하여 많은 장전개소를 폭발시킬 수 있는 선모양의 폭약으로 내부폭약은 RDX 또는 PETN이라는 폭약이 충전되어 있음.

도피(逃避 : Evasion)

1. 적 후방지역에 고립 또는 차단된 작전요원의 신체상의 구속을 받지 않은 상태에서 적의 구속 위험으로부터 자유롭게 되려는 노력과 활동
2. 적 지역에서 모체부대로부터 고리 또는 차단된 작전요원이 적의 구속 위험으로부터 자유롭게 되려는 노력과 활동. 이것은 적에게 생포되지 않고, 모체부대로 합류하는 과정을 의미함.

도피 및 탈출(逃避 및 脫出, Evasion and Escape)

아군의 군사요원이나 기타 선정된 요원이 적의 점령지 또는 적성지역으로부터

아군의 통제 하에 있는 지역으로 생환하는 작전 및 절차.

도화선(導火線 : Firing Wire / Time Fuze)

비전기식 뇌관에 불꽃을 전달하는 선으로 점화자가 안전한 지역으로 대피 할 수 있는 시간을 제공해 줌.

도화선점화기(導火線點火機 : Fuze Lighter)

도화선을 점화시킬 수 있는 장치로 인력 고리를 당기면 공이가 결합체로부터 빠지면서 용수철의 탄력에 의해 뇌관을 쳐서 불꽃이 발생되며 이로인해 도화선이 점화됨.

동상(凍傷 : Frostbite)

기온이 영하 2℃~ 10℃의 심한 취위에 피부가 노출되어 피부조직이 혈류 없이 얼어버린 상태.

야전에서 노출이 심한 귀, 코, 뺨, 손가락, 발가락 등에 잘 발생함.

얼어버린 부위는 창백하고 밀랍 같이 되며 통증 등의 자각증상은 없으나, 동상부위를 따뜻하게 해주면 조직 손상의 정도에 따라 증상과 병변이 나타남. 증상에 따라 제 1도부터 제 4도 동상으로 구분.

제1도는 홍반성 동상이라고도 불리며, 물집이나 피부의 벗겨짐은 보이지 않고 발적, 부종이 나타나며 따갑고 가려움.

제2도는 수포성 동상이라고도 하며, 물집이 생기거나 피부가 벗겨짐.

제3도는 괴사성 동상이고라도 하며, 피부조직 전 층이 얼고 궤양이 나타나며 조직이 괴사에 빠짐.

제4도는 동상이 근육 및 뼈까지 침범.

동시침투(同時浸透 : Concurrent Infiltration)

침투부대를 단일 침투 제대로 편성하고 동일 침투로를 이용하여 개인, 조별 거리를 유지한 상태로 동시에 침투하는 방법으로 통상 특전중대와 같은 소규모 부대에서 기상이 불량하고 적 경계가 미약할 때 사용

두부후굴하악거상법(頭部後屈下顎擧床法 : Hdad tilt and chin lift)

머리를 두로 제치고 턱을 들어 주면 하악골이 상승되어 이완된 혀의 근육이 다욱 당겨져 올라가는 효과적인 기도유지법

디지털화 전장(~化戰場, Digital)

디지털 정보통신망을 통하여 정보를 실시간에 수직·수평적으로 유통시킴으로써 전 전투원이 전장상황을 공통 인식하여 신속히 조치할 수 있도록 구성된 미래의 전장.

㉣

라이저(Risers)

낙하산 줄과 하네스를 연결시켜 주는 줄로써 넓이가 4.5cm, 길이 75cm(MC1-1B, 92cm), 장력 2,700kg

런닝(Running)

낙하산을 타고 바람을 등진 상태에서 공중 이동하는 방법

로트번호(L/N : Lot Number)

생산 공장에서 완성탄약이나 조성품에 부여하는 일련의 번호이며 제조회사와 제조순위를 식별할 수 있는 표기로서 사용목적은 탄약식별, 저장편리, 불량탄 발생시 색출용이, 생산 공장에서의 질적 저하방지 등을 위하여 사용함. 로트번호 구성은 13글자 이상 14글자를 초과할 수 없음.

예)풍산동 05가 001-003 가

리튬전지(Lithium Battery)

음극에 금속리튬을 사용한 전지의 총칭이며, 양극에는 많은 것이 고안되어, 기능면으로 1차 전지와 2차 전지로 나뉘는데, 현재 많이 사용되는 것은 고에너지밀도전지인 1차전지이다. 이들은 3V 이상의 기전력을 가지며, 전해질은 프로필렌탄산염 등 유기비수용액(有機非水溶液)이 쓰임. 종래의 망간건전지보다 약 2배의 고전압을 지니며, 에너지밀도도 5~10배이기 때문에 전자시계, 카메라, 부표 등의 전원에 널리 쓰임.

㉤

마이크로파(~波, Micro Wave)

주파수대 300~3,000㎒(UHF) 및 3~30㎓(SHF)에 상당하는 전파를 말하며 극초단파라고도 함.

마일즈장비(~裝備 : MILES ; Multiple Integrated Laser Engagement System)

실전과 같은 무기효과 및 전장효과를 묘사하기 위해 레이저빔 특성을 이용하여 사격을 모의하고, 화기 사용의 시청각적 효과를 묘사하는 장비임. 교전묘사장비의 종류로는 K-1A 기관단총, K2 소총, K3기관총, K201 유탄발사기, K4고속유탄기관총, 66밀리 로켓, 90mm/106mm무반동총, 토우, 크레모아, 전차, 개인용 차량용 감지기 등과 영점조준기, 통제관 권총 등의 지원장비가 있음.

매복(埋伏, Ambush)

이동중이거나 일시적으로 정지한 적에게 은폐된 진지에서 기습공격을 하려고 잠복 대기하고 있는 행동.

매복대형(埋伏隊形 : Ambush Formation)

지형, 기상, 적 상황(공격할 표적), 가용병력, 무기 및 장비, 통제의 용이성에 의해 결정되며, 일선형, 양면형, 포위형, 사주형으로 구분함.

매복형태(埋伏形態 : Ambush Morphology)

각종 상황과 목표, 지형, 가용 병력, 장비 등을 고려하여 결정하는 것으로 기본 형태는 정매복과 지역매복이 있으며, 작전준비 정도에 따라 정밀매복과 급속매복으로 구분함.

맹목방송(盲目放送, Blind Broadcasting)

특전지휘소로부터 전개된 작전제대에 일방적으로 송신하는 통신방법으로서 작전제대가 응답전파를 송신치 않기 때문에 보안성이 증가되며 가장 안전한 통신기술의 하나임. 민간방송국의 방송시설을 이용할 수도 있고 군부대 자체의 통신시설을 이용할 수도 있음.

맹목투하(盲目投下, Blind Air Drop)

공중침투 작전시 투하지역 표지가 없는 곳에 최초로 공중침투시킬 때 항공기의 탑재항법장치를 최대한 활용하여 투하하는 방법으로 정확한 지점투하(Point Drop)는 곤란하며, 지역 투하(Area Drop) 개념에 의해 투하하는 것.

모방전자기만(模倣電子欺瞞, Imitative Electronic Deception)

적을 기만하고 혼란시킬 목적으로 적의 전파를 모방하여 적의 통신 및 비통신망에 개입하는 것으로 모방통신기만과 모방 비통신기만이 있음.

모사전송(模寫電送, Facsimile; FAX)

사진, 지도, 투명도 및 서류 등을 전기적 수단에 의하여 전송하는 통신방법으로 사진의 전송을 주로 하는 사진전송과 글자나 도면의 전송을 주로 하는 모사전송으로 구분됨.

모선(母船 : Mother Ship)

발진기지로부터 해상 및 공중을 통하여 침투부대를 해안지역 근해까지 이동시키는 수송수단을 말함. 해상이동을 위하여 지원되는 모선으로는 해군고속정, 전투함, 상륙지원함 등이 사용될 수 있으며, 적 해안선까지 비교적 안전하게 접근이 가능한 잠수함과 민간선박도 모선으로 이용 될 수 있으며, 적 해안 근해까지 신속한 이동이 요구될 시는 항공기도 모선으로 이용될 수 있음.

모의(模擬, Simulations)

적을 기만하여 그들의 주의를 진정한 목표물로부터 하위의 목표물로 끌어내기 위한 수단으로 허식의 한 형태임.

모의전자기만(模擬電子欺瞞, Simulative Electronic Deception; SED)

아군의 통신체계 및 전자체계를 허위장소에서 허위부대 및 허위능력으로 위장하거나 또는 실부대 실능력으로 위장함으로써 아군부대의 구성, 배치 및 능력에 대해 적이 오판하도록 하여 적의 신호정보 수집을 혼란 및 오류를 범하게 하는 기만행위.

모의전파방해(模擬電波妨害, Duplication Jamming)

모방전파방해(imitative jamming)와 동의어로 원래의 유도신호에 조작된 고의적인 신호를 전송하여 전파방해하는 기술.

모포연막(毛布煙幕, Smoke Blanket)

적의 공중 또는 지상관측을 방해하기 위해 운용하며, 고농도 연막이 수평으로 형성되어 부대 전체를 덮기 때문에 적의 관측은 물론 아군의 관측활동이나 부대기동에 제한을 받게 됨.

모의고공(模擬高空 : Free Fall Simulator)

기계적 장치에 의해 강한 공기기둥을 만들어 내어 자유 강하하는 조건과 유사한 환경을 제공하는 고공훈련을 위한 장치

※ 우리나라에는 특수전교육단에 1대 설치(96년)

모형문(模型門 : Mock Door)

강하훈련시 항공기 탑승절차 및 기체내 행동, 기체문 이탈을 훈련할 수 있도록 항공기 내부를 모형으로 만든 시설물

모형탑(模型塔 : Mock Tower)

11.5m의 타워로 강하훈련시 고도에 대한 공포심 극복과 기체문 이탈, 산개검사 및 기능고장처치, 착지준비를 훈련 할 수 있는 타워

무력화(無力化, Neutralize)

군사적인 상태가 비효과적이거나 사용(운용) 불가능하도록 하는 것.

무선기만(無線欺瞞, Radio Deception)

적을 기만하기 위하여 무선장치를 이용하는 것. 허위전보의 타전, 기만적인 표제의 사용, 적의 호출부호의 사용 등이 포함됨.

무선방해(無線妨害, Radio Jamming)

동일한 주파수를 강력하게 발사하여 상대방의 통신을 혼란시키는 것.

무선위치결정, 무선위치표시(無線位置決定, 無線位置表示, Radio Fix)

1. 둘 이상의 청취소로부터 무선송신기의 방향을 탐지함으로써 결정하는 피아 무선송신기의 위치확인.
2. 소재지가 파악되고 있는 둘 또는 그 이상의 송신소로부터 보내오는 무선신호의 방향을 확인함으로써 함정이나 항공기가 해상 또는 공중에 있어서 자기위치를 결정하는 것.

무선중계통신망(無線中繼通信網, Radio Relay Communication)

통화거리를 연장하기 위하여 두 무선통신소간에 중계장치를 설치하여 운용하는 통신망.

무선침묵(無線沈黙, Radio Silence)

전파를 발사할 수 있는 장비의 전부 또는 일부가 통신보안상 이유로 동작을 중지하고 있는 상태.

무인항공기(無人航空機, Unmaned Aerial Vehicle; UAV)

조종사를 탑승하지 않고 지정된 임무를 수행할 수 있도록 제작한 비행체로서 독립된 체계 또는 우주/지상체계들과 연동시켜 운용한다. 활용분야에 따라 다양한 장비(광학, 적외선, 레이더 센서 등)를 탑재하여 감시, 정찰, 정밀공격무기의 유도, 통신/정보중계, EA/EP, Decoy 등의 임무를 수행하며, 폭약을 장전시켜 정밀무기 자체로도 개발되어 실용화되고 있어 향후 미래의 주요 군사력 수단으로 주목을 받고 있음.

무장강하(武裝降下 : Combat Jump Load)

전술강하시 강하자가 자신의 군장과 소총을 결속하여 강하하는 것

미지(MIJI)

원인 모를 외부의 세력에 의해 무선장비나 레이더가 전자방해를 받는 것을 말하며, 항법방해, 전자침투, 재밍(전파방해), 전자간섭의 4가지 형태로 구분.

민감표적(敏感標的 : Sensitive Target)

국제법 협약으로 공격을 금지하거나 아군의 장차 작전 및 정보 수집을 위하여 공격을 특정하게 제한하는 표적

민간인 출입통제선(民間人出入統制線, Civilian Access Control Line; CACL)

군사작전상 민간인의 출입을 통제하기 위하여 설정(휴전선 남방 5~20㎞ 범위)한 선으로서 이 선의 북방 출입 또는 활동은 책임지역 군 부대장의 통제가 요구됨.

민경장애물지대(民警障碍物地帶 : Civil Police Obstacle Zone)

아군의 침투방지 목적으로 군사분계선 북쪽 비무장지대 내에 설치되어 있는 장애물지대로 지뢰지대와 각종 전기철책 및 기타 흔적 및 발성 장애물로 구성되어 있는 지역을 말하며 군사분계선과 보병장애물지대 사이에 위치함.

민군작전(民軍作戰 : CMO ; Civil-Military Operations)

군부대가 주둔하거나 작전을 수행하고 있는 지역에서 군사작전의 성공적 수행을 보장하고 국가정책을 실현하기 위하여 군부대와 정부, 비정부기구 및 주민과의 관계를 구축, 유지 및 확대하는 지휘관 중심의 제반 군사 활동

민사작전(民事作戰, Civil Affairs Operations)

전·평시를 망라하여 군과 민간인과의 상호관계는 제반활동을 의미하나 이를 군사작전과 연관시켜 말할 때 민사작전이라고 함.

ⓑ

박명(薄明, Twilight)

일출전이나 일몰후 대기 중에 떠 있는 미세한 물질이나 먼지가 태양광선을 반사하여 희미하게 밝은 현상. 통상 일출 45분 전부터 일출까지를 해상 박명초(BMNT), 일몰시부터 15분 후까지를 해상 박명종(EENT)이라 함.

반격(反擊 : Counter-Offensive)

공격부대로부터 주도권을 탈취하기 위하여 방어부대가 실시하는 대규모의 공세로서 공세이전과 동의어 임.

반고정식 탄약(半固定式彈藥, Semifixed Ammunition)

포탄에 탄피가 영구적으로 붙어 있지 않고 탄피와 탄환을 결합하여 탄피 내의 장약을 조절함으로써 사거리를 증감시킬 수 있는 탄약.

반잠수정(半潛水艇, Semi-Submarine Boat)

적의 레이더망에 포착되지 않고 해안에 침투할 수 있는 소형의 공작선으로 잠수시 수면으로부터 20~30㎝ 노출되며 노출부위는 반레이더 고무커버를 씌워 레이더에 포착되지 않음. 예를 들면 북괴가 공작선(자선)으로 개발한 반잠수정이 있음.

반폐쇄식잠수장비(半閉鎖式潛水裝備 : Semi Closed Circuit Scuba-LAR-Ⅶ)

완전 폐쇄식 잠수장비(LAR-Ⅴ)의 수심제한을 개선하기 위해 개발된 LAR-Ⅶ은 산소와 질소를 이용한 나이트록스(Nitrox) 잠수와 순수 산소를 이용한 완전 폐쇄식 잠수 등 2가지 기능을 전환사용 가능한 잠수장비로 해군 특수전부대에서 운용하고 있으며, 10m~24m 수심에서는 나이트록스 잠수를 실시하고, 10m 이내에서는 완전폐쇄식 잠수를 실시함.

발사약(發射藥 : Power, gun powder)

발사약은 총포내부에 충전되어 있는데 탄자를 추진시키는 역할을 함. 발사약은 흔히 폭발한다고 말하지만 엄밀히 말하면 아주 빠르게 연소되는 것으로 연소시 고온 고압의 가스가 발생되고, 이것이 탄피를 팽창시켜 탄자를 추진시킴.

발진기지(發進基地, Launch Base)

작전제대가 적 지역 침투를 위하여 최종적으로 준비를 확인하고 적 지역으로 이동하는 기지로서 통상 육상침투시는 접적선 우군지역, 해상침투시는 항만, 공중침투시는 비행장이 됨.

방사선(放射線, Radial Rays)

방사능 원소가 붕괴할 때에 방사되는 고속도의 물질입자선과 전자파를 말하며, 알파(α)선, 베타(β)선, 감마(γ)선의 세 가지가 있 음.

배타적 경제수역(排他的經濟水域, Exclusive Economic Zone)

영해를 넘어서 200해리까지의 그 해저, 지하, 상부수역의 자원개발 및 보존 그리고 공해방지에 관한 연안국의 배타적 권한이 인정되는 수역으로서, 제3국은 항해의 자유, 상공비행의 자유, 케이블 및 파이프라인 등에 관하여는 공해와 마찬가지로 자유가 인정됨.

백색선전(白色宣傳, White Propaganda)

공공연한 심리전으로서 발기인 또는 공인된 기관에 의하여 실시되는 선전.
백색선전은 선전자의 공식적인 대변으로서 책임성과 권위성을 가지고 있으며 공식기관에 의한 선전이므로 선전내용에 있어서 많은 제약을 받게 됨.

백지전술(白紙戰術, Student Paper Tactics)

전술원칙과 준칙을 적절하게 적용할 수 있도록 백지에 지형과 상황을 임의로 알맞게 부여하여 전술교리를 이해시키고 응용능력을 배양할 목적으로 제시하는 기본모형 전술문제.

번들(Bundle)

무게 100~500LBS 미만의 화물을 T-7A 낙하산을 이용하여 투하하는 방식으로 약품, 통신장비, 탄약과 같이 최상의 안전투하를 요하는 품목을 한 개씩 투하할 때 이용함.

범세계연합C4I체계(~體系:CENTRIXS-K;Combined Enterprise Regional Information Exchange System-Korea)

다국적군과 연합작전시 보다 효율적인 정보공유와 자료교환을 지원하는 범세계연합C4I체계로 GCCS를 대체하며, 테러와의 전쟁을 지원함 범세계 미국/동맹/연합 정보교환 체계

범세계군사지휘통제체계(汎世界軍事指揮統制體系, World Wide Military Command & Control System; WWMCCS)

미국의 범세계를 대상으로 국가급 군사지휘통제체계로서 대통령과 국방장관이 범세계적으로 배치된 주요 전투사령관들에게 지침을 하달하고, 합참, 각군성, 주요 사령부의 전쟁계획, 시행을 지원함.

범세계 지휘 및 통제체계(汎世界指揮및統制體系, Global Command and Control System; GCCS)

지휘 및 통제를 효과적으로 수행할 수 있도록 국가통수기구, 합참의장, 통합군사령관, 각군 및 국방기구, 합동 임무부대지휘관 등에게 정보처리 및 분배능력을 제공하는 종합적인 범세계적 체계임.

병력손실판단(兵力損失判斷, Personnel Loss Estimate)

예상되는 작전에 따른 손실 예상인원을 미리 판단하는 것으로 단기 병력손실판단과 장기 병력손실판단이 있음.

변조(變調 : Modulation)

일정한 고주파 전류 또는 펄스 전류에 음성과 영상신호 등으로 얼마간의 변화를 주는 것으로 아날로그 통신에서는 변조, 디지털 통신에서는 부호화라 함.

보급품(補給品, Supplies)

식량, 피복, 장비, 무기, 탄약, 유류, 기타 각종 자재 및 여러 종류의 기계를 포함한 군을 장비하고 유지하며 운용하는 데 필요한 모든 품목. 관리 목적상 보급품은 다음과 같이 10가지 종별로 구분됨.

Ⅰ종 보급품 : 주·부식류를 포함한 전투식량 등 전투상황 및 지리적인 차이에 구애됨이 없이 대략 1일 일정한 율로 소모되는 품목.

Ⅱ종 보급품 : 피복류, 개인장구류, 천막류, 행정보급품, 내무생활용 보급품, 수공

구 등의 품목.

Ⅲ종 보급품 : 석유, 연료, 윤활유 및 절연유류, 보존유, 액체, 압축기체, 냉각제, 해빙제, 방독제, 첨가제, 석탄 등의 품목.

Ⅳ종 보급품 : 공사자재, 설치된 장비를 포함한 모든 건축자재 및 축성자재.

Ⅴ종 보급품 : 화학탄을 포함한 모든 탄약류, 폭파자재, 신관, 기폭약 등의 탄약류.

Ⅵ종 보급품 : 개인 수요품목(비군사 판매품), 즉 군 매점계통에서 판매되는 품목.

Ⅶ종 보급품 : 주요 완제품, 최종결합체, 즉 각종 차량, 총포, 기계 등의 품목.

Ⅷ종 보급품 : 의무기재, 약품, 위생소모품, 의무수리 부속품 등의 품목.

Ⅸ종 보급품 : 수리부속품(의무장비 수리부속품 제외), 모든 장비의 정비지원에 소요되는 키트, 결합체를 포함한 부속 및 구성품.

Ⅹ종 보급품 : Ⅰ종에서 Ⅸ종까지의 분류에 속하지 않는 물자, 즉 비군사 목적, 대민지원물자 및 자재.

보병장애물지대(步兵障碍物地帶 : Infantry Obstacle Zone)

비무장지대내 북방한계선 이남지역에 설치되어 있는 장애물지대로 철책과 지뢰지대로 구성되어 있으며, 민경장애물지대에 이어서 북쪽에 설치되어 있음.

보안(保安, Security)

1. 간첩, 관측, 태업 또는 기습 등으로부터 부대를 보호하기 위한 방책.
2. 적의 행동이나 영향으로부터 보호방책을 설치하고 유지하는 결과로서 이루는 상태.
3. 비밀사항에 관하여 국방상 이익을 보호하기 위하여 공적 첩보자료에 비인가자의 접근을 배제하는 상태.
4. 적의 공격, 방화, 도난 또는 태업으로부터 보급품이나 시설을 보호하는 것.

보조낙하산(補助落下傘 : Pilot Parachute)

주 또는 예비낙하산을 산개시키기 위한 일종의 보조기구로서 보조낙하산이 먼저 바람을 받아 주낙하산을 산개시켜줌.

보조요원(補助要員 : Auxiliary)

유격부대에게 조직적인 지원을 제공하기 위하여 편성된 지원부대로써 저항조직의 일부이며, 조직내의 일부로 활동하거나 개별적으로 활동함. 이들은 버스기사, 매춘부, 화학공장 노동자와 같은 정상적인 사회활동을 영위하면서 비밀리에 지원을 제공함.

부교감신경(副交感神經, Parasympathetic Nerve)

교감신경과 함께 자율신경을 구성하는 원심신경으로 호흡, 소화, 순환 등을 지배하며, 흥분하면 말단에서 아세틸콜린을 분비하고 심장에는 제어적 작용을 하며 위장운동에는 촉진 작용을 함.

부분기능고장(部分機能故障 : Partial Malfunction)

낙하산의 캐노피가 완전하게 산개되지 않은 상태의 기능고장으로 하강속도는 완전기능고장에 비해 늦음.

부비트랩(Booby Trap)

외견상으로 무해하고 안정하게 보이는 물건을 의심 없이 건드리게 될 때에 폭발하여 인원을 살상하는 장치.

북방한계선(北方限界線, Northern Limited Line; NLL)

동·서해에서 우군 경비함정의 경비활동에 대한 북방한계를 규정하기 위하여 유엔사가 일방적으로 설정한 해군 작전한계선.

분리식탄약(分離式彈藥)

반 고정식 탄약과 동일한 요령으로 탄두와 약협을 결합하여 장전하는 탄약이나 추진장약이 들어 있는 약협이 코르크로 밀봉되어 있어 추진 장약 조정을 할 수 없음. 통상 함포용 탄약으로 많이 사용됨.

분산(分散 : Dispersed)

침투부대가 침투중 적으로부터 발견되거나 또는 사격을 받을 시 전투력을 보존하기 위하여 실시하는 것으로 조별 분산과 개인 분산 및 소조별 분산이 있음

분진점(分進點 : Release Point)

1. 종대를 구성하여 이동하는 부대의 특전 구성 부대가 그의 각개 지휘관의 통제하에 복귀하는 지점 또는 예하지휘자에게 지휘권이 이양되는 지점
2. 침투부대가 침투간 노출의 위험 또는 기타 동시침투가 제한되는 상황에서 수개의 제대로 나누어 분산하여 침투하는 지점 또는 다시 집결하는 지점.

분포거리(分布距離, Dispersion)

인원 및 화물이 항공기로부터 낙하산에 의하여 지상에 착륙되었을 때 선두로부터 후미까지의 분산된 거리.
계산방식은 [비행속도(knot×0.51)×추출시간(화물개수-1)이 되며, 화물이 1개일 경우에는 고려하지 않고, 추출시간은 1초 간격으로 인원과 화물이 투하되었을 경우에 적용함.

분할침투(分割浸透 : Partition Infiltration)

침투부대를 수개의 침투제대로 편성하고 동일 침투로를 이용하여 각 조별 시간 또는 거리를 유지하여, 축차적으로 침투하는 방법으로 개활지, 도로 등 노출이 심한 위험지역 극복시 사용

블러드칫(Blood Chit)

우군 국기가 그려져 있고 조난자를 안전하게 돕고 있는 사람에 대해서 우군정부가 적절하게 보상할 것이라는 효과적인 몇 가지 글이 쓰인 문구가 포함된 작은 전표. 작전하는 지역에 따랄 해당 국가의 언어로 표기함.

비대칭전력(非對稱戰力 : Asymmetric Force)

적의 강점을 회피하면서 취약점을 최대한 공격하여 효과를 극대화하기 위한 전력 또는 상대방이 보유하고 있지 않거나 상대방보다 월등하게 많이 보유한 능력(대량살상무기, 게릴라전 수단 등을 지칭)

비무장선박의 구분(非武裝船舶의區分, Categories of Non-military Ships)

비무장선박의 구분은 다음과 같음.

1. 무혐의선박(Clear Ship)
2. 의심스러운 선박(Doubtful Ship)
3. 적대선박(Hostile Ship)
4. 수상한 선박(Suspect Ship)

비무장지대(非武裝地帶, De-Militarized Zone; DMZ)

적대하는 두 나라의 군대 사이를 격리시키는 지대로서 이곳에서 군의 주둔과 무기배치 및 군사시설을 설치하는 것이 금지된 지역.

비밀공작(秘密工作, Clandestine Operation)

정보기관이 어떤 목적 하에 주어진 목표에 대하여 계획적으로 수행하는 비공식적인 행위.

비밀조직(秘密組織 : Secret Organization)

적의 억류시설로부터 탈출하거나 적에 대한 저항을 목적으로 조직하며, 이는 공개조직이 억류국의 방해로 인하여 포로의 권익보호가 불가능할 때 필연적으로 자생되는 포로들의 비밀 결사기구를 말하고 수용소 당국은 물론 동료포로들에게도 모르게 하고 모든 활동은 비밀리에 행하여짐.

비전기식뇌관(非電氣式雷管 : Non-electric Blasting Cap)

폭약을 폭발시키기 위한 폭파기재로서 도화선의 불꽃이나 도폭선의 폭발에 의해 점화되며, 내부에 충전된 RDX라는 소량의 폭약이(920g)폭발하여 알루미늄(동)관과 폭약의 힘에 의해서 폭약이 폭발함.

비전기식점화장치(非電氣式點火裝置 : Non-electric Ignition Equipment)

비전기식뇌관을 사용하여 폭약을 폭발시키는 장치로서 단일구조물이나 폭파시간의 제한을 받지 않는 표적에 효과적임.

비전투손실(非戰鬪損失, Nonbattle Casualty)

질병이나 상해로 인하여 사망한 자 또는 자의적이라고 인정되지 않으며 적 활동과 억류로 인한 행방불명자를 포함하여 질병 또는 상해의 이유로써 소속부대를 이탈한 인원.

비정규구출지원(非正規救出支援 : UAR ; Unconventional Assisted Recovery)

적 지역이나 적 점령지역 내에서 고립되었거나 포로가 된 개인 또는 집단, 물자를 별도의 전투지원 및 전투근무지원 없이 특수작전부대 단독으로 또는 저항세력 등의 보조부대 지원하에 아군 통제지역으로 구출 및 탈출 할 수 있도록 지원하는 작전.

※ 보조부대란 유격부대에게 조직적인 지원을 제공하기 위하여 편성된 지원제대를 말함. 보조부대는 조직 내의 일부로 활동하거나 개별적으로 활동하며, 보조부대 요원들의 활동은 본질적으로 비밀활동이므로 정상적인 사회활동을 영위하면서 그들의 활동을 공공연하게 나타내지 않고 비밀리에 지원활동을 수행함. 유격부대를 위한 지원활동에는 경계 및 경고, 정보제공, 군수 및 의무지원, 유격부대원 모집 등이 있음.

비정규군(非正規軍, Irregular Forces)

정규군, 경찰 또는 기타 국내 경계부대에 속하지 않는 무장한 개인 또는 집단.

비정규전(非正規戰, Unconventional Warfare)

1. 적지역이나 적 점령지역 내에서 현지 주민이나 침투한 정규군요원이 주로 외부의 지원과 지시를 받아 수행하는 군사 및 준군사활동으로서 유격전, 도피

및 탈출, 전복활동을 포함함.

2. 유격전, 도피 및 탈출 그리고 전복활동 등을 포함하는 작전으로서 적이 확보 또는 지배하는 지역에서 주로 주민에 의하여 수행되며, 통상 외부로부터 여러 가지 면으로 직접적이거나 간접적인 지원과 지시를 받음. 즉 기존 정권이나 점령세력을 제거 또는 약화시킬 목적으로 수행되는 주로 주민에 의해서 실시되는 총체적인 저항활동.

비콘(Beacon)

1. 조난자 발생시 비상 위치식별 목적으로 사용되는 모든 무선 비콘에 대한 일반적인 용어
2. 전자유도장치를 갖춘 항공기의 유도장비로 주로 적 지역 내에서 항공기 유도, 공중폭격 유도, 근접 항공지원 유도 등을 위하여 사용하는 장비
3. 무선표지(Radio Beacon)를 뜻하는 말로써 이는 특정한 위치에 설치된 무선국에서 특정한 전파를 발사하고, 선박 또는 항공기에서 이 전파를 수신함으로써 그 무선국의 위치와 방위를 알아서 항로 또는 항공로의 식별이 될 수 있게 하기 위해 전파에 의한 항행의 지표

브이탭(V-Tabs)

하부밴드에 부착된 모두 30개의 V자 모양의 나일론 띠로써 낙하산 줄과 하부밴드의 부착강도를 보강하는 역할을 함.

㉦

사거리 공산오차(射距離公算誤差, Range Error Probable, REP)

한 총포가 동일한 사격제원으로 동일한 장소에서 동일한 조건 하에 사격하였을 경우 생기는 사거리상의 오차. 사거리 공산오차는 총포의 사표에 표시되어 있으며, 그 총포의 정확성에 관한 지침으로 간주될 수 있음

사격술예비훈련(射擊術豫備訓練 : PRI ; Preliminary Rifle Instruction)

표적을 정확히 명중시키기 위하여 조준, 자세, 호흡, 격발의 사격술을 숙달하고 사격연습과 가늠자 조정을 숙달하기 위한 훈련

사격제한선(射擊制限線, Restrictive Fire Line; RFL)

상호간 협조 없이는 이 선을 넘어서 서로 사격할 수 없도록 2개 부대 사이에 설치된 선.

사격협조선(射擊協調線, Coordinated Fire Line; CFL)

박격포, 야전포병 및 함포를 운용함에 있어서 화력지원의 협조와 제한을 위하여 설치되는 통제선으로서 이 선 밖의 표적에 대한 사격을 자유롭게 허용하여 공격을 보장하기 위해서 설치함. 이 선 내의 표적에 대한 사격은 이 선을 설치한 포병부대만이 할 수 있음.

사경도(寫景圖, Panoramic Sketch)

관측수나 사수의 육안으로 보이는 그대로 그린 한 지역의 그림. 이는 군사요도와 같은 그림으로서 실제와 동일한 거리효과와 모양을 나타내기 위한 지형도.

사계(射界, Field of Fire)

지정된 진지로부터 어떤 무기가 사격함으로써 유효하게 제압할 수 있는 지역.
하나의 화기 또는 수개의 화기집단이 주어진 진지로부터 효과적으로 엄호할 수 있는 지역.

사계청소(射界淸掃, Clearing the Field of Fire)

사계를 양호하게 하여 효과적인 사격을 할 수 있도록 하기 위하여 사격진지 전면의 방해물을 제거하는 작업.

사전산소호흡시간(事前酸素呼吸時間 : Pre-breathing Time)

5,486m(18,000ft) 이상의 고도에서 강하를 할 때 강하자가 100% 순수 산소를 사전에 호흡해야 하는 시간

※ 3,040~3,963m(10,000~13,000ft)의 고도에서는 공중지체 시간이 30분 이상 초과해서는 안되며 3,963m(13,000ft) 이상의 고도에서 강하시 산소장비를 사용하여 농도 100% 산소공급을 받아야 함.

사전할당다원접속(事前割當多元接續 : PAMA ; Preassigned Assigned Multiple Access)

Point-to-Point 방식의 통신서비스 혹은 방송망(Radio, TV, 데이터분배)에 적합하며, 링크의 변동이 적은 경우에 채널을 고정적으로 사용함. 즉 사용자의 요구에 관계없이 채널을 고정적으로 할당하는 방식으로 통화의 생존성(성공률)은 보장되지만 주파수 활용 면에서는 불리함.

사주방어(四周防禦, All Around Defense)

방어의 주력은 적의 공격방향에 지향시키고 어느 방향으로부터의 적의 위협에도 대처할 수 있도록 방어편성을 하는 것.

사진축척(寫眞縮尺, Photographic Scale)

사진 또는 모자이크상에서 측정된 거리와 지리상의 실지상거리 간의 비율. 분류하면 아래와 같음.

1. 극대축척-1 : 6,000 이상
2. 대 축 척-1 : 6,000~1 : 12,000
3. 중 축 척-1 : 12,000~1 : 30,000
4. 소 축 척-1 : 30,000~1 : 70,000
5. 극소축척-1 : 70,000 이하

사표(射表 : FT ; Firing Table)

어떠한 상황에서도 표적에 효과적인 사격을 하기 위한 제원을 제공하기 위하여

일정한 표준 조건 하에서 다양하게 시험 사격한 결과와 탄도방정식을 컴퓨터로 모의한 결과를 기초로 작성된 각종 제원표로 사거리에 따라 사각과 장약을 환산해 놓았으며, 각 탄종별 사표는 카드식으로 인쇄되어 포함상자 속에 1장씩 들어있고, 동일한 사거리에서 대부분 2가지의 사각과 장약이 명시됨.

사판(砂板, Sand Table)

지면의 일부를 일정한 축척에 의해 실제 지형과 같이 만든 모형.

산개검사(散開檢査 : Check Canopy)

강하자가 항공기를 이탈 후 자신의 낙하산이 이상 유무를 확인하는 동작

산개충격(散開衝擊 : Opening Shock)

카나피가 전개되어 완전히 바람을 받게 되는 동안 강하자가 느끼게 되는 끌어당김. 충격의 정도는 수직, 수평속도, 대기상태, 신체동작, 낙하산 종류, 전개방법 등 여러 가지 요소에 의하여 좌우됨.

산악지역작전(山岳地域作戰, Mountain Area Operation)

험준한 경사, 암석, 절벽, 협곡, 우거진 삼림, 제한된 도로망과 극심한 기상변화 등의 특징을 갖는 지형(일반적으로 500m 이상의 표고를 가진 지형)에서 실시하는 작전.

산낭(傘囊 : Pack Tray)

내부에 포장된 낙하산의 내용물이 외부로부터 손상되지 않도록 보호하는 나일론 천 재질의 낭

산소강하(酸素降下 : Oxygen Jump)

산소 공급이 요구되는 고공강하 형태는 일반적으로 3,040m(10,000ft)이상에서 사용

산소중독(酸素中毒 : Oxygen Poisoning)

100% 산소를 사용하는 폐쇄회로(LAR-V)장비는 10m 이상의 수심에서는 증가된 압력만큼 산소의 부분압 증가로 산소독성이 중추신경계에 영향을 미치는 산소중독현상이 발생. 산소 중독 시 인체에 나타나는 증상으로는 시려깅 희미해지고 귀울림 현상, 구토, 현기증, 경련이 일어남

살상지대(殺傷地帶, Killing Zone, Kill Box)

1. 지형과 장벽을 이용하여 적을 불리한 상황으로 유인하거나 집결을 강요한 후 병력, 화력 및 장벽 등 각종 수단으로 적을 격멸하기 위해 사전에 계획된 지역으로서, 주로 방어시에 운영하며, 특정지역을 무력화시켜 기동부대의 통로를 개척하기 위해 운용되기도 함.
2. 공군;3차원으로 구성된 지역으로 항공/지상 화력을 집중하기 위한 곳이며 적 목표물 집중이 예상되는 곳에 선정함(kill box).

3지대방호개념(三地帶防護槪念 : Triple Zone Defense Concept)

주둔지 및 주요 시설을 적의 감시, 관측, 침투 및 공격으로부터 보호하기 위하여 핵심시설 외곽으로부터 제1지대(경계지대), 제2지대(주방어지대), 제3지대(핵심방어지대)로 구분하여 경계 및 방호하는 개념임.

상봉점(相逢點 : Rendezvous Point)

작전행동 개시 또는 그 과정 그리고 작전후 복귀를 위해 모함(선)과 만나는 지점

상호운용성(相互運用性 : Interoperability)

시스템, 부대 또는 세력간에 서비스를 주거나 받아 보다 효과적이고 효율적으로 운용 될 수 있는 능력

※ 기종이 다른 컴퓨터나 단말기를 연결해서 상호 이용하는 것.

생명줄(生命茎 : Static Line)

낙하산에 부착되어 있는 코드나 웨빙으로써 비행기 내부에 걸려 강하자가 기체에서 약 15피트 이격 되었을때 낙하산을 자동적으로 개방시켜 주는것.

생존(生存, Survival)

개인 혹은 집단이나 대부대가 모체로부터 이격된 곳에 고립, 차단되어 보급품 획득 불가시 각종 기술을 활용하여 주어진 환경에서 살아나가면서 계속적인 임무를 수행하는 것.

생존 킷(生存~ : Survival Kit)

생존에 필요한 기본적이고 필수적인 도구를 넣어 준비한 것. 여기에는 구급약, 신호수단, 식량과 식수획득 수단, 불 피우는데 사용되는 수단 등 은신처 구축에 필요 품목이 소함 됨.

생존하중(生存荷重, Survival Load)

적과의 전투행위를 회피하면서 침투, 은닉, 도피 등의 활동이 가능한 하중으로서 개인의 생존성과 휴대의 지속성을 고려함.

평균적인 개인 휴대 가용량은 휴대/체중 비율이 43%로 체중이 67kg인 인원의 경우 생존하중은 28.8kg임.

선견부대(先遣部隊, Advance Force)

상륙기동부대의 주력부대 상륙이전 상륙목표 지역 내에 투입, 상륙기동부대의 상륙돌격을 위하여 목표지역을 준비하는 상륙기동부대 예하의 기동편성부대(체)로서 수색, 소해, 정찰, 지원지점의 탈취, 준비사격, 수중파괴, 항공작전 및 필요시 기타 작전을 수행함.

선무공작(宣撫工作, Pacification Activities)

목표대상인 어떤 개인, 집단, 민족 및 국민에 대하여 아방의 신조, 주의, 태도, 견해 및 활동을 사실 그대로 전파하거나 과장 또는 날조하여 유포시키는 것.

선무심리전(宣撫心理戰, Consolidation Psychological Operations)

군작전을 용이하게 하고 민중간에 최대한의 협동심을 조장하려는 목표를 가지고 우군 후방지역이나 우군부대가 점령한 지역의 주민들에게 지향되는 심리전.

선발대(先發隊, Advance Element)

정찰, 안내표지, 숙영, 행정준비 등의 제반준비를 위하여 본대보다 먼저 파견되는 부대임.

선전(宣傳, Propaganda)

국가목표를 지원하여 주최자에게 직접 또는 간접으로 이익을 주기 위하여 어느 특정한 사상, 감정, 태도 또는 행위에 영향을 주도록 계획된 정보, 사상 또는 특별요소로서 선전의 종류에는 백색, 회색, 흑색 선전이 있음.

설영(設營, Quartering)

진영(陣營)을 마련한다는 뜻으로 부대원의 숙식, 근무설비 및 보급품을 위한 수용시설의 준비와 관리를 말하며 설영시설에는 야영시설, 병영시설 및 숙사시설 등의 형태가 있음.

설영대(設營隊, Quartering Party)

주력부대가 전진하여 작전이 예상되는 새로운 위치를 주력부대가 도착 또는 점령하기 전에 이를 확보하고 정찰하여 사전에 지역을 편성하기 위하여 부대 대표로 파견된 부대. 주요 임무는 예하부대의 정확한 위치를 지정해 주고 각 부대를 준비된 지역으로 유도하며, 숙영 및 행정시설을 사전 준비하는 것임.

설맹(雪盲 : Snow Blindness)

태양의 적외선이 지표면에 깔린 눈에 반사되어 일어나는 눈의 각막이나 결막의 염증으로, 증세는 안국를 움직이거나 깜박거릴 때 심한 통증을 느끼고 정상적인 불빛을 바라볼 때에도 통증을 일으키는 등의 곤란을 느끼게 되며, 심한 경우에는 며칠간씩 전혀 볼 수 없게 됨. ※ 일명 설안염(雪眼炎)이라고 함.

성형장약(成形裝藥 : SC ; Shanped Charge)

폭발력을 한 방향으로 집중시켜 관통력을 크게 하기 위하여 일정한 용기안에 폭약을 장전하여 만든 탄을 말하며, 형성장약 이라고도 함.

소산(疎散, Dispersion)

적의 행동(주로 공격)에 대한 취약성을 감소하기 위하여 제한된 지역에 집중되어 있는 인원, 물자, 설치물(설영) 등을 전술적으로 분산시키고 분리하는 것.

소이작용제(燒夷作用劑, Incendiaries Agent)

화재를 발생시킬 목적으로 사용되는 탄약을 말하며, 기름소이제, 금속소이제, 기름금속소이제의 종류가 있음.

소이탄(燒夷彈, Incendiary Bomb)

1. 항공기 및 지상화기에서 연소성 목표물을 점화하기 위한 탄약.
2. 적의 인마, 가옥, 진지 등의 표적물을 소각 파괴할 목적으로 제조된 탄약.
3. 높은 열을 내며 타는 약제를 장치한 폭탄.

소이탄약(燒夷彈藥 : Incendiary Bomb)

화염과 높은 열(3,000~4,500℃)을 내며 연소하는 약(소이)제를 충전한 탄약으로 목표물을 소각파과하기 우해 사용하며 소이제의 주성분은 Mg, AL, Mg-AL합금이 주로 사용됨.

소화기(小火器 : SA ; Small Arms)

1. 소구경의 총기로서 권총, 소총, 기관총, 산탄총 등이 이에 포함되며, 통상 구경이 0.6인치 이하인 화기를 말함.

2. 개인 및 공용화기로 이용하는 무기로서 권총, 기관단총, 소총, 유탄발사기 및 산탄총 등 다양한 무기체계로 기관총까지는 대게 구경 15mm 이하, 유탄의 경우 40mm이하 구경을 소화기에 포함시키고 있음.

소화기탄약(小火器彈藥 : SAA ; Small Arms Ammunition)

30mm 구경까지의 거치 또는 파지식 장비의 탄약으로 권총탄약, 소총탄약, 기관총 탄약, 엽총탄약이 포함됨.

수복지역(收復地域 : Reclaimed Area)

적에 의하여 점령되어 있다가 아군 또는 우방국에 의하여 적을 축출하고 탈환된 지역이며, 국내법의 적용이 가능하도록 적용범위가 확대된 지역, 그러나 한국의 경우는 해방과 동시에 타의에 의해 분단된 북한지역은 회복하여야 할 우리의 영토임.

수상강하 고무보트 침투(水上降下~浸透, Rubber Duck; R/D)

중형 이상 고정익 항공기로 공해상 또는 근해 지역에 낙하산으로 강하후 고속 고무보트 또는 수중추진기 및 오리발수영 등으로 해안 상륙지역에 침투하는 방법. 장점은 신속한 수송과 은밀침투, 장거리 침투 및 기습효과 달성이 용이하나, 고무보트 투하시의 안전요소와 기상조건에 영향을 받고 특수훈련이 필요함.

수색(搜索, Reconnaissance)

육안관측이나 기타 탐지방법에 의하여 적 혹은 잠재적인 적의 활동과 자원에 관한 첩보의 획득 및 특정지역의 기상, 수로, 또는 지리적 특성에 관한 제원을 얻기 위하여 실시되는 임무.

수중총(水中銃 : Spear Gun)

잠수자가 수중활동중 적 및 기타 위험으로부터 자신을 보호하기 위한 일종의 무기로 공기 압력식 수중총과 고무줄 완련식 수중총, 4연발 리벌버식 수중총이 있음.

수중파괴대(水中破壞隊, Underwater Demolition Team; UDT)

상륙작전 직전에 해안선을 정찰하고 상륙 방해물을 파괴하는 작업을 수행하도록 특별훈련을 받은 부대로서 수중파괴를 위한 편성이며, 2개 이상의 수중파괴반의 집합체.

수중폭파(水中爆破, Underwater Demolition)

상륙작전 및 기타 작전시 해안선 근해의 수중에 있는 장애물을 폭약을 이용 파괴시키는 것.

수직공산오차(垂直公算誤差, Vertical Provable Error)

사거리 공산오차에다 낙하각의 정절치(tangent)를 곱한 수치. 수직면에 대해서 사격을 하면 마치 수평선에 이루어지는 사탄산포와 동일하게 그 수직면에서도 산포됨. 즉 수직면에 대한 전체 사탄산포지역의 1/8은 하나의 수직공산오차가 됨.

수중탐색(水中探索 : Underwater Search)

함정 및 항공기 등의 조난에 의해 침몰된 장비를 탐색하여 인양하거나 해저의 탐색 및 통로개척, 수중장애물 탐색 및 제거를 위하여 실시하며, 수중탐색 방법은 원탐색, 수영 예인탐색, 방안탐색, 안줄탐색, 보조줄 탐색, 견인탐색, 선박바닥 탐색 등이 있음.

수집정찰(蒐集偵察 : Collection Reconnaissance)

작전지역내 적의 이동표적 또는 고정표적을 감시하는 활동으로 상급부대로부터 미사일기지, 핵 시설 등 고가치 표적에 관한 첩보를 요구하거나 작전 지역 내 기상제한으로 표적 관측이 곤란할 때 정찰을 통하여 첩보를 수집하는 활동

순발신관(瞬發信管, Supersensitive Fuze)

극히 가벼운 충격에도 폭발하는 신관으로 목표물에 충돌과 동시에 충격력에 의해 폭발하는 신관.

스노클 항해(~航海, Snorkel Navigation)

잠항상태에서 주축전지 충전 및 압축공기 충전 또는 함내 대기순환을 목적으로 스노켈 마스트를 수면으로 노출시키고 기관을 사용하여 실시하는 항해.

스노클(Snorkel)

재래식 잠수함이 잠항상태에서 축전지 충전을 위한 기관작동이 가능토록 수면상에 노출시키는 공기 흡입장치.

스노클(Snorkel)

1. 스노클은 잠수부가 수중활동간 실린더 공기를 의지하지 아니하고 장시간 호흡을 위하여 대기의 공기를 제공해 주는 수면 호흡 장비로 호흡저항이 작으며, 통산 수면에서 수중관측과 척후조의 은밀침투간 전방을 관측하면서 침투시 이용, 스노클은 형태에 따라 J형, L형, 만곡형, 주름호스형이 있음.
2. 수면 10m 이내에 잠항중인 잠수함 브릿지에서 외부로부터 공기를 공급받기 위한 원통형 관

스노클항해(~航海 : Snorkel Navigation)

잠수함이 잠항상태에서 주축전지 충전 및 압축공기 충전 또는 함내 대기 순환을 목적으로 스노켈 마스트를 수면으로 노출시키고 기관을 사용하여 실시하는 형태

스쿠버(SCUBA : Self Contained Undrwater Breathing Apparatus)

잠수자가 수중에 들어가기 전 직접 압축된 공기를 휴대하여 수중에서 호흡하는 잠수장비로, 주요 구성 품으로는 공기탱크, 레귤레이터, 마우스피스, 수경, 오리발, 스노클, 습식/건식 슈트 등이 있음.

스키드보드(Skid Board)

BDL/CDS에 사용되는 의장자재로 화물 고정판 및 적재/투하시 항공기 롤러에 쉽게 미끄러지게 하는 역할을 하는 합판을 말함.

스킨다이빙(Skin Diving)

스노클, 수경, 오리방 등의 장비를 이용하여 50피트(15m) 이내의 수심에서 자신의 한계호흡으로 잠수(잠영)하는 방법으로 스킨잠수는 스쿠바 잠수를 숙달하기 전에 실시하는 기초과정이며 스노클을 이용하면 수면에서 호흡이 가능하고, 오리발을 이용한 추진력으로 장거리 원영이 가능하며, 또한 스노클 수영은 표면수영을 실시하므로 적의 관측으로부터 보호받을 수 있고 은밀침투에 유리한 이점이 있어 해상침투 시 척후조가 접안지점 은밀접근 시 이용할 수 있는 방법.

스택 덕(Stacked Duck)

수상강하 고무보트 침투(Hard Duck)시 2척의 고무보트를 하나의 플랫폼에 포장하여 투하하는 방법으로 포장된 화물의 최소무게는 953kg, 최대무게는 1,598kg 이다. 1개 팀(13명 기준) 전원 동시 투하가 가능하며, 팀 건제하 강하 소요시간을 단축 할 수 있는 장점이 있음.

습격(襲擊, Raid)

통상 소규모의 부대로 적지 안으로 신속히 침입(돌파)하여 첩보를 입수하거나 적을 혼란 또는 적의 시설을 파괴하고 임무 완수후 계획된 철수를 단행하는 기습작전.

시간개념(時間槪念 : Times)

1. C-DAY : 출발지로부터 전개이동을 개시하는 날짜.
2. D-DAY : 특별한 작전이 개시되는 혹은 개시되도록 되어 있는 날짜.
3. K-DAY : 특정 수송항로를 통한 수송 개시일자.
4. M-DAY : 동원 개실일.
5. N-DAY : C-DAY 이전의 불명일.
6. N-HOUR :(경보 발령시간)비상대기부터 외의 부대투입 준비시간.
7. H-HOUR : 어떤 작전 혹은 적대행위가 개시되기로 되어 있는 일의 특정시간
8. L-HOUR : 전개작전이 개시되거나 혹은 개시도기로 되어 있는 C일의 특정시간.

시너지(Synergy)

전체적 효과에 기여하는 각 기능의 공동작용, 협동을 뜻하는 말로서 종합효과, 상승효과 의미임. 군사적 의미에서는 전술차원의 전투력 상승효과와 유사한 개념이나 Synergy효과는 전략, 작전술 차원에서 보다 광범위한 분야에 파급되는 승수효과를 의미함.

시스템복합체계(~複合體系 : Sos ; System of Systems)

구소련이 1980년대 중반에 발전시킨 정찰·타격 복합체계에 기초를 두고 미국의 전 합참차장 오웬스 제독에 의해 이론체계가 갖추어진 것으로 정보감시정찰체계, 첨단 C4I체계, 정밀유도무기체계를 상호 연계시켜 새로운 복합시스템을 구축할 경우 전투능력을 증폭시켜 전투력의 극대화를 달성할 수 있다는 개념체계

시한성긴급표적(時限性緊急標的 : TST ; Time Sensitive Target)

아군에게 위협을 주거나 줄 수 있는 고가치 표적으로 단시간 내에 이동할 가능성이 있어 즉가 대응이 요구되는 표적

식별(識別, Identification)

1. 육상, 해상 및 공중의 탐지된 목표물과 전자형태의 영상에서 우군과 적군을 구별해 내는 방법과 기술.
2. 군비통제에 있어서 군비통제조치의 탐지된 위반사항에 대한 책임국가를 결정하는 과정.

신문(訊問, Interrogation)

신문자에 의하여 통제되는 조건하에서 직접 질문의 방법에 의하여 대상자로부터 첩보를 획득하기 위한 체계적인 노력.

신속결정작전(迅速決定作戰 : RDO ; Rapid Decisive Operations)

요망되는 정치적·군사적 목표를 단기간에 신속하고 결정적으로 달성하기 위하여 제반 지시과 지휘 및 통제, 작전을 통합 운용하여 수행하는 작전으로, 효과기반작에 바탕을 둔 합동작전 개념이다.

신호정보(信號情報 : Signal Intelligence ; SIGINT)

적의 전파송신기를 탐색 및 감청하고 기록 및 분석하여 위치 및 특성 등을 탐지하는 제발활동으로서 통신정보와 전자정보를 포함하는 일반적인 용어이며, 전략·전술로 구분 수집 처리함.

실속(失速 : Stall)

강하자가 조종줄을 완전감속 이하로 당겼거나 완전감속 상태로 지연했을시 발생하는 현상으로 캐노피가 뒤쪽으로 기울면서 내부의 공기가 빠져나가게 되어 캐노피를 지탱하는 힘을 잃고 뒤쪽으로 불안정한 비행과 급속도로 하강하게 되는 것

실시간(實時間, Real Time)

표적(첩보)을 탐지하여 보고하고 분석 및 전파, 결정, 대응조치가 유효한 시간내에 이루어져야 함을 말하는 것으로 이 시간은 임무, 적, 지형요소와 이 첩보를 요구하는 사령부의 제대에 따라 달라짐.

실시간항적전시체계(實時間航跡展示體系 : RTDS ; Real Time Track Display Set)

중앙 방공 통제소에서 추출된 항적정보를 컴퓨터 모니터에 실시간으로 전시하는 체계.

심리전(心理戰, Psychological Warfare)

국가정책의 효과적인 달성을 지원하기 위하여 아측이 아닌 기타 모든 국가 및 집단의 견해, 감정, 태도, 행동을 아측에 유리하게 유도하는 선전 및 기타 모든 활동의 계획적인 사용.

씰팀(Sea Air and Land Team; SEAL)

해군의 특수전을 수행하는 전술부대로서 해군 씰팀은 해상과 해안선 일대 그리고 인접한 내륙과 해안에서 비정규전과 특수작전 임무를 수행할 수 있도록 훈련된 부대.

ⓞ

아키텍쳐(Architecture)

1. 주요 전투력, 체계 또는 활동 등 모든 요소들 간의 상관관계를 나타내는 구조 및 구성
2. 구성요소들의 구조 및 상관관계, 그리고 구성요소들의 설계 및 발저네 영향을 미치는 원칙 지침
3. 통신 네트워크의 설계, 구성, 수정 및 운영을 위한 토대로써 사용되는 설계원리, 물리적 구성, 기능 편성, 운영절차 및 자료 유형

아트로핀 주사기(~注射器, Atropine Autoinjector)

신경작용제의 해독용 아트로핀 주사액이 충전되어 있는 자동 주사기.

안전심도(安全深度 : Safe Depth)

잠수함이 안전하게 잠항할 수 있는 수심

안전착저구역(安全着低區域, Safe Bottoming Area)

잠수함이 암초나 기뢰로 인한 손상위험 없이 해저 착저가 가능하리라 고려되어 구역사령관이 특별히 선정한 구역.

안전항로(安全航路, Safety Lanes)

우군부대에 의한 공격을 예방하기 위하여 이동하는 잠수함이나 해상함정이 사용하도록 지정한 특정항로.

안정작전(安定作戰 : Stability Operations)

전·평시 국가의 안정을 저해하는 일체의 군사적·비군사적 위험에 대응하여 국가 또는 지역의 질서를 확립하고 유지하기 위해 범국가적 제 수단을 통합하여 실시하는 합동작전.

암호(暗號, Cryptogram)

통신보안을 위하여 통신내용을 상대방으로부터 은닉할 목적으로 문자, 숫자, 부호 등 약정된 방법에 의하여 그 내용을 사용자간에서만 알 수 있도록 체계적으로 변경시키는 각종 방식.

암호보안(暗號保安, Cryptogram Security)

통신수단에 의하여 전달되는 비밀정보 내용을 은닉할 목적으로 문자나 숫자 등에 암호기술상의 처리를 가하여 내용을 체계적으로 변경하는 암호의 보호조처로써 적 또는 제3자에게 누설, 분석당하지 않게 방지하는 방법과 수단.

암호운용지시(暗號運用指示, Crypto Operating Instruction)

암호취급 및 운용방법을 규정한 지시서. 암호 통신망에 관한 것과 특별히 중요한 운용에 관한 방법도 포함됨.

암호자재(暗號資材, Crypto Material)

암호의 조립, 해독 또는 전기통신의 고유식별에 긴요한 모든 도구, 서류, 장치 및 기기.

야간감시장비(夜間監視裝備 : NVG ; Night Vision Goggles)

야간에 육안보다 효과적으로 표적 및 장애물을 식별하는 장비로서, 적외선 레이저를 조사하여 그 반사를 빛 또는 소리로 만들어 식별하거나, 별빛이나 달빛의 미광을 이용하여 식별하는 것으로 표존조준용, 차량조준용, 경계감시용 등이 있음.

야시장비(夜視裝備, Night Vision Device)

야간에 육안보다 효과적으로 표적장애물을 식별하는 장비. 적외선 레이더를 조사하여 그 반사를 빛 또는 소리로 만들어 식별하는 것과, 별빛이나 달빛의 미광을 이용하는 것으로서 표적조준용, 차량조준용, 경계감시용이 있음.

야전군연락반(野戰軍連絡班 : FALE ; Field Army Liaison Element)

특전부대가 보다 적극적으로 야전군을 지원하기 위해 야전군지역 또는 상륙기동부대에 위치하여 특전지휘소와 야전군의 원활한 임무 및 작전협조를 위한 연락반.

양공(陽攻, Feint)

적을 기만하기 위하여 실시하는 제한된 목표에 대한 공격작전으로 적의 관심을 주공지역으로부터 벗어나도록 하기 위한 일종의 조공작전임.

엄폐(掩蔽, Cover)

자연 또는 인공적인 장애물에 의하여 적의 관측과 사격으로부터 보호되는 것. 은폐는 단지 적의 관측으로부터 보호되지만, 엄폐는 관측 및 사격으로부터 동시에 보호됨.

엄호(掩護, Covering)

1. 본대로부터 분리되어 작전하는 부대에 부여된 임무 또는 경계정도로서 적을 요격, 기만, 교전, 지연 또는 와해시키며, 적의 전개를 강요하고, 적이 아군의 본대를 공격하기 전에 적 주력의 방향을 폭로하고, 또한 공세작전에서 적의 배치를 확인하여 아군 주력부대가 가장 양호한 조건 하에서 공격할 수 있게 하는 것.
2. 적과 교전하는 전투기, 비전투기, 폭격기 등을 적기로부터 보호하는 것.

여건조성작전(與件造成作戰 : Shaping Operations)

작전지역 내에서 결정적 작전의 성공여건을 조성하고 보전하기 위하여 경계부대, 예비대 및 전투지원 부대에 의해 실시되는 작전.

연결고리쇠(連結~ : Connector Link)

낙하산 줄과 라이자를 연결시키는 사각형의 쇠고리로써 좌·우 2개씩 총 4개가 있으며, 전면 연결고리쇠 2개에는 각각 7개의 낙하산 줄이, 후면 연결고리쇠에는 각각 8개의 낙하산 줄이 연결되어 있음.

연결작전(連結作戰 : Link-up Operation)

1. 부여된 임무완료 후 또는 새로운 임무수행을 위해 아군부대와 합류하는 것
2. 2개 이상 우군부대가 합류하는 것으로 한 개 부대가 기동하여 타 부대와 합류하건, 양개 부대가 각각 이동하여 합류하는 것
3. 적지종심지역에서 적지종심작전 부대간 합류하는 내부연결과 타 기동부대 또는 공중강습부대와 합류하는 외부연결로 구분

연합/합동특수작전연락반(~特殊作戰連絡班 : CJSOLE ; Combind / Joint Special Operations Liaison Element)

전·평시 연합/합동 특수작전과 관련 협조 및 지원을 위해 공구사 HTACC내 설치 운용되는 기구

※ HTACC(전구항공통제본부) : Hardened Theater Air Control Center

연합·합동전술비행훈련(聯合·合同戰術飛行訓練 : TK ; Teak Knife Execise)

1995년도에 처음 시행되었으며, 연합훈련을 통한 한·미 공군 특수작전 수행능력 향상과 한국 특전팀 연합 및 합동 타격작전 수행능력 배양 및 절차숙달 훈련으로 반기 1회(연 2회) 2주간 대구, 군산, 서울, 오산, 청주비행장일대에서 한측 255특수작전 비행대대, 특전사 예하 여단과 미측 353특수작전 비행전대 예하 특수작전 배행대대간 고정익·회전익 항공기에 의한 특전팀 공중침투 및 퇴출 숙달 훈련과 적 전쟁지도부 타격 및 퇴출간 요인납치 훈련을 배양하기 위해 시행하는 훈련으로 주용 훈련내용은 야간 항법 추적 및 공중재급유, 공중침투, 정찰감시, 타격작전, 요인납치 환승 퇴출작전을 주로 수행하는 훈련.

연합 · 합동해상침투훈련(聯合、合同海上浸透訓練 : FK ; Flash Knife Execise)

1992년도에 처음 시행되었으며, 한·미 해군 특전팀 연합 해상침투 수행 능력 향상을 위해 연 1회 2주간 진해항 일대에서 한측 특전사 특수임무대대 1개 지역대(1개 팀), 해군 특수전여단 특전대대(4개 팀)과 미측 해군특전단(SEAL-5)이 특전부간 전술교리 교환과 팀단위 연합 특수작전 수행능력을 배양하기 위해 숙달하는 훈련으로 주요 훈련은 소병기 및 저격수 사격훈련, MK-V, RIB 침투 및 사격훈련, 고무보트 공중침투훈련, 급속 하강훈련(FAST ROPE), 근접전투(CQC)및 해상차단작전(MIO)을 주로 수행하는 훈련

연합대테러교환훈련(聯合大~交換訓練 : VK ; Vector Knife Exercise)

1985년도에 처음 시행되었으며, 연합 대테러 작전수행 능력 향상과 전술교리 교환 및 대테러 전문요원 육성을 위해 반기 1회(연 2회) 2주간 47훈련장 또는 임의지역에서 한측 특전사 특수임무대대 대테러지역대(2개팀)과 미측 DELTA, SEAL-6, 특전사(1개팀)이 대테러사격술 및 통로개척 기술숙달과 작전유형별 수행절차를 숙달하며, 주요 훈련내용은 대테러 사격과 침투 및 통로개척, 저격수 관측 및 사격, 내부소탕, 종합모의훈련(실사격)을 주로 수행하는 훈련

연합비정규전훈련(聯合非正規戰訓練 : BK ; Balance Knife Execise)

1992년도에 처음 시행되었으며, 연합훈련을 통한 한·미 특전팀의 연합 비정규전 수행능력을 배양하기 위해 분기 1회(연 4회) 4주간 특전사 예하 특전여단 주둔지 일대에서 한측 특전사 1개 특전대대(1~2개팀)과 미측 특전단(1개 팀)이 비정규전 작전단계별 전술행동 및 상황조치 요령을 숙달하고, 상호 비정규전 수행능력을 비교하여 취약점을 도출 보완하는 훈련으로 주요 훈련내용은 사격술 훈련(즉각조치 및 저격수 사격), 정찰감시, 타격작전, 탐색 및 구조작전, 연결 및 복귀작전, 근접항공지원 및 항공화력유도, 역추적작전, 매복 및 역매복작전, 후방지역작전(기동타격대), 급속강하(패스트로프) 및 줄사다리 훈련, 전술강하 등을 주로 수행하는 훈련

연합 특수전사령부(聯合特殊戰司令部, Combined Unconventional Walfare Task Force; CUWTF)

연합사 예하 구성군 사령부로서 전시에 한·미군으로 구성된 연합 특전여단, 연합 공특부대, 연합 해특단을 지휘통제하여 비정규전 및 특수작전 등을 수행하는 사령부.

※ SWC(평시 특수전사령부) : Special Warfare Command)

연합(聯合, Combined, Coalition)

1. 2개 이상의 국가 또는 그 군대나 기관이 서로 협력하는 것으로, 동맹(Alliance)이나 연합(Coalition)의 형태로 이루어짐.
2. 2개 이상 동맹국들 간의 부대나 기관간에 서로 협력하는 것으로(Combined), 일반적으로 동맹작전은 연합작전(Combined Operations)이라 함. 예) 한·미 연합군.
3. 공동목표를 달성하기 위하여 2개 이상의 국가간에 일시적으로 체결된 관계를 말하며(Coalition), Coalition은 제휴, 연대 등으로도 불림. 예) 걸프전시 다국적군.

연합작전(聯合作戰, Combined Operations, Coalition Operations)

1. 2개 국가 이상의 군대가 공동의 목표 달성을 위해 상호 협력하여 실시하는 작전.
2. 공동의 목표 달성을 위하여 2개 이상 동맹국들의 부대 간에 서로 협력하여 수행하는 작전(Combined Operations)
3. 공동의 목표 달성을 위하여 2개 이상 국가의 부대가 일시적인 협력 관계에서 수행하는 작전(Coalition Operations)

연합효과위원회(聯合效果委員會 : CEB ; Combined Effective Board)

전방전투지경선이 적 종심지역에 운용되는 육 · 해 · 공군의 종심전투자산을 효과적으로 통합하기 위해 공군 구성군사에 설치 운영되는 기구로써 FB이북의 작전을 협조하고 FSCL과 FB 사이의모든 화력을 협조하는 권한을 가지며 FSCL 이북 종심작전지역 내에서의 항공작전과 지상 및 해상자산을 동시 통합하기 위한 협조, 조정, 통제기능을 수행하는 기구

열상장비(熱像裝備, Thermal Observation Device; TOD)

캐나다에서 제작한 장비를 '91년도 도입하여 운용하고 있으며 물체 고유의 열에너지를 전기신호, 영상신호로 바꾸어 모니터에 주사하는 장비로 3~8㎞ 탐지 가능(인원 3㎞, 차량 8㎞)하며 주·야간 고정 및 이동물체 감시.

영상증폭관(影像增幅關 : Image Intensifyingtube)

시각적인 영상을 만들어내기 위해 주의의 빛을 찾아내어 증폭시키는 장치이며, 광음극관, 전자증배관(MCP), 형광막 및 전원 공급기로 이루어져 있음.

⇒ 광 음극관 : 야간 대안렌즈 구성품인 영상증폭관의 내부에 있는 부분으로 외부로부터 입사된 광자를 전자로 변환시켜주는 역할을 함.

⇒ 전자증배관(MCP: Micro Chnnel Plate) : 영상증폭관 내의 광음극관에서 전달된 전자를 수천~수만배로 증폭시켜주는 역할을 함.

⇒ 형광막 : 전자증배관에서 증폭된 전자를 관측이 가능한 광자로 변화시켜주는 역할을 함.

예비낙하산(豫備落下傘 : Rrserve Parachute)

주 낙하산이 그의 적절한 기능을 상실하였을 때 사용되는 낙하산

예비산자동인출장치(豫備傘自動印出裝置 : Reserve Static Line System)

예비산 개방 케이블에 연결되어 주 낙하산 분리시 자동적으로 개방핀을 인출 시키는 장치

오버행(Overhang)

90℃이상으로 튀어나와 있는 바위형태

오열(五列 : Fifth Column)

적을 이롭게 하거나 적과 내통하는 자를 말하며 어원(語源)은 스페인 내란때 『프랑코』 장군이 지휘하는 군대가 왕당파가 방어하고 있는 수도 『마드리드』 시를 포위하고 시내에도 나를 지지하는 부대가 있다고 소물을 퍼뜨려 왕당파의 내부 분열을 가져오게 한 데서 생겨난 어원.

온열손상(溫熱損傷 : Heat Injury)

열, 즉 햇빛에 오래 노출되어 나타나는 질환으로 열경련, 열피로, 열사병으로 구분함.

1. 열경련(熱痙攣 : Heat Cramp)은 온열손상의 한 종류로 고온환경에서 심한 근육운동시 지나친 발한으로 인한 탈수 및 염분손실, 대사 토폐물의 축적, 중추신경 및 간기능의 장애가 복합적으로 작용하여 발생하며, 수의근에 유통성 경련발생, 두통, 현기증 등의 증상이 나타나는 하계 계절성 질환임.
2. 열사병(熱射病 : Heat Stroke)은 온열손상의 한 종류로 고온 다습한 환경에서 격심한 육체적 훈련을 하거나 옥외에서 태양의 복사열을 두부에 직접 받을 경우 체온조절 및 주추의 장애로 인하여 발생하며, 전구증상으로 두통, 현기증, 귀울림, 권태감을 호소하거나 혼수상태로 발전하여, 급격한 체온상승(41℃~43℃)을 나타내는 특징을 가지고 있는 하계 계절성 질환임.
   일사병은 태양복사열로 발생하며 땀이 나지 않는 것이 특징.
3. 열피로(熱疲勞 : Heat Exhaustion)는 온열손상 중 가장 흔히 발생하는 질환으로, 고온 환경에서 장시간 노출 시 발한에 의한 심한 탈수와 피부 혈관의 확장으로 심장으로 들어오는 혈액량의 감소에 의해 생기는 순환부전과 저혈압이 주원인으로 발생하며, 권태감, 두통, 현기증, 귀울림, 구역질 등의 증상이 나타나는 하계 계절성 질환임.

완성탄약(完成彈藥 : **Cpmplete Round Ammunition**)

탄약을 요망되는 목표에 투발하여 요구되는 기능이 발휘될 수 있는 필요한 모든 구성품, 즉 모든 기능품이 완성채로 결합된 탄약을 말함.

완수신호(腕手信號 : **Visual Signal**)

명령과 간단한 통신문을 전달하기 위하여 손과 팔로써 하는 신호, 이 신호는 사격제원 혹은 명령 중의 간단한 변경사항, 차량 및 인원의 이동, 지휘 혹은 훈련과 전투를 위하여 사용됨.

완전연소(完全燃燒 : **Complete Combustion**)

가연물의 가연성분이 산소의 공급이 충분하여 완전히 연소가 이루어질 때를 말함.

요구할당다원접속(要求割當多元接續 : **DAMA ; Aemand Assigned Multiple Access**)

시외 전화망과 같이 사용자가 특정 지구국으로 통화요구가 발생 시 중앙 통제국으로부터 가용 채널을 인가 받아 사용하고, 가용 채널일 없을 경우 통화중 신호를 발생하며 통화 종료 시 타 가입자가 사용토록 채널을 중앙통제국에 반납함. 즉 이 방식은 사용자의 요구가 있을 때에만 채널을 할당함으로써 주파수를 효율적으로 활용할 수 있는 방식임.

요인구출(要人救出, **VIP Rescue**)

적 지역이나 분쟁 위험지역 내에서 억류, 구금 또는 도피상태에 있는 주요인사 및 아군요원과 귀순인사를 가진 적국의 주요 지도자급 인사 등을 적 지역 또는 분쟁 위험지역으로부터 아군지역으로 후송하는 작전을 말함. 요인 구출대상에는 분쟁지역내 구금 또는 도피상태 에 있는 주요인사와 적 지역내 추락한 아군 조종사, 수감중인 정치범, 귀순인사를 가진 적국의 정치, 군사 지도자급 인사와 포로수용소에 수용되어 있는 전쟁포로 등이 포함되며 전·평시 공히 실시.

요청재보급(要請再補給 : Request Resupply)

특전지휘소와 작전제대간에 통신이 개소된 후부터 작전소요에 기초를 두고 요청에 의거 재보급이 실시되는 것으로서, 특전부대는 재보급 품목 요청시 간략한 재보급 요청 약호를 사용하여 교신을 실시함.

용기투하체계(容器投下體系 : Container Delivery System)

A-22/23 Cargo Bag Assembly를 사용하여 소형물자를 의장하는 것으로 무게 범위는 501~2,200lbs 임.

우군정보요구(友軍情報要求 : FFIR ; Friendly Force Information)

지휘관이 자신의 부대를 판단하는 자료로서 지휘관이 결심을 수립하기 위해 자신의 부대에 관해 반드시 알아야 할 사항

우선정보요구(優先情報要求, Priority Intelligence Requirements; PIR)

지휘관이 부여된 임무수행을 위해 가장 시급하고 우선적으로 요구되는 정보로서 계획수립과 결심수립에 지배적인 요소가 되는 적 능력 및 전장환경과 관련되는 정보사항임.

원격무선폭파장비(遠隔無線爆破裝備 : Remote Control Demolition Kit)

폭발물을 원거리에서 송신기에 의해 무선신호로 폭파시킬 수 있는 장비로 1대의 송신기와 4개의 수신기가 1개 세트로 구성됨.

위력계수(威力係數 : Relative Effectiveness Factor)

군용폭약의 기준이 되는 TNT를 “1”로 정하여 놓고 상대되는 다른 폭약의 위력을 측정하여 정한 값

위성통신(衛星通信 : Satelite Communication)

지구를 도는 궤도상에 쏘아 올린 인공위성을 중계로 행해지는 무선통신. 거의 모든 통신위성(CS)은 적도상공 약 35,800km의 궤도상에 있는 정지위성을 사용. 하나의 위성으로 커버할 수 있는 통신 가능구역이 넓고 고주파수대의 전파를 이용할 수 있기에 광대역(고속)전송이 가능하고, 지리적 장애의 극복, 통신품질의 균일성, 내재해성 통보통신 및 다원접속방식이 가능하다는 장점이 있음. 반면 지국(地局), 위성간의 장거리를 전파가 왕복하기 때문에 약 0.25초의 전송 지연시간이 발생하는 외에 사용하는 주파수대에 따라서는 강우에 의한 감쇠의 영향이 크고, 지상의 무선통신 시스템과의 간섭이 발생하는 약점이 있음. 국제 통신분야에서는 위성통신은 해저 광케이블과 견주는 전송수단으로써 많은 서비스에 사용되고 있음.

위성항법장치화물낙하산(衛星航法裝置貨物落下傘 : Global Positioning System Cargo Parachute)

공중운송의 정확성, 효율성 및 원거리운송(Stand-off)을 가능하게 하여 수송항공기의 생존성을 향상시키고 주·야간 및 악 시정 시에도 화물 공수작전 능력을 갖춘 정밀 공중운송 시스템(PADS : Precision Aerial Delivery System)을 지칭함.

위험예측거리(危險豫測距離 : Risk Estimated Distance)

적에 대한 공중공격으로 발생할 수 있는 아군의 사상자들을 백분율(PI : 동계피복과 헬멧을 착용하고 엎드린 지상군에 대한 5분간의 폭격으로 인한 기준)로 위험거리를 평가하는 것.

위험지역(危險地域 : Danger Ares)

침투부대가 침투간 또는 적지에서 작전활동간 적과 조우가 예상되는 지역을 말하며, 통상 개활지, 마을, 도로, 공제선이 투시되는 능선, 하천, 적 시설물 등이 있음.

유격기지(遊擊基地, Guerrilla Base)

유격부대와 지휘본부 및 각종 지원시설이 위치하고 있는 임시적인 장소로서 유격부대가 생존을 영위하면서 작전을 준비하는 지역임.

유격전(遊擊戰, Guerrilla Warfare)

적 지역이나 적 점령지역 내에서 무장한 주민 또는 정규군 요원에 의해서 직접, 간접으로 불규칙하게 수행되는 군사 및 준군사활동.

유비쿼터스(Ubiquitous)

라티어로 '언제, 어디서나'의 의미로 사용자가 시간과 장소에 구애받지 않고 자유롭게 네트워크에 접속하는 것.

유비쿼터스센서네트워크(USN ; Ubiquitous Sensor Network)

최근 모든 사물에 대부분 부착되어 있는 태그(바코드, RFID 등)또는 센서로부터 리더기를 통해 정보를 습득함으로써 사물의 위치와 상태 등의 제반환경을 네트워크를 통해 인식하고 사용자가 이를 정보화하여 실시간 활용토록 하는 기술

유탄

1. 유탄(榴彈 : shell) ; 소량의 폭발물이나 화학제를 충전하여 사람이 투척하거나 소총에 발사기를 장치하여 발사하는 탄약, 발사기를 떠난 탄약이 표적에 폭발하여 비산된 파편조각에 의해 피해를 입힘.
2. 유탄(流彈 : a stray shell) ; 조준한 곳에 맞지 아니하고 빗나간 탄두(탄자), 포탄 등

유탄발사기(榴彈發射器 : GL ; Grenade Launcher)

유탄(榴彈)을 발사하라 수 있도록 소초에 부착되는 화기로 M16소총에 부착되는 M203유탄발사기, K2소총에 부착되는 K201유탄발사기가 있음.

유효발사속도(有效發射速度, Effective Speed)

1. 일정한 시간 동안 화기의 기능을 손상함이 없이 계속 사격할 수 있는 발사속도.
2. 총포의 기능을 상실하지 않고 계속 발사할 수 있는 1분간의 발사 탄환수를 말함.

유효사거리(有效射距離 : ER ; Effective Range)

1. 어떤 무기가 평균 50%의 확률로 표적을 명중시킬 수 있는 거리
2. 한 무기가 손실 또는 피해를 가하기 위하여 정확하게 사격할 것이 예상되는 최대의 사거리
3. 탄자가 비행을 하면서 방호되지 않은 인원에 대해 관통이 가능한 거리

육군전술지휘정보체계(陸軍戰術指揮情報體系 : ATCIS ; Army Tactical Command Information System)

군단급 이하 전술제대에서 수집 및 타격수단과 연동되고 기능별 핵심 업무를 자동화하여 지휘결심을 지원하기 위한 지휘통제체계

은거지(隱居地, Clandestine Point)

비정규전 부대가 작전지역 내에서 적의 지상 및 공중관측으로부터 은폐하고, 적의 공격으로부터 자신과 장비를 보호하고 생존을 영위하면서 작전을 준비하기 위해 능력범위내에서 최대의 준비를 갖춘 장소를 말함.

은닉(隱匿, Concealment)

공작활동에 필요한 노출되기 쉬운 인원, 장비 및 기타 물품을 특정한 지형지물이나 물건 및 시설물 등에 일시적으로 비밀리에 감추는 것.

은닉소(隱匿所, Cache)

부대 및 시설의 기동성을 유지하기 위하여 비정규전 부대가 장비 및 보급품을 비밀리에 보관하는 장소.

은밀작전(隱密作戰, Covert Operations)

배후의 정체를 은폐 또는 배후에서 적절히 부인하도록 계획하고 수행하는 작전. 이것은 작전의 은폐보다 오히려 배후의 정체를 은폐하는 데 중점을 두고 있는 점이 '비밀공작'과 상이함.

은신처(隱身處 : Shelter)

적의 관측으로부터 신체 및 기타 장비를 보이지 않게 하는 장소

은폐(隱蔽, Concealment, Masking)

직사화력과 관측으로부터 아군 병력이나 물자를 보호하기 위해 취해지는 조치.

음어(陰語 : Code Word)

암호방식을 이용한 은닉방법으로서 통신내용 중 평문의 단어구절 중에서 비밀에 속하는 부분 또는 전부를 다른 말 또는 그 동의어로 변경시킨 용어

음향통신(音響通信 : Sound Communication)

나팔, 호각, 사이렌 등 사람의 청각을 이용해 들을 수 있는 통신법의 총칭

이동군장(移動軍葬 : Movement Ruck Sack)

침투군장으로부터 생존하중을 초과하는 장비 및 보급품을 제거한 군장

이중점화장치(二重點火裝置 : Doubleness Ignition Equipment)

한 개소의 폭약에 각각 독립된 두 개의 점화장치를 설치하는 것을 말하며 불발의 위험성을 감소시키고 폭발의 확실성을 보장하기 위해서 모든 점화장치에 사용됨. 방법은 전기식, 비전기식, 혼합식이 있음.

이지스 무기체계(~武器體系, Aegis Weapon System)

함정 컴퓨터, 레이더, 미사일을 종합한 무기체계로서 공중 및 수상표적에 대한 탐지, 추적, 격파를 자동으로 실시할 수 있는 공중, 육상 발사무기체계.

인간정보(人間情報 : Human Intelligence ; HUMINT)

인간자원에서 도출해내는 정보범주, 이는 전술적으로 접촉에 의한 직접 관찰부대, 기만, 포로획득, 서류, 장비, 장거리 정찰, 청음초 및 관측소, 군사 및 준군사부대와 접촉 그리고 최전선에 있는 우군부대의 보고에 의해 얻어지는 정보

인수대(引受貸, Reception Party)

공중 및 해상을 통하여 비정규전 작전지역으로 침투하는 인원 및 장비를 안전하게 유도 및 침투시키기 위하여 강하지역 또는 상륙지역에 사전에 편성되는 요원을 말하며 경계와 안내제공 및 보급품 운반을 지원함.

인원구출작전(人員救出作戰 : PR ; Personnel Recovery)

'인원구출 및 탈출' 용어로도 쓰이며, 전 · 평시 적 지역 및 아 후방지역 또는 분쟁발생지역에서 고립되었거나 위협받는 특정인원 및 국가통수, 군사 지휘기구가 지정한 대상에 대하여 안전지역으로 송환 및 탈출, 복귀를 지원하는 작전활동을 말함. 인원구출작전에는 평시 실시한 탐색구조작전(SAR)과 전시 실시하는 전투탐색 및 구조(CSAR), 비정규구출지원(UAR)등으로 구분하며, 공군은 흔히 인명구조라는 용어를 사용함.

임기표적(任其標的 : Target of Opportunity)

1. 핵심 및 가용표적으로 분류되지 않고 사전에 계획되지 않은 표적을 말하며 작전제대가 임무수행간 군사전략 및 작전술 목표에 도움이 도는 표적을 포착하였을때 작전제대 능력 범위 내에서 타격이 가능한 표적을 말함.
2. 지상 또는 공중탐지기에 의해서나 관측자가 볼 수 있는 표적으로서 가용한 무기의 사거리 내에 있지만 그에 대한 사격이 계획되거나 요청되지 않은 표적

임무지원요청서(任務支援要請書 : Mission Support Request Report)

임무지원요청절차에 의거 00시간전에 임무개념 보고와 병행 연합 특수전사령부의 임무에 따른 자산지원을 요청하는 건의서

임무지원요청절차(任務支援要請節次 : MSR ; Mission Support Request)

통합전투력 발휘를 위한 협조절차로 연합 특수전사령부는 연합사령부로부터 장차작전 지침을 수령하면 장차작전 계획을 수립하여 작전구성부대와 지원구성부대에 임무를 부여하는 것으로부터 작전부대의 침투전 준비, 침투, 작전실시, 복귀를 준비하고 실시하는 과정을 말하는 것으로 특히, 사령부 장차작전 판단, 임무지시, 공구사/해구사와 침투자산 협조 등의 일련의 과정

임무지원지점(任務支援地點, Mission Support Site; MSS)

작전에 필요한 최신정보와 추가적인 장비 및 보급품을 획득하며 최종적으로 작전을 준비하고 점검할 수 있는 안전한 지역을 말함. 이 지점은 작전 전후에 단기간 동안 사용하되 숙영지는 1일을 초과해서는 안 되며 통상 목표를 관측할 수 있는 지역을 선정하고, 목표감시를 위하여 작전제대 요원이나 보조부대를 활용할 수 있음.

임무형 보호태세(任務型保護態勢, Mission Oriented Protective Posture)

독성 화학작용제가 사용되는 작전하에서 부대 임무에 따라 지휘관에 의해 융통성 있게 취하는 보호방법임.

㉨

자동산개기(自動散開機 : Automatic Ripcord Release)

강하자가 사전에 설정해 놓은 고도에서 자동적으로 개발 핀을 뽑아내어 낙하산이 정상적으로 산개되도록 만들어진 장치

자동재보급(自動再補給 : Automatic Resupply)

작전 팀이 침투 전에 재보급 시간과 투하장소를 결정하며, 작전제대가 성공적으로 침투하여 통신이 개소된 후 자동적으로 실시되며, 이는 작전제대에 의해 취소 또는 변경, 수정될 수 있음.

자북(磁北, Magnetic North)

지구의 자장의 영향만을 받으며 자유로이 움직일 수 있도록 만든 자침이 가리키는 북쪽 방향.

자선(子船 : Small boat)

자선이란 모선을 이탈하여 해안까지 접근하는데 사용되는 수송수단을 말함. 자선은 통산 모선에 적재하여 이동하다가 적 해안 근해에서 모선으로부터 분리, 침투부대가 직접 운용하여 해안에 접근하는데 사용하며, 해상침투부대가 자선으로 주로 사용하는 침투수단은 동력 및 무동력 고무보트, 소형 잠수정, 위장보트 등이 있으며, 필요시 소형 민간선박도 자선으로 사용할 수 있음.

자유강하(自由降下, Free Fall)

낙하자의 선택으로 인위적으로 낙하산이 작동되든가 미리 정해 둔 고도에서 자동적으로 낙하산이 작동되는 낙하산 기동.

자유투하(自由投下, Free Drop)

1. 항공기로부터 낙하산을 사용하지 않고 장비나 보급품을 투하하는 것.
2. 낙하산이 펴지지 않고 그대로 떨어지는 것을 말할 때도 있음.

자율신경(自律神經 : Autonomicnerve)

의지를 가지고 움직이게 하는 중추신경의 상대적인 개념으로 자율신경은 그 중추를 간뇌의 시상하부에 두고 말초를 신체 내의 모든 장기와 조직기관에 두고 있으므로 오장육부의 활동을 모두 관장하여 호흡, 순환, 소화, 내분비기능, 신진대사 등 의 생명활동에 중요한 조절기능을 담당하고 있음. 자율신경은 인체 내부나 외부의 위협대상에 대해서 인체의 기능이 잘 유지 되도록 균형을 잡아주는 역할을 함.

자재보안(資材保安, Material Security)

비밀에 속하는 통신기구 및 재료에 관계자 이외 사람이 접근함을 방지함에 필요한 조치.

작약(炸藥 : Bursting Explosive)

화학탄, 폭탄 또는 지뢰의 내부물질을 파열하고 비산시키는데 사용되는 폭약으로 수류탄의 경우 몸체를 파열시켜서 파편을 비산시키는 폭약인데 파괴약이라고도 함.

작전(作戰, Operation)

1. 전략, 전술, 근무, 훈련 및 군 행정임무에 관한 군사적인 행동 또는 그 수행.
2. 어떠한 전투 또는 전역에서 목표를 달성하는 데 필요한 전투수행 과정으로서 이동, 보급, 공격, 방어 및 기동 등이 포함됨.

작전개념(作戰槪念, Concept of Operations)

작전 또는 작전과 관련된 지휘관의 가정과 의도의 윤곽을 구두나 서면으로 표현한 것. 작전개념은 특히 일련의 작전이 동시에 또는 계속적으로 수행될 때 작전계획에 구체적으로 기술되며 작전의 전모를 밝히기 위하여 작성됨. 이것은 일차적으로 목적을 더욱 명백히 하기 위한 것이며 '지휘관의 개념'이라고도 부름.

작전계획(作戰計劃, Operation Plan; OPLAN)

진술된 가정을 기초로 하여 단일작전이나 동시 또는 연속적으로 수행되는 일련의 작전을 망라한 계획. 이는 예하부대 지휘관으로 하여금 지원계획이나 명령을 준비할 수 있도록 상급제대 사령부에서 작성하는 지시임.

작전보안핵심요소(作戰保安核心要素 : EEFI ; Essential Elements of Friendly Information)

만약 적이 알게 될 경우 아군의 작전을 위태롭게 하거나 작전의 성공을 제한할 수 있는 아군에 관한 사항으로, 적의 탐지활동으로부터 반드시 보호 되어야 하는 것.

작전지역, 작전구역(作戰地域, 作戰區域, Area of Operatios)

부여된 임무를 완수하기 위하여 지휘관에게 권한과 책임이 부여된 지역이며, 지상과 해상에서 지역 구분시 사용됨.

잔류침투(殘留浸透, Stay-Behind Infiltration)

적의 점령이 예상될 때 우군 지배지역에 사전에 부대를 잔류시켰다가 적이 전진통과하면 침투목적이 달성되는 침투방법의 하나임.

잠수병(潛水病 : Caisson Disease)

고압환경에서 보통 기압으로 되돌아올 때 일어나는 여러 가지 장애

1. 잠수부병 또는 감압병, 잠함병 이라고도 함.
2. 기압의 급격한 감소로 체내조직 속에 녹아 있던 공기 중의 질소가 기포가되어 조직, 혈관, 중추신경, 체강, 뼈, 관절 내에 기포가 발생하면서 발생함.
3. 주요 증세로는 근육통 및 사지의 관절통, 발진, 구역과 구토, 명치 통증, 호흡곤란, 청색증, 쇼크 등이 있고, 때로는 척수성 마비나 시력장애 등이 생김.

잠수복(潛水服 : Suit)

잠수자의 몸을 보호하고 체온을 유지시켜 주는 피복으로 습식잠수복(Wet Suit)과 건식잠수복(Dry Suit)으로 구분.

잠적(潛蹟, Hiding)

적의 관측, 추적 및 수색으로부터 자신의 신체, 장비 및 행동을 일시적 또는 순간적으로 숨기거나 은신하는 것.

잠재전력 : 인구, 산업, 기술, 산업기반시설, 물자동원기반

잡음(雜音, Noise)

활성적인 전자기적 또는 기계적 체계에 있어서 원하는 신호의 정상 수신이나 진행상에 간섭을 유발시키는 원치 않는 전자적 방해 또는 소음.

재보급요청약호(再補給要請略號 : Resupply Request Procedure Sign)

보급품의 10종 분류기준에 의하여 장비 및 보급품의 신속한 청구, 정확한 품목 확인, 재보급 요청을 위한 교신시간의 최소화를 위해 사용하며, 이는 특전부대 군수참모의 감독 하에 작성 됨.

재집결지(再集結地 : Re-Assembly Area)

1. 분산 또는 소산된 부대원들이 재차 집결하는 장소 또는 지역
2. 재집결지의 종류에는 최초 재집결지, 통로상 재집결지, 목표상 재집결지, 좌·우 측방 재집결지가 있음.

재조직(再組織 : Reorganization)

재조직은 부대의 전투력이 50% 미만으로 저하되어 재편성 방법을 통해서는 임무수행에 필요한 전투력을 회복시킬 수 없을 때 실시하는 전투력 복원 방법으로서, 복원부대를 안전지대로 이동시켜 병력, 장비, 보급품을 대규모로 보충하고, 지휘통제체계를 재구성하며, 임무수행에 필요한 훈련을 실시하여 전투임무에 복귀시키는 조치.

재편성(再編成 : Reorganization)

전투 간, 전투 후, 또는 적진지(목표) 점령 후의 혼잡한 부대질서를 정돈 복구하고 부대의 전투효율을 유지하기 위하여 취해지는 모든 활동.

저격병(狙擊兵, Sniper)

적의 요원을 사살하는 임무를 수행하기 위해 통상 특수장비를 가진 우수한 사격기술이 있는 소총병.

저성능폭약(抵性能爆藥 : LE ; Low Explosive)

비교적 저속(초당 400m이하)으로 연소하는 것을 말함. 즉 연소에 의하여 발사 또는 추진을 주목적으로 하는 것만을 저성능 폭약(화약)이라 함. 저성능폭약에는 흑색화약과 무연화약이 있음.

저속공중투하(低速空中投下, Low Velocity)

항공기에서 화물용 낙하산을 사용하여 보급물자 및 장비를 매초당 30피트를 초과하지 않는 낙하속도 내에서 투하하는 것.

저체온증(低體溫症 : Hypothermia)

동계 또는 기온이상 상황에서 인체의 체온이 35℃이하로 떨어진 상태로 주로 찬물에 빠진 경우나 부대훈련으로 인하여 차가운 공기, 눈, 얼음 등에 장기간 노출된 경우에 발생되는 증세 또는 21℃이하의 차가운 물에 빠졌을 때에는 일반적인 상태보다 냉각효과가 30배나 빠르기 때문에 단시간에 위험한 정도까지 체온을 저하시킴. 움직이는 공기는 정지한 공기보다 냉각효과가 더욱 크고, 추위와 함께 바람이 부는 경우에는 더욱 위험함. 중심 체온이 35℃이하로 내려가면 심장, 뇌, 허파 등의 중요 장기의 기능이 저하되기 시작하고, 27℃이하가 되면 부정맥이 유발되며, 25℃이하가 되면 심장이 정지하여 겉으로 보기에는 사망한 것처럼 보임. 주요증상은 오한, 근육운동 저하, 의식장애, 맥박이 느려지고 호흡이 감소하며,

혈압이 저하됨. 방치하면 사망하기 때문에 응급처치가 매우 주용하며, 환자가 의식이 있으면 떨어진 체온을 올리고, 의식이 없는 경우에는 호흡과 맥박을 확인한 후 필요한 경우 인공호흡을 해야 하며, 즉시 병원으로 이송해야 함.

저항(抵抗 : Resistance)

1. 한 국가의 일부주민 또는 집단조직이 다른 개인 또는 집단 세력에 반대하거나 항거하는 행위(투쟁)를 말함.
2. 포로의 신분이 되었을 때 억류국의 정보신문이나 교화에 대해 반대하거나 항거하는 행위

저항부대(抵抗部隊 : Resisting Force)

기존 정권이나 점령세력에 반항하는 집단으로서 통상 유격대, 보조부대 및 지하공작대로 분류됨.

저항운동(抵抗運動 : Resistance Movement)

합법적으로 설립된 정부나 점령군에 대항하여 시민의 질서 및 안정을 교란하기 위해 싸우는 민중운동

적외선(赤外線 : IR ; Infrared)

가시광선보다 파장이 긴 전자기파, 파장은 760㎚~1㎜임. 온도를 갖는 모든 물체는 적외선을 방출하며, 온도에 따라 상이한 적외선을 방출함.

적 후방지역침투(敵後方地域浸透 : Enemy's Deep Area Infiltration)

침투부대가 공중, 해상 또는 전선지역침투를 실시하여 강하 또는 상륙 후 최초 재 집결지를 점령하고 재집결지로부터 임무지원지점 또는 은거지까지 침투하는 것.

전개 낭(展開囊 : Deployment Bag)

가로 30㎝, 세로 43㎝, 두께 10㎝ 크기에 카나피를 넣을 수 있는 낭

전구탄도유도탄(全歐彈道誘導彈 : TBM ; Theater Ballistic Missile)

지구의 궤도를 따라 비행하다가 지구를 이탈하여 목표에 도달하는 탄도탄의 일종으로 전략, 전술탄도탄으로 구분

전기식뇌관(電氣式雷管 : Electric Blasting Cap)

폭약을 폭발시키기 위한 폭파기재로서 전기 스파크에 의하여 알루미늄(동)관 안의 점화옥이 가열되고 내부에 충전된 RDX라는 소량의 폭약이(920g) 폭발하여 알루미늄(동)관과 폭약의 힘에 의해서 폭약이 폭발함.

전기식점화장치(電氣式點火裝置 : Electric Ignition Equipment)

전기 스파크에 의해 전기뇌관을 기폭 시켜 폭약을 폭발시키는 장치를 말하며 전류는 전력원에 의해서 공급된다. 전력원은 통상 점화기가 사용되나 점화기가 없을 시에는 기타 축전지를 이용하여 점화시킬 수 있다.

전략심리전(戰略心理戰, Strategic Psychological Warfare)

국가목표 달성을 지원하기 위하여 대상국의 전 영토, 전 국민을 대상으로 정치, 경제, 군사적으로 실시하는 계획된 심리전.

전령통신(傳令通信, Messenger Service)

통신문을 직접 송달하는 통신수단으로서 모든 부대에서 운용할 수 있는 가장 보안성이 양호하고 신뢰성과 융통성이 있는 통신수단임. 이는 긴 통신문이나 부피가 큰 문서를 송달하는 데 가장 효과적인 수단.

전류(轉流 : Turnoff Tide)

만조와 간조에 이르러 조류의 흐름이 바뀌는 현상이며, 조류의 흐름이 바뀌는 동안 일시 정지하는 시기를 계류(稽溜)라 함.

전리층(電離層 : Ionospheric Layer)

전리권(ionosphere)을 전자 밀도에 따라서 몇 개의 층상 구조로 분류한 것임. 즉 D층(70~90㎞), E1층(90~130㎞)이 있음. 전리권 이온층·케넬리 헤비사이드층이라고도 함. 지표에서 약 50㎞이상인 고도의 대기는 전자 또는 양(陽)이온이 많이 존재하며 전체적으로는 중성인데 일종의 이온화 프라스마를 형성하고 있는데 이 부분을 전리권(電離圈)이라고 함.

전방투하거리(前方投下距離 : The Front Drop Distance)

인원 및 화물이 기체 문을 이탈한 지점으로부터 낙하산이 산개될 때가지 관성의 법칙에 의해 항공기 비행방향으로 이동되는 수평거리를 말하며 고정익 항공기는 200m이며, 단거리 이착륙기 또는 회전익 항공기의 경우는 비행속력(knot)×0.5를 적용함.

※ 관성의 법칙 : 뉴턴의 운동법칙 중 제1법칙으로 외부로부터의 힘의 작용이 없으면 물체의 운동 상태는 변하지 않는다는 법칙 즉, 움직이려는 물체는 계속해서 움직이려고 하고, 정지해 있는 물체는 계속 정지해 있으려는 성질.

전복활동(顚覆活動, Subversion)

군사, 경제, 심리, 사기 또는 정치기반을 비밀리에 훼손시키기 위하여 기도되는 비밀활동. 전복활동 수행을 위하여 기도되는 비밀활동에는 선전활동, 태업활동, 기타활동이 있으며 주로 도시지역에서의 지하공작대 요원에 의하여 실시되는 정치활동이 있음.

전색(栓塞 : Tam pink)

메워서 막는 것(발파공을 틀어막는다)

전선지역침투(戰線地域浸透 : Flot Area Infiltration)

침투부대가 군사분계선을 통과 적 장애물지대를 극복하여 북방한계선 지역까지 침투하는 것.

전송매체(傳送媒體 : Transmission Media)

1. 송신기와 수신기 사이의 물리적인 전송통로, 페어 케이블, 동축 케이블, 전파 링크, 웨이브 가이드, 광케이블 등이 있음.
2. 정보를 전달하는 과정에서 중간에 이어주는 역할을 하는 모든 수단과 방법

전술(戰術, Tactics)

1. 전투시 부대의 운용.
2. 아군 상호간 및(혹은) 적과 관련하여 부대의 모든 잠재력을 발휘하기 위한 질서 있는 부대배치(배열) 또는 기동.
3. 작전술 수준에서 설정된 목표달성을 위하여 가용한 전투력을 통합하여 적을 격멸하는 전투와 교전에서 적용하는 활동.

전술공중항법(戰術空中航法 : TACAN ; Tactical Air Navigation)

항공기의 레이더 또는 전술항법장치 등을 활용하여 적 레이더 및 방공망을 회피, 저고도로 적 후방 종심지역까지 은밀하게 공중비행하는 것.

※ 한국군은 통상 전술계기비행이라고 명칭.

전술용다대역다기능무전기(戰術用多大役多技能無電機 : TMMR ; Tactical Multi-band Multi-role Radio)

차세대 전술 C4I체계의 일환으로 AM, FM, UHF 등 다대역의 주파수 및 다기능의 통신이 가능한 무전기.

전술인터넷(戰術~ : TI ; Tactical Internet)

전술적 상황에서도 데이터통신이 가능한 상황인식(SA)과 지휘통제(C2)를 지원하기 위한 Network

전술통신체계(戰術通信體系 : SPIDER ; MSC-500BK)

하나의 공용통신망에 각 제대와 전장 기능별 실시간 자유로운 정보유통을 보장하고 격자망을 이용한 우회 경로를 제공함으로서 신뢰성과 생존성을 보장하는 육군의 기본 전술통신 체계

전연지역(戰緣地域)

'전연'이란 북한군 용어로서 전방의 맨 앞 진지로 아군과 접촉하고 있는 지대를 말함. 우리의 '전단'과 동일한 의미이며 군사분계선으로부터 민경장애물지, 민경초소, 보병장애물지대, 북방한계선의 보병초소까지로 구분.

전이중통신방식(傳異衆通信方式 : Full Duplex)

전송선로에서 데이터가 동시에 양쪽방향으로 전송될 수 있는 것. 일반적으로 사용하는 전화통화 방법이 대표적인 예임.

전자공격(電子攻擊 : EA ; Electronic Attack)

전자전의 한 분야로서 적의 전투능력을 파괴, 무력화, 감소시킬 의도로 적의 지휘·통제·통신 및 전자무기체계에 대하여 전파를 사용하거나 전자파를 직접 조사(照射)하는 공격행위를 말함.

전자간섭(電磁干涉, Electromagnetic Interference)

적이 우군의 전자장치에 적절치 못한 반응을 유발시키도록 전기적 또는 전자기적 교란을 말함.

전자기만(電子欺瞞 : Electronic Deception)

적이 전자장비로 수신한 첩보의 사용을 오도하기 위해 계획적으로 전자파 에너지를 방사, 재방사, 변경, 흡수 또는 반사시키는 방법으로 조작기만과 모방기만, 모의전자기만이 있음.

전자기파(電子氣波 : Electromagnetic Wave)

주기적으로 그 세기가 변하는 전자기장이 공간을 통해 전파해 가는 현상 전자파(電磁波)라고도 함. 전하(電荷)가 급속하게 진동하거나 전류가 진동적으로 변화할 때 생기며, 그 통로에 해당되는 공간에 전기적 작용을 미치면서 빛과 같은 속도(진공 중세서는 매초 약 30㎞)로 전파 됨.

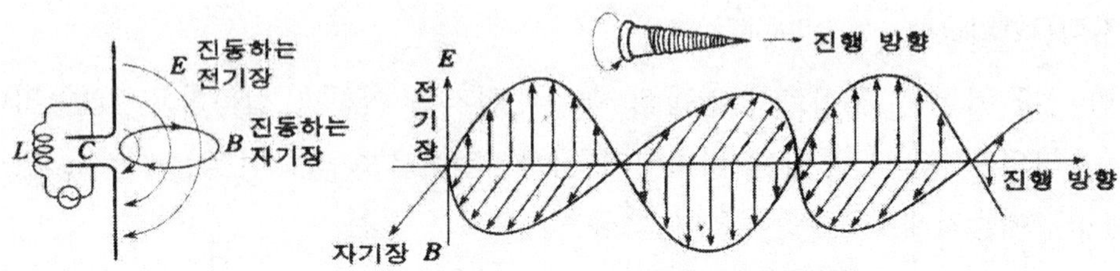

(가) 전자기파의 발생　　(나) 전자기파의 전파

전자보호(電子保護 : EP ; Electronic Protection)

적의 전자공격(EA)으로부터 아군의 전자시설을 보호하는 것으로서 우군에 관한 적의 첩보수집 능력을 최소한으로 억제하는 대전자전지원(anti-ES)과 우군의 전자장비가 방해 및 기만을 받을 때 피해를 최소로 줄이고 전자장비의 기능을 계속 최대로 유지하기 위한 대전자공격(anti-EA)으로 구분함.

전자전 지원(電子戰支援, Electronic Warfare Support; ES)

우군의 군사작전을 지원하기 위하여 적의 전파를 수신, 분석, 식별하는 전자전의 일부로서 위협의 즉각적인 판단으로 자체방어를 위한 조기경보 등 전술적 용도의 탐색과 전략무기체계의 설치위치나 이동 또는 그 특성을 분석함으로써 전략적 지원을 위한 용도의 탐색으로 구분할 수 있으며, ES를 통하여 획득된 첩보나 정보는 우군의 전자공격(EA) 또는 전자보호(EP) 대책수립 및 집행에 중요한 자료가 됨.

전자전(電子戰, Electronic Warfare; EW)

적의 지휘, 통제, 통신(C3) 및 전자무기체계의 기능을 마비 또는 무력화시키고, 적의 전자전 활동으로부터 아군의 지휘, 통제, 통신 및 전자무기체계를 보호하는 제반 군사 활동. 수행기능에는 전자전자원(ES), 전자공격(EA), 전자보호(EP)가 있음.

전자전투(電子戰鬪, Electronic Combat; EC)

군사작전의 지원하에 적의 전자기 능력에 대해 취해지는 활동으로 전자전투에는 전자전(EW), 지휘통제전(C2W), 대공제압(SEAD) 등이 포함됨

전자침투(電子浸透, Intrusion)

운용자를 속이거나 교란을 목적으로 통신 경로상에 고의적으로 전자파 에너지를 개입시키는 것으로 미지(MIJI)의 일부분임.

전자태그(電子~ : RFID ; Radio Frequency Identification)

각종 물품에 부착해 각종 사물 및 주변 환경정보를 무선 주파수로 전송·처리하는 비접촉 인식 시스템.

전자파(電子波, Electronic Wave)

전계(電界), 또는 자장(磁장)의 주기적 변화에 의하여 전파와 자파가 동시에 서로 동반하여 널리 공간에 전파되는 행동을 말함.

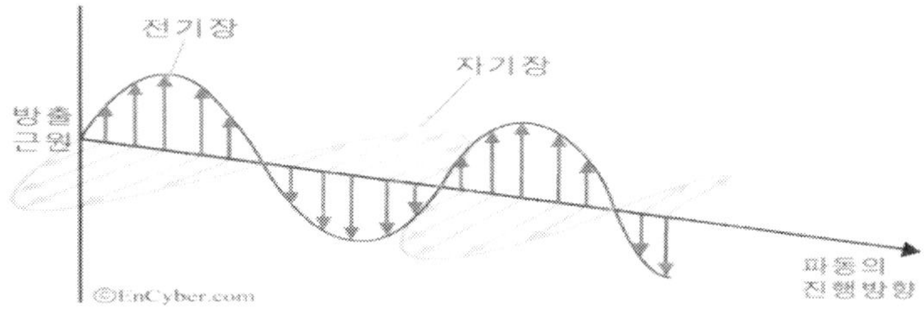

전쟁(戰爭, War)

1. 상호 대립하는 2개 이상의 국가 또는 이에 준하는 집단간에 있어서 군사력을 비롯한 각종 수단을 행사하여 자기의 의지를 상대방에게 강요하려는 행위 또는 그러한 상태.
2. 주권을 가진 국가간의 조직적인 무력투쟁상태로서 선전포고와 더불어 개시되고 강화조약으로 무력투쟁이 종결될 때까지의 상태.
3. 국가의 생존이 달려 있는 국가목표를 달성하기 위한 전역(campaigns).

전출처정보분석체계(全出處情報分析體系 : ASAS ; All Source Analysis System)

전구운용 연합C4I체계의 종류로써 인간정보, 신호정보 및 영상정보 등 모든 출처에서 획득된 첩보를 다량의 분석도구들을 이용하여 동시에 수신, 처리, 전송하며 현 전장상황을 그래픽 정보요약으로 묘사하는 체계

전투(戰鬪, Combat, Battle)

1. 적을 섬멸하여 승리를 획득하기 위한 직접적인 행동.
2. 작전을 성공적으로 이루기 위한 작전행동의 한 수단.
3. 전술적 수준의 목표를 달성하기 위하여 실시되는 통상 군단급 이하제대의 협조된 활동.

전투가늠자(戰鬪~ : Battle Sight)

사수가 표적에 정확히 사격할 수 있도록 자신과 화기의 조건을 고려 미리 조준하여 수정해 놓은 가늠자. K3기관총의 전투가늠자는 가늠자뭉치에 설치되어 있는 것으로 400m이하 표적에 조준할 수 있도록 되어 있음.

전투군장(戰鬪軍裝 : Combat Ruck Sack)

특수작전 임무수행에 소요되는 최소한의 장비와 보급품을 말하여 은거지 및 임무지원지점에서 작전활동간 사용되는 군장.

전투근무지원 운용본부(戰鬪勤務支援運用本部, Combat Service Support Operation Center; CSSOC)

전술작전본부의 상대적 기구로서 통상 주 지휘소 내에 설치되어 현행전투 및 전투지원작전을 수행하는 데 필요한 전투근무지원 활동을 지휘, 통제, 조정 및 협조시키며, 전투근무지원요소를 통합시키고 지역피해 통제업무에 관련된 일반 및 특별참모와 관련부대의 지휘관 또는 대표자로 구성된 기구로서 사단급 이상 부대에서 운용함.

전투력 복원(戰鬪力復元, Restoration of Combat Power)

부대가 심대한 인적, 물적 손실을 입어 정상적인 전투근무지원 절차를 통해서는 현행 및 장차작전수행이 곤란할 때 즉각적인 전투력 회복을 위해 취하는 지휘조치로서 전투력 복원에는 재편성과 재조직이 있음.

전투예비탄약(戰鬪豫備彈藥, Combat Reserve Ammunition)

전쟁초기에 보충수요를 충당하기 위하여 보유하여야 할 탄약의 수량을 말하며, 일수로 표시됨.

전투준비태세(戰鬪準備態勢, Combat Readiness)

적대행위 이전의 최종 전투준비상태를 말하며 주로 전술적 차원에서 사용됨. 군사태세의 하위개념으로서 전비태세', 전투태세', 작전준비태세'는 이와 유사한 의미의 용어임.

전투탐색구조(戰鬪探索救助 : CSAR ; Combat Search and Rescue)

전시 실시하는 인원구출작전의 한 행태로 가능한 수단을 효과적으로 이용하여 조난당한 인원 및 자원을 탐색하여 안전지역으로 소환 및 탈출, 복귀시키는 작전활동

전투 탐색구조 특수 기동군(戰鬪探索救助特殊機動軍 : CSARTF ; Combat Search and Rescue Task Force)

전시 조난자를 탐색 및 구조하기 위하여 탐색구조 작전에 참가하는 모든 전력을 말함. 통상 구조기, 구호엄호기(Rescort), 구조전투공중초계기(Rescap), 공중조기경보기(AWACS)등이 참가하며 필요시 해군전력등도 참가함.

전투피로증(戰鬪疲勞症, Combat Fatigue)

어려운 전쟁상황에서 심한 정신적, 육체적 스트레스에 직면하여 인체의 정상방

어 기능이 일시적으로 붕괴되면서 불안, 공포, 행동장애 등을 나타내는 일련의 증상을 말하며, 환자의 상태를 세분화하면 전쟁공포증, 전쟁신경증, 전투쇼크 등 더 많은 증후들로 구분할 수 있으나 혼란 방지를 위해 전투피로증'이라고 함.

전투피해평가(戰鬪被害評價, Battle Damage Assesment; BDA)

소모된 아군부대에 대한 필수적인 전술적 복원요소들을 결정하고, 아군부대와의 교전 후에 적의 전투효율성을 결정하는 과정임.

전투하중(戰鬪荷重 : Combat Load)

전장에서 개인이 임무수행에 필요한 최적의 장비류를 휴대할 수 있는 무게로 한국군의 전투하중은 평균체중 59.5kg의 33%에 해당하는 19.6kg으로 간주됨

전투휴대량(戰鬪携帶量, Combat Load)

전투참가 시 개인 또는 차량으로 운반되며, 재보급이 실시 가능할 때까지 전투작전수행에 긴요한 장비 및 보급품을 말하며, 여기에는 완전무장에 필요한 개인피복, 장비, 화기 및 탄약 등이 포함됨. 전투휴대량을 설정함에 있어서는 전투병사의 활동 능률을 향상시키고 자기 및 부대의 위급한 임무수행에 필수 불가결한 품목과 수량으로 제한하여 설정하여야 함.

전투협조회의(戰鬪協調會議 : Battlefield Coordination Session)

지휘관의 의도에 부합되도록 전투력을 효과적으로 운용하기 위하여 각 기능별 또는 기능 대표로 구성된 협조회의 로서 지휘관이 건전한 결심을 하는데 도움을 주기위해 자체적으로 실시

전파간섭(電波干涉, Electronic Interference)

전자장비에 필요 없는 반응을 유발시키는 전기적 또는 전자기적인 혼란. 전기적 간섭이란 전자기적 에너지를 방사하도록 고안되지 않은 전기적 장치의 운용에 의해 생기는 간섭을 말함.

전파전파(全波傳播 : Radio Wave Propagation)

전파가 퍼져나가는 일, 즉 전파 방법

전파가 퍼져나가는 방법에는 여러 가지 종류가 있음. 직선거리의 2지점을 직접 전파하는 파(派)를 직접파, 이 사이에 반사·굴절·회절·산란 등의 현상이 관련되었을 때를 각각 반사파·굴절파·회절파·산란파라고 함.

전폭약(傳爆藥 : Primer Explosive Compound)

폭발하기 수운 것으로부터 폭발하기 어려운 것으로 차차 폭발을 전달 확장하는 폭약

점령지역(占領地域 : Occupied Area)

점령군의 권한과 실질적인 통제 하에 있는 영토. 민사협정에 따라 초청된 군대의 주둔이나 배치된 지역은 점령지가 아니며, 강화조약에 따라 통치·합방되는 지역은 점령지역이라 부르지 않음.

점 매복(點 埋伏 : Spot Ambush)

매복형태의 하나로 적이 이동로 상에 단일 살상지대 및 지역을 선정하여 화력을 집중할 수 있도록 병력을 배치하는 매복을 말함.

점 표적(點 標的 : Point Target)

1. 단일좌표로서 명확하게 확인할 수 있게 표시되는 표적(다리, 벙커, 병력집결소 등)
2. 단일 조준점을 필요로 하는 표적. 적 관측소, 적 벙커, 화기진지 등 소규모 표적을 말함.

정밀매복(精密埋伏 : Accuracy Ambush)

매복형태의 하나로 사전 적에 관한 충분한 정보를 입수한 상태에서 철저한 계획과 준비 하에 실시하는 매복을 말함.

정보신문(情報訊問 : Information Interrogation)

유용한 첩보를 최대한 추출하기 위하여 신문 대상자를 조사하고 질문하는 기술

정보작전(情報作戰, Information Operations)

정보우위를 달성하기 위해 전·평시 가용한 수단을 통합하여 아측의 정보 및 정보체계는 방어하고, 상대의 정보 및 정보체계에 공격을 가하거나 영향을 주는 작전.

정보작전방호태세(情報作戰防護態勢 : INFOCON ; Information Operation Condition)

아군의 정보 체계에 대한 적의 침투가 예상되거나 공격 시 이에 효율적으로 대처하기 위한 단계별 방호태세

정지위성(靜止衛星 : Geostationary Satellite)

적도 상공 약 3만 6000km의 원 궤도를 지구의 자전 주기와 같은 주기로 진동(振動) 방향으로 비행하는 인공위성. 위성의 공전 주기와 지구의 자전주기가 같으므로 위성과 지표의 상대적인 위치 관계에는 변함없음. 따라 지표에서 보면 위성이 변하지 않기 때문에 안테나의 방향을 바꿀 필요 없이 항상 안정된 통신을 할 수 있음. 그렇기 때문에 통신 위성과 방송위성의 대부분이 정지 위성임.

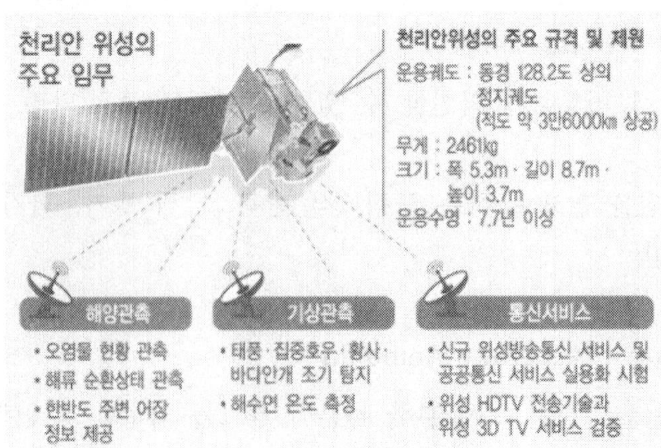

정찰(偵察, Reconnaissance)

시각 관측이나 기타 탐지방법에 의하여 적이나 잠재적인 적 활동과 자원에 관한 첩보를 입수하거나 특정지역의 기상, 수로 또는 지리적 특성에 관한 제원을 획득하기 위하여 실시하는 임무.

정찰대(偵察隊 : Reconnaissance Party)

1. 정찰임무를 수행하기 위해 운용되는 지상군(해군 또는 공군)분견대로 정찰대는 수색정찰대와 전투정찰대로 구분
2. 특수 작전간 타격임무를 수행하기 위해 은거지에서 소규모 병력을 선발하여 타격목표에 대한 정찰을 통해 가용한 첩보를 획득하며, 정찰대는 3개조(지휘조, 첩보 수집조, 목표 감시 잔류조)로 편성 운용됨.
3. 첩보를 수집하거나 혹은 파괴, 교란, 작전소탕, 혹은 경계임무를 수행하기 위해서 보다 상급부대에 의해서 운용되는 지상군(해군 또는 공군) 분견대.

제병협동(諸兵協同, Combined Arms)

1. 상호 협동하는 육군의 2개 이상의 전투 및 전투지원부대의 협조된 작전.
2. 적 회전익 항공기에 대응하는 전방사단지역 제병과 부대의 자체 방공능력을 보장하기 위하여 전투헬기에 대공스팅어를 장착하거나 M-1전차의 탄약개량 및 장갑 보호능력 개선 및 브래들리 전투용 차량의 대공조준기재 개발 등이 포함되는 전방지역 방공체계(FAADS)의 하나.

제한 주파수(制限 周波數, Restricted Frequencies)

허가 없이는 방해할 수 없는 주파수임. 통신 및 정보참모장교, 기타 관계부서 작전장교와 협조하여 작전참모가 작성하고 승인함. 제한 주파수는 금기(taboo), 보호(protected), 감시(guarded) 주파수로 분리함.

조난자 개인 식별진술서(遭難者個人識別陳述書 : ISOPREP ; Isolated Personnel Report)

전시 조난에 대비하여 탐색구조팀에게 조난자에 대한 정보를 제공하기 위해 평시 개인 신상을 작성하는 것으로 머리 색깔, 키, 혈액형, 좋아하는 취미 등을 기록하며, 주로 조종사들이 평시 작성해서 해당부대에 보관하고 전시 탐색구조본부에 정보를 제공함.

조종줄(操縱茟 : Control Line)

낙하산의 방향전환 및 공중이동시 사용되는 나일론 줄로써 손잡이를 당겨 기공을 열고 닫아 방향을 전환하는 역할을 함.

종심(縱深, Depth)

공간, 시간 및 자원상의 작전범위를 말하며, 효과적인 기동에 필요한 공간과 작전준비에 필요한 시간 획득에 절대 필요하며 공격 및 방어시 탄력성은 종심에서 비롯되고 적의 행동제한과 융통성, 지속력 감소를 위해서는 종심전투를 시도해야 함.

종심전투(縱深戰鬪, Combat in Depth)

아직 접촉하지 않는 종심상의 적 부대를 차단 및 타격하여 후속제대의 위협을 제거하는 전투이며 이는 공지전투의 핵심요소임.

종합공중공격계획(綜合空中攻擊計劃 : MAAP ; Master Air Attack Plan)

통합임무명령서(ITO) 작성의 기초가 되는 핵심 정보를 포함하고 있는 계획으로 합참의장(또는 연합군사령관)및 공군작전사령관(또는 공군구성군사령관)의 지침과 목표, 전력 배당 및 할당, 표적 공격 및 항공전력운영 개념 등 전구 공중공격 자산을 통합하여 운용하는 내용이 포함되어 있다.

주산분리(主傘分離 : Cutaway)

주낙하산의 기능고장 발생 및 필요시 주 낙하산을 분리하는 것

주요관심지역(主要關心地域 : NAI ; Named Area of Interest)

적 활동을 감시함으로써 적의 특정방책 선택여부와 활동 및 기도를 판단할 수 있게 해주는 접근상의 지역 또는 지점(도록 교차점, 주요병참선, 개활지, 주요교량, 적 예상 지휘소 등)

주파수(周波數 : Frequency)

1. 1초 동안에 물체가 진동하는 진동수. 진동수가 많으면 주파수가 높고 진동수가 적으면 주파수가 낮음.
2. 주기적으로 변동하는 현상에서 같은 상태가 1초(sec)동안 몇 번 돌아오는가를 나타내는 수. 진동수와 같은 뜻이며, 주기 T의 역수 1/T로 표시된다. 전파・음파 등 주기현상이 일정한 속도로 전달되는 파동에서는 매질(媒質) 내의 어떤 점을 1초(sec) 동안에 통과하는 파수(波數)가 이것에 해당되는데, 파동의 전파속도(傳播速度)를 v, 파장을λ, 주파수를c라 하면 v=λ・c, c=v/λ의 관계가 성립됨. 단위는 Hz(헤르츠) 또는 c/s이며, 전파(電波) 관계에서는 그 1,000배에 해당하는 KHz(키로 헤르츠), 100만 배에 해당하는 MHz(메가 헤르츠)가 사용됨. 일반적으로 저주파(低周波)는 수천 Hz 이하의 전파, 고주파는 수십 KHz 이상의 전파를 가리킴.

주파수도약(周波數跳躍, Frequency Hopping)

레이더 체계 또는 통신기에 사용되는 전자보호(EP) 기술로서 펄스화된 반송파를 어떤 특정 주파수 대역 내를 주기적 또는 계속적으로 이동하면서 송신하고 사용중인 주파수가 전파방해를 받을 때 방해받지 않은 주파수로 송신하는 기법.

주파수변조(周波數變調, Frequency Modulation; FM)

1. 음성 또는 기타의 신호전류의 세기에 따라 반송파의 주파수를 변화시키는 변조방식.
2. 반송파의 주파수를 그 평시값을 중심으로 하여 신호파에 올려 변동시키는 변조방식.
3. 음성의 전기신호와 텔레비전의 영상을 유선이나 무선으로 송·수신하는 경우에 사용되는 변조. 반송파(搬送波)의 주파수를 전기신호에 의해서 변화시키는 방식으로 특징은 변조한 파(波)의 진폭을 미리 일정하게 하여 송신하므로 도중에 방해나 잡음이 섞여서 진폭이 변화해도 수신할 때 진폭을 다시 일정하게 조작함으로써 섞인 잡음을 어느 정도 제거할 수가 있음. 또 진폭변조(振幅變調:AM)보다 양질의 통신이 가능하나 변조한파의 진동수 변화 범위가 넓어지는 결점이 있음. 고 충실도(高 忠實度 : hi-fi)의 음악방송과 텔레비전의 음성부분에 사용되고 있는데 혼신이나 잡음이 작아 FM의 사용이 증가하고 있음.

중심(重心 : Center of Gravity)

힘과 균형의 근원으로서 한 부대의 행동의 자유나 유형전투력 또는 전투의지를 창출하는 근원이나 능력 내지 특성을 의미하며, 지휘관이 작전목표를 달성하기 위해 모든 관심과 노력을 지향하는 초점이고 가용전투력의 운용 방식 결정과 방책 구상의 근간임. 그러나 작전방향의 전환, 적 핵심 지휘관교체, 새로운 부대/신무기 배체에 따라 중심이 변화될 수 있음. 또한 중심은 판단제대에 따라 상이하며, 상화의 변화에 또 시간이 경과함에 따라 계속 변화되므로 적의 중심을 식별한 후에도 그 변화를 계속 추적해야 함. 그러나 예하 전술부대에서의 중심은 핵심표적과 같은 개념이 될 수 있음.

중앙방공통제소(中央防空統制所, Master Control and Reporting Center; MCRC)

전구항공통제본부의 예하부서로서 배당된 방공전력에 대한 자동화된 중앙집권적 작전통제권을 행사하며, 전 구역의 공중감시, 무기운용, 항공기 관제, 항법보조 및 귀환관제 임무를 수행하는 방공관제부서.

중요지형지물(重要地形地物, Key Terrain)

피아의 지형지물을 확보 또는 통제함으로써 현저한 이점을 제공받는 국지 또는 지역.

중화기(重火器 : Heavy Weapon)

박격포, 곡사포, 평사포, 중기관총 등 화력이 강력하고, 한 사람의 병사가 도수 운반하기 곤란할 정도로 무거운 공용화기를 말함. 예를 들면 57밀리 및 106밀리 무반동총, 4.2"MOT, 3.5"RKT 등을 들 수 있음.

지구사전방전투지경선(地區司前方戰鬪地境線 : GCC-FB ; Ground Component Command Forward Boundary)

지구사 작전지역의 전방 한계선으로, 연합군사령관은 자신의 작전개념과 구서군 사령관들의 요구에 기초하며, 신속한 기동 및 원거리 교전이 가능하도록 충분한 종심을 고려하여 작전지역의 크기, 형태 및 위치를 설정한 선.

지상표지투하방법(地上表紙投下方法 : GMRS ; Ground Marked Release System)

지상에 항공기를 유도할 수 있는 "ㄱ"자 표지를 설치하여 무선의 사용 없이 소규모 부대를 은밀히 적 지역에 침투시키는 방법이며, 강하지역의 풍향 풍속에 따라 표지를 이동시킬 수 있는 충분한 공간이 확보되어야 하고, 1대의 고정익 항공기를 이용할 경우 주로 사용됨.

지역매복(地域埋伏 : Area Ambush)

매복형태의 하나로 지역을 따라 수 개의 점매복으로 이루어진 매복을 말하며, 적이 이동로를 따라 둘 이상의 저점에서 실시하는 경우와 살상지대를 중심으로 그 외곽에 수 개의 점매복을 실시하는 경우로 구분

지역 선도부대(地域先導部隊 : Pilot team)

작전제대 투입전 지역 평가 및 잠재적인 저항세력의 확보 가능성을 평가하기 위해 사전에 투입되는 소수의 부대

지역표적(地域標的 : Area Target)

1. 단일점이 아닌 넓은 지역으로 형성된 표적, 예를 들면 집결지, 대규모 지휘소, 보급소 등이 있음.
2. 3개 이상의 좌표로 표시되는 비교적 넓은 표적

지연(遲延, Delay)

부대가 기동의 자유를 잃지 않고 또는 적의 기습적인 침투나 우회를 허용하지 않고 공간을 양보하면서 시간을 획득하기 위하여 부여되는 임무로서, 지연부대는 임무수행을 위하여 공격, 방어, 매복, 습격 또는 기타 전술을 사용함.

지연신관(遲延信管 : Delay Fuze)

탄두가 목표물을 관통하거나 어느 정도 침투한 후 작동하는 신관으로 사전에 지정한 시간이 경과하면 폭발함. 지연장치 내의 지연관에 있는 지연제(흑색화약)가 점화되어 표적 충돌 후 0.025~0.05초 사이에 폭발하므로 주로 목표물 관통이나 도비작용에 사용함.

지원작전(支援作戰, Support Operations)

1. 지원작전은 작전술 차원에서 군사력 운용에 수반되는 군수, 인사, 통신, 수송, 후방지역 경계 등 모든 지원을 망라하여 작전에 통합될 수 있도록 작전운용 차원에서 계획 및 수행되는 것으로, 전술차원의 전투근무지원과 같은 단순한 지원활동과는 구분됨. 작전술 차원에서 지원작전은 전술부대에 유리한 전투여건을 조성해 주는 작전으로 작전운용에 선행되는 중요한 작전.
2. 상륙지원작전은 목표지역 고립, 공중 및 해상우세권을 획득하고 특정목표의

파괴, 교란 및 심리전, 첩보수첩, 원거리 적 부대 및 시설의 파괴와 제압을 목적으로 수행되며 상륙부대에 할당되지 않는 부대로 상륙기동사령관(CATF)의 요청과 상급부대의 명에 의거 실시하며, 선견부대 도착전과 상륙기동부대 도착전에 목표지역내 또는 밖에서 실시함.

지원지휘관(支援指揮官 : Supporting Commander)

(피지원지휘관)주 임무수행 지휘관에게 증원전력이나 기타 지원을 제공하는 지휘관

지하공작대(地下工作隊 : Underground)

고도로 비밀화된 저항조직의 일부로서 적의 보안대책과 강력한 주민통제로 유격부대 작전이 곤란한 지역에서 활동하며 주로 전복활동 임무를 수행 필요시 유격부대를 위하여 제한된 각종 지원임무를 수행할 수 있음.

지휘관중요정보요구(指揮官重要情報要求 : CCIR ; Commander's Critical Information Requirement)

지휘관이 결심을 위해 필요로 하는 정보이며, 방책을 결정하거나 유효화 하는데 중요하게 사용하는 것으로 적에 관한 우선정보요구(PIR)와 아군에 관한 우군정보요구(FFIR)가 포함

지휘소(指揮所, Command Post)

지휘관과 참모가 작전임무를 수행하는 부대의 본부로서 지휘소의 기능은 부대유지를 위한 요구와 전투지시에 관계되는 사항을 분류 정리함. 통상적으로 주지휘소, 후방지휘소, 예비지휘소의 3개 지휘소가 설치됨.

1. **주지휘소(Main Command Post)** : 작전의 계획 및 준비와 부대의 지휘, 통제 및 통신기능의 유지 그리고 정보 및 첩보의 수집, 통합업무를 수행하는 부대의 주본부임. 참모부는 현행 및 장차에 필요한 계획을 발전시키고 전투지원과 전투근무지원사항을 획득하고 협조시킴. 주지휘소는 통상 적의 경포사거

리 밖에 위치함. 필요시 전술지휘소를 운용함.

2. **후방지휘소(Rear Command Post) :** 전술부대의 부대유지에 관계되는 업무를 수행하는 지휘소로서 전투 및 전투지원 작전과 직접적으로 관련이 없는 전투근무지원 활동을 지휘, 통제 및 협조시키기 위한 시설이며 여기에는 전투근무지원 운용본부가 설치되어 운용됨.
3. **예비지휘소(Reserve Command Post) :** 주지휘소의 기능이 상실되거나 이동간의 작전의 지휘 및 통제기능을 수행하기 위하여 설치되는 지휘시설임.

지휘소자동화체계(指揮所自動化體系 : CPAS ; Command Post Automation System)

전략제대에 설치하여 지휘소 업무를 자동화하고, 전·평시 작전수행을 위한 지휘통제수단을 제공하는 체계로 전략제대 및 예하 전술부대간 데이터통신망을 이용한 전문처리 상호연동, 전·평시 육·해·공군의 합동 및 상호 협조된 작전수행이 가능하고, 지휘관 및 참모가 제반 활동을 후행하는데 필수적인 제기능(자료관리, 상황도 도시, 브리핑, 사물자동화)과 제업무(정보, 작전, 전투근무지원)를 자동화한 체계

지휘·통제 및 통신체계(指揮·統制및通信體系, Command, Control and Communication System; C3체계)

지휘관이 부대를 계획, 지시, 조정 및 통제하기 위해 지휘통제체계와 통신체계 중 지휘통제 통신체계에 포함되지 않은 비지휘통제용 통신체계를 합한 체계.

지휘통제통신 및 컴퓨터정보체계(指揮統制通信 및 ~情報體系 : C4I ; Command, Control, Communication & Computer, Intelligence)

지휘관이 부여된 임무 달성을 위해 지휘, 통제, 통신, 정보 및 컴퓨터의 각 요소를 유기적으로 연결하여 전장 상황을 실시간에 분석, 전파, 결심을 가능케 하는 통합지휘통신체계

지휘통제 · 통신 · 컴퓨터 · 정보 및 감시 · 정찰(指揮統制通信 ~情報 및 監視偵察, Command, Control, Communications, Computers, Intelligence, Surveillance and Reconnaissance; C4ISR)

C4I체계와 SR체계를 연동한 복합체계로서, 탐지수단과 이를 처리하기 위한 자동화된 네트워크를 통한 효과적인 지휘통제에 의하여 작전을 지원하는 미래의 핵심 기반체계.

지휘통제(指揮統制 : C2PC ; Command Control Personal Computer)

GCCS-K에서 COP(공통작전상황도)의 전장상황을 전시하기 위해 작동시키는 프로그램

진동중 착지(振動中着地 : Swing Landing Fall)

강하시 충격과 낙하산의 하강속도 체험훈련을 할 수 있도록 만든 3.6m 높이에서 진동중에서 실시하는 착지로써 산개검사 및 기능고장 처치, 사주경계 및 공중이동, 착지 등을 실습

진폭변조(振幅變調 : AM ; Amplitude Modulation)

반송파(搬送波)의 진폭을 신호파의 진폭에 따라 변화시키는 변조법. AM이라고도 함. 즉, 음악이나 음성 · 영상 등을 전기신호로 바꾸어 무선이나 유선으로 먼 곳에 보낼 때 반송파의 진폭을 신호파의 진폭에 따라 변화시키는 변조방식을 말함. 신호파를 일반적으로 신호보다 높은 주파수인 반송파와 함께 변조기를 통하게 하면 진폭 변조파가 생김. 반송파의 진폭은 일정하지만 변조된 것은 신호의 변화에 따라서 본송파의 진폭이 변화한 파로 되어 있음. 수신할 때 이 변조파를 복조기(검파기라고도 함)를 통하게 되면, 진폭 변화된 부분이 제거되어 본래의 신호가 재현 됨

집식작용제(窒息作用劑, Chohing Agent)

주로 보호되지 않은 사람의 기관, 코, 인후, 폐에 손상을 주는 화학작용제로서 심한 경우에는 폐에 액체가 충만하여 산소 결핍으로 질식 사망하게 됨.

집결지(集結地, Assembly Area)

부대가 차후 행동을 준비하기 위하여 집결하는 장소.

집단호출부호(集團呼出符號, Collective Call Sign)

2개 또는 그 이상의 시설, 권한자 또는 단위대를 표시하는 모든 호출부호. 이러한 집단 호출부호는 그 지휘관과 예하에 있는 모든 지휘관이 포함됨.

집속탄도(集束彈道)

기관총으로부터 수발의 탄자가 발사되었을 때 각 탄자는 약간의 탄도차이를 가지는데, 그 탄도의 묶음을 집속탄도라고 함. 탄도차이는 총의 진동과 탄약의 불균등 및 대기의 조건 등에 의하여 발생함.

징후(徵候, Indication)

적의 취약성 및 적의 특정능력 채택 여부를 지적해 주거나 또는 지휘관의 방책 선택에 영향을 미칠 수 있는 적의 활동 또는 어떠한 작전지역의 특성에 대한 긍정 또는 부정적인 증거임

㋞

차단(遮斷 : Interdiction)

적이 어떤 지역 또는 통로를 사용하지 못하도록 제반 수단을 이용하여 저지 또는 방해하는 것

차폐(遮蔽, Defilade)

고지, 능선, 둑과 같은 장애물에 의해서 적의 관측과 사격으로부터 방호되는 것.

착륙장소(着陸場所, Landing Site)

하나 또는 그 이상의 착륙점을 갖는 착륙지대 내에 있는 장소.

착륙지대(着陸地帶, Landing Zone; LZ)

항공기(헬리콥터)의 착륙을 위해서 사용되는 목표지역 내에 위치한 특정지대, 병력이나 화물을 적재 또는 하역하기 위한 특정한 지상의 구역으로 통상 음어화함.

착지(着地 : Parachute Landing Fall)

낙하산을 타고 내려오다가 지상에 닿을 때 지상으로부터 받는 충격을 신체 5개 부위에 균등히 분포, 충격을 완화시키는 것

창조류(漲潮流 : Flood Tide)

밀물이라 하며, 바닷물이 해안으로 밀려들어오는 동안의 조류의 흐름

척후병(斥候兵, Scout)

야전에서 첩보를 수집하는 자. 적에 관한 첩보를 얻기 위하여 한 지역을 정찰하는 훈련된 관측병.

철갑소이탄(鐵甲燒夷彈, Armor-Piercing Incendiary)

철갑탄과 소이탄을 분리해서 사용하는 대신에 소총이나 기관총에 사용시 링크에 결합하여 사용하는 탄약이며, 이 탄은 철갑탄과 유사하나 탄두충전물에 탑 대신 소이제가 들어 있음.

철갑탄약(鐵甲彈藥 : AP-T ; Armor Piercing Tracer)

탄두(탄자)의 관통자 결합체가 표적에 출동하는 순간 가모·날개 조립체는 파괴되어 흩어지고 관통자만 장갑판을 관통할 수 있게 제작된 탄약

첩보(諜報 : News of a Victory)

정보를 생산하기 위하여 다양한 출처로부터 획득된 처리되지 않은 자료

첩보요구(諜報要求 : RFI ; Request for Information)

첩보요구는 통상 우선 첩보요구보다는 시급하지 않는 것으로서 일반적인 과제나 특정한 첩보의 수집 및 정보생산을 위해 필요한 사항

체류침투(滯留浸透, Stay Behind)

작전지역에서 적이 전진 통과하기 전이나 점령하기 전에 작전팀(요원)을 계획된 작전지역에 위치시키는 것

초단파(超短波 : VHF ; Very High Frequency)

주파수는 30~300MHz, 파장은 10cm~1m로 아주 짧으며 파장이 짧아짐에 따라 빛에 가까워져서 직진성이 강해짐. 또 이온층에서의 반사가 약하기 때문에 가시범위(지상 약 50m의 높이일 때 반지름 약 50km)내에만 도달함. 이와 같은 직진성과 방향 선택성(지향성) 때문에 100MHz 이상의 전파는 같은 주파수를 수백 km떨어진 곳에서 혼신 없이 이용할 수가 있음.

초점거리(焦點距離 : Focal Range)

광학계의 상(像) 주점에서 상(像)초점까지의 거리. 광의 진행방향에 따라 측정하는 경우가 올바르며, 상(像) 초점거리라고도 함.

총류탄(銃榴彈 : Rifle Grenade)

소총의 총구에 부착하는 특수 발사 장치로부터 발사되도록 만들어진 유탄 또는 소형폭탄으로 40mm 유탄은 총류탕이 발전된 것으로 개인화기 총구가 아닌 별도로 부착된 유탄발사기를 이용해 발사하므로 총류탄이라고 할 수 없음.

최소안전거리(最小安全距離, Minimum Safe Distance)

1. 아군부대의 상공을 안전하게 통과할 수 있는 최하의 탄도에 해당하는 거리.
2. 핵무기 운용에 있어서 부대안전을 99% 보장함에 소요되는 요망지상 원점으로부터 아군부대 진지까지의 최소거리.

최적발사속도(最適發射速度 : Sustained Rate of Fire)

사수가 조준사격을 할 수 있고, 총에 무리없이 장시간 동안 사격을 계속 할 수 있는 속도

최종유도작전(最終誘導作戰 : TGO ; Terminal Guidance Operation)

무장 또는 항공기가 교전을 용이하게 할 수 있도록 지상에서 Talk on, GPS, 레이저 조사기, 적외선 지시기 등을 이용하여 표적의 최종상태, 위치를 정확히 지시 및 유도하는 작전

최초재집결지(最初再集結地 : Initial Re-Assembly Area)

침투부대가 침투자산에 의해 공중침투 또는 해상침투 후, 그리고 전선지역 침투 후 침투부대원이 최초로 재집결하는 장소

추격(追擊, Pursuit)

도주하는 적 부대를 격멸하여 결정적인 승리로 전투를 종결하기 위하여 실시하는 공격작전을 말하며, 통상 전과확대에 이어서 실시되므로 한시라도 공격으로 전환할 수 있도록 사전에 준비해야 함. 추격의 목적은 방어능력을 상실하고 도주를

시도하는 적 부대를 직접 압박하고 퇴로를 차단하여 협력함으로써 적 주력을 격멸하는 데 있음.

추적(追跡, Tracking)

1. 이동표적의 축차적 위치를 관찰하여 도표상에 표시하고 발광점을 고착해서 거기서부터 표적이 이동하는 데로 계속 표정하는 것.
2. 총포를 이동표적에 대하여 계속적으로 적절히 조준하게 하거나 지향하도록 하는 것.
3. 적을 뒤따르거나 추격하는 것.
4. 비행기나 선박을 향한 유도탄이 표적 근처에 도달하면 표적으로부터 방출되는 열선인 전파를 감지하고 계속 추격하는 것.

추진보급지원(推進補給支援, Automatic Supply)

전투부대가 전투에만 전념할 수 있도록 접적 및 주요 전투부대에 긴요물자(급식, 유류, 탄약 등)의 지원요소를 사전 판단하여 상급 군수지원부대에서 예하 피지원부대에 추진보급 지원하는 것으로서 군수지원부대는 전투부대를 찾아서 지원할 수 있는 능력을 구비하고 피지원부대는 지원부대가 찾아갈 수 있도록 필요한 대책을 강구해야 함.

추진장약(推進裝藥 : Propellign charge ; Propellant/Advanced Charge)

1. 포병 탄약 완성탄중의 중요한 일부분으로서 단관상형(구멍이 1개 뚫린 것)과 다관상형(여러 개 뚫린 것)으로 된 고체 추진제이며, 고정탄과 반 고정탄에 사용됨
2. 화약이 폭발할 때 발생하는 가스 압력으로 탄환이 탄피에서 빠져 표적으로 날아갈 수 있도록 밀어내는 작용을 하는 탄약재로의 일종

추출낙하산(抽出落下傘 : Extraction Parachute)

플랫폼 화물을 공중 투하할 때, 화물을 항공기 밖으로 끌어내는 낙하산을 말함.

축차공격(逐次攻擊, Piecemeal Attack)

부대가 가용하게 되는 대로 축차적으로 투입하여 공격하는 것.

축차침투(逐次浸透 : One by One Infiltration)

침투부대를 수개의 침투 제대로 편성하고 동일 침투로를 이용하여 각 조별 시간 또는 거리를 유지하여, 축차적으로 침투하는 방법으로 개활지, 도로 등 노출이 심한 위험지역 통과 시 사용됨.

충격신관(衝擊信管 : Percussion Fuze)

탄두가 표적에 충돌하는 순간 또는 충격 후 얼마간의 시간이 경과된 다음 기폭되는 신관, 일반적으로 가장 많이 사용되며, 충격 후 반응시간에 따라 순발 및 지연기능으로 구분하고, 착발신관이라고도 함.

충격파(衝擊波 : Shock Wave)

1. 공중, 수중 및 지하 폭발에서 생기는 고열가스의 팽창으로 인하여 공중, 수중 및 지하에 계속적으로 전파되는 압력파
2. 음속보다 큰 것을 폭굉이라 하며, 이렇게 음파보다 빨리 전파되는 파는 그 선단에 불연속적인 압력의 융기를 상반하는 데 이것을 충격파와 합쳐서 폭파를 형성하게 되어 폭발이 진행됨

치중대(輜重隊, Train)

군수지원을 제공하는 제반 전투근무지원 부대의 집단을 말함. 이는 지상부대에 의한 보급, 후송 및 근무를 제공하는 차량과 그의 운영요원으로 구성됨.

치중대에는 각종 분배소, 수집소, 취사장, 정비반, 차량반 및 수용소, 급수장, 통신, 총포 및 차량정비반, 후송반, 영현반과 지원 배속부대 및 예하대(隷下隊)의 일부 치중대가 치중대 부근에서 운용되며, 이는 전투치중대와 야전치중대로 구분함.

침투(浸透 : Infiltration)

1. 선정된 인원이나 부대가 부여된 임무수행을 위하여 아군지역에서 적지역으로 은밀하게 들어가는 것
2. 침투는 2단계로 구분되며 육상, 해상, 공중을 통해서 적 지역으로 들어가는 1단계 침투와 1단계 침투 후에 적 후방지역으로 침투하는 2단계 침투로 구분

침투군장(浸透軍葬 : Infiltration Ruck Sack)

최초 침투시 침투부대가 휴대하는 군장으로써 일정기간 재보급 없이 작전을 지속할 수 있는 장비 및 보급품이 포함된 군장

침투대기지점(浸透待機地點 : Infiltration Stand by Point)

육상침투부대가 발진기지 행동을 마치고 적 지역으로 침투하기 위해 일시적으로 대기하는 지점으로 침투로에 대한 정찰 및 최종적인 침투를 준비하는 장소

침투완료보고(浸透完了報告 : Infiltration Completion Report)

침투부대가 은거지 또는 임무지원저점 도착 후 상급부대로 침투완료 여부 및 침투간 부대상황, 획득한 첩보 등을 보고하는 것

침투자산(浸透資産 : Infiltration Assets)

침투에 사용되는 물리적 수단으로 침투형태에 따라 공중침투 시에는 항공기(회전익, 고정익)와 해상침투 시에는 잠수함, 해군함정, 동원선박, 고무보트 등을 활용함.

㉪

카나피(카나피 : Canopy)

낙하산의 갓을 이루는 원형의 나일론 천으로 내부에 유입된 공기의 부력에 의해 하강속도를 감소시켜 일정한 속도로 떨어지게 하는 역할을 함.

※ 카나피 재질은 1.1온스/YD(37.3g/㎡)되는 얇고 질긴 립스탑 나일론 천

컴퓨터 네트워크 공격(~~攻擊, Computer Network Attack; CNA)

컴퓨터 및 컴퓨터 네트워크 또는 컴퓨터와 네트워크 속에 내장된 정보를 교란, 사용거부, 성능저하 또는 파괴시키는 행위

컴퓨터 네트워크 방어(~~防禦, Computer Network Defense; CND)

컴퓨터 및 컴퓨터 네트워크 또는 컴퓨터와 네트워크 속에 내장된 정보가 교란, 사용거부, 성능저하 또는 파괴되지 않도록 보호하는 행위

컴퓨터 네트워크 작전(~~作戰, Computer Network Operations; CNO)

컴퓨터 및 컴퓨터 네트워크 또는 컴퓨터와 네트워크 속에 내장된 정보를 공격하거나 이를 방어하는 작전

콤포지션 폭약(~爆藥, Composition)

군사용 고성능폭탄. 현재 폭약원료로는 TNT와 RDX의 두 종류가 있는데 RDX는 충격, 마찰에 지나치게 민감해서 그대로는 폭탄으로 쓰기 어려워 왁스나 TNT 등을 혼합, 민감성을 줄여 사용하는데, 이렇게 혼합된 것을 콤포지션 폭약이라 함. 군용으로는 KM112, KM5A1이 있음.

ⓔ

탄도(彈道 : Trajectory)

1. 탄두(탄자), 포탄 등이 총·포구를 떠나서 탄착점까지 비행하는 동안 지구의 인력과 탄두(탄자), 포탄 등의 무게 및 대기조건의 영향을 받아 탄두(타자), 포탄 등의 무게 중심이 포물선을 그리며 지나가는 선을 말함.
2. 지속적인 추진력 제공없이 최초 추진력으로 비과시 중력과 공기역학적 항력만의 작용에 의해 탄체가 그리는 궤도

탄약(彈藥 : Ammunition)

1. 전투에 사용되는 폭발물, 발사화약, 신호탄, 점화용 또는 화생방 물질을 장전한 장치이며, 탄약은 훈련, 의식, 비 사격 목적에도 사용할 수 있음.
2. 인원, 물자 및 시설에 피해를 주기 위하여 추진, 거치, 투척, 투하, 유도 및 기타방법에 이하여 사용되는 화약, 화학제, 세균 및 방사능 물질을 내표하는 군수품을 말함.

탄약식별기호(彈藥識別記號 : Ammunition Identification Code)

탄약보급을 용이하게 하기 위하여 각 탄약 품목에 부여된 부호임. 미국에서는 국방부 식별기호(DODIC)와 국방부 탄약기호(DODAC)로 구분함. 국방부 식별기호(DODIC : Department of Defence Identification Code)는 탄약을 식별하기 위한 기호로서 미 국방부 분류지침에 의거 세계 공통으로 쓰고 있으며, 영문자 A~Z 세자리 숫자로 표시됨.

예)A071(5.56mm 보통탄), A072(5.56mm 예광탄), D544(155mm고폭탄) 등

※ 국방부 탄약기호(DODAC : Department of Degence Ammunition Code) 미 연방 보급분류 번호에 국방부 식별기호를 추가한 기호

예) 5.56mm 보통탄약 1305-A071

탄약 악작용(彈藥惡作用 : Ammunition Malfunction)

탄약 및 폭발물의 사격, 저장 및 취급 등에서 발생하는 탄약자체 결함이나 비정상 기능 등에 의한 폭발사고 및 불발된 상태. 천재지변, 취급부주의로 인한 폭발이나 사고는 포함되지 않으며, 악 작용 발생 시는 지휘 및 지원 계통으로 보고 후 조치 지시를 이행해야 함.

탄약저장번호(彈藥貯藏番號 : LOT)

탄약의 상태, 기능 및 돌발사고시 기록 보고하는데 이용하는 번호 사격의 정확도를 높이기 위해서는 동일한 조건하에서 제조된 같은 저장번호(LOT)의 탄약을 계속 사용해야 함.

탈출(脫出, Break Out)

포로가 된 군인 또는 적에 의해 억류되고 있는 요원들이 적의 감시나 구속으로부터 벗어나려는 제반 노력과 활동이며, 적에게 포위된 부대가 실시하는 공세작전의 탈출은 통상 돌파부대에 의한 공격으로 통로를 개설하고 잔여부대가 통과하는 것.

탐색구조작전(探索救助作戰 : SARO ; Search and Rescue Operation)

세계 최초의 SAR 작전은 1656년 네덜란드 상선 Vergulde Draeck호가 호주 해안에서 좌초된 사건이다. 생존자들은 구조를 요청했고, 3개의 별도의 SAR 작전이 수행되었으나 실패했다. 탐색 구조(SAR) 작전은 산에서의 조난을 구조하는 산악구조, 도시탐색구조(USAR: Urban search and rescue), 군인들을 구조하는 전투탐색구조(CSAR: Combat search and rescue), 바다에 떨어진 비행기 승무원을 구조하는 공해(空海) 협동 해난 구조(ASR: Air sea rescue) 등이 있다.

대한민국 공군에는 "레스큐" 또는 "공군 6전대"라고 부르는 공군 특수부대 제6탐색구조 비행전대가 있다.[3] 미군과 함께 한미연합탐색구조훈련을 한다. 2008 사천우주항공엑스포에서 HH-60P 페이브호크 헬기를 이용, 탐색구조 시범을 보이기도 했다. 대한민국 공군은 10대의 HH-60 페이브호크 탐색구조용 헬기를 보유하고 있다.

한미 공군은 10대 군사임무전환에 따라 2008년 9월 30일 이후 평시 미 공군 조종사에 대한 탐색구조임무를 공군 6전대에서 담당하게 되었다. 대한민국 합동참모본부는 2008년 9월 25일 "주한미군의 10대 군사임무 가운데 주야간 탐색구조 임무가 오는 30일부로 한국군으로 전환된다"면서 "이 임무 전환을 끝으로 2003년부터 추진해 오던 10대 군사임무 전환 작업이 모두 완료된다"고 밝혔다.

태업(怠業, Sabotage)

한 국가의 방위를 손상하거나 교란 또는 방해할 의도하에 고의적으로 어느 국가에 방위나 전쟁물자, 재산 또는 공공시설을 파괴하거나 또는 파괴하려는 행위.

테러(Terror)

폭력을 행사하여 사회적 공포상태를 일으키는 행위를 말하며 살인, 납치, 유괴, 저격, 약탈 등 다양한 방법이 포함됨.

테이프형폭약(~形爆藥 : Tape Explosive Compound)

테이프형 폭약은 RDX와 가소제(85% : 15%)를 혼합하여 일정한 틀에 부착하고 폭약의 하단면에 일정한 각도를 부여하여 라이너를 부착한 형태로써 폭약이 폭발시 폭발력을 한곳으로 집중할 수 있도록 만든 폭약. 종류에는 K481과 K482로 구분되고 K481은 5mm 이하의 철판, K482는 10mm이하의 철판을 절단할 수 있음.

통로상재집결지(通路上再集結地 : Lane Re-Assembly Area)

침투계획 수립 시 침투로상에 사전 선정하여 방향유지, 휴식 및 침투부대가 분산시 차우 행동을 위하여 집결이 용이하도록 선정한 장소로 침투거리에 따라 수개 또는 그 이상 선정이 가능하며 예상되는 위험지역을 분할 또는 축차침투로 통과하고자 할 때 위험지역의 전·후방의 식별이 용이한 지역에 선정.

통신보안(通信保安, Communication Security; COMSEC)

통신내용을 비인가자 또는 적에게 노출시키지 않기 위하여 보안 대책을 강구하는 것으로서 다음과 같은 분야가 있음.

1. **암호보안(Crytosecurity)**

   암호체계 및 그의 적절한 사용어에 대한 통신보안분야.

2. **송신보안(Transmission Security)**

   비인가자의 암호분석 이외의 수단에 의한 도청 및 불법사용으로부터 송신을 도청, 교신 분석 및 가장, 기만으로부터 송신을 보호하도록 하기 위해 고안된 모든 대책의 결과로 이뤄지는 통신보안의 일분야.

3. **방사보안(Emission Security)**

   비인가자에게 암호장비 및 자동통신계통으로부터의 송신을 도청 및 누설하기 쉬운 가치 있는 첩보를 거부하기 위하여 취해지는 모든 대책의 결과로 이루어지는 통신분야의 일분야.

4. **물적보안(Physical Security)**

   비밀장비, 물자 및 문서를 비인가자의 관찰과 접근으로부터 보호하는 데 필요한 물리적 방책에 의한 통신보안분야.

통신전자운용지시(通信電子運用指示 : CEOI ; Communication Electronic Operation Instruction)

상호 교신(통화)을 함에 있어 상급부대에서 예하부대를 통제/지원하고 적으로부터 아군의 정보를 유출되는 것을 방지하기 위해 주파수, 호출부호, 통신확인표 등을 기재한 비밀문서로써 임의로 변경할 수 없으며 반드시 지켜야 하는 명령.

통신전자준칙(通信電子準則 : CESI ; Communication Electronic Standing Instruction)

통신규정에 포함되어 있는 제 항목에 대한 용도를 설명하는 일련의 지시. 이는 통신운용을 협조하고 통제하는 데 필요한 타 기술적 지시도 포함될 수 있음.

통신확인표(通信確認表, Station Authentication Chart)

상대 통신소가 아군인가 적군인가를 알기 위하여 사전에 약정된 부대에 의하여 확인할 수 있도록 작성된 도표.

통합전투관리체계(MATRIX)

전투수행간 일어날 수 있는 시차별, 단계별, 축선별, 적 공격 양상을 상정하여 위협요인을 분석하고, 제대별, 기능별 가용 전투력 운용의 통합성과 동시성을 달성함으로써 전투 효율을 배가시키기 위하여 전투준비 및 전투수행체계를 확립하는 것으로서 전투준비과정에서 계획을 발전시키고 발전시킨 내용에 대한 교육훈련을 실시하여 유사시 성공적인 통합전투수행을 보장하기 위한 체계.

※ 통합 MATRIX : 상기 체계를 상하, 등급제대간 기능별로 연계성을 나타낸 표.

공식명칭 약식명칭

통합 전투력 운영 도표 통합 매트릭스

통합 화력 운용 도표 화력 매트릭스

통합 전투력 운용 도표(우발) 우발 매트릭스

투하(投下, Drop)

비행중인 항공기로부터 낙하산에 의한 병력의 낙하 또는 낙하산에 의한 보급품을 송달하는 것.

투하고도(投下高度, Release Altitude)

1. 무장발사가 이루어지는 절대고도.
2. 항공기에서 폭탄, 로켓, 병력 및 물자 등을 투하하는 지상으로부터의 고도.

투하조장(投下組長, Dropmaster)

1. 공중투하를 위한 준비, 수납점검의 실시, 물자의 적재, 결박 그리고 방출하는 자격을 가진 자.

2. 낙하산 작전 기간중 조종사가 낙하조장(점프마스터)간에 필요로 하는 정보를 중계하는 비행승무원 중의 일원.

투하지대(投下地帶, Drop Zone; DZ)

공수부대, 장비 또는 보급품이 공중 투하되는 특정지역.

특각(特閣 : Villa)

북한지도부의 특별 휴양시설로 전시에 북한군의 후방지휘소로 이용 가능한 고급 빌라 ※ 특수누각(特殊樓閣)

특수공중기동습격(特殊空中機動襲擊 : SAR ; Special Air mobile Raid)

적 지역 내의 국부적인 목표에 대해 항공기를 이용 은밀하고 신속하게 침투하여 목표를 파괴하거나 적을 생포 및 격멸하고 최단시간 내 작전지역을 이탈하는 작전활동으로 대표적인 임무형태는 인원구출 및 납치, 적 주요시설 타격, 비행장 확보 등이 있음.

특수부대작전기지(特殊部隊作戰基地 : SFOB ; Special Forces Operation Base)

특수부대 작전기지는 지휘, 통제, 그리고 지원을 위하여 기관 및 부속자원으로부터 특수부대 그룹 또는 대대에 의하여 설치되고 운용됨. 그 기지의 사령관과 그의 참모는 부하의 행동과 예상 전개부대를 협조하고 동시 조정함. 특수부대 작전기지는 통상 일련의 작전을 지원하기 위하여 장기간 동안 설치됨.

특수임무부대(特殊任務部隊, Task Force)

특정(特定)임무 또는 작전을 수행할 목적으로 단일 지휘관하에 잠정적으로 구성된 부대.

특수작전(特殊作戰, Special Operations; SO)

1. 전 · 평시를 막론하고 비상사태나 전략적 우발사태 발생에 대처하기 위하여 수행되는 특수한 작전.
2. 군사적, 정치적, 경제적 또는 심리적인 국가목표 달성을 위해 전략적, 작전적, 전술적 표적에 대하여 잘 훈련되고 장비, 조직 된 군사력에 의해 수행되는 작전을 말하며, 이러한 작전은 재래작전의 지원을 받아 수행하거나 재래전력을 사용할 수 없거나 사용하기에 부적절한 경우에는 독자적으로 수행됨.

특수작전부대(特殊作戰部隊, Special Operations Force; SOF)

전 · 평시를 막론하고 비상사태나 전략적 우발사태 발생시 이에 대처하기 위하여 수행되는 특수한 성격의 작전을 특수작전이라 하며, 이러한 작전을 수행할 목적으로 단일 지휘관의 지휘하에 형성된 부대.

특수전(特殊戰, Special Warfare; SW)

전 · ·평시를 막론하고 비상사태나 전략적 우발사태 발생시 국가목표를 달성하거나 안정을 유지하기 위하여 특별히 훈련된 군사요원 또는 준군사요원이 수행하는 제반활동으로 비정규전과 특수작전을 말함.

특수작전지상정보수집(特殊作戰地上情報蒐集 : SOGIC ; Special Operations Ground Intelligence Collection)

공군구성군사령부 요청에 의거 항만, 비행장, 갱도시설 등에 대한 세밀하고 지속적인 첩보를 수집하여 특수작전협조본부 예하 특수작전 지상연락반을 경유하여 공군구성군사령부에 제공하는 활동.

특수작전최종공격통제관(特殊作戰最終攻擊統制官 : SOTAC ; Special Operation Terminal Attack Controller)

특수작전 임무수행간 CAS 및 다른 항공작전에 관한 전투기의 기동 및 교전을 지시할 수 있는 능력과 권한(자격)을 갖춘 특수부대 작전요원

특수작전협조본부(特殊作戰協調本部 : SOCC ; Special Operation Command Center)

전구항공통제본부(TACC) 내에서 특수작전에 관한 협조, 조정 및 감시 역할을 담당하는 부서

특전지휘소(特戰指揮所, Special Forces Operation Base; SFOB)

비정규전 작전지역 내에 전개된 특전부대에 대한 지휘 및 통제와 행정, 군수지원을 제공하기 위하여 특전여단의 지휘부를 전시체제로 전환한 비정규전 수행상의 지휘기구임.

티엔티(Tri Nitro Toluene)

1863년 윌브란드(Wilbrand)에 의해서 처음 제조되었으며, 군용폭약의 기준이 되는 폭약임. 석유나 석탄에서 톨루엔을 추출하여 3번의 혼산 처리를 거쳐 만들어지고 주로 파괴 및 절단용으로 사용됨.

티오티(Time On Target/Time Over Target; TOT)

1. 포 지원사격시 목표물에 대한 사격개시시간(Time on Target). 티오티 사격은 화력을 한 표적에 대하여 동시 탄착되도록 실시하는 사격방법.
2. 공중공격 임무항공기의 목표물 공격시간. 정찰항공기는 목표물 상공도착시간(Time Over Target).

㉬

파괴(破壞, Demolition)

화력, 수력, 폭발물, 기계적 수단 및 타 수단(방법)에 의해서 구조시설물 또는 물자를 부수는 것.

파괴반경(破壞半徑 : Breaching Radius)

폭발 시 폭약으로부터 물질 전량이 파괴되거나 부서져 떨어져 나가는 거리로써, 외부 장전 시는 파괴할 표적의 두께를 말하며, 내부 장전 시는 표적 두께의 1/2이 됨.

파장(波長 : Wavelength)

파동의 골과 산 사이의 간격. 전자기파나 음파 등 파동에서 파동의 마루에서 다음 마루까지, 또는 파동의 골에서 다음 골까지의 거리를 말함. 파동의 장에서 같은 시각에 같은 상태를 나타내는 많은 점 중에서 서로 이웃한 것의 거리임. 즉 산과 산, 또는 골과 골의 거리는 한 파장에 해당함. 엄밀하게는 주기적인 파(波)에서 위상이 2π만큼 다른 2점 사이의 거리로 정의함. 파가 진행해 나가는 속도를 v, 진동수를 f, 파장을 λ이라 하면 $\lambda=v/f$의 관계가 성립됨.

퍼핑(壓力平衡 : Popping)

수압증가에 따른 압력으로 인해 귀의 안쪽으로 고막이 밀리게 되는데 이럴 경우 고막을 원래의 자리로 되돌리기 위한 방법으로 수경의 코 부위를 꽉쥐어 콧구멍을 막고서 코를 푸는 요령으로 "흥"하고 귀의 안쪽에 공기를 보내주는 방법일 일반적으로 사용됨.

편제(編制, Organization)

부대 또는 기관의 임무수행에 적합하도록 하부조직에 대하여 임무 및 기능을 부여하고 부서 또는 부대를 편성하여 정원 및 장비의 책정과 지휘관계 등을 정하는 것으로서 평시편제와 전시편제로 구분됨. 평시편제는 평시 부대임무 수행에 필요한 인원과 장비로서 규정된 상비군 편제로서 유사시 전시편제 전환을 위한 근간이 됨. 전시편제는 인력, 물자, 재정 및 가상적국의 군사상황 등 자국의 전쟁지속능력과 전술상황을 고려한 전시대비 편제.

편차(偏差, Deviation, Deflection)

1. 측정치와 그 기대치와의 차를 말하며, 이 편차의 종류에는 표준편차(standard deviation), 평균편차(mean deviation), 4분위 편차(quartile deviation)가 있으며 이 편차는 모집단에 대한 모편차와 샘플에 대한 샘플편차로 구분.
2. 정확하게 조준하여 발사한 탄환이 바람 등의 원인으로 명중하지 않고 생기는 목표와 탄착점과의 방향상의 차이를 말함.

평정작전(平定作戰 : Pacification Operation)

대 유격작전시 타격작전 성공후 민간 행정기관이 제 기능을 수행할 수 있도록 군이 지원하는 작전

평화강제작전(平和强制作戰 : Peace Enforcement Operations)

분재 당사자들에게 부재 해소를 위한 중재안이나 결정에 따르도록 강요하기위해 무력 혹은 무력 사용의 위협을 행사하는 군사활동.

평화유지작전(平和維持作戰 : PKO ; Peace Keeping Operations)

잠재적인 분쟁지역에 대하여 평화와 안전을 유지하고자 하는 UN의 활동에 참여하여 분쟁을 평화적 수단으로 해결하는 군사활동.

패러다임(Paradigm)

사고와 행동의 기준이 되는 인식과 개념의 구조/틀이라 할 수 있으며, 기하학에 비유하면 모든 공식의 기초가 되는 공리에 해당됨. 따라서 공리가 변화되면 그 공리에 기초하고 있는 모든 공식이 바뀌듯이 Paradigm이 변화하면 관련된 모든 생각과 사고방식, 행동기준이 달라짐. 따라서 미래변화에 빨리 적응하려면 Paradigm 변화를 빨리 읽어 내고 대비책을 수립해야 함.

패혈증(敗血症, Septicmenia)

병원균이 유혈중에 침입하여 혈액을 악화시키는 병의 증상이며, 흔히 고열이 장기간 계속되며, 대부분 이 증상의 원인은 담낭, 기타의 고름 또는 외상에 의하여 발생됨.

페이스(Face)

75˚~90˚정도의 경사를 이룬 넓고 평평한 바위

펜트라이트(PETN ; Penta-erythritol-Tetra-Nitrate)

일반적으로 PETN이라고 함. 이 폭약은 작은 입자 알갱이로 되어 있고 그 성질이 예민하여 그 자체를 폭약으로 사용하기에는 제한됨. 따라서 도폭선의 내부 심약 및 뇌관의 첨장약 등에 주로 사용되고 다른 폭약과 혼합하여 제 3의 고성능 폭약을 만드는데 사용되기도 함.

편주현상(偏走現象 : Lean Phenomenon)

발사된 탄두(탄자), 포탄 등이 비행시 회전력이 약하여 뒷부분이 흔들림으로써 정상적인 탄도를 유지하지 못하는 현상

폐쇄회로잠수장비(閉鎖回路潛水裝備 : Closed Circuit Scuba-LAR-V)

잠수자의 호흡가스 중 배기가스(이산화탄소)가 자체정화 순환 재호흡되는 잠수장비로 버블이 생성되지 않아 수중 은밀침투에 효과적인 잠수장비임. 10m 이내의 수심제한을 받으나, 잠수자의 숙련정도에 따라 2시간~3시간 잠수가 가능함.

포섭(包攝 : Enlist Recruitment)

정보활동 상에 필요로 하는 기관, 단체 또는 개인을 정보활동을 위하여 일하도록 유인하는 행위나 과정. 공작원은 모집 또는 채용한다고 하지만 제보자에 대해서는 포섭이라고 함.

폭발(爆發 : Explosion)

1. 화학적 반응 또는 적은 시간과 공간에서 고온, 고압 및 대량의 가스가 발생하는 갑작스런 변화효과
2. 단일물질이나 혼합물의 평형상태가 파괴되어 다량의 가스와 열을 발생하는 화학변화를 폭발이라 함.

폭발물처리반(爆發物處理班 : EOD ; Explosive Ordnance Disposal Team)

폭발물처리 전문교육을 받은 요원으로 편성된 부대로서 폭발물의 설치, 제거, 해체 등의 임무를 수행.

폭약(爆藥 : Explosive Compound)

가벼운 충격이나 가열로 짧은 시간에 화학적 변화를 일으킴으로써 많은 열과 가스를 발생하게 하여 순간적으로 큰 힘을 얻을 수 있는 물질을 화약류라 하고, 그 폭발속도가(1,000m/sec) 이상의 화약류를 폭약이라 한다. 폭약은 그 위력이 강하기 때문에 주로 파괴 및 절단용으로 사용.

폭파(爆破, Demolition)

군사목적을 달성하기 위한 파괴수단의 하나로써 폭약을 이용하여 공격작전시는 기동로 확보를 위해 적이 설치한 장애물인 방벽, 단애, 대전차구 등을 신속히 파괴하여 극복하고, 방어작전시는 적 기계화부대의 고속종심기동을 저지하기 위하여 도로대화구 설치, 교량 및 낙석 거부 등을 실시하는 제반 행동.

폭파기재(爆破器材 : Explosion Tools and Materials)

폭약을 폭파시킬 수 있는 기구와 재료로서 뇌관, 도화선, 도전선, 점화퓨즈 등을 폭파기재 함.

폭파약(爆破藥 : Blasting Powder)

암석 및 토양 등을 파괴할 목적으로 사용되는 폭약을 말하는데 대표적인 폭파약에는 TNT, 콤포지션, 다이너마이트 등이 있음.

폭풍효과(暴風效果, Blast Effect)

지표면 또는 상공에서 폭발의 압력에 의하여 구조물 및 인원을 파괴 또는 살상하는 것. 이 폭풍효과는 탄환 또는 폭약의 지하폭발시 폭파구 형성 및 지면 충격효과에 비할 수 있음.

표류거리(漂流距離 : Wind Drift)

항공기에 의하여 투하된 낙하산이 산개된 지점에서 착륙할 때가지의 바람에 의해 이동되는 수평거리.

표적(標的, Target)

1. 사격으로 공격할 수 있는 모든 인원, 물자, 지형지물, 참조점 등을 말하며 화력계획 작성에 사용되는 가장 기본적인 술어임. 표적에는 임기표적과 계획표적이 있음.
2. 연습 또는 실제 전투에서 화력이 지향되는 특정한 지점, 지역, 물체, 물체군.
3. 능률을 향상시키기 위하여 수량, 질 및 방편으로 표현되는 목표.
4. 레이더로 추적되고 있는 물체로서 무전파를 반사하고 있는 특정물체.
5. 정보작전을 지향하는 국가, 지역, 시설, 기관 또는 인원.
6. 함포지원에 있어서 표적에 명중한 탄착의 폭발.

표적분석(標的分析, Target Analysis)

군사적 중요성, 공격을 위한 우선순위, 원하는 파괴 또는 손상의 정도획득에 필요로 하는 무기를 결정하기 위하여 잠재적 표적을 검토하는 것.

풍향선(風向線 : Wind Line)

목표지역으로부터 낙하산 산개지점까지 윗바람지역으로 연장한 가상의 선

풍향지(風向紙 : Wind Streamer)

강하를 시작하기 전에 풍속과 풍향을 측정하여 적정한 이탈지점을 구하기 위하여 투하하는 색깔 있는 종이

※ 길이 : 6.92m, 폭 : 25.5cm, 무게 : 56.7g

풍향지 투하방법(風向紙 投下方法 : Wind Streamer Vector Count)

풍향지를 지속적으로 투하하여 요망 강하지역에 풍향지가 떨어질 때까지 항공기를 지속적으로 유도. 강하지역 상공을 여러 번 선회해야 하므로 전시에는 사용하지 못하며 사용시기는 강하지역에 뚜렷이 지정된 소수 인원을 소형의 고정익 또는 회전익 항공기로 강하할 경우에 사용되며, 이에 필요한 풍향지의 길이 : 6.92m, 폭 : 25.5cm, 무게 : 56.7g, 2,200ft 상공에서 투하하여 지상 착륙시까지 2분이 소요됨.

플루토늄(Plutonium)

원자번호 94의 원소. 천연에는 존재하지 않음. 시보그는 핵반응으로 1941년에 플루토늄 238을, 1942년에는 플루토늄 239를 만들었음. 플루토늄 239는 핵분열을 일으킨다는 것을 알고 맨하탄 계획에서는 대형의 플루토늄 생산로를 사용해서 대량으로 만들었음. 나가사키에 투하된 원자폭탄은 플루토늄 239를 사용한 것으로 현재의 핵탄두는 거의 이것을 이용하고 있음.

피드백(Feedback)

결과에 따라 원인을 개정토록 결과를 원위치로 환원시키는 동작을 말함. 예를 들면 전기 다리미는 다리미 바닥의 온도가 일정온도 이상이 되면 자동적으로 온도조절기가 작동하여 자동적으로 스위치가 꺼지는 반면, 일정온도 이하로 내려갈

경우에는 역시 자동적으로 스위치가 연결되어 다리미가 항상 적정온도를 유지하게 되는데, 이와 같이 결과를 보아가며 자동조절기는 끊임없이 원인 쪽을 조정하는 그 동작을 피드백이라고 함.

피아식별(彼我識別, Identification Friend of Foe; IFF)

전자발신을 사용하여 우군이 장치한 장비가 자동적으로 응답하게 하는 체제. 예를 들면 전파를 발사함으로써 적 부대와 아 부대를 구별함. 전자탐지장비와 피아식별기를 사용하는 항공기나 함선 또는 지상군에 의하여 항공기와 선박의 피아특성을 구별하는 방법

피피엠(Parts Per Million; PPM)

분광계에 의한 오일분석 자료를 보고하는 데 사용되는 측정단위로서 1PPM은 1,000cc의 용량 가운데 0.001g의 물질이 함유되어 있다는 것을 의미함.

피해평가(被害評價, Damage Assessment)

1. 표적에 대한 공격효과의 판단.
2. 국가안보에 관한 비밀첩보의 누설의 영향에 관한 판단.

피지원지휘관(皮支援指揮官 : Supported Commander)

명시된 임무 전반에 대한 핵심 책임을 가지며, 작전계획이나 명령을 준비하는 지휘관

핀포인트(Pin Point)

군사용어 사전적 의미는 ① 정밀조준점, ② 항공기의 지상좌표적 위치, ③ 표적, ④ 정확히 조준하다, ⑤ 정확히 위치를 나타내다 등으로 풀이하고 있으며, 종합적인 의미로서 주로 사용되는 내용은 지·해상의 목표를 공격함에 있어서 미사일이나 폭탄을 사용하여 정확히 타격하려는 주 타격점.

ⓗ

하네스(Harness Assembly)

강하자가 낙하산을 어깨에 착용할 수 있도록 멜빵역할을 하는 나일론 띠 뭉치(넓이 4.5cm, 장력 2,700kg)

한국연합구조본부(韓國聯合救助本部 : KCRC ; Korean Combined Rescue Center)

전시에 원할한 전투탐색 및 구조 작전 수행을 위해 공군구성군사령부 내에 한측 요원으로 편성되며, 미측 합동탐색구조본부와 협조하여 탐색구조 작전에 대한 전반적인 계획수립 및 통제를 함. 본부장, 탐색구조 담당장교(탐색구조 계획장교 / 통제장교), 탐색구조 지원장교(전술항공 / 전술정보장교), 각구 탐색구조 연락장교 및 이를 지원하는 부사관으로 구성됨.

KCRCC(Korea Combined Rescue Coordination Center)로도 불렸음.

한국합동지휘통제체계(韓國合同指揮統制體系 : KJCCS ; Korean Joint Command and Control System)

CPAS를 전장상황 판단 및 지휘결시 지원위주의 체계로 개선하기 위해 재설계 개념으로 개발하여 대체할 한국군 합동지휘통제체계

한냉손상(寒冷損傷 : Cold Injuries)

낮은 온도, 즉 동계작전간 추위에 의해서 생기는 손상으로 저체온증과 같은 전신적인 형태와 동상과 같은 국소적인 손상으로 구분함.

1. 구고적인 손상은 동상과 같은 빙점 이하의 온도에서 발생하는 것.
2. 침수족이나 참호족과 같이 빙점 이상의 온도에서 발생하는 것.
3. 동창, 선단 청색증, 망상 청피반, 한랭 지방층염, 한랭 두드러기 등과 같이 한랭 이외의 다른 부가적인 요인이 합쳐저서 발생하여 구분함.

한 · 미 군사위원회(韓 · 美軍事委員會, Military Committee Meeting(ROK/US); MCM)

1978년 제11차 한·미 안보협의회에서 합의된 군사위원회 및 한·미 연합군사령부 권한위임사항에 따라 설치됨. 대한민국 방위를 위하여 한·미 양국 합참에서 상호 발전시킨 전략지시 및 작전지침을 연합사령관에게 제공함.

대한민국과 미 합중국의 국가통수 및 군사지휘기구. 한·미 안보협의회는 전략지침과 지시를 군사위원회에 제공함.

한 · 미상호방위조약(韓 · 美相互防衛條約, **Mutual Defense Treaty Between The United States and Republic of Korea**)

1953. 10. 1. 정식으로 체결된 한 · 미간의 상호방위조약으로서 한국대표 변영태 외무장관과 미 대표 존 포스터 덜레스 간에 합의서명되었으며, 공동의 결의를 정식으로 선언한 것임.

한 · 미 안보협의회의(韓 · 美安保協議會議, **Korea-U.S. Security Consultative Meeting**)

한국의 방위를 위하여 한국과 미국간 안보에 관련된 공통관심사를 토의 및 협의하기 위한 연례회의로서 양국의 국방부장관과 합참의장이 참가하여 매년 1회 윤번제로 한 · 미 양국에서 개최함. 한·미안보협의회의 직전에 한 · 미 군사위원회(military committee meeting)를 개최함.

합동(合同, **Joint**)

1. 동일국가의 2개 군 이상의 부대가 동일 목적으로 참가하는 각종 활동, 작전 편성을 지칭함.
2. 어떠한 용어의 선행어로 사용될 때는 그 말의 정의가 육군, 해군, 공군 및 해병대를 포괄하는 의미.

합동감시표적 공격레이더체계(合同監視標的 攻擊~體系, **Joint Surveillence Target Attack Radar System; JSTARS)**

E-8A기를 이용하는 체계로서, 항공기에 지상화면을 시현할 수 있는 Multi Mode Radar를 장착, 적의 종심표적을 감시, 탐지 및 선정하고 이 자료를 지상수신소에 실시간으로 전파하는 체계.

합동자동화종심작전협조체계(合同自動化縱深作戰協調體系 **:JADOCS ; Joint Automated Deep Operations Coordination System)**

전구운용 연합 C4I 체계의 종류로써 군단급 이상제대의 통합된 종심표적처리를 위해 그래픽 전시, 긴급·기계획 표적처리와 공역통제 자동협조, 육군항공기 비행로 계획지원, 지도 및 지형자료의 화면을 제공하는 체계

합동작전(合同作戰, **Joint Operations)**

육 · 해 · 공군 중 2개 이상의 군이 공동의 작전 목적을 달성하기 위하여 상호 합동으로 실시하는 작전.

합동작전기획 및 시행체계(合同作戰企劃 **및** 施行體系**:JOPES; Joint Operation Planning and Execution System)**

전구운용 연합 C4I 체계의 종류로써 국가안보를 달성할 수 있도록 정책결정을 작전계획과 작전명령으로 전환하기 위한 주요 국방기획체계의 하나로서 군사작전을 기획, 시행 및 감독하는데 이용되는 전통적인 지휘·통제체계를 통합한 체계

합동정밀공중투하체계(合同精密空中投下體系 **: JPADS ; Joint Precision Aerial Delivery System)**

적의 대공화기로부터 안전한 위치의 원거리 및 수직상공에서의 항공기 접근이 어려운 지형에 원격조종 또는 자동항법으로 원하는 장소에 화물이나 장비, 보급품 등을 정확하고 안전하게 보급 및 운용하는 무인 공중 재보급 시스템.

합동정밀직격폭탄(合同精密直擊爆彈 : JDAM ; Joint Direct Attack Munition)

GPS 및 관성유도 시스템이 내장된 단거리 정밀 공대지 공격용 유도폭탄으로 산악 은거지 및 지원시설 타격용으로 사용됨.

합동탐색구조본부(合同探索救助本部 : JPRC ; Joint Pesonnel Recovery Center)

전시 원할한 전투탐색 및 구조작전수행으리 위해 공군구성군사려부 내에 미측 요원으로 편성되며, 한측의 한국연합구조본부와 협조하여 탐색구조 작전에 대한 전반적인 계획수립 및 통제를 담당함.

※ JSRC(Joint Search and Rescue Center)로도 불렸음.

합동특수작전(合同特殊作戰 : JSO ; Joint Special Operations)

전·평시에 군사적, 정치적, 민사적, 심리적 목표를 달성하기 위하여 특별히 편성, 훈련 및 무장된 각 군의 특수작전부대가 공동의 작전 목적을 달성하기 위하여 상호 합동으로 수행하는 작전

합동특전사령부(合同特戰司令部, Joint Unconventional Warfare Task Force; JUWTF)

합동 비정규전 수행을 위한 지휘기구로서 육·해·공군 구성부대나 정부 및 민간기관 대표들로 구성됨.

합동효과위원회(合同効果委員會 : JEB ; Joint Effective Board)

적 종심지역에 운용되는 육·해·공군이 종심전투자산을 효과적으로 통합하기 위해 공군 작전사령부내 설치, 운용하는 기구

항공모함(航空母艦, Aircraft Carrier; CV)

전투기를 탑재, 발진 및 착함시킬 수 있는 능력을 갖춤으로써 해군기동부대의 중심세력으로서의 역할을 수행하는 함정. 항공모함은 보이지 않는 먼 거리에서 신

속히 적에게 접근, 항공기를 발진하여 공격하고 착함시켜 위치를 노출함이 없이 퇴각할 수 있다는 장점을 지님. 항공모함의 4가지 특징은 고속(30노트 이상으로 항해 가능), 장기작전 능력 및 내해성, 항공기 탑재능력 및 단독 정비능력 등이며, 항공모함의 방어적 특성보다는 공격적 특성이 강조됨에 따라 항공기 작전능력을 극대화시키기 위한 규모의 대형화 추세를 보이고 있음(2차대전 당시 3만톤 규모, 현재 10만톤 규모).

항공생리검사(航空生理檢事 : Physiological Chamber Test)

고공에서 나타날 수 있는 생리학적 문제를 검사하는 것으로 이 검사에 합격되어야 고공강하를 실시 할 수 있음.

해군전술자료체계(海軍戰術資料體系 : KNTDS ; Korea Naval Tacticl Data System)

함정의 개별적 또는 집단적 정보수집 및 이용능력을 증진시키기 위한 전자적 기기를 제공하는 것.

해군특수작전팀(海軍特殊作戰~ : UDT/SEAL ; Underwater Demolition Team / SEAL)

해안정찰 및 수중파괴 임무를 수행하도록 편성되고 장비된 해군특수전 부대로 전시 1개 대대가 미 해특단과 연합 해특단을 창설하여 연특사의 작전통제를 받음. 해군 특수작전 팀은 해상과 해안선 일대, 그리고 인접한 내륙과 해안에서 비정규전과 특수작전 임무를 수행할 수 있도록 훈련된 부대이며, 고속단정(RIB), 특수작전 지원정(PKM), SDV(사자:수중이송정), 돌고래(잠수정), 반잠수정, 위장선박 등 다양한 해상침투 자산을 운용함.

해군특수전(海軍特殊戰, Naval Special Warfare)

해안 및 하천의 방어, 특수작전 임무수행, 비정규전, 심리전, 해안정찰, 가장 및 기만, 특수정보수집 등의 특수훈련을 받은 요원들이 은밀히 행하는 특수작전.

해군특수전전단(海軍特殊戰戰團, Naval Special Warfare Group)

특수작전대 SEAL팀, 수중폭파대임무의 선견작전대(UDT)와 해변점프대(Beach Jumper Unit)와 폭발물처리대(EOD), 특수임무대, 특수선박대로 구성되어 해군 특수전 임무를 수행하는 부대.

해난구조반(海難救助班, Salvage Section)

조난상태의 인원 및 장비 또는 함정을 구조하기 위하여 편성된 인원 및 장비.

해리(海里, Nautical Mile)

해면상의 길이 또는 항해상 이정의 단위로서, 1해리는 1,852미터임.

해상 척후조(海上斥候組, Scuba Team)

해상침투시 본대가 상륙하기 전에 침투시켜 상륙지역을 정찰하고, 상륙지역까지 통로를 개척하여 본대를 유도함으로써 상륙의 안전을 도모하는 요원을 말함.

해상 척후조 훈련(海上 斥候組 訓練 : SCUBA Team Training)

해상 침투시 본대 접안 전에 수중 또는 수영 침투하여 접안지역 통로개척과 해안정찰 및 안전지역 선정, 본대유도 등 해상척후조 기본임무 수행능력 구비를 위해 실시되는 특수자격 훈련으로 장거리 맨몸 및 오리발 수영 능력과 개방 및 폐쇄회로 잠수능력을 구비하고, 침투수단별 전술적 운용 기술 구비를 위한 교육과정이 포함 됨.

해상침투(海上浸透, Coastal infiltration)

해상침투능력을 구비한 작전제대 요원이 바다를 경유하여 적 해안으로 은밀하게 이동하는 것.

해상침투는 해군보유 함정과 동원 선박, 육군항공 및 공군 항공기를 이용 해상발진기지로부터 모·자선 분리 지점까지 해상 또는 공중으로 이동하는 것이며,

모 · 자선 분리후 적 해안 지역까지의 이동 및 침투는 특전부대에 의해 은밀하게 수행. 지원되는 침투수단에 따라 함정에 의한 모 · 자선 분리침투, 수상강하 고무보트 침투, 헬기 저고도 이탈 고무보트 침투, 헬기 저고도 이탈 수영침투, 자선에 의한 특전부대 직접침투 등 다양한 수단을 이용하여 침투가 가능하며, 모·자선 분리 후 침투는 통상 고무보트 침투, 개발 및 폐쇄회로 잠수장비를 이용한 수중침투, 오리발 및 수경 등 스킨수영 장비를 착용하고 방수포장된 장비를 휴대한 수영침투 방법을 사용함.

해안경사도(海岸傾斜度, Beach Gradiant)

수심 1피트 변화에 대한 바다 속의 수평거리의 비율로서 다음과같이 5종류로 구분함.

1. 급 경 사(steep gradient) : 1:15 또는 그 이하.
2. 준급경사(moderate gradient) : 1:15~1:30.
3. 보통경사(gentle gradient) : 1:30~1:60.
4. 준평경사(mild gradient) : 1:60~1:120.
5. 평 경 사(flat gradient) : 1:120~그 이상.

해안정찰(海岸偵察 : Coastal Reconnaissance)

해상척후조가 본대를 이탈하여 접안지역의 적상황과 수로 및 지형을 정찰하여 안전지대와 통로를 확보한 후 본대를 유도하는 과정으로 해안정찰 순서는 접안지역 적 경계실태 정찰실시, 침투로 표시, 접안지역 확보, 안전지역(재집결지) 정찰 및 선정, 침투장비 은닉장소 선정, 본대와의 신호로 본대를 유도

해킹전(Hacking戰)

1. 장난이나 범죄를 목적으로 단말기나 통신회선을 통해서 컴퓨터에 침입하여 정보를 빼내거나 혼란을 일으키는 활동.
2. 국방분야와 민간분야의 컴퓨터 연결지점을 목표로 전산기 작동중지, 무작위 데이터 오류, 데이터 인출, 비정상 메시지 입력 등을 행하는 활동.

핵(核, Nuclear)

1. (생물) 세포의 중심체로서 원형 또는 타원꼴이며, 핵소체, 크로마틴, 과립, 핵질, 핵막 등으로 이루어져 있다.
2. (화학) 원자의 중심
3. (방사능) 방사성 붕괴를 일으키는 물질, 원자력에 이용되며, 군사적으로는 원자폭탄이나 수소폭탄 등을 뜻하기도 함.

핵심(核心, Core)

적 전쟁수행 조직(신경)상의 두뇌부분을 말하며 이를 공격시 일시적 마비 또는 공황(panic)현상이 발생되나, 통상 이러한 요소, 지역은 두터운 방위력과 생존력으로 빠른 시간내 복구됨. 따라서 확실한 전쟁종결을 위해서는 이를 점령 또는 장악토록 노력하여야 함.

핵심표적(核心標的, High Pay Target; HPT)

아 지휘관이 임무수행을 위해 반드시 획득되고 공격해야 되는 표적으로서 정보참모로부터 제공된 고가치 표적과 지휘관의 표적처리지침을 기초로 하여 작전반에서 결정함.

핵확산금지조약(核擴散禁止條約, Non-Proliferation Treaty; NPT)

1970년 3월 3일 발효된 핵무기 확산에 관한 조약. 핵무기 보유국은 핵무기, 기폭장치 및 그 관리를 제3자에게 이양할 수 없고, 비핵보유국은 이러한 무기를 수정하거나 개발할 수 없으며 원자력시설에 대한 국제사찰을 인정해야 한다는 내용의 조약.

행군(行軍, March)

작전상의 목적과 요구에 따라 도보 또는 차량으로 이동하는 부대이동.

허니컴(Honeycomb)

충격 흡수를 통해 화물을 보호해주는 종이 골판지형태의 완충자재

혈액작용제(血液作用劑, Blood Agent)

인체에 침입하면 혈액 내의 헤모글로빈의 기능을 마비시킴으로써 단시간 내에 산소가 부족하여 사망하게 되는 화학작용제임.

헥소겐(Hexogen : RDX ; Research Development Explosive)

1899년 해닝이 처음 제조하였으며 헥사 메틸렌 테트라민을 질산과 혼합하여 제조한 고성능 폭약

※ 폭약을 제조하는 주로 사용되며 헥소겐과 가소제를 혼합하여 콤포지션 등 다른 폭약을 만들거나, 뇌관, 도폭선 등에도 사용됨.

헬기수상회수(~水上回收 : Helo Recovery)

헬기가 수상에서 저소 고도를 유지하면서 줄사다리를 이용하여 병력을 회수하는 방법.

헬기저고도이탈고무보트침투(~低高度離脫~浸透 : Soft Duck)

S/D는 Hard Duck(거치 부유물)과 반대로 "부드러운 부유물"의 뜻을 지님. 즉 작전시 고정익 항공기를 이용하는 것보다 침투준비와 절차가 간단하고 위험요소도 적어 말 그대로 안전하고 부드러운 작전이라고 할 수 있음. S/D는 7인승 고무보트에 군장을 결속하여 후미램프를 갖춘 헬기에 적재한 후 저고도 전술비행으로 적 해안 18~36km 이내의 지점에 고무보트 진수후 인원이 헬기로부터 이탈하여 고무보트에 집결 탑승하여 침투하는방법. 침투는 H/D와 마찬가지로 회전익 항공기가 적에게 노출되지 않는 범위 내에서 실시한다. S/D의 실시순서는 H/D 와 유사하다. 단 낙하산을 사용하지 않으므로 작전이 신속하고 경량화될 수 있다는 장점을 지님.

헬기저고도이탈수영침투(~低高度離脫水泳浸透 : Helo Cast)

H/C는 헬기가 저고도 공중정류 또는 저고도 저속 비행시 작전요원이 수상으로 이탈하여 일반수영, 부력장비를 이용한 표면수영 또는 스쿠버기술에 의해서 해안접안지역에 접근하는 방법. 원어에 나와 있는대로 Cast의 의미는 '잡기위해 던진다' 라는 뜻. H/C는 투하뿐 아니라 인원을 회수하는 절차까지 총칭하여 이르는 말이며, 현재 H/C 훈련은 단순한 인원강하에 그치고 있으나 실제로 전술적인 H/C는 인원과 방수 포장된 장비를 동시 투하하는 것.

호출부호(呼出符號 : Call Sigh)

무선통신에서 상대국을 불러내기 위해 사용하는 각 무선국 고유의 부호. 숫자나 문자로 표현하여 적에게 도청이 되어도 부대의 규모, 신분을 노출시키지 않으며 이름을 대신하여 사용하는 약정된 부호.

혼용침투(混用浸透 : Mix Infiltration)

동시, 축차, 분할침투 대형중 2개 이상의 대형을 적절하게 혼용하는 방법으로 적 상황과 지형 및 기상조건을 고려하여 일부제대는 분할침투를 실시하고, 일부제대는 축차침투를 실시하거나 일정구간을 분할 침투 후 재집결하여 동시 또는 축차침투를 하는 것.

홀딩(Holding)

낙하산을 타고 바람을 안은 상태에서 공중이동을 하는 방법

화기(火器 : Firearm)

탄두(탄자), 포탄 등을 발사할 수 있는 모든 총포. 화약의 폭발하는 힘을 이용하여 탄약을 내쏘는 병기, 총포 등

화력(火力, Fire Power)

부대 또는 무기체계에 의해 발사되는 사격량이나 사격능력.

화력증원(火力增援, Reinforcing)

한 포병부대가 타 포병부대의 화력을 보강하기 위한 전술임무.

화력지원(火力支援, Fire Support)

박격포, 야전포병, 근접항공지원, 함포사격 등 전투(기동)계획을 지원하기 위하여 운용하는 지원화력의 통칭.

화물낙하산(貨物落下傘 : Cargo Parachute)

화물투하시 사용하는 낙하산을 말하며, 공중재보급간 특전부대에서 주로 사용되는 낙하산에는 G-13A(90~227kg)가 있으며, 화물무게에 따라 수개의 G-11 및 G-12 계열 낙하산을 사용.

화물지지판(貨物支持板 : Skid Board)

화물표장 시 하부에 위치하여 허니콤과 화물을 지지해 주고, 공중 인양 및 투하시 지면과 최초로 접촉하여 충격을 분산시키며, 화물의 손상을 보호해 주는 것으로써, 스키드 보드(Skid board), 플랫 폼(Platform), 펠릿(Pallet) 등 3가지 종류로 분류 함.

화상회의(畵像會議 : VTC ; Video Tele-Conference)

원격지역간 각종 상황보고 및 회의를 영상을 이용하여 진행할 수 있는 체계로써, 지휘관과 참모의 신속 정확한 상황파악과 지위결심을 지원하는 수단으로 군사령부급 이상 제대에서 사용함.

화생방보고(化生放報告, NBC-Report)

적이나 미지의 화생방 공격으로 야기될 오염을 보고하기 위한 표준화 양식에는 다음과 같은 것이 있음.

NBC-1 : 관측자 최초 보고.

NBC-2 : 평가 제원 보고.

NBC-3 : 예상 오염지역 보고.

NBC-4 : 정찰 보고(화학 및 방사능).

NBC-5 : 오염지역 보고.

NBC-6 : 화·생 정밀보고.

화생방작전(化生放作戰, NBC Operation)

부여된 임무수행을 위해 화학작용제와 생물학작용제, 핵무기를 계획적으로 운용하고 적의 사용에 대비하는 공·방 양면작전을 말함.

화생방전(化生放戰, NBC Warfare)

적을 살상하거나 지역 및 전투장비의 사용을 제한시키기 위해 화생방 작용제를 전쟁수단으로 운용하는 일반적 의미의 화학전, 생물학전, 핵 및 방사능전을 총칭함.

화생방정찰(化生放偵察, NBC Reconnaissance)

화생방에 대한 새로운 첩보를 수집하거나 수집된 화생방첩보를 확인하기 위한 행동 및 수단임.

화학작용제 탐지킷(化學作用劑探知~, Chemical Agent Detector Kit)

화학작용제 탐지기구의 하나로서 종류에는 KM18A2, KM256 등이 있음.

화학작용제 표본수집킷(化學作用劑標本蒐集~, Chemical Agent Sampling Kit M12)

이 킷은 원래 실험실반 및 기술병과 정보반이 토양, 초목 또는 견고한 표면으로부터 액체나 고체 화학작용제의 표본을 수집하고 또는 수집된 작용제를 분석하기 위하여 야전실험실로 후송시 사용하도록 되어 있음.

화학작용제(化學作用劑, Chemical Agent)

화학적 성질에 의하여 인원을 살상, 무능화 또는 심한 피해를 입히기 위해 운용되는 화합물로서 주로 독성 화학제를 말함. 이는 무능화 작용제, 폭동진압 작용제, 살초제 등이 있으며 연막 및 화염은 독성화학 작용제에서 제외됨. 또는 전술적 용도를 기술하기 위해 작용제 지속시간에 따라 지속성 작용제와 비지속성 작용제로 구분함.

화학전(化學戰, Chemical Warfare)

사람을 살상하며 군사적 이점을 획득하고 그리고 이러한 행위로부터 방어하기 위하여 화학적 물질을 사용하는 것.

확보(確保, Secure)

1. 공격시 부대를 사용하거나 또는 사용하지 않고 진지나 지형지물을 획득한 후 그곳에서 적에 의한 파괴나 손실활동을 방지하기 위하여 부대를 배치하는 것.
2. 방어시 진지 또는 특정지형을 획득하여 적의 파괴나 방해로부터 방호하고 이를 적에게 허용하지 않기 위하여 진지나 장벽 및 화력을 강력하게 계획하여 저항하는 것.

확인보고(確認報告 : Back Briefing)

특전부대 요원이 침투하기 이전에 격리지역에서 자신의 작전준비 상태를 지휘관 및 참모에게 침투로부터 연결 및 복귀까지 작전 전단계에 대해 구두로 보고하는 절차

확인점(確認點 : Check Point)

1. 침투부대 침투간 방향유지 목적으로 자신의 위치를 확인하기 위하여 침투로 주변의 지형지물에 부여하는 통제수단
2. 전술적 통제수단의 하나로 방향을 확인하고, 지원화력을 요청하며, 상황을 정확히 보고하는데 사용되는 통제수단으로서 통제선 대신으로도 사용
3. 비행중인 항공기가 시가 또는 전자적 수단에 의해 자기 위치를 결정할 수 있는 지상 또는 해상의 지리적 위치

환형연결(環形連結 : Ring shape Link)

가소성 폭약 / 도폭선을 고리모양으로 연결하는 것.

활공형낙하산(滑空刑落下傘 : RAPS ; Ram-air parachute system)

고공강하 시 사용되는 기체 역학적으로 설계된 활공 낙하산

활성탄(活性彈, Activated Carbon)

적은 분말로 된 유기물질로서, 열과 수분으로 활성화되어 용제 중에서 화합물을 형성하며 색과 냄새를 흡착하는 특성을 가진 것.

회로(回路, Circuit)

1. 통신장비의 내부 부분품이 연결된 상태를 표시하는 도형.
2. 두 지점간의 통신을 위하여 양 지점에 반송장비를 설치하고 반송장비간 무선 또는 유선을 연결한 일련의 통신망.

회색선전(灰色宣傳, Grey Propaganda)

특별히 근거를 표시하지 않는 출처가 아군인지 적군인지 식별 곤란하며 근원에 대하여 불명확한 선전.

회전익 항공기(回轉翼航空機, Rotor Craft)

회전하는 날개에 의하여 비행에 필요한 양력의 전부 또는 일부를 발생케 하는 항공기. 통상 헬리콥터를 지칭함.

훈련(訓練, Training)

개인 및 부대가 부여된 임무를 효과적으로 수행할 수 있도록 기술적 지식과 행동을 체득하는 조직적 숙달과정으로서 개인훈련과 집체훈련으로 구분함.

효과기반작전(效果基盤作戰 : EBO ; Effects Based Operations)

전·평시 아군이 가용한 모든 군사 및 비군사적 능력을 상승적으로 적용하여 아군이 원하는 전략적 결과나 효과를 달성하기 위한 작전으로 신속결정적작전의 핵심 개념임.

휴전(休戰, Armistice)

군사행동의 일시적 중지를 말하며 부분적으로 휴전 및 일반적 휴전으로 구분되며, 부분적 휴전이란 특정지역에서 전투행위가 일시적으로 중지되는 것을 말하며, 일반 휴전이란 전투를 전면적으로 중지하는 것을 말함.

흑색선전(黑色宣傳, Black Propaganda)

심리전을 수행하는 주체가 출처를 모방 또는 도용하여 실시하는 선전.

흑색화약(흑색화약 : BP ; Black Powder)

846년 마르크스 그레크스(Marcus Graecus)가 발명한 가장 오래된 화약으로 질산칼륨 75%, 목탄 15%, 황 10%를 혼합한 화약을 말하며, 우리나라에서는 최무선에 의해서 흑색화약의 제조와 응용이 연구되었고 주로 엽총용, 연화, 도화선 심약 및 군용화약 등에 이용됨.

제 2 절 영문표기 및 약어해설

【A】

A(Army) : 육군, 군

A-TEAM(A-TEAM) : 특전중대(특전사)

AA(Absolute Altitude) : 절대고도

AAB(Army Air Base) : 육군 항공기지

AABNCP(Advanced Airborne Command Post) : 전방 공수지휘소

AAC(Army Air Command) : 육군 항공사령부

AAH(Advanced Attack Helicopter) : 개량형 공격용 헬기

AAR(After Action Report) : 사후보고서, **AAR**(After Action Review) : 사후검토

AARB(After Action Review Board) : 사후검토회의

AASLT(Air Assault) : 공중강습

AB(Air Base) : 공군기지, 비행장

AC(Action Code) : 조치부호

ACA(Airlift Clearance Authority) : 공수허가권(자, 기관)

ACC(Air Component Command) : 공군구성군사령부

ACCP(Air Component Command Post) : 공군구성군사 지휘소

ACCS(Army Command and Control System) : 육군 지휘통제체제

ACF(Airlift Contingency Force) : 공수 비상대기부대

ACP(Airlift Command Post) : 공수지휘소

ACV(Air Cushion Vehicle) : 공기부양정, **ACV**(Armored Command Vehicle) : 지휘용 장갑차

AD(Air Division) : 비행사단, 항공사단

ADA(Air Defense Area) : 방공지역

ADVON/ADVECH(Advanced Echelon) : 선발제대

AE(Air Exfiltration) : 공중탈출

AF(Air Force) : 공군, **AF**(Augmentation Force) : 증원군
AFCC(Air Force Component Commander) : 공군구성군사령관
AFCCP(Air Force Component Command Post) : 공군구성군사 지휘소
AFCCS(Air Force Command and Control System) : 공군지휘통제체계
AFCH(Air Force Ccomponent HQ(TANGO) : 공군구성군사령부(탱고)
≒ **AICT**(Air Intelligence Center, TANGO) : 공군정보본부(탱고)
AFOC(Air Force Operations Command) : 공군작전사령부
AFSAT(Air Force Special Action Team) : 공군 특수부대
AFSOB(Air Force Special Operation Base) : 공군 특수작전기지
AGO(Air Ground Operation) : 공지작전, **AGO**(Army General Order) : 육군 일반명령
AGON(Air Ground Operation Net) : 공지 작전망
AGOS(Air Ground Operation System) : 공지작전체계
AGOSOP(Air Ground Operation SOP) : 공지작전예규
AI(Air Infiltration) : 공중침투, **AI**(Air Interdiction) : 항공차단
AK(Cargo Ship) : 수송선
AKAC(Allied Crytographic Operational Code) : 연합작전용 암호
ALB(Air Land Battle) : 공지전투
ALDO(Airlift Duty Officer) : 공수담당장교
ALFT(Airlift) : 공수(空輸)
ALI(Air Landing Infiltration) : 공수착륙침투
ALLE(Airlift Liaison Element) : 공수연락반
ALTF(Airlift Task Force) : 공수특수임무부대
ALt(Altitude) : 고도
AM(Amplitude Modulation) : 진폭변조
AMB(Air Mission Brief) : 항공임무 브리핑
AMC(Airborne Mission Commander) : 공중임무지휘관
AMCC(Aliance Military Coordination Centter) : 동맹군사협조본부

AMCM(Airborne Mine Counter-Measure) : 공수기뢰대응책
AMD(Average Mobility Division) : 공중기동처
AMDPCS(Air Missile Defense Planning & Control System) : 공중유도탄 방어계획통제체계
AMO(Air Mobile Operation) : 공중기동작전
AMPHOPS(Amphibious Operations) : 상륙작전
AMW(Amphibious Warfare) : 상륙전
ANTI-ECM(Anti-Electronic Counter Measure) : 대전자방해책
ANTI-ESM(Anti-Electronic Support Measure) : 대전자지원책
AO(Area of Operations) : 작전지역
AOA(Amphibious Objective Area) : 상륙목표지역
AOC(Airlift Operations Center) : 공수작전본부
AOD(Airlift Operation Directive) : 공수작전지시
AOI(Area of Interest) : 관심지역
APOD(Aerial Port of Debarkation) : 양륙공항
APT(Armor Piercing Tracer) : 철갑 예광탄
ARCCP(Army Component Command Post) : 육군구성군사 지휘소
ARG(Amphibious Ready Group) : 상륙준비단(전대)
AROE(Armistice Rules of Engagement) : 평시 교전규칙
ARSOF(Army Special Operations Forces) : 육군 특수작전부대
ART(Amphibious Reconnaissance Team) : 상륙수색팀
ARU(Amphibious Reconnaissance Unit) : 상륙수색부대
AS(Automatic Supply) : 자동보급
AS & C(Aerospace Surveillance and Control) : 공중감시 및 통제
ASAS(All-Source Analysis System) : 전출처 분석체계
ASIS(Amphibious Support Information System) : 상륙지원첩보체계
ASO(Agile Sustainment Operations) : 신속유지작전
AT(Anti-Terrorism) : 방어적 대테러

ATCCS(Army Tactical Command & Control System) : 육군전술지휘통제 체계
ATF(Air Task Force) : 항공특수임무부대, ATF(Amphibious Task Force) : 상륙기동부대
ATG(Airlift Tactical Group) : 전술공수단, ATG(Amphibious Task Group) : 상륙기동단(전대)
ATK(Anti Tank) : 대전차전, **ATW**(Anti-Tank Warfare) : 대전차전
AV(Anti-Vehicle) : 대차량
AVSCOM(US Army Aviation System Command) : 미 육군 항공체계 사령부
AWACS(Airborne Warning and Control System) : 공중조기경보통제기
AWT(Amphibious Warfare Technology) : 상륙전기술
AZ(Azimuth) : 방위각
AZEL(Azimuth-Elevation) : 방위각 및 고도
Amb(Ambulance) : 구급차
Ammo(Ammunition) : 탄약
Arty(Artillery) : 포병
Assn/Asg(Assign) : 할당, 보직
ATT(Army Training Test) : 군전투력측정
Attn(Attention) : 참조
Auth(Authorization) : 인가

【B】

B-1(ROKA Field HQ Bunker) : 한국군지휘소, B-1벙커
B-Team(B-Team) : 특전지역대
B/L(Basic Load) : 기본휴대량
BCC(Battlefield Coordination Center) : 전장협조본부
BCWG(Battlefield Coordination Working Group) : 전장협조실무단
BD(Blind Drop) : 맹목투하, **BD**(Brigade) : 여단

BDA(Battle Damage Assessment) : 전투피해평가

BDELT(Brigade Landing Team) : 여단상륙단

BDR(Battle Damage Repair) : 전투피해복구

BDU(Battle Dress Uniform) : 전투복

BFA(Battlefield Functional Area) : 전장기능분야

BLT(Battalion Landing Team) : 대대상륙단

BMNT(Beginning Morning Nautical Twilight) : 해상박명초

BMOA(Balistic Missile Operations Area) : 탄도미사일 작전지역

BMT(Basic Military Training) : 기본군사훈련

BN(Battalion) : 대대

BNFEX(Battalion Field Exercise) : 대대 야외훈련

BO(Black Out) : 등화관제

BOC(Battalion Operation Center) : 대대작전본부

BP(Black Powder) : 흑색화약

BSA(Battalion Support Area) : 대대지원지역, BSA(Brigade Support Area) : 여단지원지역

BSC(Battle Simulation Center) : 전투모의본부

BSSG(Brigade Service Support Group) : 여단근무지원단

BTOC(Brigade Tactical Operations Center) : 여단전술작전본부

BU(Base Unit) : 기준부대, 기본단위

BVR(Beyond Visual Range) : 가시거리 밖

Bde(Brigade) : 여단

Bfg/Brf(Briefing) : 브리핑

Bn(Battalion) : 대대

【C】

C(Confidential) : Ⅲ급비밀

C & C(Command & Control) : 지휘 및 통제

C & CC(Command & Control Center) : 지휘 및 통제본부

C of S(Chief of Staff(Army and Air Force)) : 참모총장(육군 및 공군)

C-R(Confidential-ROKUS) : 한·미 Ⅲ급비밀

C-SOF(Counter-Special Operations Force) : 대특수작전부대

C-Team(C-Team) : 특전대대

C-day(Commencement-Day) : 전개개시일/증원 개시일

C/R(Combat Reserve) : 전투예비량

C/S(Call Sign) : 호출부호, **C/S**(Chief of Staff(Army and Air Force)) : 참모총장(육군 및 공군), **C/S**(Crew Served Weapon) : 공용화기

C/V(Civilian) : 민간인

C2(Command and Control) : 지휘 및 통제

C3(Command, Control and Communication) : 지휘, 통제 및 통신

C3I(Command, Control, Communication and Intelligence) : 지휘, 통제, 통신 및 정보

C3IC(Coalition, Coordinator, Communication and Integration Center) 연합, 협조, 통신, 통합본부

C4I(Command, Control, Communication and Computer Intelligence) : 지휘, 통제, 통신, 컴퓨터 및 정보

C4I2(Command, Control, Communication and Computer, Information and Intelligence) :지휘, 통제, 통신, 컴퓨터, 첩보 및 정보

C4ISR(Command, Control, Communications, Computers, Intelligence, Surveillance and Reconnaissance) : 지휘통제 · 통신 · 컴퓨터 · 정보 및 감시 · 정찰

C4S(Command, Control, Communication and Computer System) :지휘, 통제, 통신 및 컴퓨터체계

C7(Cdr, 7th Fleet) : 미 제7함대사령관

CA(Control Area) : 통제지역, **CA**(Civil Affairs) : 민사업무,

CA(Coordinating Altitude) : 협조고도

CAA(Combined Arms Army) : 제병연합군

CAAR(Commander's After Action Review) : 지휘관 강평

CAASOB(Combined Army Aviation Special Operation Base) :연합 육군항공 특전기지

CAB(Command Arrangement Briefing) : 지휘관계 브리핑

CAC(Combat Air Command(nK)) : 항공전단사령부(북괴), **CAC**(Combined Air Command) : 연합 공군사령부

CACC(CFC Air Component Command) : 연합사 공군구성 군사령부,

CACC(Commander, Air Component Command) : 공군구성군사령관

CACL(Civilian Access Control Line) : 민간인출입통제선

CAD(Collective Address Designators) : 배부선

CADCC(Capital Air Defense Control Center) : 수도권 방공통제소

CAFK(Commander, Air Forces, Korea) : 주한 미 공군사령관

CAFSOC(Combined Air Force Special Operation Command) : 연합공군특수작전 사령부

CAFSOCC(Combined Air Force Special Operation Coordination Center) :연합공군특수작전 협조본부

CAFSOF(Combined Air Force Special Operation Forces) : 연합공군특수작전부대

CALSU(Combined Airlift Support Unit) : 연합공수지원부대

CAMS(Communication Area Master Station) : 지역통신통제소

CAP(Crisis Action Planning) : 위기조치기획

CAP CORPS(Capital Corps) : 수도군단

CAP MEC DIV(Capital Mechanized Division) : 수도기계화사단

CAPT(Captain) : 육군대위, 해군대령

CARC(Chemical Agent Resistance Coating) : 화학작용제 방호 코팅

CAS(Close Air Support) : 근접항공지원

CASOF(Combined Air Force Special Operation Force) : 연합공군 특수작전

부대

CASOP(Crisis Action Standard Operating Procedures) : 위기조치예규

CASP(Chemical Ammunition Supply Point) : 화학탄보급소

CASREQ(Close Air Support Requset) : 근접항공 지원 요청

CAT(Crisis Action Team) : 위기조치반

CATCC(Carrier Air Traffic Control Center) : 항모 항공관제 본부

CATOR(Combined Air Transport Operation Room) : 연합공수작전실

CAW(Carrier Air Wing) : 항모 비행단

CAX(Combined Arms Exercise) : 제병협동훈련

CB(Chemical/Biological) : 화학/생물학, CB(Cavalry Brigade) : 기갑항공여단

CBN(Chemical/Biological/Nuclear) : 화학/생물/핵

CBR(Chemical/Biological/Radiological) : 화생방

CBS SOP(Combined Battle Staffs SOP) : 연합전투참모단예규

CBT(Computer Based Training) : 컴퓨터보조교육훈련

CBW(Chemical Biological Warfare(Weapon)) : 화생전(화생무기)

CC(Component Commander) : 구성군사령관

CC(Commander) : 사령관, 지휘관

CCCC(Command, Communication & Control Center) : 지휘, 통신 및 통제본부

CCI(Command and Control Information) : 지휘, 통제 및 정보

CCIR(Commander's Critical Information Requirement) : 지휘관 중요첩보 요구

CCL(Civilian Control Line) : 민통선, 민간인 통제선

CCLF(Commander, Combined Landing Force) : 연합상륙군사령관

CCM(Criticomm Station) : 특수정보 송신소

CCO(Central Control Officer) : 중앙통제장교

CCO(Criticomm Operations) : 특수통신운용

CD(Communication Deception) : 통신기만

CDE(Chemical Defense Equipment) : 화학방호장비

CDM(Chemical Downwind Message) : 화학풍통신문

CDMV(Central Department Motor Vehicle) : 중앙차량관리국
CDNAVS(FEMA National Voice System) : 연방위기관리 전화망
CDOC(Combined Defense Operations Center) : 연합방위작전본부
CDP(Cargo Distribution Plan) : 화물분배계획표
CDP(LCAC Departure Point) : 공기부양상륙정 출발지점
CDPS(Combat Daily Personnel Summary) : 일일전투병력 요약보고서
CDR(Commander) : 사령관, 지휘관
CDR(Commercial Defense Reserves) : 상업용 방위예비량
CDR AFK(Commander, Army Forces-Korea) : 주한 미 육군사령관
CDR EUSA(Commander, Eight US Army) : 미 8군사령관
CDR MAGTF(Commander, Marine Air Ground Task Force) : 해병 공지기동부대사령관
CDR MTF(Commander, Marine Task Force) : 해병대 기동부대 사령관
CDR MTMC(Commander, Military Traffic Management Command) :군교통관리사령관
CDR USFK(Commander, US Forces Korea) : 주한 미군사령관
CEI(Communications-Electronics Instructions) : 통신전자지침
CEIP(Communications-Electronics Implementation Plan) : 통신전자시행계획
CELOI(Communications-Electronics Letter of Instructions) : 통신전자지시서
CEM(Concepts Evaluation Model) : 개념평가모델
CENTAG(Central Army Group, Central Europe(NATO)) : 중부유럽집단군(나토)
CEO(Communications-Electronic Officer) : 통신전자장교
CEOI(Communications-Electronic Operating Instructions) : 통신전자 운용지시
CESI(Communications-Electronics Security Instructions) : 통신전자 보안지시,
CESI(Communications-Electronics Standard Instructions) : 통신전자표준운용지시
CEWI(Combat Electronic Warfare Intelligence) : 전투전자전 정보,
CEWI(Communications-Electronics Warfare Intelligence) : 통신전자전 정보

CF(Communication Facility) : 통신시설

CFC(ROK/US Combined Forces Command) : 한·미 연합군 사령부

CFL(Coordinated Fire Line) : 사격협조선

CFX(Command Field Exercise) : 지휘조 기동훈련

CG(Commanding General) : 사령관,장성급 지휘관

CGCC(Commander, Ground Component Command) : 지상구성군사령관

CHOPCON(Change of Operational Control) : 작전통제권 이양

CHS(Camp Humphreys) : 캠프 험프리(평택)

CI(Counter Infiltration) : 대침투, **CI**(Communication Interference) : 통신간섭

CIA(Central Intelligence Agency) : 미 중앙정보부

CILS(Centralized Intermediate Logistics System) : 중앙통제 중간군수체계

CIM(Corporate Information Management) : 통합정보관리

CIN(Cargo Increment Number) : 화물증가번호

CINC(Commander in Chief) : 사령관

CINC-PACAF(CINC, Pacific Air Force) : 미 태평양 공군사령관

CINC-PACFLT(Commander in Chief, Pacific Fleet) : 미 태평양함대 사령관

CINC-PACMAR(Commander in Chief, U.S. Pacific Marine) : 미 태평양 해병 사령관

CINC-REDCOM(Commander in Chief, Readiness Command) : 준비태세사령관

CINCCFC(Commander in Chief, CFC) : 한·미 연합군 사령관

CINCHAWK(CFC's Airborne Command Post) : 연합사 공중지휘소

CINCMAC(CINC, Military Airlift Command) : 군 공수사령관

CINCPAC(CINC, Pacific) : 미 태평양사령관

CINCUNC(Commander in Chief, UNC) : 유엔군사령관

CIWS(Close In Weapon System) : 근접무기체계

CJCS(Chairman, Joint Chiefs of Staff) : 합참의장

CJTF(Commander, Joint Task Force) : 합동특수임무부대 사령관

CM(Chemical) : 화학

CMC(Commandant, Marine Corps) : 해병대사령관
CMCC(Classified Material Control Center) : 비문통제소,
CMCC(Combined Movement Control Center) : 연합이동통제본부
CMD(Command) : 사령부, 지휘
CMDCC(Combined Maneuver Damage Control Center) : 연합기동피해 통제본부
CMDR-ROK FOC(Commander, ROK AF Operations Command) :한국공군작전 사령관
CMDRSIT-REP(Commanders Situation Report) : 지휘관 상황보고
CMEC(Captured Material Exploitation Center) : 노획물자 활용본부
CMEF(Combined Marine Expeditionary Force) : 연합해병기동군
CMFC(Combined Marine Forces Command) : 연합해병대사령부
CMFU(Combined METOC Forecast Unit) : 연합기상예보부대
CMI(Classified Military Information) : 군사비밀 첩보
CMIA(Captured & Missing in Action) : 포로 및 실종
CMO(Central Meteorological Observatory) : 중앙관상대,
CMO(Combined METOC Officer) : 연합기상장교
CMSgt(Chief Master Sergeant) : 주임원사
CNA(Computer Network Attack) : 컴퓨터 네트워크 공격
CNAI(Critical Named Area of Interest) : 주요 관심지역
CNAVSOC(Combined Naval Special Operation Command) : 연합 해군특전사
CNCC(Commander, Naval Component Command) : 해군구성군사령관
CND(Computer Network Defense) : 컴퓨터 네트워크 방어
CNI(Communication, Navigation, Identification) : 통신, 항법, 식별
CNO(Chief of Naval Operations) : 해군참모총장,
CNO(Computer Network Operations) : 컴퓨터 네트워크 작전
CNOROKN(Chief Naval Operations ROK Navy) : 한국 해군참모총장
CNSWTG(Combined Naval Special Warfare Task Group) : 연합해특단
COA(Course of Action) : 방책

CODA(Combined Delegated Authority) : 연합권한위임사항
COG(Center of Gravity) : 중심(重心)
COG(Current Operations Group) : 현행 작전반
COIN(Counterinfiltration, Counterinsurgency) : 대침투, 대반란
COL(Colonel) : 대령(육 · 공 · 해병대)
COM(Commander) : 사령관, 지휘관
COM CEN(Communication Center) : 통신소
COM CFC(Commander, Combined Forces Command) : 연합군사령관
COMALF(Commander, Airlift Forces) : 공수사령관
COMCMFC(Commander, Combined Marine Forces Command) : 연합해병대사령관
COMCUWTF(Commander, CUWTF) : 연합특전사령관
COMJAM(Communications Jamming) : 통신방해
COMMEX(Communications Exercise) : 통신연습
COMMOMP(Commander, Naval Component) : 해군구성군사령관
COMNAV-FOR KOR(Commander, Naval Forces Korea) : 주한 미 해군사령관
COMNCC(Commander, NCC) : 해군구성군사령관
COMNET(Communications Network) : 통신망
COMPLANS(Communications Plans) : 통신계획
COMSAT(Communication Satellite) : 통신위성
COMSEC(Communications Security) : 통신보안
COMSEVEN-TH FLT(Commander, Seventh Fleet) : 제7함대사령관
COMSOC(Commander, Special Operations Command) : 특수작전사령관
COMSOTF(Commander, Special Operation Task Force) : 특수작전부대 지휘관
COMUSK(Commander, US Forces, Korea) : 주한 미군사령관
COMUSMAR-FOR-K(Commander, US Marine Force, Korea) : 주한 미 해병사령관
COMUSNFK(Commander, US Naval Forces Korea) :주한 미 해군사령관

COMUWTF(Commander, Unconventional Warfare Task Force) : 특전사령관

CONOPS(Concept of Operations) : 작전개념

CONPLAN(Concept Plan) : 개념계획, **CONPLAN**(Contingency Plan) : 우발계획, **CONPLAN**(Control Plan) : 통제계획

CONSWTG(Combined Naval Special Warfare Task Group) : 연합해특단

COP(Common Operation Picture) : 공통작전상황도

COSE(Combined Operations Support Element) : 연합작전 지원반

COSUR(Coastal Surveillance Radar) : 해안감시레이더

COT(Current Operating Time) : 현행 운영시간

CP(Command Post) : 지휘소

CPAS(Command Post Automated System) : 지휘소 자동화체계

CPFLT(Command PAC Fleet) : 태평양함대사령부

CPO(Chief Petty Officer) : 해군상사

CPOTF(Combined Phychological Operations Task Forces) : 연합심리전사, 연심사

CPU(Central Processing Unit) : 중앙처리장치

CPX(Command Post Exercise) : 지휘소연습

CR(Combat Ready) : 전투준비, 작전가능, **CR**(Combat Reserve) : 전투예비량

CRI(Combat Reserve Item) : 전투예비품목

CRITIC(Critical Intelligence) : 중요정보

CRRS(Combat Readiness Reporting System) : 전투준비태세 보고체제

CRT(Combat Readiness Training) : 전투준비훈련

CRT(Crisis Response Team) : 위기대응조치반

CRTOC(Combined Rear Tactical Operations Center) : 연합후방지역 전술작전본부

CRYPTO(Cryptographic) : 암호

CS(Chief of Staff) : 참모장, **CS**(Communications Station) : 통신소, **CS**(Crew Served(Weapon)) : 공용(화기)

CSAR(Combat Search and Rescue) : 전투탐색 및 구조
CSAT(Communication Satellite) : 통신위성
CSFOB(Combined Special Forces Operational Base) : 연합특전지휘소
CSLS(Component Services Liaison Section) : 구성군 연락반
CSO(Communications Service Order) : 통신작업명령
CSSOC(Combat Service Support Operation Center) : 전투근무지원운용 본부
CT(Counter Terrorism) : 공세적 대테러
CTB(Combined Targeting Board) : 연합표적위원회
CTC(Combined Targeting Conference Committee) : 연합표적선정 위원회
CUWSOB(Combined Unconventional Warfare Special Operation Base) :연합 비정규전 특전기지
CUWTF(Combined Unconventional Warfare Task Forces) : 연합특전사, 연특사
CV(Aircraft Carrier) : 항공모함
CVA(Attack Aircraft Carrier) : 공격항공모함
CW(Chemical Warfare) : 화학전, **CW**(Continuous Wave) : 지속파
CXL(Cable Carrier System w/o Tech Control) : 유선반송(返送) 체계
CXR(Radio Carrier W/Tech Control) : 무선반송체계
Cav(Cavalry) : 기갑수색부대
Cbt(Combat) : 전투
Cen(Center) : 본부
Cgo(Cargo) : 화물
Chem CS(Chemical Agent, Tear Gas) : 최루화학작용제(최루탄)
Chg Prop(Propelling Charge) : 추진장약
Civ(Civilian) : 민간인
Cmbt(Combat) : 전투
Cmdr(Commander) : 사령관, 지휘관
Co(Company) : 중대

【D】

D-Day(Day of Attack, Debarkation Day) : 공격개시일, 양륙일
D-Day Ops(D-Day Operations) : 공격개시일 작전
D-ECM(Deceptive Electronics Counter Measures) : 기만 전자 방해책
DA(Drop Altitude) : 투하고도, **DA**(Direct Action) : 타격작전, 직접조치
DAM(Direct Action Mission) : 직접조치 임무
DAT(Deployment Action Team) : 전개조치반
DB(Deep Battle) : 종심전투
DBD(Dartboard) : 무선중계소
DBMS(Data Base Management System) : 데이터베이스 관리체계
DCA(Defensive Counter Air(Alert)) : 방어제공(경보)
DCJTF(Deputy Commander, Joint Task Force) : 합동 특수임무부대 부지휘관
DCRK(Democratic Confederal Republic of Korea(nK)) : 고려민주연방 공화국(북한)
DCT(Digital Communications Terminal) : 디지털 통신단말기
DD(Destroyer) : 구축함
DECL(Declassified) : 평문화
DECON(Defensive Electronic Countermeasures) : 방어전자전 대책
DEF(Defense) : 방어
DEFCON(Defense Readiness Condition) : 방어준비태세
DEFPAT(Defensive Patrol) : 방어초계
DEMO(Demolition) : 폭파
DEP(Deflection Error Probable) : 예상편각오차
DEPLAN(Deployment Plan) : 전개계획
DIAOLS(DIA On Line System) : 미 국방성 정보 온라인 전산체계
DIZ(Drop Landing Zone) : 투하 착륙지대
DJ(Duplicating Jamming) : 모방전파방해
DL(Destroyer Leader) : 지휘구축함

DLZ(Drop Landing Zone) : 투하지대
DMD(Data Message Device) : 고속 전문처리기
DMED(Digital Message Entry Device) : 고속 전문처리기
DMT(Deployment Management Team) : 전개관리반
DMZ(Demilitarized Zone) : 비무장지대
DNVT(Digital Non-secure Voice Terminal) : 비비화 디지털 음성단말
DO(Duty for Operations) : 작전상황 근무자
DOCC(Deep Operations Coordination Cell) : 종심작전 협조반
DOCF(Crisis Management Facility) : 위기관리기구
DOCO(Combat Operations Division) : 전투작전처
DOD(Department of Defense(US)) : 국방성(미)
DOP-K(Deep Operation Primer-Korea) : 한반도 종심 작전 지침서
DOS(Department of State) : 미 국무성
DP(Decision Point) : 결심지점
DPRK(Democratic People's Republic of Korea(nK)) : 북한
DRREP(Damage Relief Report) : 피해복구보고
DS(Decontamination Solution) : 제독제
DSN(Data Switching Network) : 데이터 교환망
DST(E)(Digital Subscriber Terminal(Equipment)) : 디지털가입자 단말(장치)
DSU(Direct Support Unit) : 직접지원부대
DSVT(Digital Secure Voice Terminal) : 전술용 비화전화기
DTC(Director of Tactical Control) : 전술통제처장
DTE(Data Terminal Equipment) : 데이터 단말장비
DV(Distinguished Visitor) : 중요 방문자, 내빈, 귀빈
DW(Defense Warning) : 방어경보
DWC(Daily Weather Condition) : 일일기상상태
DZ(Drop Zone) : 낙하지대, 투하지대
Decon(Decontamination) : 제독
Dep(Deputy) : 부, 대리

【E】

E & E(Evasion & Escape) : 도피 및 탈출

E-3A(Early Warning-3A(AWACS)) : 공중조기경보 통제기

E-Mail(Electronic Mail) : 전자우편

EA(Eighth US Army) : 미 8군

EA(Emergency Action) : 비상(긴급)조치

EA(Electronic Attack) : 전자공격

EAC(Emergency Action Center) : 비상조치본부

EAC(Emergency Action Console) : 긴급조치 전화망

EAE(Emergency Action Element) : 긴급조치반

EAM(Electronic Accounting Machine) : 전자계산기

EAM(Emergency Action Message) : 긴급조치전문

EAST(Eighth Army Special Troops) : 미 8군 특수병력 사령부

EAT(Estimate Approach Time) : 예상접근시간

EBO(Effect Based Operations) : 효과기반작전

EC(Electronic Combat) : 전자전

EC-47/130(Electronic Cargo-47/130) : 통신, 전자정보 수집항공기

ECO(Electronic Combat Officer) : 전자전장교

ED(Electronic Deception) : 전자기만

EDP(Emergency Defense Plan) : 비상 방어계획

EDS(Equipment Decon Station) : 장비 제독소

EEFI(Essential Element of Friendly Information) : 우군 첩보기본 요소

EEI(Essential Elements of Information) : 첩보기본요소

EEM(Electronic Equipment Monitoring) : 전자감시장치

EENT(End of Evening Nautical Twilight) : 해상 박명종

EEZ(Exclusive Economic Zone) : 배타적 경제수역

EFTO(Encrypted for Transmission Only) : 송신시 암호화

EID(Electronic Identification) : 전자식별

EIW(Electronic Intelligence Warfare) : 전자정보전

ELCAM(Electronic Camouflage) : 전자위장

ELINT(Electronic Intelligence) : 전자정보

ELSEC(Electronic Security) : 전자보안

ELT(Emergency Locator Transmitter) : 조난항공기 위치 송신기

EM(Electronic Mail) : 전자우편

EMC(Emergency Message Change) : 긴급전문수정

EMCON(Emission Control) : 전파발사통제

EME(Equipment Minimum Essentials) : 최소 필수장비

EMERGCON(Emergency Condition(s)) : 긴급상황

EMI(Electromagnetic Interference) : 전자기 간섭

EOB(Enemy Order of Battle) : 적 전투서열

EOC(Emergency Operations Center) : 비상작전본부

EOD(U)(Explosive Ordnance Disposal(Unit)) : 폭발물 처리(부대)

EOM(End of Message) : 전문종료

EOT(End of Transmission) : 송신완료

EP(Electronic Protection) : 전자보호

ES(EWS)(Electronic Warfare Support) : 전자전 지원

ETA(Estimated Time of Arrival) : 예상 도착시간

ETC(Extimated Time of Completion) : 예상 완료시간

ETD(Estimated Time of Departure) : 예상 출발시간

ETE(Estimated Time En Route) : 예상 소요시간

ETPFDL(Estimated Time Phrased Force Deployment List) : 시차별 예상 부대 전개 목록

EU(European Union) : 유럽연합

EUSA(Eighth United States Army) : 미 8군

EW(Early Warning) : 조기경보

EW(Electronic Warfare) : 전자전

EWLE(Electronic Warfare Liaison Element) : 전자전 연락반
EWR(Early Warning Radar) : 조기경보 레이더
EWSE(Electronic Warfare Support Element) : 전자전 지원반
EX(Exercise) : 연습
EZ(Extraction Zone) : 퇴출지역, 탑재지역
Exploe(Explosion) : 폭발
Exr(Exercise) : 연습
Ext(External) : 외부의

【F】

F/W(Fixed Wing) : 고정익
FA(Field Army) : 야전군
FAC(Forward Air Control(ler)) : 전방 항공통제(관)
FACDAM(Facilities Damage) : 시설피해
FAD(Feasible Arrival Date) : 가능 도착일
FADM(Fleet Admiral) : 해군제독(提督), 함대사령관
FALCON(FALCON FM Net) : FM 휄콘망
FAP(Frequency Allocation Panel) : 주파수 할당위원회
FARP(Forward Arming and Refueling Point) : 전방지역 무장 장착 및 급유소
FASCAM(Family of Scatterable Mines) : 살포식 지뢰
FB(Forward Boundry) : 전방전투지경선
FCG(Full Combat Gear) : 완전군장
FCL(Fire Coordination Line) : 화력협조선
FCL(Forward Combat Location) : 전방전투지역
FCP(Forward Command Post) : 전방지휘소
FCU(Field Communication Unit) : 야전통신부대
FD(Fire Direction) : 사격지휘

FD EX(Focus Dragon Exercise) : 맹룡연습
FDC(Fire Direction Center) : 사격지휘소
FDDI(Fiber Distributed Data Interface) : 광분산 데이터접속
FDX(Full Duplex) : 쌍방쌍신회로
FE(Foal Eagle Exercise) : 독수리 연습
FEBA(Forward Edge of the Battle Area) : 전투지역전단
FEX(Fire Exercise/Field Exercise) : 사격훈련/야외훈련
FF(Frigate) : 초계함
FFA(Free Fire Area) : 자유사격지역
FFH(Army Field Forces Command HQs) : 육군야전군사령부
FFIR(Friendly Forces Information Requirement) : 우군 첩보요구
FH(Frequency Hopping) : 주파수 도약
FIREX(Firing Exercise) : 사격훈련
FIRMA(Firepower and Maneuver) : 화력 및 기동
FL(Flight Level) : 비행고도
FL(Focus Lens Exercise) : 포커스렌즈연습
FLOT(Forward Line of Own Troops) : 전선, 부대진출선
FLT(Front Line of Trace) : 전방 접촉선
FM(Field Maintenance) : 야전정비
FM(Field Manual) : 야전교범
FM(Frequency Modulated) : 주파수 변조
FMIC(Frequency Monitoring & Interference Control) : 통신감청 및 간섭 통제
FMP(Force Module Package) : 전투력증강
FO(Forward Observer) : 전방관측장교
FOB(Forward Operation Base) : 전방 작전기지(지휘소)
FOCSIK(Fiber Cable System in Korea) : 한국내 광케이블 체계
FOL(Forward Operation Location) : 전방작전기지
FORSCOM(US Army Force Command) : 미 육군사령부

FOS(Future Operations Section) : 장차 작전반
FOUO(For Official Use Only) : 대외비
FPP(Fire Power Potential) : 잠재화력
FPS(Fire Power Score) : 화력지수
FRAGORD(Fragmentary Order) : 단편명령
FREQ(Frequency) : 주파수
FRG(Federal Republic of Germany) : 독일연방공화국
FROG(Free Rocket Over Ground) : 프로그 유도탄(지대지)
FROKA(First Republic of Korea Army) : 한국 육군 제1군 사령부
FRP(Force Rendezvous Point) : 부대 합류지점
FSCC(Fire Support Coordination Center) : 화력지원협조본부
FSCL(Fire Support Coordination Line) : 화력지원협조선
FSE(Fire Support Element) : 화력지원반
FT(Field Training) : 야외훈련
FTI(Fixed Target Indicator) : 고정표적 지시기
FTX(Field Training Exercise) : 야외훈련 연습
FW(Fighter Wing) : 전투비행단
FYDP(Five Year Defense Program) : 국방 5개년 계획
FYMOP(Five Year Master Objectives Program) : 5개년 기본목표 계획
FZ(Fuze) : 신관
Fld(Field) : 야전
Ft(Feet) : 피트
Ftr(Fighter) : 전투기

【G】

G-C(Guidance and Control) : 유도 및 통제
G/E(Generator) : 발전기

GA(Ground Attack) : 지상공격
GACC(Ground Attack Control Center) : 지상공격 통제본부
GAMO(Ground Amphibious Military Operations) : 지상상륙 군사작전
GAS(Ground Infrared Ranger(GAS 1K)) : 휴대용 레이저 거리측정기
GB(Guerrilla Base) : 유격기지
GBU(Guided Bomb Unit) : 항공 유도폭탄류
GC(Geneva Convention) : 제네바협정
GC(Guidance and Control) : 유도 및 통제
GCA(Ground Controlled Aircraft) : 지상통제항공기
GCC(Ground Component Command) : 지상구성군사령부
GCC(Ground Control Center) : 지상통제본부
GCI(Ground Control Indicator) : 지상관제소
GCL(Ground Control Landing) : 지상착륙관제
GCT(Greenwich Civil Time) : 그리니치 표준시
GDA(Gun Defended Area) : 기총 방어구역
GDB(Grounded Directed Bombing) : 지상유도폭격
GEOLOC(Geolocation Code) : 지리위치코드
GETAL(Ground Effect Takeoff and Landing) : 이착륙시 지면효과
GF(Ground Forces) : 지상군
GFSS(Gun Fire Support Ship) : 함포 지원선
GGR(Ground Gunnery Range) : 지상 사격장
GHZ(Gigaherts) : 기가헬츠(1,000,000KHz)
GIPSY(Geographic Information Presentation System) : 지리정보 표식체제
GIST(Graphic Intelligence Support Terminals) : 도식정보 지원단말
GL(Grenade Launcher) : 유탄발사기
GM(Guided Missile) : 유도탄
GMT(General Military Training) : 일반 군사훈련
GMT(Greenwich Mean Time) : 그리니치 표준시(ZULU)

GMTI(Ground Moving Target Indicator) : 지상이동 표적 지시기
GNP(Gross National Product) : 국민총생산
GO(General Officer) : 장군, 장성급 장교
GO(General Order) : 일반명령
GOB(Ground Order of Battle) : 지상군 전투서열
GOP(General Outpost) : 일반전초
GOP(Ground Observation Post) : 지상관측소
GP(Guard Post) : 감시(경계)초소
GPS(Global Position System) : 인공위성항법장치
GR(Gunnery Range) : 사격장
GRU(Directorate of Military Intelligence) : 군사정보위원회
GSM(Ground Station Modules) : 지상 단말처리소
GSR(General Support and Reinforcing) : 일반지원 및 화력 증원
GSR(Ground Surveillance Radar) : 지상감시레이더
GW(Guerrilla Warfare) : 게릴라전, 유격전
GWEN(Ground Wave Emergency Network) : 지상전자 비상 통신망
GWOA(Guerrilla Warfare Operational Area) : 게릴라 작전지역
GWOB(Guerrilla Warfare Operational Base) : 게릴라 작전기지
GenCONV(Geneva Convention) : 제네바협정
Gren(Grenade) : 수류탄

【H】

H & I(Harassment and Interdiction) : 교란 및 차단
H-208(Yongsan) : 용산헬기장
H-HOUR(Hour) : 작전 개시시간
H/L(Hot Line) : 직통전화
H/T(Hand Talkie) : 휴대용 무전기

HA(High Altitude, High Angle) : 고고도, 고사계
HAAW(Heavy Antitank Assault Weapon) : 중(重)대전차화기
HALO(High Altitude Low Opening) : 고공 강하
HARTS(Hardened Artillery Sites) : 갱도 포병진지
HAW(Heavy Antitank/Assault Weapon) : 대전차/공격용 중화기
HAWK(Homing All the Way Killer) : 호크 유도탄
HC(Harmless Cloud) : 무독 연막탄
HC(High Capacity) : 고능력, 고출력, 고성능
HC(A)(Helicopter Coordination(Airborne)) : 헬기 협조관(공수)
HE(High Explosive) : 고폭탄, 고성능 폭발물
HEALT(Helicopter Employment and Assault Landing Table) : 헬기운용 및 돌격 착륙표
HEAP(High Explosive Armor Piercing) : 대전차 철갑고폭탄
HEAT(High Explosive Anti Tank) : 대전차 고폭탄
HEDP(High Explosive Dual Purpose) : 이중목적 고폭탄
HEN(Camp Henry) : 캠프 헨리(대구)
HF(Harassing Fire) : 요란사격, 교란사격
HF/DF(High Frequency/Direction Finding) : 고주파 방향탐지
HG(Hand Grenade) : 수류탄
HHCL(H Hour Coordinating Line) : H시 협조선
HICAPCOM(High Capacity Communication) : 다용량 통신
HIRL(High Intensity Runway Edge Lighting) : 활주로등(燈)
HLZ(Helicopter Landing Zone) : 헬기 착륙지대
HMG(Heavy Machine Gun) : 중기관총
HOTPHOT-OREP(Hot Photo Report) : 긴급사진보고
HOW(Howitzer) : 곡사포
HPB(Harbor Patrol Boat) : 항만경비정
HPP(Hydroelectric Power Plant) : 수력발전소

HPT(High-payoff Target) : 핵심표적, 고부가 가치 표적

HQ COMDT(HQ Commandant) : 본부사령

HQ/Hq(Headquarters) : 사령부, 본부

HRCS(Han River Control System) : 한강통제체제

HRDIV(Homeland Reserve Division) : 향토예비사단

HRP(Highway Regulating Point) : 육로통제소

HS(High Speed) : 고속, 쾌속

HTACC(Hardened Theater Air Control Center) : 전구항공통제본부

HTB(Heavy Tank Battalion) : 중전차대대

HTCCF(Hardened Taegu Command and Control Facility) : 대구지휘통제시설

HTR(Highway Traffic Regulation) : 육로교통규정

HTT(Heavy Tactical Transport) : 대형 전술수송기

HUMINT(Human Intelligence) : 인간정보

HV(High Velocity) : 고속

HV(High Voltage) : 고전압

HVAP(High Velocity Armor Piercing) : 고속 철갑탄 로켓

HVAT(High Velocity Antitank) : 고속 대전차탄

HWY(Highway) : 고속도로

Hz(Hertz) : 헤르츠

【I】

I & M(Installation and Maintenance) : 시설 및 정비

I & W(Indication & Warning) : 징후 및 경보

I & WS(Indications and Warning System) : 징후 및 경보체계

I-Day(Intelligence Indication Day) : 정보징후 포착일

I-HAWK(Improved HAWK) : 개량형 호크유도탄

I/O(Input and Output) : 입/출력

IAC(International Armaments Cooperation) : 국제무기협력
IAEA(International Atomic Energy Agency) : 국제원자력기구
IAS(Intelligence Analysis System) : 정보분석체계
IAT(Indicated Air Temperature) : 계기온도
IB(Incendiary Bomb) : 소이탄
IB(International Boundary) : 국경선
IBM(International Business Machine) : IBM 컴퓨터회사
IBS(Inflatable Boat, Small) : 고무보트
IC(Information Collection) : 첩보수집
IC(Integrated Circuit) : 집적회로
ICAO(International Civil Aviation Organization) : 국제민간항공기구
ICBM(Intercontinental Ballistic Missile) : 대륙간 탄도유도탄
ICD(Imitative Communication Deception) : 모의 통신기만
ICND(Incendiary) : 소이탄
ICP(Initial Control Point) : 최초 통제지점
ICRC(International Committee of the Red Cross) : 국제적십자사
ID(Infantry Division) : 보병사단
IDB(Integrated Data Base) : 통합 데이터베이스
IDB(Intelligence Data Base) : 정보 데이터베이스
IDH(Indian Head) : 인디안 헤드(미 2사단의 별칭)
IDHS(Intelligence Data Handling System) : 정보자료 전산 처리체계
IDHSC(Intelligence Data Handling System Communication) : 정보자료처리 통신체계
IDM(Information Dissemination Management) : 정보전파 관리
IDNX(Integrated Digital Network Exchange) : 통합디지털교환망
IEA(International Energy Agency) : 국제에너지기구
IED(Imitative Electronic Deception) : 모의 전자기만
IEWSS(Intelligence and Electronic Warfare Support System) : 정보 전자전 지원 체계

IF(Intermediate Frequency) : 중간주파수
IFF/SIF(Identification Friend or Foe/ Selective Identification Features) : 피아식별/선택식별장치
IFFN(Identification Friend or Foe or Neutral) : 피아 및 중립식별 장치
IFP(Index of Fire Power Potential) : 잠재화력지수
IFR(Instrument Flight Rules) : 계기비행규칙
IG(Inspector General) : 감찰감, 감찰병과
IIR(Imaging Infrared) : 적외선 영상
IL(Identification List) : 식별목록
ILL(Illuminating) : 조명(탄)
ILM(Intermediate Level Maintenance) : 야전정비
ILOC(Intermediate Location) : 중간지점
ILS(Instrument Landing System) : 계기착륙장치
IM(Interceptor Missile) : 요격 유도탄
IMINT(Imagery Intelligence) : 영상정보
IMS(Integrated Management System) : 통합관리체계
IMTS(Improved Mobile Telephone System) : 이동용 무선전화기
IN(Inch) : 인치
IND(Incendiary) : 소이탄
INF(Intermediate Range Nuclear Forces) : 중거리 핵부대(전력)
INFOSEC(Information Security) : 정보보호, 정보보안
INREPS(Intelligence Reports) : 정보보고
INSUM(Intelligence Summary) : 정보요약
INT(Interdiction) : 항공차단
INTCOL(Intelligence Collection) : 정보수집
INTEL(Intelligence) : 정보
INTELSAT(Intelligence Satellite) : 정보위성
INTELSAT(International Telecommunication Satellite Consortium) : 국제통신위성협회

INTELSITSUM(Intelligence Situation Summary) : 정보상황요약
INTG(Interrogation) : 신문
INTREP(Intelligency Report) : 정보보고
INTSIT(Intelligence Situation(Report)) : 정보상황(보고)
INTSUM(Intelligence Summary) : 정보요약(보고서)
INTW(Intelligence Watch) : 정보감시
IOE(Irregular Outer Edge) : 불규칙 지뢰지대
IP(Identification Position) : 식별지점
IP(Internet Protocol) : 인터넷 접속장치
IPB(Intelligence Preparation of the Battlefield) : 전장 정보분석
IPC(Initial Planning Conference) : 최초계획 수립회의
IPE(Individual Protective Equipment) : 개인보호장비
IPI(Identify Prior to Intercept) : 요격전 식별
IPR(In Progress Review(Report)) : 중간검토(보고)
IPSP(Intelligence Priority for Strategic Planning) : 전략기획 정보우선순위
IPW(Interrogation Prisoner of War) : 포로신문
IR(Information Requirements) : 첩보요구
IR(Infrared) : 적외선
IR(Intelligence Report) : 정보보고
IRC(Initial Reaction Cell) : 초기대응반
IRC(International Red Cross) : 국제적십자사
IRF(Immediate Reaction Force) : 신속 대응부대
IRLS(Infrared Line Scanner) : 적외선 탐지기
IRST(Infrared Search and Track) : 적외선 탐색 및 추적
ISDN(Integrated Service Digital Network) : 종합정보통신망
ITM(Interceptor Tactical Missile) : 전술요격유도탄
ITO(Integrated Tasking Order) : 통합임무명령서
ITSS(Integrated Tactical Surveillance System) : 통합전술감시체계

IUTGROR(Item Urgently Required) : 긴급 소요품목
IW(Information Warfare) : 정보전
IWC(Indications and Warning Center) : 징후경보실
IX C(9th Corps) : 9군단
Ign(Igniter) : 점화기
Immed(Immediate) : 긴급한, 즉시
Inc(Incendiary) : 소이탄
Indiv(Individual) : 개인(의)
Infl(Inflammable) : 가연성의, 가연물
Init(Initial) : 최초의
Insgcy(Insurgency) : 반란, 폭동
Intcp(Intercept) : 요격하다, 차단하다

【J】

J-Fire(Joint Application of Firepower) : 통합화력운용
JAAT(Joint Air Attack Team) : 합동공중공격반
JAATT(Joint Airborne Air Transportability Training) : 합동공수능력훈련
JADOC(Joint Air Defense Operation Center) : 합동방공작전본부
JAG(Judge Advocate General(DA)) : 법무감(육군성)
JANAF(Joint Army Navy Air Force) : 육·해·공군 합동
JC2WC(Joint Command & Control Warfare Center) : 합동지휘통제전본부
JCEOI(Joint Communication Electronics Operating Instruction) : 합동통신전자 운용지시
JCG(Joint Coordination Group) : 합동협조단
JDA(Joint Deployment Agency) : 합동전개본부
JECS(Joint Exercise Control Staff) : 합동연습통제단
JECT(Joint Combined Exchange Training) : 연합 및 합동 교환 훈련

JFACC(Joint Force Air Component Commander) : 합동군 공군구성 군사령관
JFC(Joint Force Commander) : 합동부대 지휘관, 합동군사령관
JFMO(Joint Frequency Managers Office) : 합동주파수관리 사무소
JFTX(Joint Field Training Exercise) : 합동야외훈련연습
JHQ(Joint HQ) : 합동사령부
JIC(Joint Intelligence Center) : 합동정보종합실
JM(Joint Manual) : 합동교범
JMA(Joint Mobilization Augmentation) : 전시 증원표
JMS(Joint Military Strategic) : 합동군사전략서
JOC(Joint Operations Center) : 합동작전본부
JOP(Joint Operations) : 합동작전
JOPES(Joint Operational Planning & Execution System) : 합동작전 기획 및 시행체계
JOTSIT(Joint Observer Team/Special Investigator Team) : 공동감시반/ 특별 조사반
JPAM(Joint Program Assessment Memorandum) : 합동계획평가각서
JPM(Joint Program Manager) : 합동사업(계획) 관리관
JPO(Joint Petroleum Office) : 합동유류관리소
JPO(Joint Program Office) : 합동계획실
JPOTF(Joint Psychological Operation Task Force) : 합동심리전 특수 임무부대
JRAC(Joint Rear Area Coordinator) : 합동후방지역조정관
JRB(Joint Reconnaissance Branch) : 합동정찰반
JRC(Joint Reconnaissance Center) : 합동정찰본부
JRCC(Joint Rescue Coordination Center) : 합동구조협조본부
JSA(Joint Security Area) : 공동경비구역
JSARC(Joint Search and Rescue Center) : 합동탐색 및 구조본부
JSCP(Joint Strategic Capabilities Plan) : 합동군사전략능력기획서
JSEAD(Joint Suppression of Enemy Air Defenses) : 합동대공제압, 합동 적방공제압

JSIPS(Joint Service Imagery Processing System) : 합동영상처리 지원체계
JSLP(Joint Strategic Long Range Plan) : 합동장기군사전략 기획서
JSOA(Joint Special Operations Agency) : 미합동특수작전국
JSOC(Joint Staff Operations Center) : 합동참모작전본부
JSOP(Joint Strategic Objective Plan) : 합동군사전략목표기획서
JSR(Joint Strategic Review) : 합동전략 검토
JSS(Joint Surveillance System) : 합동감시체제
JSTARS(Joint Surveillance and Target Attack Radar System) : 합동감시/표적공격 레이더 체계
JSTPS(Joint Strategic Target Planning Staff) : 합동전략표적 계획참모
JTAGS(Joint Tactical Ground Station) : 합동전술작전 지상통제소
JTAR(Joint Tactical Air Strike Request) : 합동전술항공 폭격요청
JTAR/SR(Joint Tactical Air Reconnaissance /Surveillance Request) : 합동전술항공정찰/ 감시요청
JTC(Joint Training Confederation) : 합동훈련연동체계
JTC(Joint Transportation Center) : 합동수송본부
JTC3A(Joint Tactical C3 Agency) : 합동전술지휘통제 통신국
JTCB(Joint Target Coordination Board) : 합동표적협조위원회
JTD(Joint Table of Distribution) : 합동분배표
JTE(Joint Training Exercise) : 합동훈련연습
JTF(Joint Task Force) : 합동기동부대, 합동특수임무부대
JTFP(Joint Tactical Fusion Program) : 합동전술통합계획
JTG(Joint Task Group) : 합동특수임무전대
JTIDS(Joint Tactical Information Distribution System) : 합동전술첩보 전파체계
JTLS(Joint Theater Level Simulation) : 합동전구급 모의 모델
JUWTF(Joint Unconventional Warfare Task Force) : 합동특전사령부
JWC(Joint Warfare Center) : 합동전본부
JWM(Joint War Model) : 합동전쟁모델(워게임)

【K】

K#(ROK AB) : 한국 비행장 번호
K-1(Kimhae) : 김해비행장
K-10(Chinhae) : 진해비행장
K-13(Suwon) : 수원비행장
K-14(Kimpo) : 김포비행장
K-16(Seoul) : 서울비행장
K-18(Kangnung) : 강릉비행장
K-2(Taegu) : 대구비행장
K-3(Pohang) : 포항비행장
K-46(Wonju) : 원주비행장
K-55(Osan) : 오산비행장
K-57(Kwangju) : 광주비행장
K-58(Yechon) : 예천비행장
K-59(Cheongju) : 청주비행장
K-4(Sacheon) : 사천비행장
K-40(Cheju) : 제주비행장
K-8(Kunsan) : 군산비행장
K-75(Jungwon) : 중원비행장
K-76(Seosan) : 서산비행장
KALCC(Koea Airlift Control Center) : 한국공수통제본부
KAME(Korean Air Movement Element) : 한국공중이동통제반
KAO(Korean Air Area of Operation) : 한국 항공작전지역
KAO(Korean Area of Operations) : 한국 작전구역
KATUSA(Korean Augmentation to the US Army) : 카투사(미 육군배 속 한국군)
KCBC(Korean Central Broadcasting Committee(nK)) : 조선중앙방송위원회(북괴)
KCNA(Korean Central News Agency(nK)) : 조선 중앙방송(북괴)

KCRCC(Korean Combined Rescue Coordination Center) : 한국 연합구조 협조 본부

KCRCE(Korean Combined Rescue Coordinate Element) : 한국 연합구조 협조반

KCRS(Korean Contingency Resupply System) : 한국 우발재보급 체제

KDS(Kumdansan(MOIC Satellite)) : 검단산(위성통신 단말)

KFIR(Korea Flight Information Region) : 한국 비행정보구역

KIAS(Knots Indicated Air Speed) : 비행속도(노트)

KIDA(Korean Institute for Defense Analysis) : 한국 국방연구원

KIFV(Korean Infantry Fighting Vehicle) : 한국형 보병전투차량

KIR(Korea Identification Receiver) : 항공기용 피아 식별장비(응답기)

KJCCS(Korea Joint Command & Control Syste) : 한국군 합동지휘통신체계

KLIZ(Korea Limited Identification Zone) : 한국 제한식별구역

KALCC(Koea Airlift Control Center) : 한국공수통제본부

KAME(Korean Air Movement Element) : 한국공중이동통제반

KAO(Korean Air Area of Operation) : 한국 항공작전지역

KAO(Korean Area of Operations) : 한국 작전구역

KATUSA(Korean Augmentation to the US Army) : 카투사(미 육군배 속 한국군)

KCBC(Korean Central Broadcasting Committee(nK)) : 조선중앙방송위원회(북괴)

KCNA(Korean Central News Agency(nK)) : 조선 중앙방송(북괴)

KCRCC(Korean Combined Rescue Coordination Center) : 한국 연합구조 협조 본부

KCRCE(Korean Combined Rescue Coordinate Element) : 한국 연합구조 협조반

KCRS(Korean Contingency Resupply System) : 한국 우발재보급 체제

KDS(Kumdansan(MOIC Satellite)) : 검단산(위성통신 단말)

KFIR(Korea Flight Information Region) : 한국 비행정보구역

KIAS(Knots Indicated Air Speed) : 비행속도(노트)

KIDA(Korean Institute for Defense Analysis) : 한국 국방연구원

KIFV(Korean Infantry Fighting Vehicle) : 한국형 보병전투차량

KIR(Korea Identification Receiver) : 항공기용 피아 식별장비(응답기)
KJCCS(Korea Joint Command & Control Syste) : 한국군 합동지휘통신체계
KLIZ(Korea Limited Identification Zone) : 한국 제한식별구역
KM(Korea Military) : 한국군
KMPH(Kilometer Per Hour) : 시간당 킬로미터(속도)
KNAO(Korean Naval Area of Operations) : 한국 해상작전지역
KNTDS(Korean Naval Tactical Data System) : 한국 해군 전술자료체계
KOMAR/OSA(North Korean Missile Patrol Boat) : 북괴 유도탄 초계정
KOTAR(Korea Tactical Range) : 한국 전술사격장
KOTAR(Korean Air to Ground Tactical Range) : 한국 공대지 전술 사격장(필승)
KPA(Korean People's Army) : 조선인민군, 북괴군
KT(Kiloton) : 킬로톤/1,000톤
KTACS(Korean Theater Air Control System) : 한국전구항공통제 체계
KTO(Korea Theater of Operations) : 한국작전전구
KVAN(Korean Alerting Network) : 한국 비상전화망
KWCC(Korea Weapon Control Center) : 한국무기통제본부
KWN(Korea Wideband Network) : 한국 광대역 방송망
KWP(Korean Workers Party(nK)) : 조선노동당(북괴)
Kts(Knots) : 노트

【L】

L-HOUR(Landing Hour) : 상륙시간
LAA(Limited Access Authorizations) : 접근인가제한
LAN(Local Area Network) : 근거리 통신망
LANTIRN(Low Altitude Navigation and Targeting Infrared Night) : 야간 저고도 항법 및 표적 추적장비
LAPES(Low Altitude Parachute Extraction System) : 저공추출 낙하산 체계

LAREP(Launch and Arrival Report) : 도착 및 출발보고
LASER(Light Amplification by Simulated Emission of Radiation) : 레이저 광선
LAW(Light Anti Tank Weapon) : 경대전차 화기
LC(Line of Contact) : 접촉선, 포착선
LCAC(Landing Craft, Air Cushion) : 공기부양상륙정
LCC(Launch Control Center) : 발사통제본부
LCP(Landing Craft, Personnel) : 병력수송 상륙주정
LCPA(Landing Craft Personnel Air Cushioned) : 공기부양 병력수송 상륙정
LCPL(Landing Craft, Personnel, Large) : 대형 상륙정
LCPP(Small Armored Troop Carrier) : 소형 고속상륙정
LCU(Landing Craft, Utility) : 다목적 상륙주정
LCVP(Landing Craft, Vehicle and Personnel) : 차량 및 병력 상륙 주정
LD(Line of Departure) : 공격개시선
LD/LOD(Line of Departure) : 공격개시선
LE(Light Equipment) : 경장비
LERTCON(Alert Condition) : 비상사태
LF(Landing Force) : 상륙군
LF(Low Frequency) : 저주파
LFX(Landing Fast Boat) : 고속 상륙정
LHA(Amphibious Assault Ship(General Purpose)) : 상륙 돌격함(일반 목적용)
LHD(Helicopter, Dock Landing(Multipurpose Assault)) :상륙헬기 선거함(다목적용)
LIFO(Last in, First out Method) :후입선출법
LKA(Amphibious Cargo Ship) : 상륙 수송함
LNG(Liquidized Natural Gas) : 액화 천연가스
LNO(Liaison Officer) : 연락장교
LO(Liaison Officer) : 연락장교

LO(Lubrication Order) : 주유명령서
LOC(Line of Communication) : 병참선
LOD(Line of Departure) : 공격개시선(상륙전)
LORAN(Long Range Aid to Navigation) : 장거리 항법장비
LP(Listening Post) : 청음초
LPSS(Amphibious Transport Submarine) : 상륙수송잠수함
LRA(Long Range Aviation) : 장거리 항법, 장거리 비행
LRRP(Long Range Reconnaissance Patrol) : 장거리 정찰초계
LSF(Landing Ship Fast) : 고속 상륙정
LSI(Large Scale Integration) : 고밀도 집적회로
LST(Landing Ship, Tank) : 대형 상륙함
LT(Landing Team) : 상륙팀
LT(Long Ton(2,240Lb)) : 롱톤(2,240파운드)
LTC(Lieutenant Colonel) : 중령(육군, 공군, 해병대)
LTD(Laser Target Designator) : 레이저 표적지시기
LTG(Lieutenant General) : 중장(육군, 공군, 해병)
LTT(Logistics Training Team) : 군수훈련반
LUU(Illumination Unit) : 조명탄
LV(Launch Vehicle) : 발사차량
LVD(Low Velocity Drop) : 저속투하, 저속낙하
LW(Light Warning) : 등화관제
LZ(Landing Zone) : 착륙지대
Lb(Pound) : 파운드
Lchr(Launcher) : 발사대
Ldg(Landing) : 상륙, 착륙
Lt(Lieutenant) : 육군중위, 해군대위

【M】

M(Meter) : 미터
M-CM-S(Mobility, Counter-Mobility, Survivability) : 기동, 대기동, 생존
M-Day(Mobilization Day) : 동원개시일
M-KILL(Morbidity Kill) : 비전투 손실
M/F(Monday-Friday) : 주간
M/W(Micro Wave) : 초단파
MA(Mission Accomplished) : 임무완료
MAA(Maximum Authorized Altitude) : 최대 허용고도
MAA(Military Armistice Agreement) : 군사정전협정
MAC(Military Armistice Commission) : 군사정전위원회
MACOM(Major Army Command) : 육군 주요 사령부
MACOM(Major Command) : 주요 사령부
MAGAZ(Magnetic Azimuth) : 자북 방위각
MAJCOM(Major Command) : 주요 사령부
MAO(Major Attack Option) : 주요 공격방안
MAPS(Mobility Analysis and Planning System) : 기동분석 및 기획 체계
MARPAT(Maritime Patrol) : 해상초계
MASCAL(Mass Casualty) : 대량 전상자
MASL(Military Assistance Articles and Services List) : 군원물자 및 용역 목록
MAW(Marine Air(craft) Wing(USMC)) : 해병 비행사단(미 해병대)
MAW(Military Airlift Wing) : 군 공수 비행단
MBA(Minimum Burst Altitude) : 최저 폭발고도
MBBLS(Mike Barrels(Thousands of Barrels)) : 1,000배럴
MCA(Minimum Crossing Altitude) : 최저횡단고도
MCC(Maintenance Control Center) : 정비통제본부
MCC(Movement Control Center) : 이동통제본부
MCC(Mobile Command Center) : 이동지휘소

MCD(Manipulative Communication Deception) : 조작 기만통신
MCI(Meal, Combat, Individual) : 전투식량
MCM(Military Committee Meeting) : 군사위원회 회의
MCP(Main Command Post) : 주지휘소
MCRC(Master Control and Reporting Center) : 중앙방공통제소
MCS(Ministry of Culture and Sports) : 문화체육부
MCTN(Man-Portable Common Thermal Night Sight) : 휴대용 열상 야시 장비
MDA(Minimum Descent Altitude) : 최저 강하고도
MDE(Major Defense Equipment) : 주요 군사장비
MDL(Military Demarcation Line) : 군사분계선
MDLE(Military Demarcation Line Extended) : 군사분계선 연장선
MDO(Major Deterrent Option) : 주요 억제방안
MDV(Mine Delivery Vehicle) : 기뢰부설 장치
MDV(Mine Disposal Vehicle) : 무인기뢰 처리기
MEB(Marine Expeditionary Brigade) : 해병대 기동여단
MED(Manipulative Electronic Deception) : 조작 전자기만
MEROD(Message Entry Readout Devices) : 고속 전문처리기
METT-T(Mission, Enemy Information, Terrain and Weather, Troops Available, Time Available) : 임무, 적에 관한 정보, 지형/기상 가용부대, 가용시간
MEU(Marine Expeditionary Unit) : 해병 기동부대
MF(Medium Frequency) : 중파
MFAT(Ministry of Foreign Affair and Trade) : 외교통상부
MFR(Mean Failure Rate) : 평균고장률
MFTD(Mobile Field Training Detachment) : 이동 야전훈련반
MGAHA(Ministry of Government Administration & Home Affairs) : 행정자치부
MGI(Military Geographic Information) : 군사지리정보

MHC(Mine Hunting Coastal) : 기뢰 탐색함

MHWA(Ministry of Health & Welfare Affairs) : 보건복지부

MHz(Megahertz) : 메가헤르츠

MI(Maritime Infiltration) : 해상침투

MI(Military Intelligence) : 군사정보

MIA(Minimum Instrument Altitude) : 최저 계기고도

MIC(Ministry of Information and Communication) : 정보통신부

MICR(Magnetic Ink Character Reader) : 자기판독기

MIIDS(Military Intelligence Integrated Database System) : 군사정보 통합자료 체계

MIJI(Meaconing, Intrusion, Jamming & Interference) : 항법방해, 전자침투, 전파방해, 전자간섭

MILCON(Military Construction Program) : 군 건설계획

MILNET(Military Network) : 군사망

MILSATCOM(Military Satellite Communications) : 군사위성통신

MINEX(Mine Warfare Exercise) : 기뢰전 연습

MISREP(Mission Report) : 임무보고

MIT(Mobile Interrogation Team) : 이동신문반

MLC(Martial Law Command) : 계엄사령부

MLR(S)(Multi Launch Rocket(System)) : 다연장 로켓/ 방사포(체계)

MND(Ministry of National Defense) : 국방부

MND(Minister of National Defense) : 국방부장관

MNECP(Mobile National Emergency Command Post) : 국가비상 이동 지휘소

MOA(Military Operation Area) : 군 작전지역

MOBEX(Mobilization Exercise) : 동원훈련

MOCT(Ministry of Construction & Traffic) : 건설교통부

MOE(Measure of Effectiveness) : 효과측정기준

MOG(Maximum On the Ground) : 최대 지상계류공간(비행장)

MOGAS(Motor Gasoline) : 휘발유
MOI(Memorandum of Introduction) : 지침서
MOL(Main Operating Location) : 주작전구역
MOLINK(Moscow-Washington Direct Communications Link) : 미·러시아 직통 전화망
MOMAG(Mobile Mine Assembly Group) : 이동기뢰부설부대
MOOTW(Military Operations Other Than War) : 전쟁 이외의 작전
MOP(Memorandum of Policy) : 정책각서/방침서
MOP(Mobility Operating Procedure) : 이동작전 절차
MOPP(Mission Oriented Protection Posture) : 임무형 보호태세
MOPREP-5(Summary Report) : 작전요약 보고
MOS(Military Occupational Speciality) : 군사 주특기
MOT(Mortar) : 박격포
MOUT(Military Operations on Urbanized Terrain) : 시가지 군사작전
MOPMS(Modular Pack Mine System) : 상자살포식 지뢰
MP(Military Police) : 헌병
MPA(Maritime Patrol Aircraft) : 해상초계기
MPAF(Ministry of the Peoples Armed Forces(nK)) : 인민무력부(북괴)
MPC(Multipurpose Communication) : 다목적 통신
MPCSW(Multipurpose Close Support Weapon) : 다목적 근접지원 화기
MPS(Multi Purpose Ship) : 다목적함
MPS(Ministry of Public Security(nK)) : 사회안전부(북괴)
MR(Medium Range) : 중거리
MR(Mobilization Reserve) : 동원예비군
MRA(Minimum Reception Altitude) : 최저 허용고도
MRD(Mobilization Reserve Division) : 동원사단
MRDFS(Manpack Radio Direction Finding System) : 휴대용 무선방향 탐지기
MRE(Meal, Ready to Eat) : 전투식량, 비상식량

MRMR(Mobilization Reserve Material Requirement) : 동원예비 물자소요

MRR(Minimum Risk Routes) : 최소위험경로

MSB(Minesweeping Boat(Navy)) : 소해정

MSB(Military Sea Boundary) : 군사수역

MSC(Major Subordinate Command) : 주요 예하사령부

MSC(Minesweeper, Coastal) : 연안 소해정

MSD(Master Situation Display) : 종합상황도

MSD(Minimum Safe Distance) : 최소안전거리

MSE(Missile Support Element) : 유도탄지원반

MSEL(Master Scenario Event List) : 주요사태 목록

MSF(Mobile Strike Force) : 기동타격부대

MSG(Master Sergeant) : 상사

MSH(Minesweeper, Hydrofoil) : 수중익 고속 소해정

MSHB(Minimum Safe Height of Burst) : 최소안전 폭발고도

MSI(Mission Success Indicator) : 임무성공지표

MSL(Mean Sea Level) : 해발고도

MSL(Missile) : 유도탄

MSNA(Mission Accomplished) : 임무완료

MSO(Minesweeper, Ocean(non-magnetic)) : 대양 소해정(비자기)

MSR(Main Supply Route) : 주보급로

MSRT(Mobile Subscriber Radio Telephone Terminal) : 이동가입자 무선전화기

MSS(Midget Submarine(nK)) : 잠수정(북괴)

MSS(Mission Support Site) : 임무지원지점

MTBF(Meantime Between Failure) : 평균 고장시간

MTDS(Marine Tactical Data System) : 해병 전술자료체계

MTS(Military Training Standard) : 군사훈련기준

MTS(Mobile Telephone System) : 이동전화체계

MTSQ(Mechanical Time & Superquick) : 기계식 시한 순발 신관

MTTF(Meantime to Failure) : 평균 고장시간
MTTR(Meantime to Repair) : 평균 수리시간
MUX(Multiplex Equipment) : 다중통신장비
MWD(Military Watch Dog) : 군견
MWT(Microwave Terminal) : 마이크로웨이브 단말
Mbl(Mobile) : 기동, 이동의
Meas(Measure) : 대책, 수단
Mech(Mechanized, Mechanic) : 기계화, 기계식의
Mg(Machine Gun) : 기관총
Mil(Military) : 군사
Mort(Mortar) : 박격포
Mov(Movement) : 이동
Mph(Mile per Hour) : 시간당 마일수
Mun(Munition) : 탄약, 군수품

【N】

N(Nothing, North) : 무, 북
NAAK(Nerve Agent Antidote Kit(MARK-1)) : 신경작용제 해독 제킷
NADC(Naval Air Development Center) : 해군항공개발본부
NAI(Named Area of Interest) : 주요 관심지역
NALE(Navy Aviation Liaison Element) : 해군 항공연락반
NATC(Naval Air Transport Command) : 해군 공수사령부
NAVSPEC-WARGP(Naval Special Warfare Group) : 해군 특전단
NBC(Nuclear, Biological and Chemical) : 화생방
NBL(Northern Boundary Line) : 북방경계선(동해)
NBZ(Northern Buffer Zone) : 북방 완충지대
NCA(National Command Authority) : 국가통수기구

NCO(Non Commissioned Officer) : 부사관

NCOIC(Non Commissioned Officer in Charge) : 책임부사관

NCR(National Capital Region) : 수도권

NCS(National Communication System) : 국가통신체계

NCW(Naval Coastal Warfare) : 해군연안전

NDC(National Defense Committee) : 국방위원회

NDS(National Defense Standard) : 국방규격

NEACP(National Emergency Airborne CP) : 국가비상 공중지휘소

NECOS(NET Control Station) : 통신망 통제소

NEL(National Emergency Council) : 국가비상회의

NFA(No Fire Area) : 사격 금지구역

NFL(No Fire Line) : 사격금지선, NFL(No Flight Line) : 비행금지선

NGO(Nongovernmental Organization) : 민영단체, 비정부기관

NIPRNET(Nonsecure Information Processing and Receiving Network) : 비비화 정보통신망

NK(North Korea) : 북괴

NKA(North Korean Army) : 북괴 육군

NKIL(North Korea Installation List) : 북괴 시설목록

NLCL(Northern Limit Control Line) : 북방한계 통제선

NLF(Nearest Landing Field) : 최인근 착륙기지

NLL(Northern Limit Line) : 북방한계선(서해)

NLO(Naval Liaison Officer) : 해군 연락장교

NM(Nautical Mile) : 해리

NMS(National Military Strategy) : 국가 군사전략

NOC(Naval Operations Command) : 해군 작전사령부

NOD(Night Observation Device) : 야간 관측장비

NORDO(Non Operational Radio) : 무선운용 불가

NOTAM(Notice to Airman) : 노탐(항공근무자 주지사항)

NP(Nepalm Incendiary) : 네이팜탄(소이탄)

NPC(National People's Congress(nK)) : 인민위원회(북괴)

NPLL(Northern Patrol Limit Line) : 북방 초계한계선

NPT(Nuclear Non Proliferation Treaty) : 핵확산 금지조약

NS(Non Secure) : 비화되지 않은, 비비화

NSC(National Security Council) : 국가 안전보장회의

NSC(National Service Component) : 각군 구성군

NSCC(National Service Component Commander) : 각군 구성군사령관

NSO(National Security Organization) : 국가 안전보장기구

NSOF(Naval Special Operations Forces) : 해군 특수작전부대

NSPA(National Security Planning Agency) : 국가 안전기획부

NSRL(National SIGINT Requirement List) : 국가 신호정보 요구목록

NSW(Naval Special Warfare) : 해군 특수전

NSWCC(Naval Special Warfare Coordination Center) : 해군 특수전 협조본부

NTC(Naval Telecommunications Command) : 해군통신사령부

NTDS(Navy Tactical Data System) : 해군 전술자료체계

NTE(Not to Exceed) : 초과금지

NUCWPN(Nuclear Weapon) : 핵무기

NUDET(Nuclear Detonation) : 핵폭발

NUWS(Naval Underwater Weapon System) : 해군 수중무기체계

NVG(Night Vision Goggle) : 야시장비

NVS(Night Vision Sight) : 야간 관측기

NW(Northwest) : 서북

【O】

O & M(Operation & Maintenance) : 운영 및 정비

O & S(Over and Shortage) : 과부족

O-DAY(Offload Day) : 양륙일, **O-DAY**(Organization Day) : 편성일, 부대창설일
OAC(Officer's Advanced Course) : 고등군사반
OB(Order of Battle) : 전투서열
OBC(Officer's Basic Course) : 초등군사반
OBO(Official Business Only) : 공무에 한함, 대외비
OC of SA(Office, Chief of Staff, Army) : 육군참모총장실
OCC-E(Office of the Chief of Communication Electronics) : 통신전자감실
OCR(Optical Character Reader) : 광학문자 판독기
OCR(On-call Resupply) : 요청 재보급
OD(Ordnance Disposal) : 병기처리
OD(Omni Directional) : 무지향성
ODM(Operational Directive Message) : 작전지시 전문
ODT(Overseas Deployment Training) : 해외전개훈련
OE(Organization Equipment) : 편제장비
OEC(Operational Employment Concept) : 작전운용개념
OEP(Office of Emergency Planning) : 비상기획실
OFC(Optical Fiber Communication) : 광통신
OIC(Officer in Charge) : 책임장교, 담당장교
OIR(Operational Intelligence Requirement) : 작전 정보 요구
OIR(Other Intelligence Requirement) : 기타 정보 요구
OMFTS(Operational Maneuver From the Sea) : 해상으로부터의 작전적 기동
OP(Observation Post) : 관측소, 감시소
OP(Operational Project) : 작전계획
OPCOM(Operational Command) : 작전지휘
OPCON(Operational Control) : 작전통제
OPDEC(Operational Deception) : 작전기만
OPFOR(Opposing Forces) : 적군, 대항군

OPLAN(Operational Plan) : 작전계획
OPNS(Operations) : 작전
OPORD(Operations Order) : 작전명령
OPREP(Operational Report) : 작전보고
OPREP-1(Planning Report) : 작전계획 보고
OPREP-2(Start Report) : 작전개시 보고
OPREP-3(Event/Incident Report) : 작전상황 보고
OPREP-4(Stop Report) : 작전종료 보고
OPSEC(Operations Security) : 작전보안
OPTASKS(Operational Tasks) : 작전적 임무
OPTEMPO(Operating Tempo) : 작전템포
OR(Operational Readiness) : 작전준비태세
OR(Operational Reliability) : 작전신뢰도
ORTP(Operational Readiness Training Program) : 작전준비 훈련계획
OSA(North Korean Missile Patrol Boat) : 북괴 유도탄 초계정
OSCAR-CP(Operational Support Center and Rear Command Post) : 후방지휘소(연합사)
OSCE(Organization for Security and Cooperation in Europe) : 유럽안보협력기구
OSI(Office of Special Investigation) : 특별수사대
OSI(Office of Strategic Information) : 전략정보국
OSROK(Office of Supply Republic of Korea) : 조달청
OT(Operational Test) : 운용시험
OWR(Obligated War Reserve) : 전쟁필수예비물자
OZ(Ounce(s)) : 온스
Obj(Objective, Object) : 목표, 대상
Obs(Obstacles) : 장애물
Obsn(Observation) : 관측
Ops(Operations) : 작전

【P】

P(Priority) : 전문취급상의 지급 우선순위
P(Prohibited) : 금지
P(O)W(Prisoners(of) War) : 포로
P-73(Violation of the Blue House) : 수도권 비행금지 구역 위반
P-Y-DO(Paik Young Do) : 백령도
PAC(Pacific Area Command) : 태평양지역사령부
PACFLT(Pacific Fleet) : 미 태평양 함대
PACOM(Pacific Command) : 태평양사령부
PAD(Public Affair Division) : 공보처
PAE(Potential Area of Effects) : 잠재효과지역
PAMIS(PSYOP Automated Management Information System) : 심리전 자동화관리 정보체계
PAMO(Pacific Airlift Management Office) : 태평양지구 공수관리소
PARADROP(Parachute Drops) : 낙하산 투하
PARKHILL(HF COMSEC Equipment) : 고주파(HF) 통신 보안장비
PAS(Primary Alerting System) : 주요비상대기체제
PB(Patrol Boat) : 초계정
PBX(Plastic Bonded Explosive) : 플라스틱 접착폭약
PC(Persuit Craft(Subchaser)) : 구잠함
PCC(Patrol Combat Corvet) : 초계함
PCE(Patrol Craft Escort) : 경비정
PCF(Patrol Craft, Fast) : 고속초계정
PCFC(Fire Support Patrol Craft) : 화력지원정
PCL(Submarine Chaser(Small)) : 구잠함(소형)
PCM(Pulse Code Modulation) : 펄스부호변조
PCO(Primary Control Officer) : 주통제장교
PD(Point Detonating) : 탄두신관, 착발신관

PD(Presidential Directive) : 대통령 지시각서
PDD(Post D-Day Consumption) : 전투개시일 이후 소모량
PDS(Personnel Decontamination Station) : 인체제독소
PE(Personnel Equipment) : 개인장구
PED(Probable Error Deflection) : 편각공산오차
PER(Probable Error Reflection) : 사거리 공산오차
PF(Patrol Frigate) : 초계함
PG(Patrol Combatant) : 경비함
PGM(Precision Guided Munitions) : 정밀 유도탄
PHIB(Amphibious) : 상륙
PHIBOPS(Amphibious Operations) : 상륙작전
PHIBRAID(Amphibious Raid) : 상륙기습
PIE(Peninsula Intelligence Estimate) : 한반도 정보판단
PIR(Priority Intelligence Requirements) : 우선정보요구
PK(Patrol Killer) : 고속정
PKF(Peace Keeping Forces) : 평화유지군
PKMM(Patrol Killer Medium Guided Missile) : 유도탄 고속정
PKO(Peace Keeping Operations) : 평화유지활동
PL(Phase Line) : 통제선
PLADS(Parachute Low Altitude Delivery System) : 저고도 낙하산 투발체계
PLD(Probable Line of Deployment) : 예상 전개선
PLL(Prescribed Load List) : 규정 휴대량 목록
PLRF(Portable Laser Range Finder) : 휴대용 레이더 거리측정기
PM(Pulse Modulation) : 펄스 변조
PM(Preventive Maintenance) : 예방정비
PMDL(Post Mobilization day Deployment List) : M 일 이후 전개 일람표
PMOS(Primary Military Occupational Speciality) : 군사 주특기
PNIO(Priority of National Intelligence Objective) : 국가 정보목표 우선순위

PNVS(Pilot Night Vision Sensor) : 조종사 야시장치

PO-TO-PO(Point to Point) : 기지간, 점대점

POA(Pacific Ocean Area) : 태평양 지구

POG(Psychological Operation Group) : 심리전단

POI(Program of Instruction) : 교육계획

POL(Petroleum, Oils and Lubricants) : 유류(가솔린, 석유, 오일, 윤활유)

POLMIL-GAME(Politico Military Game) : 정치·군사게임

POLWAR(Political Warfare) : 정치전

POO(Priority Operational Objective) : 우선작전목표

POT(Pull Off Time) : 지연시간

POW(Prisoner of War) : 전쟁포로

PP(Priority Precedence) : 지급 우선순위

PPM(Pulse Position Modulation) : 펄스 위치변조

PR(Procurement Regulation) : 조달규정

PREV(Previous) : 종전

PRI(Preliminary Rifle Instruction) : 사격술 예비훈련

PSDN(Public Switched Data Network) : 공중(公衆)교환 자료망

PSI(Pre-Storage Inspection) : 저장전 검사

PST(Pacific Standard Time) : 태평양표준시

PSTN(Public Switched Telephone Network) : 공중교환 전화망

PSYOP(Psychological Operation) : 심리작전

PSYWAR(Psychological Warfare) : 심리전

PSYWPN(Psychological Weapon) : 심리전무기

PTC(Pentagon Telecommunications Center) : 미 국방성 통신본부

PTF(Fast Patrol Craft) : 고속 경비함

PTFG(Missile Attack Boat(nK)) : 대형 유도탄 경비정(북괴)

PTFS(Fast Fire Support Boat) : 고속상륙화력지원정

PTG(Guided Missile Patrol Boat(nK)) : 고속유도탄초계정(북괴)

PTL(Primary Target Line) : 주요표적 지역선
PTM(Pulse Time Modulation) : 펄스시간 변조
PUP(Pup up Point) : 항공기 급상승지점
PVAS(Primary Voice Alert System) : 주요 비상전화망
PWE(Prisoner of War Enclosure) : 포로수용소
PWIC(Prisoner of War Interrogation Center) : 전쟁포로 신문소
PX(Post Exchange) : 매점
PZ(Pick up Zone) : 인수(회수)지대
Para(Parachute) : 낙하산, **Prcht**(Parachute) : 낙하산
Pre-ATO(Prepositioned Air Tasking Order) : 기계획 항공임무 명령
Prec(Precedence) : 선임순위(계급, 지위)
Pri(Priority) : 우선순위
Ptl(Patrol) : 순찰, 정찰, 초계

【Q】

Q-F(Quick Fix) : 항공기 탑재 전자 전 장비
QA(Quality Assurance) : 품질보증
QC(Quality Control) : 품질관리
QDR(Quadrennial Defense Review) : 4개년 국방정책 검토보고서(미국)
QRA(Quick Reaction Alert) : 긴급출동 비상대기
QRB(Quick Reaction Base) : 긴급출동 기지
QRC(Quick Reaction Capability) : 신속 대응능력
QRF(Quick Reaction Force) : 기동타격대, 신속 대응군
QRP(Quick Reaction Posture) : 긴급대응태세
QRP(Quick Reaction Program) : 신속대응계획
QSS(Quick Service Support) : 긴급근무지원
QST(Quick Service Team) : 긴급근무반

Qtr(Quarter) : 사분의 일(1/4), 분기
Qty(Quantity) : 수량, 분량

【R】

R(Rein forcing) : 화력증원
R & R(Radio and Radar) : 무선장비 및 레이더
R & S(Reconnaissance and Surveillance) : 정찰 및 감시
R/A(Radius of Action) : 행동반경
R/C(Ranger/Commando) : 특공대
R/T(Receive/Transmit) : 송·수신
R/W(Rotary Wing) : 회전익
RA(Regular Army) : 정규군
RACO(Rear Area Combat Operations) : 후방지역 전투작전
RACON(Radar Beacon) : 레이더 비콘
RADAR, R/D(Radio Detection and Ranging) : 레이더
RADCOM(Radio Communications) : 무선통신
RAIDEX(Raid Exercises) : 기습훈련
RAM(Radar Absorbent Material) : 레이더파 흡수물질
RAP(Rear Area Protection) : 후방지역 방호
RAS(Rear Area Security) : 후방지역 경계
RASIT(Radar Surveillance Intercept) : 지상감시레이더
RATEL(Radio Telephone) : 무선전화기
RAU(Radio Access Unit) : 이동 무선단말기
RAV(Restricted Availability Less Than 30 Days) : 30일 이내의 제한 가동능력
RB(Reconnaissance Bomber) : 정찰폭격기
RB(Reconnaissance Brigade(nK)) : 정찰여단(북괴)
RC(Response Cell) : 대응조치반

RCC(Rescue Control Center) : 구조통제본부
RCC(Rescue Coordination Center) : 구조협조본부
RCM(Radar Countermeasures) : 전파방해책
RCO(Ranger Commando) : 유격특공대
RCT(Regimental Combat Team) : 연대 전투단,
RCT(Rescue Coordination Team) : 구조협조반
RCU(Remote Control Unit) : 원격조정장치
RD(Radius of Damage) : 폭격 피해반경
RD(Required Date) : 요망일자
RDF(Rapid Deployment Force) : 신속전개군
RDJTF(Rapid Deployment Joint Task Force) : 신속전개 합동 특수임무부대
RDO(Rapid Decisive Operations) : 신속결정적작전
RDO(Reconnaissance Duty Officer) : 정찰근무장교
READEX(Readiness Ex) : 준비태세 연습
REAs(Restricted Fire Areas) : 사격제한지역
REBU(nK)(Reconnaissance Bureau) : 정찰국(북괴)
RECCEXREP(Reconnaissance Exploitation Report) : 정찰결과 보고
REDCON(Readiness Condition) : 준비태세
REL(Released) : 임무해제
REP(Range Error Probable) : 사거리 공산오차
RESCAP(Rescue Combat Air Patrol) : 구조 공중전투초계
RESCORT(Rescue Escort) : 구조엄호
RESDAT(Restricted Data) : 열람 제한자료
RESTA(Reconnaissance, Surveillance and Target Acquisitions) : 수색, 감시 및 표적 획득
RF(Radio Frequency) : 무선주파수
RF(Reinforcing Fire) : 화력증원
RFA(Restrictive Fire Area) : 화력 제한지역

RFI(Request Friendly Information) : 우군 첩보요구
RFI(Ready for Issue) : 지급준비 완료
RFI(Request for Information) : 첩보요구
RFL(Restricted Fire Line) : 사격제한선
RFL(Restricted Frequency List) : 제한주파수목록
RHAWR(Radar Homing and Warning Receiver) : 레이더 추적 및 경보 수신장치
RHI(Range Height Indicator) : 거리고도 지시기
RII(Relevant Information & Intelligence) : 관련 첩보 및 정보
RISTA(Recon, Intel, Surveillance and Target Acquisition) : 정찰, 정보, 감시 및 표적획득
RMTU(Reserve Military Training Unit(nK)) : 교도부대(북괴)
RODA(Republic of Korea Operational Detachment -A Team) : 한국 특전팀
ROE(Rules of Engagement) : 교전규칙
ROK(Republic of Korea) : 대한민국
ROK US(ROK United States) : 한·미
ROKA(Republic of Korea Army) : 한국 육군
ROKAF(ROK Air Force) : 한국 공군
ROKIT(Republic of Korea Indigenous Tank) : 한국형 전차
ROKMC(ROK Marine Corps) : 한국 해병대
ROKN(ROK Navy) : 한국 해군
ROKSF(ROK Special Forces(ROKA)) : 한국 특전부대(육군)
ROTC(Reserve Officers Training Corps) : 학도 군사훈련단
RP(Reporting Posts) : 전방감시소
RP(Rendezvous Point) : 집결지점
RR(Radio Reconnaissance) : 무선정찰
RR(Railroad) : 철도
RRR(Rapid Runway Repair) : 활주로 긴급복구
RS(Reconnaissance Squadron) : 정찰대대

RS(Radio Site) : 무선기지
RSI(Reconnaisance, Surveillance, Interdiction) : 정찰, 감시, 차단
RSTA(Reconnaissance, Surveillance and Target Acquisition) : 정찰, 감시 및 표적획득
RTO(Radio Telephone Operation) : 무선통신 운용
RTR(Receiver Transmitter) : 송수신기
RVR(Runway Visual Range) : 활주로 가시거리
RW(Rotary Wing) : 회전익
RYG(Red Youth Guard(nK)) : 붉은청년근위대(북괴)
Rat(Rations) : 양식, 휴대용 식량
Rcn(Reconnaissance) : 수색, 정찰
Recce(Recon)(Reconnaissance) : 정찰, 수색
Rel(Relief, Relieve) : 교대(구조하다), 해제
Retrans(Retransmission(Station)) : 재송신(소)
Rs(Rescue) : 구조하다

【S】

S & R(Search & Rescue) : 탐색 및 구조
S & W(Surveillance and Warning) : 감시 및 경보
S-R(SECRET ROKUS) : 한·미 2급비밀
SA(Surface to Air) : 지대공
SA(Small Arms) : 소화기
SAA(Small Arms Ammunition) : 소화기 탄약
SAAM(Special Assignment Airlift Mission) : 특별 공수임무
SAD(Special Ammunition Depot) : 특수 탄약창
SAF(Special Action Force) : 특수 임무부대
SAF(Small Arms Fire) : 소화기 사격

SALVOPS(Salvage Operations) : 구조작전

SAM(Surface to Air Missile) : 지대공 유도탄

SAMCAP(Surface to Air Missile Capability) : 지대공 유도탄 성능

SAMLET(Shore Launched Anti-Ship Missile(nK)) : 대함 해안유도탄(북괴)

SAR(Search and Rescue) : 탐색 및 구조

SAREX(Search and Rescue Exercise) : 탐색 및 구조 연습

SARLO(SAR Liaison Officer) : 탐색 및 구조 연락장교

SARTF(SAR Task Force) : 탐색 및 구조 임무부대

SAT(Satellite) : 위성, 통신위성

SATCOM(Satellite Communication) : 위성통신

SATK(Strike Attack) : 기습공격

SB(Sniper Brigade(nK))) : 저격여단(북괴

SBL(Southern Boundary Line) : 남방한계선

SC(Supply Catalog) : 보급품 목록

SC(Submarine Chaser) : 구잠함

SC(SAR Coordinator) : 탐색 및 구조 협조관

SCAR(Strike Control and Reconnaissance) : 공격 통제 및 정찰

SCT(Scout) : 척후기, 정찰기

SCTY CLNC(Security Clearance) : 비밀취급인가

SCUBA(Self-contained Underwater Breathing Apparatus) : 수중호흡장치(스쿠버)

SD(Secretary of Defense) : 국방장관

SDM(Scenario Directed Message) : 상황조성 전문

SE & E(Survival, Evasion and Escape) : 생존, 도피 및 탈출

SEA SEC(Sea Sector) : 해역

SEACOP(Strategic Sealift Contingency Planing System) : 전략 해상수송 우발계획체계

SEAD(Suppression of Enemy Air Defense) : 대공제압, 적 방공제압

SEAL(Sea, Air and Land Team) : 해군 특수부대
SERE(Survival, Evasion, Resistance, Escape) : 생존, 도피, 저항 및 탈출
SERER(SERE & Recovery) : 생존, 도피, 저항, 탈출 및 구조
SF(Special Force) : 특수전부대
SF Bde(Special Forces Brigade, Airborne) : 공수 특전여단
SFAF(Standard Frequency Action Format) : 표준주파수 요청 양식
SFD-K(Special Forces Detachment-Korea) : 주한 미 특전부대 파견대
SFG(Special Forces Group) : 특전단
SFGA(Special Forces Group, Airborne) : 공수특전단
SFOB(Special Forces Operation Bases) : 특수(부대)작전기지
SFOD(Special Forces Operational Detachment) : 특수작전 파견대
SFOR(Stabilization Force) : 평화안정군
SGM(Sergeant Major) : 주임원사, 원사
SHF(Super High Frequency) : 초고주파
SICARO(Secretary-in-Change of Anti-ROK Operations(nK)) : 대남사업 담당 비서(북괴)
SIDA(Single Integrated Data Base) : 종합 데이터베이스
SIGINT(Signal Intelligence) : 신호정보, 통신정보
SIGSEC(Signal Security) : 신호보안, 통신보안
SIPRNET(Secret Internet Protocol Network) : 비화 인터넷망
SIR(Special Information Requirement) : 특수첩보요구
SITMAP(Situation Map) : 상황도
SITREP(Situation Report) : 상황보고
SITSUM(Situation Summary) : 상황요약
SLIS(Senior Leader Issues Seminar) : 주요지휘관회의
SLL(Southern Limit Line) : 남방 한계선
SLT(Safety Lead Time) : 안전소요시간
SMKWP(Smoke White Phosphorus) : 백린 연막탄

SMOS(Secondary MOS) : 군사 부특기
SNCC(South-North Coordination Committee) : 남북 조절위원회
SO(Special Operation) : 특수작전
SOC(Special Operations Command) : 특수작전사령부
SOC-K(Special Operations Command-Korea) : 주한 미 특전사령부
SOCC(Special Operation Control Center) : 특수작전 통제본부
SOCC(Special Operation Coordination Center) : 특수작전 협조본부
SOCCT(Special Operation Combat Control Team) : 특수작전 전투 통제반
SOCKOR(Special Operations Command Korea) : 주한 미 특전사령부
SOCOM(Special Operations Command) : 특수작전 사령부
SOCPAC(Special Operations Command, Pacific) : 미 태평양 특수전사령부
SODO(Senior Operations Duty Officer) : 선임 작전당직장교
SOF(Special Operations Forces) : 특수작전부대
SOFs(Special Operations Forces) : 특수작전부대
SOGIC(Special Operations Ground Intelligence Collection) : 특수작전 지상 정보수집
SOGLE(Special Operations Ground Liaison Element) : 특수작전 지상 연락반
SOI(Signal Operation Instruction) : 통신운용지시
SOLL(Special Operations Low Level) : 저고도 특수작전
SOLO(Special Operations Liaison Officer) : 특수작전연락장교
SOP(Special Operations) : 특수작전
SOPADP(Special Operations Air Drop Personnel) : 특수작전 병력 공중투하
SOR(Special Operations Requirement) : 특수작전 소요
SOS(Special Operations Squadron) : 특수작전 대대
SOTAS(Stand Off Target Acquisition System) : 원거리표적 획득 체계
SP(Shore Patrol) : 해안초계
SPA(Supreme Peoples Assembly(nK)) : 최고인민회의(북괴)
SPB(South Post Bunker) : 사우스 포스트 벙커(연합사)

SPOD(Sea Port of Debarkation) : 양륙(하역)항
SPOE(Sea Port of Embarkation) : 탑재(선적)항
SPOPS(Special Operations) : 특수작전
SPWAR(Special Warfare) : 특수전
SR(Strategic Reconnaissance) : 전략정찰
SRAM(Short Range Attack Missile) : 단거리 공격용 유도탄
SRBM(Short Range Ballistic Missile) : 단거리 탄도유도탄
SRC(Survival Recovery Center) : 인명구조본부
SRI(Special Request for Information) : 특수 첩보요구
SRO(Sensitive Reconnaissance Operations) : 정밀항공정찰작전(대북 항공정찰)
SS(Surface to Surface) : 지대지
SS(Submarine) : 잠수함
SSB(Single Side Band) : 단일측파대
SSM(Submarine Midget) : 잠수정
SSN(Submarine(Nuclear Powered)) : 핵추진 잠수함
SSR(Radar Picket Submarine) : 레이더 초계 잠수함
SSS(Special Surveillance Sector) : 특별 감시구역
SSSC(Surface-Subsurface Surveillance Coordination) : 수상, 수중 감시 협조
SSU(Ship Salvage Unit) : 해난구조대
ST(Short Ton(2,000Lbs)) : 숏톤(2,000파운드)
STA(Surveillance and Target Acquisition) : 감시 및 표적획득
STAAS(Surveillance and Target Acquisition Aircraft System) : 감시 및 표적획득 항공기(체계)
STABO(Stabilized(Surface To Air) Body Operation) : 요인구출작전
STAMP(Standard Tactical Air Munitions Package) : 표준전술 항공 무기
STANAG(Standardization Agreement) : 표준화 협정
STANO(Surveillance, Target Acquisition and Night Observation) : 감시표적획득 및 야간관측장비

START(Strategic Arms Reduction Talks) : 전략무기 감축협상
STB(Super Tropical Bleach) : 제독제(에스티비)
STF(Stabilization Task Force) : 평정작전 특수 임무부대
STOL(Short Range Takeoff and Landing) : 단거리 이착륙
STON(Short Ton(2,000Lbs)) : 숏톤(2,000파운드)
STOVL(Short Takeoff and Vertical Landing) : 단거리 수직 이착륙기
STU(Secure Telephone Unit) : 비화전화기
STW(Strike Warfare) : 타격전
STYX(SSN-2)() : 북괴 해군용 유도탄
SURCAP(Anti Surface Combat Air Patrol) : 대 해상 공중전투초계
SURTASS(Surveillance Towed Array 'SONAR' System) : 수중탐색 감시체계
SW(Secure Wire) : 비화유선망
SW(Special Weapons) : 특수무기
SWC(Special Warfare Command) : 특전사령부(한)
SWC(Strike Warfare Commander) : 강습전 지휘관
SWCL(Special Warfare Craft, Medium) : 중형 특수전함
SWG(Special Warfare Group) : 특전단
Sbtg(Sabotage) : 태업
Sig(Signal) : 통신
Spd(Speed) : 속도
Spt(Support) : 지원
Sta(Station) : 통신소, 주둔지, 주차장
Stf(Staff) : 참모
Str(Strength) : 병력
Sub(Submarine) : 잠수함

【T】

T & E(Test and Evaluation) : 시험 및 평가

TA(Target Acquisition) : 표적획득

TA(Threat Analysis) : 위협분석

TAARS(The Army Ammunition Reporting System) : 육군 탄약보고체제

TAB(Tactical Air Base) : 전술 항공기지

TACAN(Tactical Air Navigation) : 전술공중항법장비

TACC(Theater Air Control Center) : 전구항공통제본부

TACCP(Tactical Command Post) : 전술지휘소

TACCS-K(Theater Automated C2 System, Korea) : 한국 전구 자동화 지휘/통제체계

TACD(Tactical Deception) : 전술기만

TACOM(Theater Army Command) : 전구 육군사령부

TACOMM(Tactical Communication) : 전술통신

TADS(Target Acquisition and Designation System) : 표적획득 및 추적 체계

TAE(Tactical Airlift Element) : 전술공수반

TAI(Target Area of Interest) : 관심표적지역

TAL(C)(Tactical Airlift(Center)) : 전술공수(본부)

TAM(Target Acquisition Model) : 표적획득모델

TAM(Theater Airlift Manager) : 전구 공수관리관

TANGO CP(Theater Air, Naval, Ground Operation Command Post) : 전구 지·해·공군 작전지휘소

TAOC(Tactical Air Operations Center) : 전술항공 작전본부

TARABS(TACAIR Recon and Aerial Battlefield Surveillance) : 전술항공정찰 및 전장감시

TARCAP(Tactical Air Reconnaissance Combat Air Patrol) : 전술항공정찰 및 공중전투초계

TARWI(Target Weather Information) : 목표지역 기상정보

TAW(Tactical Airlift Wing) : 전술공수비행단
TBM(Tactical Ballistic Missile) : 전술 탄도탄
TCP(Traffic Control Post) : 교통통제소
TD & A(Table of Distribution & Allowance) : 분배 및 배당표
TDA(Table of Distribution & Allowance) : 분배 및 배당표
TDD(Target Detecting Device) : 표적탐지장치
TDM(Time Division Multiplex) : 시분할 다중송신 장비
TDOA(Time, Direction of Arrival) : 도착시간 및 방향
TDS(Target Designation Sight) : 표적지시기
TEOC(Technical Objective Camera) : 특수표적카메라
TF(Task Force) : 기동부대, 특수 임무부대
TFMS(Tactical Frequency Management System) : 전술주파수 관리 체계
TGO(Tango) : 탱고 지휘소
TH(Thermite) : 소이제
THQ(Theater HQ) : 전구사령부
TI(Target Information) : 표적정보
TK(Communication Trunk) : 간선(통신)
TL(Target List) : 표적목록
TLAT(Tow Light Anti Tank) : 대전차 유도탄
TMA(Target Motion Analysis) : 표적이동분석
TMD(Theater Missile Defense) : 전구 유도탄 방어
TNT(Trinitrotoluence) : 폭약
TOD(Thermal Observation Device) : 열상관측장비
TOE,TO & E(Table of Organization and Equipment) : 편성 및 장비표
TOT(Time of Transmission) : 송신시간
TOT(Time on Target(Artillery Support)) : 일제사격, TOT사격
TOT(Time Over Target(Air Support)) : 목표공격 예정시간
TOW(Tube Launched, Optically Tracked Wire Guided) : 대전차 유도탄(토우)

TP(Target Practice) : 연습탄

TPFDD(Time Phased Forces Deployment Data) : 시차별 부대전개 제원

TPFDL(Time Phased Forces Deployment List) : 시차별 부대전개 목록

TR(Tracking Radar) : 추적 레이더

TRANSEC(Transmission Security) : 송신보안

TROKA(Third ROK Army) : 한국 육군 제3군

TRP(Target Reference Point) : 표적 참조점

TS(Team Spirit) : 팀스피리트 연습

TS(Top Secret) : 1급비밀

TSA(Theater Storage Area) : 전구 저장지역

TSOP(Tactical Standing Operating Procedure) : 전술예규

TSQ(Timer Super Quick) : 시한 순발신관

TSR(Time Sensitive Requirement) : 긴급요구

TSTMS(Thunder Storms) : 뇌우

TXT(Transmitt) : 송신

Telecom(Telecommunication) : 전기통신

Tgt(Target) : 표적, 목표

Torp(Torpedo) : 어뢰

Tr(Tracer) : 예광제(탄)

【U】

U(Unclassified) : 평문

U(Unit) : 부대, 단위

UAR(Unconditional Assisted Recovery) : 비정규구출지원

UAV(Unmanned Aerial Vehicle) : 무인항공기

UBL(Unit Basic Load) : 부대 기본휴대량

UDR(United Democratic Revolution(nK)) : 통일 민주주의혁명(북괴)

UDT(Underwater Demolition Team) : 수중 파괴반

UEE(Unit Essential Equipment) : 부대 필수장비

UFG(Ulchi Freedom Guardial) : 을지 프로덤 가디언

UFL(Ulchi Focus Lens) : 을지 포커스렌즈 연습

UFO(Unidentified Flying Object) : 미확인 비행물체

UGF(Underground Facility) : 지하시설

UHF(Ultra High Frequencies) : 극초단파

UIC(Unit Identification Code) : 부대식별부호

UMD(Unit Movement Data) : 부대이동 제원

UMN(Underwater Mine) : 수중기뢰

UN(United Nations) : 유엔, 국제연합

UN SYG(UN Secretary General) : 유엔사무총장

UNC(United Nations Command) : 유엔군사령부

UNC/CFC(United Nations Command/Combined Forces Command) : 유엔군/연합군사령부 유엔사/연합사

UNCMAC(UNC Military Armistice Commission) : 유엔사 군사정전 위원회

UNMO(United Nations Military Observer) : 유엔 정전 감시단

UNSC(United Nations Security Council) : 유엔안전보장이사회

UNTSO(UN Truce Supervision Organization Observers) : 유엔 정전감시기구 참관국가

UPS(Uninterruptable Power Supply) : 무정전 전원공급장치

UR(Unclassified ROKUS) : 한·미 평문

USAFK(United States Air Force Korea) : 주한 미 공군

USAFL(US Augmentation Forces List) : 미 증원부대 목록

USAGY(US Army Garrison Yongsan) : 미 육군 용산 기지경비대

USASG(US Army Security Group(JSA)) : 미육군 경비단(공동경비구역)

USASOC(United States Army Special Operations Command) : 미육군 특수전 사령부

USCIN-CSOC(US CINC, Special Operations Command) : 미 특수작전사령관
USDOD(US Department of Defense) : 미 국방성
USFJ(US Forces, Japan) : 주일미군
USFK(United States Forces Korea) : 주한미군
USJCS(US Joint Chiefs of Staff) : 미 합동참모본부
USJTF(US Joint Task Forces) : 미 합동 특수임무 부대,합동기동부대
USJUWTF(US Joint UW Task Forces) : 미 합동 비정규전 특수임무부대
US KORCOM(US Korea Command) : 미 한국사령부
USN(Ubiquitous Sensor Network) : 유비쿼터스센서 네트워크
USPACAF(United States Pacific Air Forces) : 미 태평양 공군
USPACFLT(United States Pacific Fleet) : 미 태평양 함대
USPACOM(US Pacific Command) : 미 태평양사령부
USSF(US Special Forces) : 미 특전부대
USSOCOM(US Special Operation Command) : 미 특수작전사령부
UTM(Universal Transverse Mercator) : 유티엠 좌표
UW(Unconventional Warfare) : 비정규전
UW/SO(Unconventional Warfare/Special Operations) : 비정규전/특수 작전
UWAFOB(UW Area Forward Operating Base) : 비정규전 전방 작전기지
UWATE(Underwater Training Elemet) : 수중훈련부대
UWDA(Unconventional Warfare Develop- ment Area) : 비정규전 전개지역
UWFCS(Underwater Fire Control System) : 수중사격 통제장치
UWOA(Unconventional Warfare Operational Area) : 비정규전 작전지역
UWOB(UW Operational Base) : 비정규전 작전기지
UXB(Unexploded Bomb) : 불발탄
UXO(Unexploded Ordnance) : 불발병기
Unclas(Unclassified) : 평문

【V】

VADM(Vice Admiral) : 해군중장
VCSL(Voice Call Sign List) : 호출부호 목록표
VF(Variable Frequency) : 가변 주파수
VHA(Very High Altitude) : 초고공
VHF(Very High Frequency) : 초단파
VHSIC(Very High Speed Integrated Circuit) : 초고속 집적회로
VI(Visual Information) : 육안정보
VID(Visual Identification) : 육안 식별
VIP(Very Important Person) : 귀빈, 요인
VK(Vector Knife Execise) : 연합대테러교환훈련
VLA(Very Low Altitude) : 초저공
VLF(Very Low Frequency) : 초저주파
VLSI(Very Large Scale Integration) : 초고밀도 집적회로
VO(Verbal Order) : 구두명령
VOCO(Verbal Orders of Commanding Officer) : 지휘관 구두명령
VP(Vulnerable Point) : 취약점
VTC(Video Tele Conference) : 화상회의
VTF(Variable Time Fuse) : 접근신관
VX(Chemical Agent) : 화학작용제
Vsby(Visibility) : 시계 시정

【W】

W-DAY(Unambiguous Warning Day) : 명백한 경고일
W/S(Weapon System) : 무기체계
WAN(Wide Area Network) : 광역통신망

WATCH-CON(Watch Condition) : 감시태세
WBST(Wideband Subscriber Terminal) : 광대역 비화전화
WDZ(Water Drop Zone) : 해상투하지점
WESTPAC(Western Pacific) : 서태평양
WETM(Weather Team) : 기상반
WFI(War Fighting Issues) : 전쟁수행과제
WFP(World Food Program) : 세계식량계획
WG, W/G(Wargame) : 전쟁연습, 워게임
WGS(World Wide Geological System) : 범세계 지도체계
WHNS(Wartime Host Nation Support) : 전시 주둔국지원
WHO(World Health Organization) : 세계보건기구
WI(Warfighting Issues) : 전쟁수행과제
WMD(Weapons of Mass Destruction) : 대량살상무기
WMO(World Meteorological Organization) : 세계기상기구
WMP(Wartime Movements Program) : 전시 이동계획
WMR(Wartime Movements Requirement) : 전시 이동소요
WO(Warning Order) : 준비명령
WP(White Phosphorus) : 백린 연막탄
WPRG(Worker Peasant Red Guard(nK)) :(노농적위대(북괴)
WR(War Reserve) : 전쟁예비
WRM(War Readiness Material) : 전쟁준비물자
WRM(War Reserve Material) : 전쟁예비물자
WROE(Wartime Rules of Engagement) : 전시 교전규칙
WRSA(War Reserve Stocks for Allies) : 동맹국 전쟁예비 물자
WRSK(War Readiness Spares Kit) : 전쟁 준비물자 예비킷
WS(Weapons System) : 무기체계
WSA(Weapons System Analysis) : 무기체계 분석
WTO(World Trade Organization) : 세계무역기구

WX(Weather) : 기상
WXD(Meteorological Radar Station) : 기상 레이더기지
WXR(Radio Sonde Station) : 무선 고공 기상 측정소
Wea(Weather) : 기상
Whd(Warhead) : 탄두
Wng(Warning) : 경보, 경고

【X】

X : 긴급 또는 공중대기
X-INT(X-Interdiction) : 공중비상대기 항공차단
XB(Experimental Bomber(Fighter, Carrier)) : 시험용 폭격기(전투기, 수송기 등)
XCVR(Tranceiver) : 송수신기
XMISSION(Transmission) : 송신
XMSN(Transmission) : 송신

【Y】

YP(Yield Point) : 양도(양보)지점
YUB(Utility Boat) : 항만 경비정

【Z】

Z(Zulu) : 그리니치 표준시
ZF(Zone of Fire) : 사격지대, 발사지대

참고문헌

1. 단행본 및 논문

김선한(1994) 람보와 바보 1,2. 예음사

김선한(1998) X 세계의 특수부대 비밀전사들 상,하. 디지털에프케이

이도상(1989) 전장환경과 특공작전. 병학사

김선한, 「작전명 트로이 목마」, 도서출판 세시,. 2001

권태영외, 「21세기 군사혁신과 한국의 국방비전」, KIDA, 1998.

박휜재, 「특전부대 모병업무 발전방향」, 교육사, 2002.

이진호,「특수부대의 모든 것」, 양서각, 2002.

월간 프래툰 편집부, 「세계의 특전부대 Ⅱ」, 멀티매니아 호비스트, 2002.

특전사「 특수전 사례집」, 1986

특전사「 세계의 특수부대」, 1992

특전사「 특전부대 40년사」 ,1999

특전사,「교육 훈련 지침」

특전교육단, 「교육계획」

특전여단「정찰감시교육훈련지침서」,1995

특전사 「교육참고-6-3-5~9 」,2008

교육사, 「세계 각국의 공수부대 및 교육체계와 적용방안 연구」, 박병환, 2000.

교육사, 「전사를 통해 본 특수작전 사례와 교리발전 방향」,박중석

교육사, 「교육참고 100-5 걸프전쟁 분석」, 1991

교육사, 「교육참고 110-5 걸프전쟁 전훈분석」, 1991

교육사, 「교육회장 94-3-7 지상감시장비운용」, 1994

육 본, 「교육참고 7-7-8 전쟁사례연구 제4집」, 1988

육 본, 「걸프전쟁 분석」,1994

육 본, 「 한국전쟁과 유격전」, 1994

육　본, 「교육참고 31-24 특전부대 정찰감시」, 1995
육　본, 「교육참고 30-9-1 적을 알자」, 1996
육　본, 「야교 31-36 특전작전부대 전투기술 IV(통신)」, 1998
육　본, 「야교 100-1 지상작전」, 1999
육　본, 「야교 31-1 특수작전」, 1999
육　본, 「야교 31-20 특수부대작전」, 1999
육　대, 「교육참고 2-1 한국전쟁사」, 1984
국방부 전사편찬위원회, 「비정규전 전사(1945-1960)」, 1988
국방부 군사연구소, 「비정규전사II(1961-1980)」, 1998
합 참, 「합동 VISION 2015 특전부대 정찰감시」, 1999
합 참, 「합동전장운영 개념」, 1997.
「아프칸 전쟁 종합분석」, 2002.
Mark Lloyd, "Special Forces", 1995.

2. 교 범

영국군 교범 번역 「평화 지원 작전」, 국방부,
미 교범 JP, Doctrine for Joint Special Operation, 1998

3. 인터넷

http://www.add.re.kr/
http://www.specialforces.net/
http://www.specialoperation.com/
http://www.specwarnet.com/
http://www.airpower.maxwell.af.mil/
http://www.training.sfahq.com/
http://www.army,go.kr/
http://www.blackberet.net/
http://noworld.pe.kr/speciality-russia.htm

http://kilijio.namom.net/

http://www.chosun.com/w21data/html/news/

4. 기 타

월간 중앙

월간 북한

국방일보

디지털 조선

한국일보

저자소개

정호태
예) 중령
단국대학교 대학원 행정학과 석사
현 두원공과대학교 군사학과 학과장

박기철
예) 상사
특전사 전역
조선대학교 교육대학원 전기・전자・통신교육학 교육학석사
조선대학교 대학원 전자공학과 박사수료
현 두원공과대학교 군사학과 교수

박희성
예) 소령
고려대학교 대학원 사학과 석사
고려대학교 대학원 한국사학과 박사수료
현 두원공과대학교 군사학과 조교수

염대관
예) 중사
특전사 전역
한국체육대학교 사회체육대학원 안전관리학과 석사
경기대학교 대학원 경호보안학과 박사재학
현 두원공과대학교 군사학과 교수